FLAC3D 数值模拟方法及工程应用
——深入剖析 FLAC3D 5.0

王 涛 韩 煊 赵先宇 朱永生 编著

中国建筑工业出版社

图书在版编目（CIP）数据

FLAC3D 数值模拟方法及工程应用——深入剖析 FLAC3D 5.0/王涛等编著. — 北京：中国建筑工业出版社，2015.9
ISBN 978-7-112-18232-9

Ⅰ.①F… Ⅱ.①王… Ⅲ.①土木工程-数值计算-应用软件 Ⅳ.①TU17

中国版本图书馆 CIP 数据核字（2015）第 141623 号

本书系统全面地介绍了 FLAC3D5.0 数值分析软件的功能、操作方法及开发技术，并结合大量工程应用，既满足初学者的要求，也为有一定基础的读者深入学习 FLAC3D 提供了理论背景和应用实例。主要内容包括：FLAC3D 数值方法介绍；FLAC3D 5.0 新功能及快速入门；网格的生成；FLAC3D 中内置语言——FISH 语言；FLAC3D 中的本构模型及二次开发；FLAC3D 中的流固耦合分析；FLAC3D 中的流变分析；FLAC3D 动力分析；FLAC3D 在边坡中的应用；FLAC3D 在地铁工程中的应用；FLAC3D 在基坑工程中的应用；FLAC3D 在文物保护工程中的应用；FLAC3D 在矿山工程中的应用。

责任编辑：辛海丽
责任设计：王国羽
责任校对：陈晶晶 赵 颖

FLAC3D 数值模拟方法及工程应用——深入剖析 FLAC3D 5.0

王 涛 韩 煊 赵先宇 朱永生 编著

*

中国建筑工业出版社出版、发行（北京西郊百万庄）
各地新华书店、建筑书店经销
北京红光制版公司制版
北京建筑工业印刷厂印刷

*

开本：787×1092 毫米 1/16 印张：30¾ 字数：761 千字
2015 年 8 月第一版 2019 年 2 月第四次印刷
定价：**68.00 元**
ISBN 978-7-112-18232-9
（27465）

版权所有 翻印必究
如有印装质量问题，可寄本社退换
（邮政编码 100037）

前言

FLAC3D 是由 Itasca 国际集团公司（Itasca International Inc.）开发的岩土工程专业数值分析软件。程序算法的起源可以追溯到 20 世纪 60 年代，距今已经有近 60 年历史。FLAC3D 核心开发者为离散元之父 Peter Cundall 博士，目前是美国工程院院士和英国工程院院士。在世界范围内，FLAC/FLAC3D 已经成为岩土工程及相关行业数值模拟的主流产品，在边坡、基坑、隧道、地下洞室、采矿、能源及核废料存储等领域得到广泛的应用。软件可以计算岩土体在各种外荷载作用下产生的变形、应力、稳定性，尤其擅长计算岩土体破坏后的大变形和峰后特性等问题。同时，在非线性动力计算、本构模型二次开发和多场耦合等方面，软件也提供了专业的解决方案。20 世纪 90 年代，我国部分高校和科研院所开始引进该软件，目前该软件已经逐渐成为岩土工程界影响最为深远的专业软件之一。

作者曾经于 2004 年赴美国和加拿大 Itasca 咨询公司工作访问，对该软件产生了浓厚的兴趣，后来又在国内长期从事的与该软件相关的研究与教学工作，并一直与 Itasca 核心研发人员 Peter Cundall、Roger Hart、Christine Detournay 和韩彦辉等保持技术交流。目前该软件已经升级到 5.0，最新版本号是 5.01.131。本书主要以最新版的 FLAC3D 5.0 为介绍对象。从 3.1 到 5.0，软件的界面已经发生了彻底的变化，各种计算功能也在增强，但目前国内还没有专门的参考书籍。在中国建筑工业出版社辛海丽博士的建议下，我们着手准备了这本参考书，目的是为岩土工程及相关专业的数值模拟爱好者提供新的参考素材。

本书力争理论联系实际，既满足初学者的要求，也可以为有一定基础的读者深入学习 FLAC3D 提供理论背景和应用实例，本书可以供土木、矿山、地质、水利水电、石油、交通等专业从事岩土力学数值模拟、工程设计与研究的工程师和在校师生参考使用，也可以作为相关专业的本科生和研究生教材。

全书共 13 章，其中 1~5 章为基础知识部分，6~8 为专题模块，9~13 章为应用实例部分。全书的编写分工如下：全书的章节安排和统稿由武汉大学王涛负责，第 1 章由王涛执笔；第 2 章由赵先宇、王涛执笔；第 3 章由赵先宇、徐大朋执笔；第 4 章由周丽娜、王涛执笔；第 5 章由肖雄（化工部长沙设计研究院有限公司）、赵先宇执笔；第 6 章由杜婷婷执笔；第 7 章由朱永生（Itasca（武汉）咨询有限公司）执笔；第 8 章由周炜波执笔；第 9 章由周炜波、王涛执笔；第 10、11、12 章由韩煊（北京市勘察设计研究院有限公司）执笔；第 13 章由王涛、朱远乐（长沙矿山研究院有限公司）、胡万瑞、曾俊和肖俊执笔。参加本书编写的还有武汉大学程龙、漆鹏、郑汉种和周勇（浙江中科 Itasca 岩石工程研发有限公司）以及北京市勘察设计研究院有限公司的侯伟、尹宏磊、罗文林和王鑫等。

作者非常感谢国家自然科学基金海外及港澳学者合作项目（编号：51428902）；国家自然科学基金面上项目（编号：51304237）；煤炭资源与安全开采国家重点实验室开放课

题（编号：SKLCRSM14KFB06）；湖北省和武汉大学教学改革研究项目（JG2013036）；水资源与水电工程科学国家重点实验室水工结构所科研业务费的资助。非常感谢美国沙特阿美（Aramco Service Company）休斯敦研究中心韩彦辉博士（原 FLAC 系统主管）、长沙矿山研究院有限公司李向东教授、中钢集团武汉安全环保研究院有限公司汪晓霖教授、中煤科工集团重庆研究院有限公司陈金华副研究员在本书完成过程中给予的鼓励和帮助。

　　由于时间仓促，作者水平有限，难免会有一些纰漏和错误，敬请广大读者批评指正，联系邮件：htwang@whu.edu.cn。

目　录

第一章　FLAC3D 数值方法介绍 ……………………………………………………… 1

1.1　FLAC/FLAC3D 简介 …………………………………………………………… 1
1.1.1　FLAC/FLAC3D 研发历史 ………………………………………………… 1
1.1.2　ITASCA 公司简介 ………………………………………………………… 1
1.2　FLAC/FLAC3D 计算的数学力学原理 ………………………………………… 2
1.2.1　显式有限差分方法的一般原理 …………………………………………… 2
1.2.2　显式/动态求解方法 ………………………………………………………… 3
1.2.3　空间导数的有限差分近似 ………………………………………………… 4
1.2.4　本构关系 …………………………………………………………………… 5
1.2.5　时间导数的有限差分近似 ………………………………………………… 5
1.2.6　阻尼力 ……………………………………………………………………… 6
1.2.7　三维问题有限差分数值原理与方法 ……………………………………… 6
1.3　拉格朗日快速差分方法与有限元方法的比较 ………………………………… 7
1.4　FLAC 与通用有限元软件的比较 ……………………………………………… 9

第二章　FLAC3D 5.0 新功能及快速入门 …………………………………………… 10

2.1　FLAC3D 5.0 新功能概述 ……………………………………………………… 10
2.1.1　FLAC3D 5.0 简介 ………………………………………………………… 10
2.1.2　FLAC3D 5.0 新功能 ……………………………………………………… 10
2.2　FLAC3D 5.0 界面介绍 ………………………………………………………… 15
2.2.1　窗格 ………………………………………………………………………… 16
2.2.2　菜单栏 ……………………………………………………………………… 21
2.2.3　工具栏 ……………………………………………………………………… 35
2.2.4　标题栏 ……………………………………………………………………… 36
2.2.5　状态栏 ……………………………………………………………………… 36
2.3　FLAC3D 5.0 基本操作 ………………………………………………………… 36
2.3.1　项目文件 …………………………………………………………………… 36
2.3.2　命令执行 …………………………………………………………………… 39
2.3.3　状态追踪 …………………………………………………………………… 39
2.3.4　信息查看 …………………………………………………………………… 41
2.3.5　数据文件 …………………………………………………………………… 42
2.3.6　绘图输出 …………………………………………………………………… 43

2.3.7　快捷命令 …………………………………………………………… 53
2.4　FLAC3D 5.0 快速入门 ……………………………………………………… 55
　　2.4.1　FLAC3D 5.0 基本概念 ……………………………………………… 55
　　2.4.2　FLAC3D 5.0 基本命令 ……………………………………………… 61
2.5　FLAC3D 5.0 实例 …………………………………………………………… 70
　　2.5.1　问题描述 ……………………………………………………………… 70
　　2.5.2　模型建立 ……………………………………………………………… 70
　　2.5.3　本构及材料 …………………………………………………………… 72
　　2.5.4　初始、边界条件 ……………………………………………………… 73
　　2.5.5　监测求解 ……………………………………………………………… 73
　　2.5.6　结果解释 ……………………………………………………………… 75
　　2.5.7　开挖求解 ……………………………………………………………… 77
　　2.5.8　结构支撑 ……………………………………………………………… 79

第三章　网格的生成 …………………………………………………………… 81

3.1　网格生成基本方法 …………………………………………………………… 81
　　3.1.1　网格生成器的概述 …………………………………………………… 81
　　3.1.2　调整网格为简单形状 ………………………………………………… 88
　　3.1.3　网格密化 ……………………………………………………………… 91
　　3.1.4　用 FISH 语言生成网格 ……………………………………………… 96
3.2　网格拉伸工具 ………………………………………………………………… 98
　　3.2.1　基本和核心概念 ……………………………………………………… 98
　　3.2.2　创建视图中的操作 …………………………………………………… 108
　　3.2.3　拉伸视图中的操作 …………………………………………………… 115
　　3.2.4　补充信息 ……………………………………………………………… 118
3.3　使用几何数据 ………………………………………………………………… 125
　　3.3.1　几何数据 ……………………………………………………………… 125
　　3.3.2　可视化 ………………………………………………………………… 126
　　3.3.3　指定组 ………………………………………………………………… 128
　　3.3.4　几何范围 ……………………………………………………………… 129
　　3.3.5　加大离散化或致密化单元体 ………………………………………… 130
　　3.3.6　用 FLAC3D 命令实现 SpaceRanger 功能——解决模型问题 …… 132
　　3.3.7　表面地形和分层 ……………………………………………………… 140

第四章　FLAC3D 中内置语言——FISH 语言 ……………………………… 147

4.1　FISH 语言简介 ……………………………………………………………… 147
4.2　代码的编写规范 ……………………………………………………………… 148
　　4.2.1　命名规则与代码书写 ………………………………………………… 148
　　4.2.2　查错方法 ……………………………………………………………… 149

4.3 变量与函数 ··· 149
4.3.1 变量与函数名 ··· 149
4.3.2 函数的创建 ··· 150
4.3.3 函数的调用 ··· 150
4.3.4 函数的删除和重定义 ··· 151
4.3.5 变量与函数的区别及适用范围 ··· 151
4.4 数据类型 ··· 152
4.4.1 基本类型 ··· 152
4.4.2 运算符和类型转换 ··· 154
4.4.3 字符串 ··· 154
4.4.4 指针 ··· 156
4.4.5 向量 ··· 156
4.5 控制语句 ··· 157
4.5.1 选择语句 ··· 157
4.5.2 条件语句 ··· 157
4.5.3 循环语句 ··· 158
4.5.4 其他结构控制语句 ··· 159
4.6 FISH 与 FLAC3D 的联系 ··· 160
4.6.1 被 FLAC3D 修改 ··· 160
4.6.2 FISH 函数的执行 ··· 161
4.6.3 执行 FISH 中的命令 ··· 162
4.6.4 错误处理 ··· 163
4.6.5 FISH 调用 ··· 164
4.7 应用实例 ··· 166

第五章 FLAC3D 中的本构模型及二次开发 ··· 168
5.1 理论介绍及使用指南 ··· 168
5.1.1 概述 ··· 168
5.1.2 FLAC/FLAC3D 中的本构模型 ··· 169
5.1.3 空模型组 ··· 170
5.1.4 弹性模型组 ··· 170
5.1.5 塑性模型组 ··· 173
5.2 开发自定义本构 ··· 177
5.2.1 简介 ··· 177
5.2.2 方法 ··· 178
5.2.3 执行 ··· 182
5.3 开发实例——以 Burgers 为例 ··· 188
5.3.1 准备工作 ··· 189
5.3.2 头文件（.h） ··· 191

5.3.3	源文件（.cpp）	192
5.3.4	生成.dll文件	199
5.3.5	验证	199

第六章　FLAC3D中的流固耦合分析　203

- 6.1　概述　203
- 6.2　流固耦合计算模式　204
  - 6.2.1　无渗流模式　204
  - 6.2.2　渗流模式　204
- 6.3　流体分析的参数和单位　206
  - 6.3.1　渗透系数　206
  - 6.3.2　密度　207
  - 6.3.3　流体模量　207
  - 6.3.4　孔隙率　209
  - 6.3.5　饱和度　209
  - 6.3.6　不排水热系数　209
  - 6.3.7　流体抗拉强度　209
- 6.4　流体边界条件，初始条件，源与汇　210
- 6.5　单渗流问题和耦合渗流问题的求解　211
  - 6.5.1　时标　211
  - 6.5.2　完全耦合分析方法的选择　212
  - 6.5.3　固定孔压（有效应力分析）　214
  - 6.5.4　单渗流分析建立孔压分布　215
  - 6.5.5　无渗流——力学引起的孔压　216
  - 6.5.6　流固耦合分析　218
- 6.6　验证实例　226

第七章　FLAC3D中的流变分析　234

- 7.1　概述　234
- 7.2　FLAC3D中的蠕变模型　236
  - 7.2.1　概述　236
  - 7.2.2　MAXWELL黏弹性模型（Model Mechanical VISCOUS）　238
  - 7.2.3　BURGERS黏弹性模型（Model Mechanical BURGERS）　240
  - 7.2.4　BURGERS黏弹塑性模型（Model Mechanical CVISC）　242
  - 7.2.5　二元POWER-LAW黏弹性模型（Model Mechanical POWER）　245
  - 7.2.6　POWER-LAW律黏弹塑性模型（Model Mechanical CPOWER）　247
  - 7.2.7　参考蠕变律WIPP黏弹性模型（Model Mechanical WIPP）　248
  - 7.2.8　WIPP黏弹塑性模型（Model Mechanical PWIPP）　250
- 7.3　FLAC3D蠕变分析关键概念及命令浅析　252

7.3.1 时间步长 ········ 252
7.3.2 时间步长的自动调整 ········ 254
7.3.3 温度相关性蠕变行为 ········ 255
7.3.4 蠕变分析流程及关键命令浅析 ········ 255
7.4 应用案例 ········ 256
7.4.1 概述 ········ 256
7.4.2 基本地质条件 ········ 258
7.4.3 施工期稳定性评价 ········ 260
7.4.4 运行期稳定性评价 ········ 262
7.4.5 数据文件 ········ 264

第八章 FLAC3D 动力分析 ········ 273
8.1 概述 ········ 273
8.2 与等效线性方法的相关性 ········ 273
8.2.1 等效线性方法的特点 ········ 273
8.2.2 完全非线性方法的特点 ········ 274
8.2.3 完全非线性方法在动力分析上的应用 ········ 275
8.3 动力方程 ········ 275
8.3.1 动态时步 ········ 275
8.3.2 动态多步 ········ 276
8.4 动力分析建模需注意的问题 ········ 280
8.4.1 动力荷载及边界条件 ········ 280
8.4.2 波的传播 ········ 302
8.4.3 力学阻尼与材料响应 ········ 302
8.4.4 动态孔隙水压力的生成及土体液化 ········ 310
8.5 动力问题的求解 ········ 312
8.5.1 动力力学计算模拟步骤 ········ 312
8.5.2 考虑水力耦合作用的动力计算 ········ 322

第九章 FLAC3D 在边坡中的应用 ········ 330
9.1 强度折减法 ········ 330
9.1.1 边坡安全系数 ········ 330
9.1.2 强度折减法的基本原理 ········ 330
9.1.3 FLAC3D 中的强度折减法 ········ 331
9.1.4 边坡失稳的判据 ········ 333
9.2 羊曲水电站泄洪洞出口边坡稳定性分析 ········ 333
9.2.1 工程概况及地质条件 ········ 333
9.2.2 天然边坡及开挖施工条件下的稳定性计算分析 ········ 334
9.2.3 泄洪洞内水外渗对边坡的稳定性影响 ········ 347

第十章 FLAC3D 在地铁工程中的应用 ……… 353

10.1 概述 ……… 353
10.2 地铁隧道施工引起地层位移的基本规律 ……… 355
10.2.1 隧道施工引起的地表沉降规律 ……… 355
10.2.2 不同深度地层位移规律研究 ……… 358
10.3 隧道掘进的数值模拟的一般实现方法 ……… 360
10.4 FLAC3D 在地铁盾构工程中的应用 ……… 361
10.4.1 体积损失控制法的原理 ……… 361
10.4.2 应力释放 ……… 362
10.4.3 隧道沿线地层损失率插值 ……… 363
10.4.4 隧道沿线不同地层损失率的数值模拟实现 ……… 363
10.4.5 应力释放程序 ……… 363
10.4.6 典型工程模拟分析 ……… 364
10.4.7 小结 ……… 369
10.5 FLAC3D 在地铁矿山法中的应用 ……… 370
10.6 FLAC3D 在基坑施工对既有地铁车站影响中的应用 ……… 373

第十一章 FLAC3D 在基坑工程中的应用 ……… 377

11.1 概述 ……… 377
11.2 基坑工程引起地层位移的基本规律 ……… 380
11.3 基坑工程支护结构的模拟方法 ……… 382
11.3.1 土钉与锚杆的模拟 ……… 382
11.3.2 地下连续墙与支护桩的模拟 ……… 383
11.3.3 内支撑的模拟 ……… 384
11.4 基坑工程中本构模型的选择 ……… 384
11.4.1 本构模型简介 ……… 384
11.4.2 模型参数 ……… 385
11.4.3 两种典型的应力路径下土体的变形特性的模拟 ……… 388
11.5 工程案例一：钻孔灌注桩＋锚杆支护体系 ……… 389
11.5.1 工程概况 ……… 389
11.5.2 计算模型和地层参数 ……… 389
11.5.3 计算结果对比分析 ……… 392
11.5.4 小结 ……… 397
11.6 工程案例二：钻孔灌注桩＋锚杆＋内支撑支护体系 ……… 398
11.6.1 工程概况 ……… 398
11.6.2 计算模型的建立 ……… 398
11.6.3 基坑施工引起邻近既有建筑物的变形分析 ……… 401

第十二章　FLAC3D 在文物保护工程中的应用 …………………………………… 402

12.1　概述 ……………………………………………………………………………… 402
12.2　文物保护工程数值分析中的主要问题 ………………………………………… 404
12.3　岩体佛像稳定性影响分析与优化设计 ………………………………………… 405
12.3.1　工程概况 ………………………………………………………………… 405
12.3.2　复杂几何特征的文物建模在 FLAC3D 中的实现 …………………… 406
12.3.3　材料及其参数取值依据 ………………………………………………… 407
12.3.4　计算分析设置及流程 …………………………………………………… 408
12.3.5　边坡及佛像的整体稳定性分析 ………………………………………… 408
12.3.6　佛像头颈部的优化设计分析 …………………………………………… 410
12.3.7　主要现存佛像与本工程的对比讨论 …………………………………… 411
12.3.8　小结 ……………………………………………………………………… 414

第十三章　FLAC3D 在矿山工程中的应用 …………………………………………… 415

13.1　概述 ……………………………………………………………………………… 415
13.2　FLAC3D 解决的矿山问题 ……………………………………………………… 415
13.3　磷矿开采模拟方法 ……………………………………………………………… 416
13.3.1　我国磷矿的主要开采技术 ……………………………………………… 417
13.3.2　湖北钟祥熊家湾磷矿层开采计算 ……………………………………… 417
13.4　煤层开采模拟方法 ……………………………………………………………… 428
13.4.1　煤层开采方法 …………………………………………………………… 428
13.4.2　煤层开采数值模拟方法举例 …………………………………………… 430
13.5　充填采矿模拟方法 ……………………………………………………………… 443
13.5.1　矿山充填体的作用机理 ………………………………………………… 443
13.5.2　FLAC3D 模拟充填采矿的方法 ………………………………………… 443
13.5.3　模拟计算的难点 ………………………………………………………… 445
13.5.4　金川二矿区充填采矿模拟 ……………………………………………… 447
13.6　尾矿库工程 ……………………………………………………………………… 461
13.6.1　计算模型与边界条件 …………………………………………………… 461
13.6.2　力学参数的选取 ………………………………………………………… 464
13.6.3　计算结果及分析 ………………………………………………………… 465

参考文献 …………………………………………………………………………………… 473

第一章　FLAC3D 数值方法介绍

1.1　FLAC/FLAC3D 简介

1.1.1　FLAC/FLAC3D 研发历史

　　FLAC（Fast Lagrangian Analysis of Continua）是由美国 ITASCA 公司研发推出的连续介质力学分析软件，是该公司旗下最知名的软件系统之一。FLAC 目前已在全球七十多个国家得到广泛应用，在国际土木工程（尤其是岩土工程）学术界和工业界享有盛誉。FLAC 有二维和三维计算软件两个版本，即 FLAC2D（1984）和 FLAC3D（1994）。这里进行一下说明，本书在阐述软件系列时，以 FLAC 统一称谓 FLAC2D 和 FLAC3D；分述 FLAC 和 FLAC3D 时，FLAC 仅指代 FLAC2D。FLAC V3.0 以前的版本为 DOS 版本，V2.5 版本仅仅能够使用计算机的基本内存（64K），因而求解的最大节点数仅限于 2000 个以内。1995 年，FLAC 升级为 V3.3 的版本，由于其程序能够使用扩展内存，因此大大增加了计算规模。FLAC 目前已发展到 V7.0 版本。FLAC3D 是一个三维有限差分程序，作为 FLAC 的扩展程序，不仅包括了 FLAC 的所有功能，并且在其基础上进行了进一步开发，它可以用交互方式从键盘输入各种命令，也可以写成命令（集）文件，类似于批处理，由文件来驱动。这使得 FLAC3D 能够模拟计算三维岩、土体及其他介质中工程结构的受力与变形形态。FLAC3D 目前已发展到 V5.01 版本，具备了全新的操作界面，而且与 DEC/PFC 软件界面一致。作者预测在将来版本中，三个系列的软件将融合在一起。

1.1.2　ITASCA 公司简介

　　ITASCA 咨询集团公司（后更名为：Ifasla Internafional Inc.）是在 1981 年由美国明尼苏达大学土木与矿业工程系五位教师：Charles Fairhurst 博士、Peter Cundall 博士、Barry Brady 博士、Tony Starfield 博士和 Ray Sterling 博士联合创办的岩石力学技术研究中心，因为这些创始人当初在北美首创了岩石力学学科，并组织创立了国际岩石力学学会，因此，在业界 ITASCA 被认为是世界岩石力学学科发源地之一。它最初的目的是通过为岩土工程和矿山领域的生产实践活动提供岩石力学和数值计算技术服务来弥补研究经费的欠缺。

　　经过 30 多年的发展，ITASCA 咨询集团公司已经成为一家从事岩土工程咨询和软件开发的国际公司，它的工作对象为矿山、石油、民用（含交通、水电）、核废料处置、二氧化碳储存等行业的常规及超常规岩（土）体工程问题，是世界上集基础理论研究、技术开发和工程应用于一体的高端技术机构。其中的工程服务特别针对高难度专题性问题，工作内容涵盖现场调查、试验测试、数值分析、方案设计与论证、建设期现场技术服务等所有环节。ITASCA 综合了当地化经验和国际视野的优势，可以根据特定问题的需要，随时组建国际化专家团队，用客户的母语提供技术服务。

目前，ITASCA 在全世界五大洲 12 个国家（澳大利亚、加拿大、智利、中国、印度、法国、德国、南非、西班牙、瑞典、英国、美国）分布有 14 家成员公司。它在发展过程中吸引了许多优秀的学者和工程专家的加盟，构成了土木、矿山、软件开发等领域的世界级团队。技术人员中，在全球拥有 5 席院士席位，历任国际岩石力学学会主席 1 期、副主席 2 期，1 人获国际岩石力学学会最高奖——Muller 奖，多人获 Rocha 奖，造就了一批理论与实践高度结合的国际一流水平工程问题专家。目前，岩石力学和岩石工程界普遍使用的技术手段，如水压致裂地应力测量、岩石伺服压力机、岩土工程高端数值计算软件（FLAC、FLAC3D、UDEC、3DEC、PFC2D、PFC3D）、离散元等，都凝结着 ITASCA 专家的智慧和辛勤劳动。

1.2 FLAC/FLAC3D 计算的数学力学原理

1.2.1 显式有限差分方法的一般原理

在有限差分法中，一般将微分方程的基本方程组和边界条件都近似地改用差分方程（代数方程）来表示，即：由空间离散点处的场变量（应力、位移）的代数表达式代替。这些变量在单元内是非确定的，从而把求解微分方程的问题改换成求解代数方程的问题。相反，有限元法则需要场变量（应力、位移）在每个单元内部按照某些参数控制的特殊方程产生变化。公式中包括调整这些参数以减小误差项和能量项。

有限差分法和有限元法都产生一组待解方程组。尽管这些方程是通过不同方式推导出来的，但两者产生的方程是一致的。另外，有限元程序通常要将单元矩阵组合成大型整体刚度矩阵，而有限差分则无需如此，因为它相对高效地在每个计算步距重新生成有限差分方程。在有限元法中，常采用隐式、矩阵解算方法，而有限差分法则通常采用"显式"、时间递步法解算代数方程。

弹性力学中的差分法是建立有限差分方程的理论基础。如图 1-1，在弹性体上用相隔等间距 h 而平行于坐标轴的两组平行线划分成网格。设 $f=f(x,y)$ 为弹性体内某一个连续函数，它可能是某一个应力分量或位移分量，也可能是应力函数、温度、渗流等。这个函数在平行于 x 轴的一根网格线上，它只随 x 坐标的变化而改变。在邻近节点 0 处，函数 f 可以展开为泰勒级数：

$$f = f_0 + \left(\frac{\partial f}{\partial x}\right)_0 (x-x_0) + \frac{1}{2!}\left(\frac{\partial^2 f}{\partial x^2}\right)_0 (x-x_0)^2 + \frac{1}{3!}\left(\frac{\partial^3 f}{\partial x^3}\right)_0 (x-x_0)^3$$
$$+ \frac{1}{4!}\left(\frac{\partial^4 f}{\partial x^4}\right)_0 (x-x_0)^4 + \cdots \tag{1-1}$$

在节点 3 及节点 1，x 分别等于 x_0-h 及 x_0+h，即：$x-x_0$ 分别等于 $-h$ 和 h。将其代入 (1-1) 式，得：

$$f_3 = f_0 - h\left(\frac{\partial f}{\partial x}\right)_0 + \frac{h^2}{2}\left(\frac{\partial^2 f}{\partial x^2}\right)_0 - \frac{h^3}{6}\left(\frac{\partial^3 f}{\partial x^3}\right)_0 + \frac{h^4}{24}\left(\frac{\partial^4 f}{\partial x^4}\right)_0 - \cdots \tag{1-2}$$

$$f_1 = f_0 + h\left(\frac{\partial f}{\partial x}\right)_0 + \frac{h^2}{2}\left(\frac{\partial^2 f}{\partial x^2}\right)_0 + \frac{h^3}{6}\left(\frac{\partial^3 f}{\partial x^3}\right)_0 + \frac{h^4}{24}\left(\frac{\partial^4 f}{\partial x^4}\right)_0 + \cdots \tag{1-3}$$

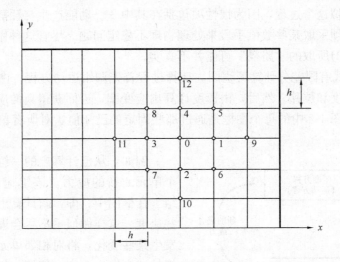

图 1-1 有限差分网格

假定 h 是充分小的，因而可以不计它的三次幂及更高次幂的各项，则式（1-2）及式（1-3）简化为：

$$f_3 = f_0 - h\left(\frac{\partial f}{\partial x}\right)_0 + \frac{h^2}{2}\left(\frac{\partial^2 f}{\partial x^2}\right)_0 \tag{1-4}$$

$$f_1 = f_0 + h\left(\frac{\partial f}{\partial x}\right)_0 + \frac{h^2}{2}\left(\frac{\partial^2 f}{\partial x^2}\right)_0 \tag{1-5}$$

联立求解式（1-4）及式（1-5），得到差分公式：

$$\left(\frac{\partial f}{\partial x}\right)_0 = \frac{f_1 - f_3}{2h} \tag{1-6}$$

$$\left(\frac{\partial^2 f}{\partial x^2}\right)_0 = \frac{f_1 + f_3 - 2f_0}{h^2} \tag{1-7}$$

同样，可以得到：

$$\left(\frac{\partial f}{\partial y}\right)_0 = \frac{f_2 - f_4}{2h} \tag{1-8}$$

$$\left(\frac{\partial^2 f}{\partial^2 y}\right)_0 = \frac{f_2 + f_4 - 2f_0}{h^2} \tag{1-9}$$

公式（1-6）～式（1-9）是基本差分公式，通过这些公式可以推导出其他的差分公式。例如，利用式（1-6）和式（1-8），可以导出混合二阶导数的差分公式：

$$\left(\frac{\partial^2 f}{\partial x \partial y}\right)_0 = \left[\frac{\partial}{\partial x}\left(\frac{\partial f}{\partial y}\right)\right]_0 = \frac{1}{4h^2}[(f_6 + f_8) - (f_5 + f_7)]_0 \tag{1-10}$$

用同样的方法，由公式（1-7）及式（1-9）可以导出四阶导数的差分公式。

1.2.2 显式/动态求解方法

我们期望对问题能找出一个静态解，然而在有限差分公式中包含有运动的动力方程。这样，可以保证在被模拟的物理系统本身是非稳定的情况下，有限差分数值计算仍有稳定解。对于非线性材料，物理不稳定的可能性总是存在的，例如：顶板岩层的断裂、煤柱的突然垮塌等。在现实中，系统的某些应变能转变为动能，并从力源向周围扩散。有限差分方法可以直接模拟这个过程，因为惯性项包括在其中——动能产生与耗散。相反，不含有惯性项的算法必须采取某些数值手段来处理物理不稳定问题。尽管这种做法可有效防止数值解的不稳定，但所取的"路径"可能并不真实。

图 1-2 是显式有限差分计算流程图。计算过程首先调用运动方程，由初始应力和边界力计算出新的速度和位移。然后，由速度计算出应变率，进而获得新的应力或力。每个循环为一个时步，图 1-2 中的每个图框是通过那些固定的已知值，对所有单元和节点变量进行计算更新。

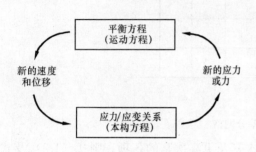

图 1-2　有限差分计算流程图

例如，从已计算出的一组速度，计算出每个单元的新的应力。该组速度被假设为"冻结"在框图中，即：新计算出的应力不影响这些速度。这样做似乎不尽合理，因为如果应力发生某些变化，将对相邻单元产生影响并使它们的速度发生改变。然而，如果我们选取的时步非常小，乃至于在此时步间隔内实际信息不能从一个单元传递到另一个单元（事实上，所有材料都有传播信息的某种最大速度）。因为每个循环只占一个时步，对"冻结"速度的假设得到验证——相邻单元在计算过程中的确互不影响。当然，经过几个循环后，扰动可能传播到若干单元，正如现实中产生的传播一样。

1.2.3　空间导数的有限差分近似

快速拉格朗日分析采用混合离散方法，将区域离散为常应变六面体单元的集合体，又将每个六面体看作以六面体角点的常应变四面体的集合体，应力、应变、节点不平衡力等变量均在四面体上进行计算，六面体单元的应力应变取值为其内四面体的体积加权平均。这种方法既避免了常应变六面体单元常会遇到的位移剪切锁死现象，又使得四面体单元的位移模式可以充分适应一些本构要求。

如图 1-3 所示一四面体，节点编号为 $1\sim 4$，第 n 面表示与节点 n 相对的面，设其内一点的速率分量为 v_i，由高斯公式得：

$$\int_V v_{i,j}\,\mathrm{d}V = \int_S v_i n_j\,\mathrm{d}S \qquad (1-11)$$

式中　V——四面体的体积；
　　　S——四面体的外表面；
　　　n_j——外表面的单位法向向量分量。

对于常应变单元，v_i 为线性分布，n_j 在每个面上为常量，由式（1-11）可得：

$$v_{i,j} = \frac{1}{3V}\sum_{i=1}^{4} v_i^l n_j^{(l)} S^{(l)} \qquad (1-12)$$

而应变速率张量的分量形式为：

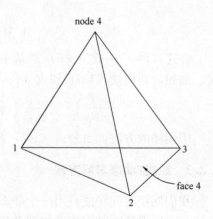

图 1-3　四面体单元的面和节点

$$\xi_{ij} = -\frac{1}{6V}\sum_{l=1}^{4}(v_i^l n_j^{(l)} + v_j^l n_i^{(l)})S^{(l)} \tag{1-13}$$

式中，上标 l 表示节点 i 的变量，(l) 表示面 l 的变量。

1.2.4 本构关系

作用在可变形固体上的其他方程组为本构关系，或者称为应力-应变准则。首先由速度梯度得出应变速率，公式如下：

$$\dot{e}_{ij} = \frac{1}{2}\left[\frac{\partial \dot{u}_i}{\partial x_i} + \frac{\partial \dot{u}_j}{\partial x_i}\right] \tag{1-14}$$

式中　$\dot{e}_{ij}$ ——应变率分量；

$\dot{u}_i$ ——速度分量。

本构关系的形式如下：

$$\sigma_{ij} := M(\sigma_{ij}, e_{ij}, \kappa) \tag{1-15}$$

式中　$M()$ ——本构关系的函数形式；

κ ——可能出现也可能不出现的一个历史参数，依赖于特定的定律；

":="——"由···代换"。

一般来说，非线性本构定律以增量的形式表示，因为应力和应变之间的对应关系并非唯一的，上式给出了在以前的应力张量和应变（或应变增量）下对应力战略的新估计值。最简单的本构定律为各向同性的弹性本构关系：

$$\sigma_{ij} := \sigma_{ij} + \left\{\delta_{ij}\left(K - \frac{2}{3}G\right)\dot{e}_{kk} + 2G\dot{e}_{ij}\right\}\Delta t \tag{1-16}$$

式中　δ_{ij} ——Kronecker 符号；

Δt ——为时间步；

G、K ——剪切模量和体积模量。

1.2.5 时间导数的有限差分近似

由本构方程和变形速率与节点速率之间的关系，一般的差分方程可表示为：

$$\frac{\mathrm{d}v_i^{<l>}}{\mathrm{d}t} = \frac{1}{M^{<l>}}F_i^{<l>}(t,\{v_i^{<1>},v_i^{<2>},v_i^{<3>},\cdots\cdots,v_i^{<p>}\}^{<l>},k) \quad l = 1, n_n \tag{1-17}$$

式中　$\{\}^{<l>}$ ——指在计算过程中全局节点 l 节点速度值的子集。在时间间隔 Δt 中，实际节点的速度假定是线性变化的，上式左边导数用中心有限差分估算。

$$v_i^{<l>}\left(t+\frac{\Delta t}{2}\right) = v_i^{<l>}\left(t-\frac{\Delta t}{2}\right) + \frac{1}{M^{<l>}}F_i^{<l>}(t,\{v_i^{<1>},v_i^{<2>},v_i^{<3>},\cdots\cdots,v_i^{<p>}\}^{<l>},k) \tag{1-18}$$

类似地，节点的位置也用中心有限差分进行迭代：

$$x_i^{<l>}(t+\Delta t) = x_i^{<l>}(t) + \Delta t v_i^{<l>}\left(t+\frac{\Delta t}{2}\right) \tag{1-19}$$

因此，节点位移也有如下关系：

$$u_i^{<l>}(t+\Delta t) = u_i^{<l>}(t) + \Delta t v_i^{<l>}\left(t+\frac{\Delta t}{2}\right) \tag{1-20}$$

1.2.6 阻尼力

快速拉格朗日分析以节点为计算对象,将使力和质量均集中在节点上,然后通过运动方程在时域内进行求解。节点运动方程可表示为如下形式:

$$\frac{\partial v_i^l}{\partial t} = \frac{F_i^l(t)}{m^l} \tag{1-21}$$

对于静态问题,在上式的不平衡力中加入了非粘性阻尼,以使系统的振动逐渐衰减直到达到平衡状态(即不平衡接近于零),此时上式变为:

$$\frac{\partial v_i^l}{\partial t} = \frac{F_i^l(t) + f_i^l(t)}{m^l} \tag{1-22}$$

阻尼为:

$$f_i^l(t) = -\alpha \left| F_i^l(t) \right| \mathrm{sign}(v_i^l) \tag{1-23}$$

式中 α ——阻尼系数,其默认值为 0.8,而:

$$\mathrm{sign}(y) = \begin{cases} +1 & (y > 1) \\ -1 & (y < 0) \\ 0 & (y = 0) \end{cases} \tag{1-24}$$

1.2.7 三维问题有限差分数值原理与方法

对于三维问题,先将具体的计算对象用六面体单元划分成有限差分网格,每个离散化后的立方体单元可进一步划分出若干个常应变三角棱锥体子(四面体)单元(图1-4)。

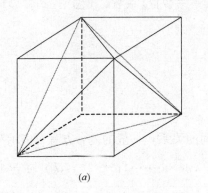
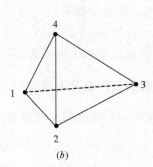

图1-4 立方体单元划分成5个常应变三角棱锥体单元

应用高斯散量定理于三角棱锥形体单元,可以推导出:

$$\int_V v_{i,j} \mathrm{d}v = \int_S v_i n_j \mathrm{d}s \tag{1-25}$$

式中的积分分别是对棱锥体的体积和面积进行积分,n 是锥体表面的外法线向量。

对于恒应变速率棱锥体,速度场是线性的,并且 n 在同一表面上是常数。因此,通过对式(1-25)积分,得到:

$$V_{v(i,j)} = \sum_{f=1}^{4} \overline{v}_i^f n_j^f S^f \tag{1-26}$$

式中 上标 f ——与表面 f 上的附变量相对应;

$\bar{v}_i$——速度分量 i 的平均值。对于线性速率变分,有:

$$\bar{v}_i^f = \frac{1}{3}\sum_{l=1, l\neq f}^{4} v_i^l \tag{1-27}$$

式中 上标 l——关于节点 l 的值。

将式(1-27)代入式(1-6),得到节点和整个单元体的关系:

$$V v_{(i,j)} = \frac{1}{3}\sum_{l=1}^{4} v_i^l \sum_{f=1, f\neq l}^{4} n_j^f S^f \tag{1-28}$$

如果将式(1-28)中的 v_i 用 1 替换,应用发散定律,可得出:

$$\sum_{f=1}^{4} n_j^f S^f = 0 \tag{1-29}$$

利用上式,并用 V 除以式(1-28),得到:

$$v_{i,j} = -\frac{1}{3V}\sum_{l=1}^{4} v_i^l n_j^l S^l \tag{1-30}$$

同样,应变速率张量的分量可以表述成:

$$\varepsilon_{ij} = -\frac{1}{6V}\sum_{l=1}^{4}(v_i^l n_j^l + v_j^l n_i^l)S^l \tag{1-31}$$

三维问题有限差分法同样基于物体运动与平衡的基本规律,根据计算对象的形状用单元和区域构成相应的网格。每个单元在外载和边界约束条件下,按照约定的线性或非线性应力-应变关系产生力学响应,特别适合分析材料达到屈服极限后产生的塑性流动。

1.3 拉格朗日快速差分方法与有限元方法的比较

有限差分方法(FDM)是计算机数值模拟最早采用的方法,至今仍被广泛运用。该方法将求解域划分为差分网格,用有限个网格节点代替连续的求解域。有限差分法以泰勒级数展开等方法,把控制方程中的导数用网格节点上的函数值的差商代替进行离散,从而建立以网格节点上的值为未知数的代数方程组。该方法是一种直接将微分问题变为代数问题的近似数值解法,数学概念直观,表达简单,是发展较早且比较成熟的数值方法。

对于有限差分格式,从格式的精度来划分,有一阶格式、二阶格式和高阶格式。从差分的空间形式来考虑,可分为中心格式和逆风格式。考虑时间因子的影响,差分格式还可以分为显格式、隐格式、显隐交替格式等。目前常见的差分格式,主要是上述几种形式的组合,不同的组合构成不同的差分格式。差分方法主要适用于有结构网格,网格的步长一般根据实际问题的情况和柯朗稳定条件来决定。

构造差分的方法有多种形式,目前主要采用的是泰勒级数展开方法。其基本的差分表达式主要有四种形式:一阶向前差分、一阶向后差分、一阶中心差分和二阶中心差分等,其中前两种格式为一阶计算精度,后两种格式为二阶计算精度。通过对时间和空间这几种不同差分格式的组合,可以组合成不同的差分计算格式。

拉格朗日快速有限差分法的优点是:它采用了混合离散方法来模拟材料的屈服或塑性流动特性,这种方法比有限元方法中通常采用的降阶积分更为准确、合理;而且,即使问题本质上是静力问题,有限差分也会利用动态的运动方程进行求解,这使得 FLAC 在模拟物理上的不稳定过程中不存在数值上的障碍，采用了一个"显式解"的方案，能够用来模拟诸如振动、失稳、大变形等动态问题；另外，对显式法来说，非线性本构关系与线性本构关系并无算法上的差别，对于已知的应变增量，可以很方便地求出应力增量，并得到平衡力，而且，它没有必要存储刚度矩阵，这就意味着采用中等容量的内存可以求解大量单元结构模拟大变形问题，几乎并不比小变形问题消耗更多的计算时间，因为没有任何刚度矩阵要被修改。

有限差分的不足是：对于线性问题的求解比相应的有限元花费更多计算时间。因此，当进行大变形非线性问题或模拟实际可能出现不稳定问题时，有限差分法是最有效的工具。

有限元方法（FEM）最早应用于结构力学，后来随着计算机的发展慢慢用于流体力学的数值模拟。有限元法的基础是变分原理和加权余量法，其基本求解思想是将连续的求解区域离散为一组有限个单元的组合体，利用每个单元假设的近似函数来表示求解区域上待求的未知场函数，单元内的近似函数由未知场函数在各个单元节点上的数值以及插值函数表达，这就使未知场函数的节点值成为新未知量，把一个连续的无限自由度问题变成离散的有限自由度问题，只要节点未知量解出，便可以确定单元组合体上的场函数。随着单元数目的增加，近似解收敛于精确解。

常见的有限元计算方法是由变分法和加权余量法发展而来的里兹法和伽辽金法（Galerkin）、最小二乘法等。对于权函数，伽辽金法（Galerkin）是将权函数取为逼近函数中的基函数；最小二乘法是令权函数等于余量本身，内积的极小值则为对待求系数的平方误差最小；在配置法中，先在计算域内选取 N 个配置点，令近似解在选定的 N 个配置点上严格满足微分方程，即在配置点上令方程余量为 0。

有限元方法从计算网格的形状来划分，有三角形网格、四边形网格和多边形网格；从插值函数的精度来划分，又可分为线性插值函数和高次插值函数等。插值函数一般由不同次幂的多项式组成，但也有采用三角函数或指数函数组成的乘积表示，但最常用的是多项式插值函数。有限元插值函数分为两大类：一类只要求插值多项式本身在插值点取已知值，成为拉格朗日（Lagrange）多项式插值；另一种不仅要求插值多项式本身，还要求它的导数值在插值点取已知值，成为哈米特（Hermite）多项式插值。单元坐标有笛卡尔直角坐标系和无因次自然坐标系，有对称和不对称等。常采用的无因次坐标系是一种局部坐标系，它的定义取决于单元的几何形状，一维看作长度比，二维看作面积比，三维看作体积比。

有限元法的不足是：有限元法常常需要巨大的存储容量，甚至大得无法计算，由于相邻界面上只能位移协调，对于奇异性问题（应力出现间断）的处理比较麻烦。

拉格朗日快速差分法（FLAC法）源于流体力学。它首先由 Cundall 在 20 世纪 80 年代提出来的，其基本原理类似于离散元法，但它却能像有限元那样适用于多种材料模式与边界条件的非规则区域的连续问题求解。在求解过程中，FLAC 又采用了离散元的动态松弛法，不需要求解大型联立方程，便于在微机上实现。

在进行数值模拟时，FLAC 和有限元程序这两种方法都将每个单元的一系列差分方程转换为矩阵方程，将节点力和节点位移联系起来。尽管 FLAC 方程是用有限差分方法推导而来，但是对弹性材料用 FLAC 得到的单元矩阵和对常应变三角形单元的有限元方法得到的单元矩阵是一致的。

另一方面，同以往的差分分析相比，FLAC 在以下几个方面做了较大的改进和发展：它不但能处理一般的大变形问题，而且能模拟岩体沿某一弱面产生的滑移变形。一般有限单元法可以用来解决材料非线性问题，但对于大变形的几何非线性问题，一般有限单元法和边界元法都无能为力。拉格朗日法是分析非线性大变形问题的数值方法，它依然遵循连续介质的假设，利用了拖带坐标系的优点。用差分法或按时步显式迭代求解，不但可以解决几何非线性，也能解决材料非线性问题。

1.4 FLAC 与通用有限元软件的比较

ABAQUS、ANSYS、COMSOL、Geostudio、Plaxis 和 FLAC 均为与岩土计算相关的 CAE 数值模拟分析软件，其中 ABAQUS 和 ANSYS 是目前在市场上广泛应用的大型通用的有限元软件，已经应用到了各个工业领域；COMSOL 为多场耦合专业分析软件。

FLAC、GeoStudio 及 Plaxis 这三个软件都是用于岩土工程计算方面的，它们之间的本质区别是 FLAC 使用的是有限差分，应用快速拉格朗日算法计算岩土体的变形与稳定性，而 GeoStudio 和 Plaxis 软件使用的都是有限单元法。从软件的功能上来说，FLAC 在计算岩土体破坏后的大变形及峰后特性问题有独特的优势性，GeoStudio 分析模块多，且容易上手，但 3D 功能比较欠缺。Plaxis 对于土体稳定计算或土体中的渗流计算有一定优势，但其 Professional 版本的 Bug 较多，后来又推出了 Plaxis for 3D Tunnel 版本，在做隧洞的稳定分析上功能较强。

在前处理方面，ANSYS 为用户提供了便于操作的窗口，用户可以用点-线-面-体的方法建立三维几何模型；ABAQUS 需要把各个部分分别建立，然后再进行组合；FLAC 需要用户编写命令。基于上述特点，运用 ANSYS 建立几何模型，利用程序将模型数据转化为可以读入的模型程序，可以简化工作量。后来 ITASCA 公司又开发了专门的前处理软件 KUBRIX，FLAC3D 的 5.0 版本在网格生成方面有较大的改进，具体内容将在第三章中介绍。在后处理方面，FLAC3D 有明显优势。它操作简便，成图效果较好，文本编译也很方便。

FLAC 可以说是岩土工程的通用计算程序，可用于解决一般有限单元法不能解决的岩土材料大变形和破坏问题，不过上手较慢，必须有较好的力学基础和长期的实践积累才能真正地掌握。

第二章 FLAC3D 5.0 新功能及快速入门

2.1 FLAC3D 5.0 新功能概述

2.1.1 FLAC3D 5.0 简介

FLAC3D 5.0 是 FLAC3D 软件的第五个大版本更新。相对于前几个版本来说，在计算效率和操作性上有了很大的飞跃。FLAC3D 软件版本号的命名规则如下：

VERSION 5.00.99
　　　　　└──→ 小版本号，打补丁
　　　　└────→ 中版本号，有较大的更新
　　└──────→ 大版本号，第几代

FLAC3D 软件版本号的命名可分为三个部分，分别是大版本号、中版本号及小版本号。大版本号一般只用一个数字表示，意味该软件的第几代版本，每一代之间都有着较大的区别，往往是增加了新的功能，有较大的变化，甚至软件可能重新编译过。中版本号一般采用两位数字表示，在 V5.0 以前都是 10 的倍数，但是从 V5.0 开始用 01 表示，该版本号的出现意味着大版本出现过重大的调整，增加了代码，或是修正了比较大的错误。小版本号一般为连续的一系列数字，从软件测试期开始定为 1，一直到正式发布后，意味对大版本的维护，通俗地来说就是"打补丁"，对软件运行中出现的问题进行修正更新。

国内目前采用最多的 FLAC3D 软件版本，为 V3.00 和 V3.10，主要以命令驱动模式为主，在图形显示及交互式操作上较不方便。对于 V4.0 的版本来说，重新设计了 FLAC3D 软件的操作界面，在交互式操作上有了较大的改进，但是由于没有重要的创新及用户的难以适应，该版本在国内较少提及。新一代的 V5.0 版本是在 V4.0 的基础上加以改进，新增加了一些前处理及后处理的功能，使得该软件更加强大。

FLAC3D 软件目前已进入了 V5.01 版本，其本质上对于原 V5.00 版本进行了较大的改进，新增加了一些代码，同时功能上也做了一些调整，增强了其易用性。

2.1.2 FLAC3D 5.0 新功能

FLAC3D 5.0 版本在其原有的版本上有了较大的改进，可以称得上具有突破性的变化。一般对于评价数值模拟软件主要有三个方面，即前处理功能、计算效率以及后处理功能，另外界面的可操作性也是十分重要的。FLAC3D 5.0 主要的新功能如下：

1. 优化代码，全面提升软件运行速度；
2. 改进前处理功能，如新增的交互式 2D Extruder、用户自定义几何结构及改进的视图鼠标操作等；
3. 增强的后处理功能，如剖面线、新的出图选项、增强出图效果等；

4. 新增加的代码，如 UNDO；
5. 增强 FISH 语言功能，增加新的功能函数；
6. 新增附加功能。

2.1.2.1 速度提升

FLAC3D 5.0 版本的运行速度提升主要体现在两个方面：一是总体的运行速度提升了 20%（相对于 V4.0），这得益于改进优化的编译器；二是在结构单元的算法上其生成速度提升了 30 倍甚至更多，其中就单线程来说提升了 10 倍，而采用多线程后，对于一个四核的处理器来说又在单线程的基础上提升了 3 倍。另外，对于多文档的处理，采用了内置文本编辑器后，改进了代码的编写效率。

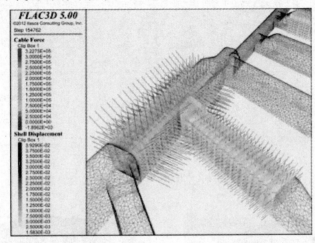

图 2-1　FLAC3D 5.0 结构单元

2.1.2.2 建模功能

FLAC3D 传统的建模方法可比喻为"堆积木"，意即将模型的每一部分划块堆砌。这样的建模方法相对来说较为灵活和精确，也回避了 ANSYS 等软件建模过程中的布尔操作失败，但是需要对于建模命令十分熟悉，往往初学者难以适应，而且建模的效率不高。

FLAC3D 5.0 版本在建模功能上有较大的改进（图 2-2～图 2-4）。首先，该版本提供了一种由二维剖面图推拉成三维模型的交互式建模功能，即 2D Extruder。其次，引入了一种可直接导入几何元素（Geometry）的命令，可将 DXF 格式的几何点、线及面网格直接导入到软件中，用于辅助建模。然后，该版本还引入了随机裂隙网格（Discrete Fracture Network，缩写为 DFN）。

除了新增加的建模功能以外，FLAC3D 5.0 版本在其以往的交互功能上也进行了加强。FLAC3D 4.0 是增强交互式界面的开始，对于鼠标操作的体验大大改善，而 V 5.0 版本在其基础上进一步提升了图形界面的鼠标操作体验。

在 FLAC3D 5.0 版本中，RANGE 命令得到增强，主要体现在三个方面：一是通过该命令可圈定几何元素在物体边界的范围；二是对于接触面（Interfaces），可通过该命令来选择单元或分组；三是通过该命令与模型的面来选定单元或分组。

此外，在传统建模功能上，新版本提升了单元生成的效率，并且在网格点及单元的搜寻上可以依照位置显示。对于接触面的生成，新版本提高了其灵活性及速度，并且接触面的节点及要素现在可以赋予额外的变量矩阵。

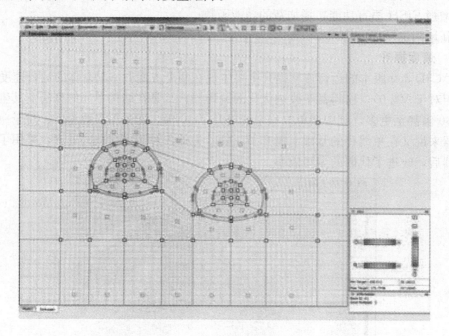

图 2-2　2D Extruder 功能

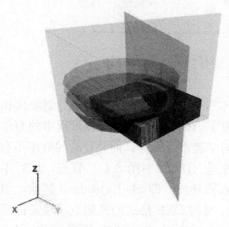

图 2-3　Geometry 功能

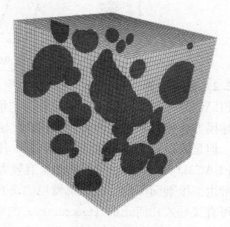

图 2-4　DFN 功能

2.1.2.3　出图功能

FLAC3D 5.0 版本在原有的强大后处理功能的基础上，运用技术革新及针对用户体验又做出了新的变化。

FLAC3D 5.0 图形输出主要为位图图像（Bitmap），可保存为 .png 或 .bmp 格式的图片。另外，还可保存为 Postscript（可通过 Adobe distiller 转化为 .pdf 格式）、VRML、SVG 格式，也可将数据直接保存到 Excel 电子表格中。

在输出的图形质量方面，如图 2-5 所示，有了较大的提升。图例、图标等都以打印机的原始分辨率显示，减少了输出图形与 PLOT 视图之间分辨率的差距。在云图选项中，新增了云图的色彩显示类别。此外，新增加了模型的透明显示功能，使得用户更方便观察模型内部的情况。

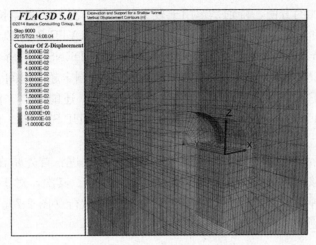

图 2-5　FLAC3D 5.0 出图效果

　　FLAC3D 5.0 采用改进的用户组自定义数据，将标量、矢量、张量分别用不同的三种形式显示，更多的额外变量可定义为组（Group）。同时，改进了图形算法更新，并增加了多种输入/输出格式。

　　此外，还可以在应力、应变张量的出图中额外增加量，如应力第二不变量、冯·米塞斯应力、八面体应力及正、总应力的计量。接触面可作为实体面的形式输出，用 ID 号来制定颜色。剖面线可列出并采用有颜色的线显示，或者以表格的形式输出，可包含任何模型字段的变量。

2.1.2.4　命令行功能

　　FLAC3D 软件传统的运行模式是采用命令行的形式，在新的 5.0 版本中，该种模式不仅没有削弱，为了方便用户的操作反而进行了增强。

　　命令行区域可保存所有输入记录，所有影响模型状态的文件都作为记录的部分保存。并且，在 GUI 界面的模型状态窗格将显示记录，并且提供复制/粘贴功能，如图 2-6 所示。

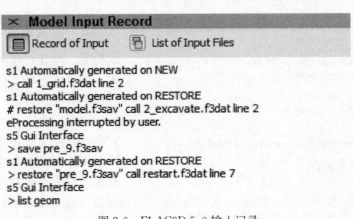

图 2-6　FLAC3D 5.0 输入记录

在命令控制方面，新版本增强了 CALL 命令，使得其不仅可以从某一行代码开始执行，或者文件的某一标签执行，还能用一个命令来执行几个文件。UNDO 命令的加入，使得命令行功能更加的方便，特别是运用于较为复杂的情况下，避免长代码的重新输入，这在软件运行的各阶段都是很有帮助的。在使用 GENERATE ZONE 命令时，可以使用更多的子分组（slot），并且可使用 GENERATE ZONE DENSIFY 命令将已有的单元加密。增强的 SYSTEM 命令不仅可以通过多个命令，还能制定超时时间。

增强的 GROUP 功能使得不仅可以对单元进行分组，还能对点、面等进行分组，如使用 GROUP FACE，GROUP GP，GROUP SEL，GROUP SELNd，GROUP SELLk 等命令。

在对于错误表示信息的反馈上，新版本做出了一些改进。首先是在代码使用"!"符号为该行起始时，该行执行的错误是预知的并将被忽略掉。其次，对于代码运行中出现的警告会累积在一个弹出的对话框中，但不会阻止程序的运行（图 2-7）。此外，在 GUI 界面的批处理中允许创建 Project 文件。

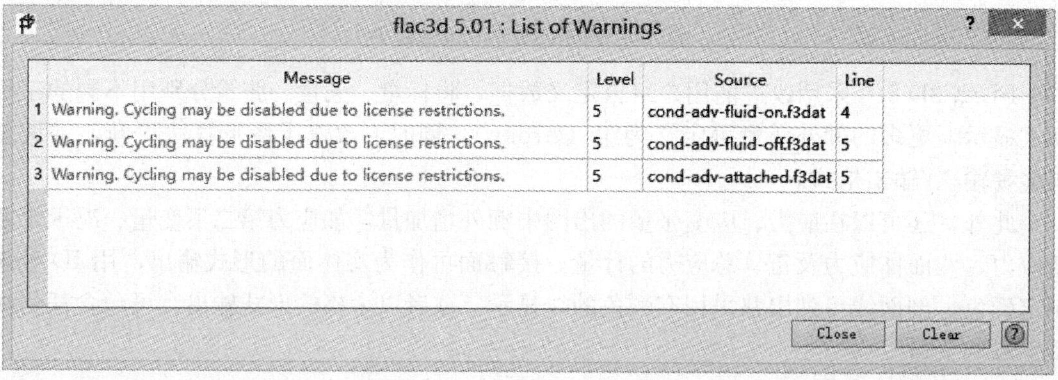

图 2-7　FLAC3D 5.0 警告记录

2.1.2.5　FISH 语言功能

FISH 语言功能是 FLAC3D 软件中一项十分重要的功能，这一语言极大地丰富了该软件的内涵，使其在工程中的运用更加灵活多样（图 2-8）。具有内容将在第四章中说明。

以往的 FISH 语言定义变量需要一个完整的结构，即必须定义一个完整的函数。但是，在 V5.0 版本中为了使用变量的方便，新增加了 FISH 语言的内嵌功能。现在，在 FLAC3D 的命令中，可将内嵌的 FISH 程序整体作为一个参量执行。

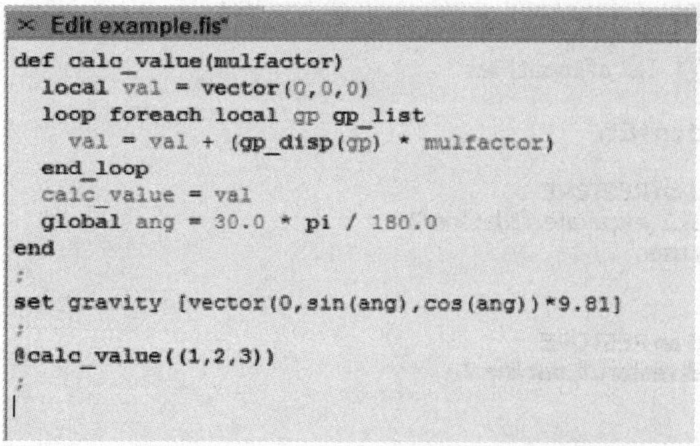

FISH 语言中定义的变量在 V5.0 版本以前是默认为全局的，而在 V5.0 版本中这一功能发生了改变，对于变量的定义现在也有了全局（global）和局部（local）之分，一般在 LOOP 语句下创建 local

图 2-8　FLAC3D 5.0 中的 FISH 语句

变量。

为了使 FISH 语言更加接近编程语言的习惯,在 V5.0 版本中新增加了 EXIT LOOP（跳出循环）、CONTINUE（跳过循环中的其他代码）、ELSE IF（选择分支）命令。

另外,FISH 函数现在可以作为一个集合,来得到大小,指定类型等,并且命令处理程序可正确解析嵌套函数或数组参数,并可以用来分配矢量值。同时,FISH 文件支持附加文件,可以使用 FISH 来固定孔压,FISH 数组可以引用计数,但如果内部或外部符号没有引用它们的时候就会被删除。

2.1.2.6 附加功能

FLAC3D5.0 相对于以前的版本除了在运行速度、前处理、后处理、代码编写及 FISH 语言功能方面有所增强外,还有另外一些新的改进。

在本构模型方面,关键字 BRITTLE 加入到 Mohr-Coloumb 材料中,如果该项设为真,那么在拉伸破坏区其拉伸软化将立即变为 0。并且本构模型及 FISH 内置插件的开发现在可作为项目模板安装到 Microsoft Visual Studio 2010 中,从而更加容易实现。在结构单元方面,结构单元节点间的刚性连接可以是递归的并能正确执行。

在图形界面方面,通过封装/解封项目文件包,可以将项目文件信息作为档案保存,或者支持发送,并且信息框中增加了"复制到剪贴板（Copy to Clipboard）"选项,同时在 GUI 界面下可进行安全密钥的升级（图 2-9）。

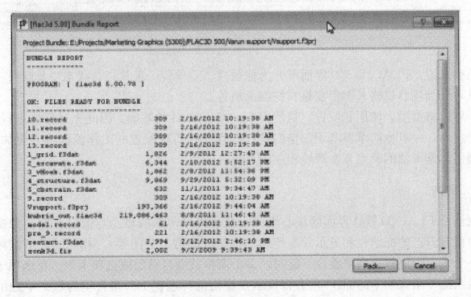

图 2-9　FLAC3D 5.0 项目文件信息

此外,新增加了可选的能量计算,能追踪弹性应变能及消散的塑形应变能。代码现在支持完整的 Unicode 格式,并扩充了环境变量字符串。

2.2　FLAC3D 5.0 界面介绍

FLAC3D5.0 界面延续了 V4.0 版本的风格,在 V3.10 版本的基础上增强了人机交互式操作（图 2-10）。

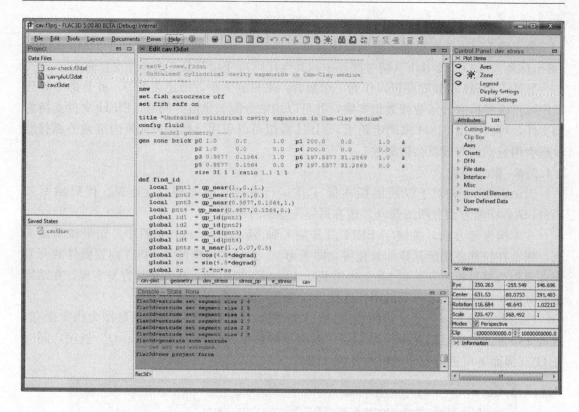

图 2-10 FLAC3D 5.0 界面

总体来说，FLAC3D 5.0 界面可分为标题栏、菜单栏、工具栏、状态栏及窗格，其中窗格又可分为项目窗格、图形窗格、控制面板等。

了解窗格类型、使用和配置，是使用 FLAC3D 软件的基础。因此先对窗格进行说明。用户会发现，一旦他们掌握基于窗格的设计的程序，实现配置的工作流程将会更加简单。这是提供非常灵活的模型开发环境程序的关键。

2.2.1 窗格

窗格是 FLAC3D 软件界面的核心组成。在主程序窗格的显示与窗口一样。像窗口一样，窗格有自己的标题栏和显示状态控制的按钮（隐藏、关闭等）。相同的矩形区域可能包含一个或多个窗格；当堆叠在一起时，多个窗格就会自动组成选项卡集。在选项卡集里面，活跃的一组选项卡的标题/内容将显示在窗格的标题栏上。集合里为每个单独的窗格设置的选项卡名显示在选项卡集底部的左下角。

每个窗格类型执行不同的功能，每种类型提供了一组连贯的功能或功能的程序。有八个窗格类型：

- 命令行（console）
- 控制面板（control panel）
- 项目（project）
- 状态记录（state record）
- 2D Extruder（extrusion）

- 编辑器（editor）
- 图形（view）
- 列表（listing）

在窗格中有一个最为关键的特点，一些窗格是单独的（只能有一个实例），另外一些则不是这样。命令行、控制面板、项目、状态记录和 2D Extruder 窗格（上面列出的前五个）是单独的。因此，这些窗格的显示状态可由主菜单中的窗格菜单（Panes）进行访问。这些窗格可认为是内置的或是"由程序创建的"空间，并且提供访问主要程序的功能（模型创建及处理、项目管理等）。

相比之下，任何时候都可以创建和打开编辑、视图及列表窗格（上面列出的后三个）。这些窗格被认为是"用户创建的"。这些窗格允许用户设计和控制模型的输入（即数据文件），或可视化和访问模型状态信息及结果（包括列表和图形）。这些窗格的显示状态是通过主菜单中的文件菜单（Documents）访问的。

窗格可以执行多种操作：最小化、最大化、隐藏、调整大小或关闭，并可以浮动或者停靠。窗格也可按照预先安排的形式排列，称之为布局（layout）。

控制面板包含在一个窗格中，与前面所描述的其他窗格类似。然而，其他窗格类型内提供程序的一个算法功能（如编辑器窗格、图形窗格及项目窗格的功能），但控制面板不同，它仅被用于与其他窗格相联系的功能（它没有自己的核心作用），而且可动态响应，即根据当前活动窗格来改变并提供合适的工具。在这个意义上它更像是工具栏，而不是像其他窗格类型。目前，控制面板可应用于视图窗格和 2D Extruder 窗格；而在其他面板类型激活的情况下，它没有提供实用的工具。然而，在 FLAC3D 软件的未来版本，这一功能将会改变，并将控制面板用于其他所有面板类型。

＊术语说明：编辑器窗格类型包含数据文件（任何文本文件）；一个视图窗格中包含一个图形。在"编辑"和"视图"指定类型的窗格中，术语"数据文件"和"图形"指的是该窗格的内容。

2.2.1.1 窗格控制

每个窗格都有标题栏。标题栏往往是带有某种类型的名称/内容标签在窗格的左上角，以此来标明活动窗格的文件或项的名称。当有星号（＊）出现在标题名称前面的时候，这种情况表明该文件处于尚未保存的状态。标题栏的右上角包含一个隐藏的按钮（▣）和一个最大化的按钮（▫）。如果点击最大化按钮，该窗格就会占据整个 FLAC3D 的工作空间（除了主菜单、工具栏和状态栏仍能显示以外），在这种情况下，在原最大化按钮的位置会出现一个恢复按钮（▣），可用于恢复之前的窗格大小。隐藏可将指定的窗格在界面中不可见，但是并没有关闭该窗格的内容。隐藏的窗格可以通过文件菜单（Documents）或者窗格菜单（Panes）恢复可见。

一些窗格会存在关闭按钮（✖），点击之后会关闭该窗格及其所包含的内容。该选项可见于编辑器、视图、2D Extruder 和输入记录窗格，而不存在于控制面板、命令行或项目窗格。还有一些窗格会有展开按钮（▼），点击之后将会打开下拉菜单，用户可访问该窗格相关的功能。

窗格控制只能对激活的窗格起作用。这意味着，例如，选项卡集中有六个窗格，其中包括一个编辑器窗格，当关闭该编辑器窗格时，不会关闭所有的六个，而只会关闭该编辑器窗格。该操作结束后，剩下的选项卡组有五个标签保留。

2.2.1.2 窗格类型

FLAC3D 软件包含八种不同类型的窗格，下面就每一窗格的用法和特征分别进行介绍。

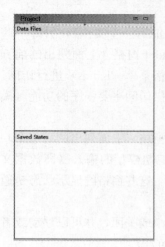

项目窗格（Project Pane）

项目窗格包含一系列的输入文件（数据文件、FISH 等）和与项目相关的保存状态。该窗格可以动态的追踪项目状态，增加访问或创建的文件（图 2-11）。项目窗格中可以看到的项表明当前的状态（例如，已保存、未保存、损坏的链接等）。项目窗格是唯一的，如同命令行、输入记录、控制面板和 2D Extruder 窗格一样，通常是可用的并不能完全关闭，但是可以根据用户的需要进行隐藏。

编辑器窗格（Editor Pane）

数据文件、FISH 文件或任何 ASCII 文本文件都可以在编辑器窗格内进行编辑。如图 2-12 所示，在编辑器窗格内的文本通过语句着色来突出 FLAC3D 命令语法。多个编辑器窗格

图 2-11 项目窗格

（每个都包含一个文档文件）可以同时打开；打开的文档文件的文件名显示在该窗格的标题栏处。编辑器的默认属性（如字体，字体大小，背景等）都可以在选项对话框（Options dialog）中进行设置。

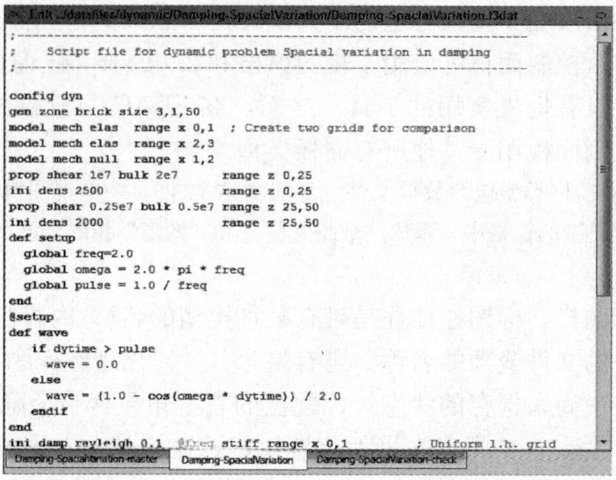

图 2-12 编辑器窗格

视图窗格（View Pane）

一个视图窗格包含单个模型可视化，也就是说一个图形（Plot）。视图窗格（图 2-13）创建的数目是没有限制的。图形可通过控制面板窗格帮助进行生成，并可对图形进行快速的组合，修改和细化。

控制面板窗格（Control Panel Pane）

控制面板提供了工具（控件集），旨在协助处理其他窗格的内容（图 2-14）。在这方面控制面板比 FLAC3D 软件中的其他窗格更类似于一个工具栏，但它所提供的功能和能在其中找到的工具比常规的工具栏所提供的更加复杂。目前可以在视图窗格或 2D Extruder 窗格中使用控制面板。控制面板的功能提供了控件集，用户可以指定控件集在

第二章　FLAC3D 5.0新功能及快速入门

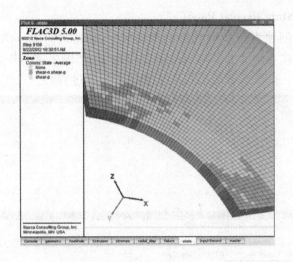

图2-13　视图窗格

控制面板中是否显示。控件集的显示可以使用在工具栏中的切换按钮进行切换：

控制面板窗格是唯一（只能有一个）且不变（不能完全关闭），但它可以在视图中隐藏。

命令行窗格（Console Pane）

命令行包含命令提示符和它的输出（图2-15）。在FLAC3D软件中只能有一个命令行窗格。FLAC3D的命令可由命令提示符输入或数据文件导入，当该命令执行时，命令提示符上方显示输出消息提示。显示在命令行窗格文本的颜色用来表示不同的输出类型（正常、信息、警告、错误）。命令行的默认属性（如字体、背景、颜色、文本格式等等）可以在选项对话框中进行设置。

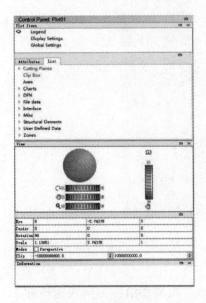

图2-14　控制面板窗格

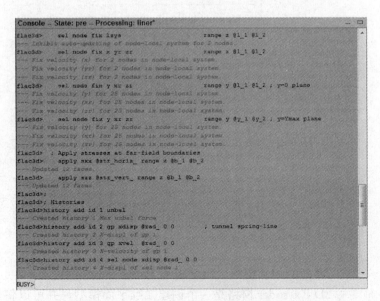

图2-15　命令行窗格

状态纪录窗格（State Record Pane）

状态记录提供了创建当前模型状态的所有输入内容的清单（图 2-16）。它有两种模式，即记录的输入模式，显示了创建当前状态的命令；"输入文件"列表，列出已经被调用的任何文件（调用、打开或者用于当前模型状态创建过程）。

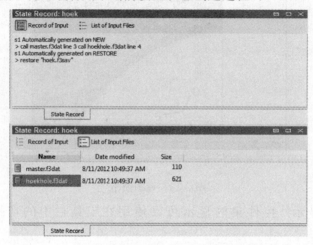

图 2-16 两种类型的状态记录窗格

列表窗格（List Pane）

列表窗格可在命令提示符处输入 LIST 命令而即时自动创建，并在 FLAC3D 软件中生成文本输出（图 2-17）。每次打开的列表窗格数量是没有限制的。列表窗格的标题栏和标签可由 LIST 命令生成。列表窗格的默认属性，包括创建一个新的列表窗格所需输出行的最小数目，可以在选项对话框中设置。

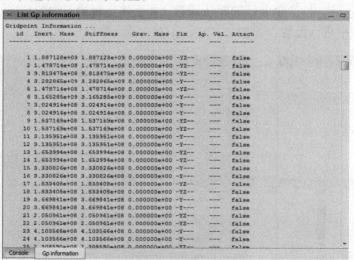

图 2-17 列表窗格

2D Extruder 窗格（Extrusion Pane）

2D Extruder 窗格是一个创建二维平面模型，并可以将该二维模型沿一方向快速拉伸成三维模型并划分网格的工作空间（图 2-18）。具体建模方法详见第三章。

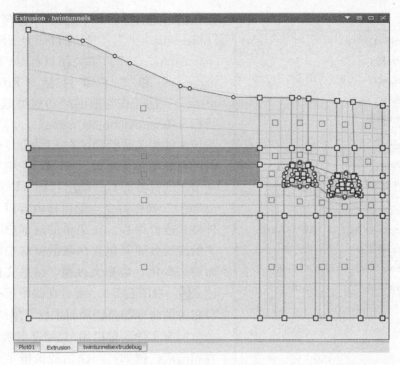

图 2-18　2D Extruder 窗格

2.2.2　菜单栏

FLAC3D 中的菜单栏包括七个菜单：文件（File）、编辑（Edit）、工具（Tools）、布局（Layout）、文档（Documents）、窗格（Panes）及帮助（Help）。

2.2.2.1　文件菜单

文件菜单有三种不同组的操作（图 2-19）。每组在菜单上由分隔线分开。

第一分组中的命令专门是针对项目的，如"新建（New）"，"打开（Open）"，和"关闭（Close）"的操作。"保存（Save）"操作将保存当前项目的文件及所有项目中已经在 FLAC3D 软件中打开的项（可以将部分没有打开的项作为该项目的一部分。）"另存为（Save Project As...）"操作将生成当前项目文件的副本。

注意：所有与原项目文件相关联的项也可以与一个新建的项目相关联，即项目文件的副本（重新命名），但是项的副本不会再重新生成。

第二分组的命令用于管理项。"新建项（New Item）"操作将生成一个新的数据文件或视图（该操作将会弹出选项）。"打开项（Open Item...）"操作将弹出打开项的对话框，可以导入一个已存在的项到项目中（图 2-20）。当生成一个新的项或者打开该项后，那么此项就会自动加入到当前项目中。"保存所有项（Save All Items...）"操作会保存当前在 FLAC3D 软件中打开的数据文件；但不会保存模型状态或者项目文件。如果在 FLAC3D 中打开的一个项在过去没有保存，那么该操作将显示一个文件保存对话框来提示用户输入文件名和路径。而如果在该项目中的所有文件过去都已保存，那么该操作将保存所有文件到它们存在的路径并不显示文件保存对话框。

第三个分组一般用于 FLAC3D 软件中激活面板的内容控制。菜单这部分的命令包括

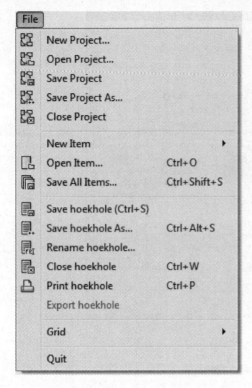

图 2-19 文件菜单

激活窗格的名称。如下选项,"保存目标(Save [object name])"、"另存目标为(Save [object name] As...)"、"关闭目标(Close [object name])"和"打印目标(Print [object name])"的操作与前面的功能类似。"重命名目标(Rename [object name]...)"将重命名与该文件相关联的项;在 FLAC3D 软件中该项的所有标签都会更改(例如,在项目窗格、选项卡上的标签等)。"输出目标(Export [object name])"操作将令当前窗格内容以一种新的文件格式进行保存。在菜单的这部分,与命令相关的按钮会随着包含在激活窗格中内容的类型而动态变化(数据文件█,结果文件█,模型记录█,视图█等)。所有在菜单第一部分与项目相关的命令都是用项目图标(█)。

所有文件菜单启用/禁用都与激活窗格的内容相适应。例如,当激活的窗格是一个数据文件(如图 2-20 所示),命令"输出(Export)"就不能用,因为这个命令不适用于数据文件;当命令行是激活的窗格时,命令"打开(Open)"、"重命名(Rename)"、"关闭(Close)"、"打印(Print)"和"输出(Export)"等都禁用了,因为它们不能对模型状态文件进行操作。

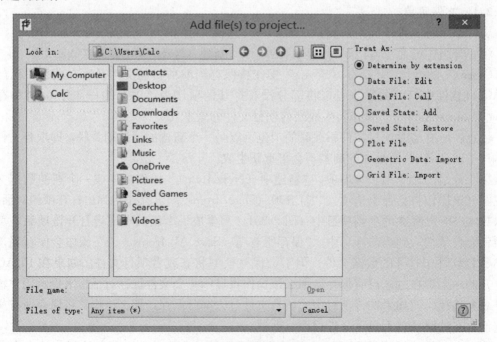

图 2-20 打开项对话框

在文件菜单中的"网格（Grid）"选项允许用户"导入（Import）"或"导出（Export）"一个网格模型。注意相同的操作通过打开项（Open Item...）菜单选项找到，并在打开项对话框中选择"网格文件（Grid File）"。如果选择"导入（Import）"，就会通过一个对话框来提示用户选择要导入的网格文件；如果选择"导出（Export）"，会出现一个对话框提示用户命名及保存数据文件，该数据文件将自动将网格信息储存起来，网格信息可通过 IMPGRID 命令导入 FLAC3D。

2.2.2.2 编辑菜单

主菜单中的"编辑（Edit）"菜单如图 2-21 所示。这些命令根据当前环境启用/禁用，例如，文本是否被选中将决定这些命令是否可用。

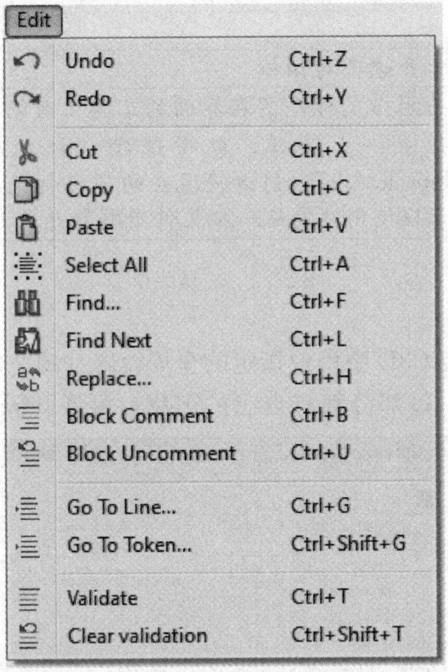

Undo	撤销
Redo	重做
Cut	剪切
Copy	复制
Paste	粘贴
Select All	选择所有
Find…	查找
Find Next	查找下一个
Replace…	替换
Block Comment	将选中的内容作为批注
Block Uncomment	取消选中的内容为批注
Go To…	到哪一行
Validate	检查是否有语句错误，但不执行，并将错误的语句高亮标出
Clear validation	清除标选的错误语句的高亮显示

图 2-21 编辑菜单

2.2.2.3 工具菜单

在工具菜单下,当点击选项对话框(Options…)后,就会弹出一个用于设置FLAC3D软件运行环境的对话框(图2-22)。

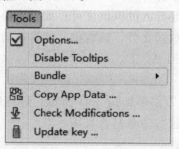

Options…	打开选项对话框
Disable Tooltips	关闭当鼠标停留在界面的工具上时的提示信息
Bundle	弹出一个菜单,包含选项"打包(Pack…)"和"解开(Unpack…)"。前者将现在的项目打包成一捆文件,后者调用对话框使用户能从一捆文件中解开并在FLAC3D软件中打开

图2-22 工具菜单

选项对话框(Options)

选项对话框是用于FLAC3D中用户指定的全局设置(图2-23)。该对话框依据功能分离成几个条理清晰的区域。每部分都有自己的名称,可展开或收缩,其控制的内容如图

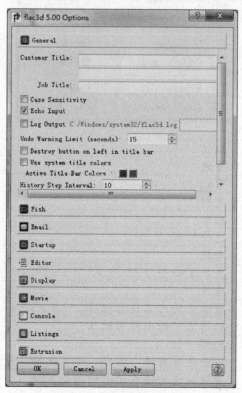

图2-23 选项对话框

2-24～图 2-33 所示，包括：常规（General）、FISH、Email、开始（Startup）、编辑器（Editor）、显示（Display）、录制（Movie）、命令行（Console）、列表（Listings）、2D Extruder（Extrusion）。

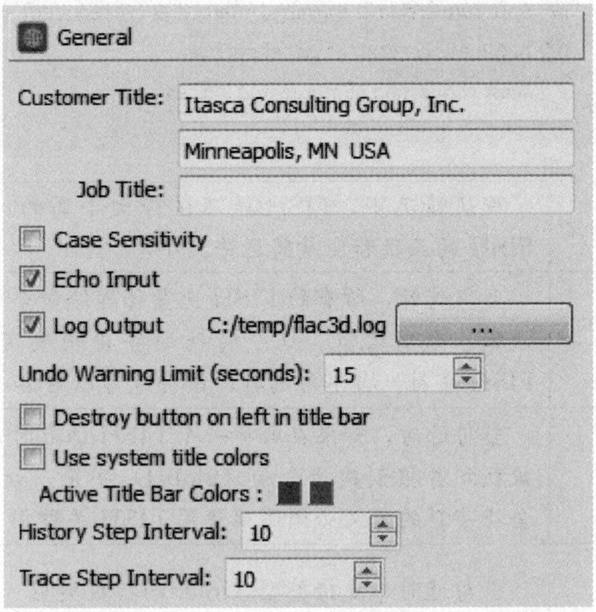

Customer Title	可输入用户的姓名和单位，在视图左下角显示
Job Title	工作名，可在视图区域显示
Case Sensitivity	选中时，程序命令将区分大小写
Echo Input	选中时，将输入的命令（通过命令提示符或者是数据文件）作为命令行的一部分，即可显示输入的命令
Log Output	选中时将输出记录（log）文件，并制定文件存放路径
Undo Warning Limit（seconds）	撤销命令将需要比这里指定的秒数更长的时间，并将调用一个警告对话框。对话框显示撤销命令预计完成的时间，及允许用户取消命令的机会
Destroy button on left in title bar	当勾选时，窗格的关闭按钮将会移到标题栏的左边
Use system title colors	当勾选时，FLAC3D 软件中激活窗格的标题栏将使用计算机系统基本的颜色。默认情况该选项没有勾选，FLAC3D 激活窗格标题栏使用的颜色将在这一行下呈现样本，并可通过用户自己的选择进行更改
History step interval	记录的步数间隔
Trace step interval	追踪的步数间隔

图 2-24 常规（General）部分

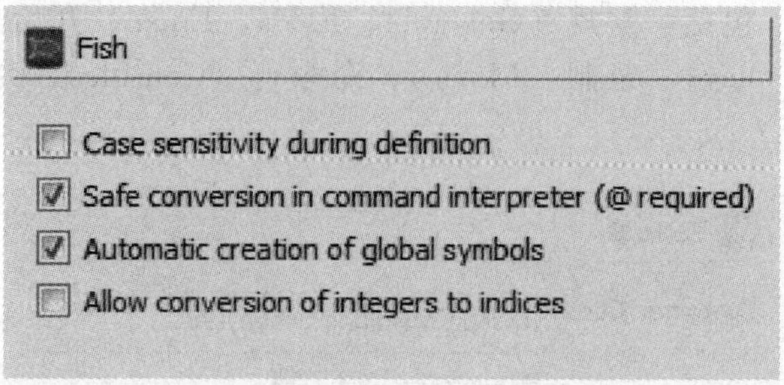

Case sensitivity during definition	默认情况下，FISH 是不区分大小写的。勾选此项，所有 FISH 的函数和变量将区分大小写
Safe conversion...：	当勾选时，所有的 FISH 变量传递给命令处理器的时候都必须加一个前缀@。这个特殊的字符明确定义了这些变量为 FISH 字符。当不勾选时，该符号可以省略
Automatic creation...：	当勾选时，如果在解析一个 FISH 函数时，未指定的名称将被找到并被创建为全局（global）字符。如果此项没有勾选，全局字符的定义必须明确使用 FISH 关键词 global
Allow conversion...：	当勾选时，支持整型（int）向指数类型（index）转换

图 2-25　FISH 部分

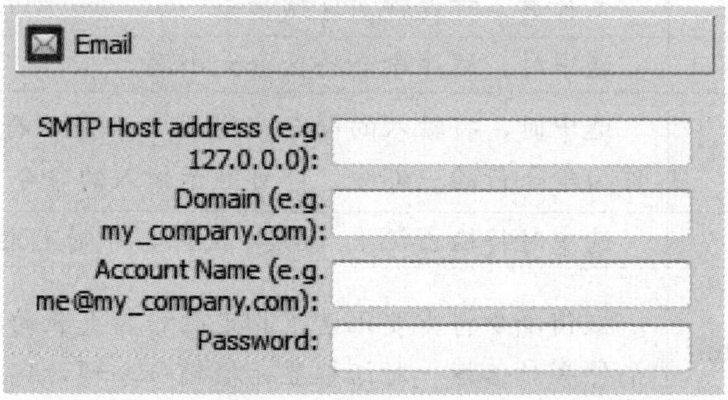

SMTP Host	使用 Email 命令设置 SMTP 主机名。该值的局部声明量（例如，在数据文件中）将会覆盖这里指定的值
Domain	使用 Email 命令设置公司域名。该值的局部声明量（例如，在数据文件中）将会覆盖这里指定的值
Account	使用 Email 命令设置 SMTP 中的账户名。该值的局部声明量（例如，在数据文件中）将会覆盖这里指定的值
Password	使用 Email 命令设置 SMTP 中的账户密码。该值的局部声明量（例如，在数据文件中）将会覆盖这里指定的值

图 2-26　Email 部分

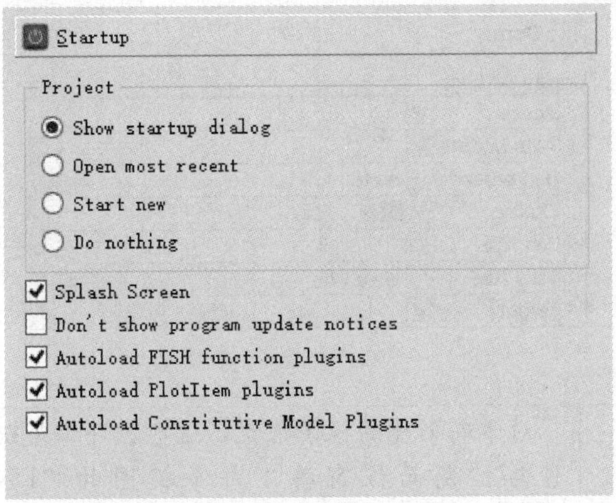

第二章　FLAC3D 5.0 新功能及快速入门

Project Options	当 FLAC3D 软件启动时，首先将执行下面四个之中的一个操作。Show startup dialog：当启动的时候，弹出一个启动对话框，让用户选择下一步操作（打开最近的项目，开始一个新的项目等）。Open most recent：当启动的时候，直接打开最近的项目。Start new：当启动的时候，开始一个新的项目。Do nothing：当启动的时候，不执行任何操作。当最后三项选中的时候，不会弹出启动对话框
Splash Screen	勾选时，启动软件的时候会出现启动画面
Don't show program update notices	勾选时，启动软件将不提示版本更新信息
Autoload FISH function plugins	勾选时，FISH 函数插件随着软件启动自动加载
Autoload PlotItem plugins	勾选时，出图插件随着软件启动自动加载
Autoload Constitutive Model Plugins	勾选时，本构模型插件随着软件启动自动加载

图 2-27　开始（Startup）部分

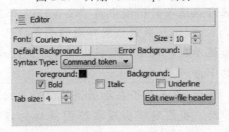

Font　Size	设置编辑器中文字的字体和大小
Default Background Error Background	设置编辑器的背景颜色，及当使用"Validate Syntax"检查代码时，出现错误的高亮颜色
Syntax settings	使用下拉选框来选择用户设计的语法格式。一旦选定，使用色卡来设置语法格式的前台和后台的颜色，使用 Bold、Italic 和 Underline 复选框来进一步定义文本格式
Tab size	设置选项卡标签大小（使用间隔符号）
Edit new file header	该按钮将调用一个对话框来制定模板化文档，将自动插入到任何新创建的文件的顶部

图 2-28　编辑器（Editor）部分

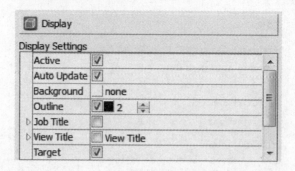

Display Settings

About Display Settings	对于新创建的视图来说，这些控件都是默认值。此处可用控件与控制面板窗格下每个视图的"Display Settings"和"Global Settings"视图项是一致的。一个视图中的控件设置将"覆盖"此处的一般设定
Active	勾选时，每个视图项在创建时都是激活的；否则，每个视图项在创建时都不激活
Auto Update	勾选时，视图将在一个给定的间隔计算步内刷新（由下面"Global Settings"中的"update interval"控件指定）。如果没有勾选，视图必须使用工具栏中的 Regenerate Current Plot 工具进行刷新
Background	使用弹出颜色选择器表示/设置视图的背景
Outline	表示/设置绘图区域轮廓的颜色和尺寸，绘图区域指的是视图中排除图例的矩形区域
Job Title	表示/设置绘图区域工作标题的颜色、尺寸、字体和样式。当显示时，工作标题将出现在绘图区域的顶部。工作标题的内容可在选项对话框中的"General"部分设置
View Title	表示/设置当前视图标题的颜色、尺寸、字体、样式及文本。当显示时，视图标题将出现在绘图区域的顶部，并在工作标题的下方
Target	表示/设置是否在绘图区域显示目标视图的方形区域。当显示时，视图题将出现在绘图区域的顶部，并在工作标题的下方。无论视图窗口长宽比如何改变，目标视图方形区域内的所有图形对象将呈现
Movie	勾选时，每个新的视图都可作为一个制定初始指标（用于命名连续输出位图）的输出录制文件的源
Legend	提供可用于配置图例默认外观和位置的子控件，并指定项（时间、步数、用户、标题、查看信息等）是否包括在图例中

图 2-29 显示（Display）部分（一）

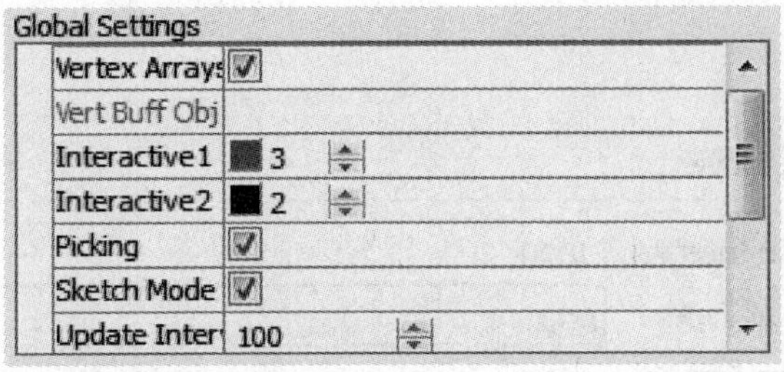

Global Setting

Vertex Array	指定/表示顶点数组是否用于在 OpenGL 中绘制对象。默认值为打开。关闭该项有时可提高在旧的 OpenGL 显示驱动下的图像质量。注意关闭此项也意味着 vertex buffer objects 该项同时关闭。
Vert Buff Obj	指定/表示 OpenGL 扩展的顶点缓冲对象是否可用。默认值为打开。关闭该项可提高在旧的 OpenGL 显示驱动下的图像质量
Interactive1	指定/表示突出轮廓的颜色和粗细,用于描绘在绘图中出现并在操作鼠标模式激活下选中的任何交互式对象(绘图项、交互范围、图例等)
Interactive2	指定/表示轮廓边界点的颜色和粗细,用于描绘在绘图中出现并在操作鼠标模式激活下选中的任何交互式对象(绘图项、交互范围、图例等)
Picking	启用/禁用 picking 这一项,该项控制交互性渲染元素在屏幕上的显示。在某些情况下关闭该项可以使得绘图渲染速度变缓
Sketch Mode	启用/禁用 sketch mode,该项是一种折减的渲染方法比完全渲染的速度要快。绘图含有非常大量的项时,在 sketch mode 下的渲染操控起来更快
Update Interval	指示/设置视图刷新的间隔值(计算循环的步数)。注意视图总是在执行完 CYCLE 命令后刷新,与该项设置无关
Print Size	指定/指示输出到打印机的位图默认尺寸(x、y 向的像素)
DXF Warning	当输出一个视图到 DXF 文件时,指定/指示是否显示 DXF Warning;这个警告提醒用户输出 DXF 功能的限制
Movie	指定/指示录制视频文件帧捕获的间隔、位图的格式类型框架、位图的尺寸、使用的文件名前缀(结合索引号)。注意这些设置是全局的,计算中标定生成录制文件位图的任何视图中生效。

图 2-29 显示(Display)部分(二)

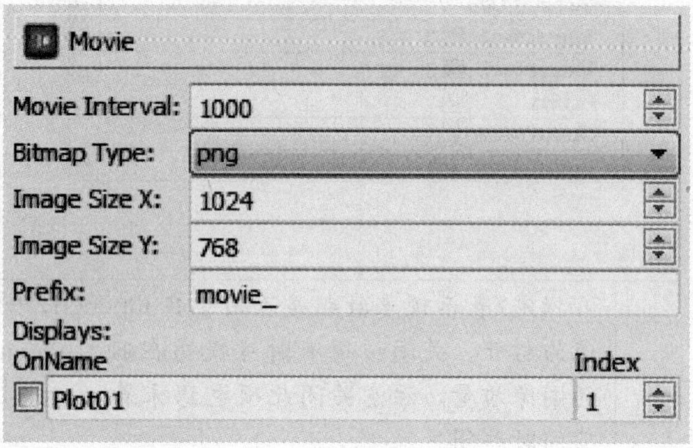

About Movie Settings	程序中任何打开的视图都可用于生成录制视频的源文件（录制输出位图）。该部分提供了当前所有可用视图的列表。每个视图都在视图项"Display Settings"中有一个"movie"的设置，能直接设置该视图的录制状态。注意以下的控制方式是相通的：在单独的视图选项中设置录制功能为"on"，同时在选项对话框中该选项也会改变；而在选项对话框中关闭录制功能，相应的在视图选项下该选项也会处于关闭的状态。还要注意，前五个选项是全局的；在一个视图选项中改变它们的设置，所有的视图都会发生同样的改变
Settings	Movie Interval：设置抓图的间隔计算步数。Bitmap type：设置抓图图像的输出格式。Image Size X：（and Y：）：指定抓图的像素大小。Prefix：指定抓图文件的文件名前缀。Displays：部分列出了所有可用的视图。每个视图都可以用选项框来控制录制功能的启用；Index：用于指定抓图文件起始编号。所有抓取的图形文件都存放在当前的项目文件路径下

图 2-30　录制视频（Movie）部分

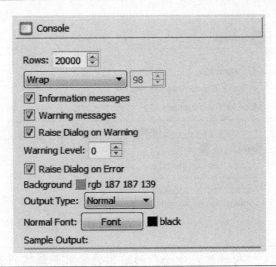

Rows	指定命令行所储存的最大行数。一旦超过该行，则行按照先进先出的顺序"丢失"
Wrap	该选项指定在命令行中的文档输出是：Wrap（取决于当前的命令行窗格的宽度）；No Wrap（在这种情况下，水平滚动条提供协助查看延伸到命令行窗格以外的文本）；Fixed Column Width（在这种情况下，相邻框被激活，以允许用户指定固定的列宽）
Information messages	勾选时，作为系统反馈信息类型的输出信息包含在命令行输出中
Warning messages	勾选时，作为系统警告提示的输出信息包含在命令行输出中
Raise Dialog on Warning	勾选时，当警告信息产生时，警告列表对话框将会出现
Warning level	设置调用警告列表对话框的警告级别，从 0（最紧急）～8（不紧急）
Raise Dialog on Error	每当程序中发生错误，警告信息就会出现在命令行中。如果该选项框不勾选，错误信息也会显示在主程序窗口中间的对话框中
Background	表示/设置命令行的背景。单击时，颜色指示器弹出样本菜单，从中可以选择一种新颜色。下面选定的颜色显示在"示例输出"框中
Output Type	这个选择器与下面的控件一起使用，用于设置字体、字体外观（样式、大小等）和显示不同输出类型（选择正常、信息、警告、错误）的字体颜色。注意标签左侧的"字体"按钮与选择器中输出类型设置相匹配
[Label] Font	使用"Font"按钮调用一个标准的"字体"对话框来指定字体属性（字体、样式、大小等）和使用邻近的颜色选择器调用样本菜单来指定颜色。命令行中受影响的文本类型详列在"Output Type"选择器上面，并由[Label]这部分指定。指定的范例显示在下面的"Sample Output"框中
Sample Output	提供一个使用上面控件设置范例的预览。这个区域是只读的预览区域；它不是用来给配置设置的

图 2-31　命令行（Console）部分

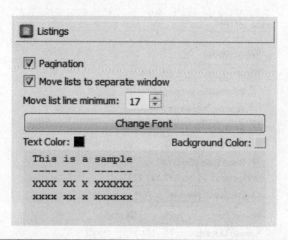

Pagination	勾选时，命令行的输出将分页并创建列表窗格；否则，命令行的输出将不分页并不创建列表窗格
Move lists to separate window	勾选并打开 pagination，命令行输出如果超过一定行数（由下面选项制定），就会被发送到一个列表窗格。而不勾选时，所有的 LIST 命令都只显示在命令行窗格
Move list line minimum	设置 LIST 命令输出的行数最小值，超过该行数输出结果将自动创建一个列表窗格
Change Font (button)	调用一个标准字体对话框，允许用户定义列表输出的字体类型、大小等
Text Color	该按钮将调用一个色卡，允许用户指定在列表输出中的字体颜色
Background Color	该按钮将调用一个色卡，允许用户指定在列表输出中的背景颜色

图 2-32　列表（Listings）部分

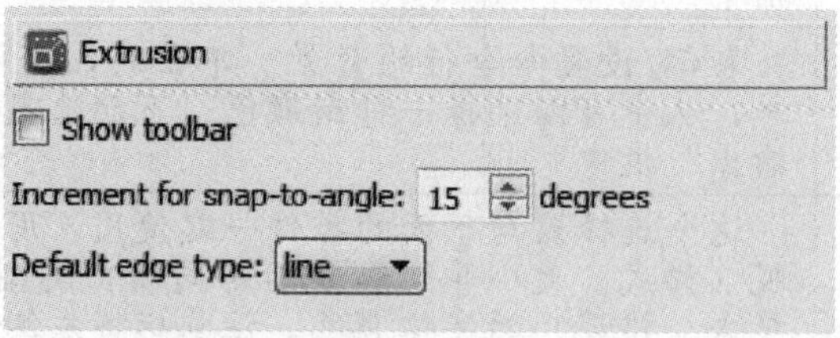

Show toolbar	勾选时，一个类似于主工具栏的工具栏将出现在 2D Extruder 窗格的顶部
Increment for snap-to-angle	设置角度增量，用于捕捉角度
Default edge type	设置在 2D Extruder 窗格中新画的边的类型（line、curve 或 arc）

图 2-33　2D Extruder（Extrusion）部分

2.2.2.4 布局菜单

在任何时候，FLAC3D软件中窗格的配置构成一个布局——窗格是否可见，如何安排窗格显示在项目窗口中等。当前项目关闭时，布局会随着项目保存。布局有预设的，用户创建的布局也可能被保存和使用。

所有窗格根据用户偏好移动和调整大小；窗格定位在主窗口叫做docking，而窗格定位一个窗口外或在主窗口的"上面"被称为floating。

布局菜单（Layout menu）

布局菜单提供了快速设置/重设置当前布局的命令（图2-34）。前两个命令"Save Layout…"和"Restore Layout…"可用于用户自定义布局的保存和调用。"Save Layout…"将当前的布局保存为一个文件；保存的文件用户可使用"Restore Layout…"命令调用，并恢复保存布局状态的界面。接下来的一组命令"Horizontal"、"Vertical"、"Single"、"Wide"和"Project"指定了预先定义的布局设置，当从菜单选择后即可应用（图2-35）。

布局和项目

当项目被保存时，当前布局的状态，包括当前窗口的位置、大小和内容，都随着项目保存。下一次项目被打开时，布局将还原到这个状态。这一操作不能预先阻止——项目不能"被迫"开在一个预构建的布局。要做到这一点，保存项目之前要么打开布局的一个预构建选项"prior"，或打开不管在什么布局状态下保存的项目，使用布局菜单切换到一个预构建项。

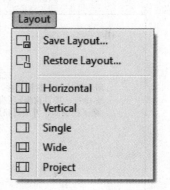

图2-34 布局菜单

2.2.2.5 文档菜单

文档菜单（图2-36）提供了当前在FLAC3D中打开文档的列表——包括可见和隐藏的。列出的项按照打开的先后顺序分配了一个编号；当菜单处于激活状态时，使用这个编号可以使程序显示并激活列出的项。当可见时，该项前面会出现一个勾号；当隐藏时，该项前面的勾号消失。从列表中选择一个项，选中或取消选中，将使它成为程序中激活的窗格，并且即使它是隐藏的，也将使它可见。在任何情况下，选择一个项都不会使它关闭或隐藏。关闭和隐藏是专门使用窗格标题栏中控件执行操作。

2.2.2.6 窗格菜单

窗格菜单（图2-37）上的项（Control Panel，Console，Project，Input Record，Extrusion）总是会出现在菜单中并保持顺序不变。列出的项目已经有一个编码；从菜单处于激活状态时，使用这个编码将使程序显示和激活列出的窗格。每个窗格都可以使用全局键命令控制。窗格无论是选中或不选中都会在菜单上显示。一个选中的项是打开并显示的，没有选中的项是隐藏的。而在Input Record和Extrusion窗格前的"×"指示着该窗格是关闭的（Control Panel、Console和Project窗格是不能关闭的，所以它们不会出现这种符号）。窗格隐藏和关闭的区别在于，隐藏的窗格仍然存在，他的内容和视图状态仍是激活的；关闭的窗格不存在于界面中，因此必须在其包含有任何内容之前创建它。在任何情况下，选择一个项都不会使它关闭或隐藏。关闭和隐藏是专门使用窗格标题栏中控件执行的操作。

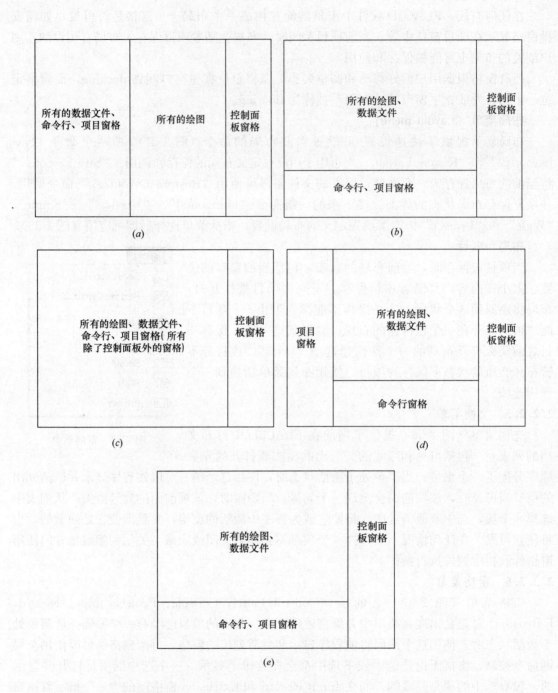

图 2-35 预定义布局示意图
(a) 水平 (Horizontal) 布局；(b) 竖直 (Vertical) 布局；(c) 单 (Signal) 布局；
(d) 宽 (Wide) 布局；(e) 项目 (Project) 布局

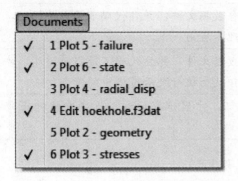
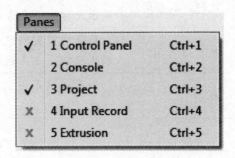

图 2-36　文档菜单　　　　　　　　图 2-37　窗格菜单

2.2.2.7　帮助菜单

帮助菜单及各项说明如图 2-38 所示。

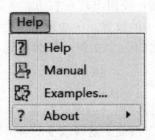

Help	打开 FLAC3D 的帮助文件（CHM 格式）
Manual	打开 FLAC3D 的手册目录（PDF 格式）
Examples	打开一个对话框，允许用户选择并打开任何例子的项目文件，这些例子都在 FLAC3D 的手册中有相关介绍
About	打开一个弹出的选项"About FLAC3D"、"About Itasca"和"About Qt"

图 2-38　帮助菜单

2.2.3　工具栏

每个窗格都有一个与其关联的工具栏。激活窗格的工具栏总是出现在与主菜单相邻的地方（2D Extruder 窗格也有工具栏在其窗格中的标题栏下）。因此工具栏上显示的按钮随着激活窗格的改变，从一种类型更改为另一种。工具栏可以在任何地方或停靠在主窗口的顶部、底部、左侧或右侧（除了停靠在包含主菜单的那一栏）。

执行/停止开关

无论是哪个窗格激活的情况下，所有工具栏的配置都含有执行/停止开关。该按钮的状态如图 2-39 所示。

	执行（不可用）	如果当前窗格不包含数据文件，并且代码不是当前循环，才显示此按钮。命令处理不可用
	执行（可用）	如果当前窗格包含数据文件，并且代码不是当前循环，才显示此按钮。点击该按钮就会执行激活窗格中的命令
	停止	如果代码是当前循环，才显示此按钮。点击它将停止命令处理

图 2-39　执行/停止开关

2.2.4　标题栏

FLAC3D 中的每个窗格，以及主程序窗口，都具有标题栏。标题栏左边包含的标签/标题指示着窗口内容。在主窗口，最小化、最大化和关闭按钮出现在右边。在窗格，隐藏（□）和最大化/恢复（□ □）按钮出现在右边。关闭按钮（✖）可能出现在左或右，这要根据用户在选项对话框中的设置。一些窗格也会出现一个展开菜单按钮（▼）。如果一个窗格包含存储内容，比如一个文件，那么标题栏中的标签也将显示该文件的名称。

星号（*）

如果星号出现在一个窗口的标题栏（或者是标签）（图 2-40），它表明其中的内容或显示的标签自上次保存已经发生了改变。这种改变的含义取决于窗口/窗格的类型。

主窗口	表示项目的当前状态没有保存
编辑器窗格	表示文本文件（数据文件、FISH 等）没有保存
命令行窗格	表示模型（SAV 文件）的状态没有保存

图 2-40　窗口/窗格类型中星号的含义

2.2.5　状态栏

状态栏是整个 FLAC3D 软件底部的一栏，它是根据当前激活的窗格、鼠标的状态和当前选定工具等来提供消息或其他提示的界面。

2.3　FLAC3D 5.0 基本操作

2.3.1　项目文件

在 FLAC3D 中，所谓的项目（Project）是一个独立的二进制文件，它可以追踪模型的源文件（例如，数据文件、FISH 文件等）以及模型状态文件（SAV 文件）。项目中所有项（items）的相对路径和其文件名都储存在项目文件里面；相对路径与项目文件的位置相关联。在项目中，追踪信息的可视化表达可在项目窗格中提供。此外，文件菜单可用来执行项目文件和构成项目组件文件的基本操作（保存、打开、关闭等）。

必须要认识清楚的是，项目文件只是追踪而不是内嵌项目的组件文件。因此，如果文件被执行了移动、删除、重命名等操作，项目和它追踪的文件之间的链接将会损坏。还值得注意的是，项目追踪输入文件和结果文件，但还有其他类型的文件（网格文件、DXF 文件等等）也可以使用在一个没有追踪的项目而作为项目的一部分。作为单独的 SAV 文件一部分内容，其使用会记录在状态记录中。

在程序开始时，重要的是要确定是否使用一个现有的项目、一个新项目或者没有项目，可使用启动选项对话框进行操作（虽然不推荐，但也可以在不创建一个项目的情况下运行 FLAC3D 软件）。

当然，用户也可以通过工具菜单中的 Bundle 命令来将项目进行打包。

2.3.1.1 项的状态

项目窗格提供了整个项目所包含的文件的可视化表达（图 2-41），主要展示两种类型的项：数据文件（ ）和保存的模型状态（SAV 文件 ）。

图标	状态	说 明
	保存 & 打开	该项已保存并当前已在 FLAC3D 中打开
	未保存 & 打开	该项在 FLAC3D 中打开，但是自上次保存后已发生改动
	关闭	该项关闭（即没有在 FLAC3D 中的任何窗格中打开）
	损坏	项目与该项有关联，但是项目在其储存的位置找不到该项

图 2-41 项的状态

鼠标操作

可悬停在任何项目以查看其位置的完整路径和状态。

单击每组的标题可在列出项中按字母升序或降序进行排序（取决于被点击后显示在标题栏顶部中心的小箭头方向）。

右键单击任何一个项目列表命令："打开"、"关闭"、"移除"、"删除"、"在资源管理器中打开"。命令是否可用取决于项的状态。"移除"将从项目中移除该项，但不删除该文件；"删除"将永久删除（不在"回收站"中）。"在资源管理器中打开"将打开 Windows 资源管理器的文件浏览器并浏览到包含该文件的文件夹。

使用窗格标题栏上的最大化按钮（ ）最大化项目窗格（占据 FLAC3D 全部窗口）再次使用它可恢复到原来的大小和位置。使用隐藏按钮（ ）"隐藏"视图窗格。"隐藏"后，窗格可以使用菜单序列（窗格→项目）再次显示（Ctrl+3 为快捷方式）。

双击打开项，可使这项成为一个激活的窗格（可见，最重要的是包含在一个标签集中）。一次只能打开一个模型状态。因此，在"Saved States"分组下的所有其他模型状态将显示为"关闭"或"损坏"。

2.3.1.2 保存项目和项

项目文件和项目中的项可以保存在任何位置。项目文件追踪所有项目中的项的位置。鉴于此，FLAC3D 中的文件处理可以从下几个方面叙述：

创建数据文件

使用菜单栏 File → New Item → Data File... 命令创建一个数据文件,此时会弹出一个对话框允许用户命令并指定创建的数据文件的储存位置。该对话框在其打开的时候指向项目文件的储存位置,也可以通过该对话框指定其他的文件夹储存数据文件。

打开一个项

项目中的项要导入到项目中,可采用文件菜单中的"Open Item..."命令,但是该操作并不会将该项的文件移动或者是复制到包含项目文件的文件夹中。如果用户希望采用文件处理方式将项目中的项与项目文件同时放在一个文件夹下,则在采用"Open Item..."命令打开该项之前需要将项的文件都移动到项目文件夹下。

创建 SAV 文件

SAV 文件的创建可通过数据文件中的命令,或者通过命令行输入,或者使用文件菜单。SAV 文件一般保存在项目文件夹下,也可通过指定路径保存在特定的位置。

关闭项目

当项目关闭的时候,所有打开的项都将被保存。用户必须要清楚,如果在 FLAC3D 软件之外编辑数据文件,在 FLAC3D 内这些文件的内容也会发生改变。

在 FLAC3D 外处理文件

在 FLAC3D 以外移动、重命名或删除一个项(例如,使用 windows 资源管理器的文件浏览器)将会损坏该文件与任何使用该文件项目的链接。

在 FLAC3D 软件之外编辑数据文件,如果该文件已在 FLAC3D 中打开并且编辑前已经保存,那么这一改动将会反馈到该文件在编辑器窗格打开的实例中。如果文件不处于保存状态(即,在 FLAC3D 软件中已经改动但是没有保存),那么一个警告对话框将出现提示用户如何处理该文件。

2.3.1.3 项目包文件

FLAC3D 中的项目可以被打包成一个单一的文件,称为 Bundle 文件。该文件包含项目文件、所有输入文件(数据文件、FISH 文件等)、所有模型状态的状态记录(虽然不是状态(SAV)文件本身),和创建任何模型状态过程中使用的文件。

FLAC3D 项目,包含大量并不具有十分依赖和相互关系的文件。这样可能会让尝试将项目手动打包的用户将带来疏忽或由于其他不完备性引起的误差。对于程序打包项目及其所有依赖项来说,该 Bundle 实用程序提供本身不容易出错,从而增加了项目转换的可靠性。

鉴于 FLAC3D 软件中有时会出现命令和通过 FISH 生成的脚本交织的复杂情况(更不用说其他更深奥的功能,例如软件耦合),这就不可能确保 Bundle 命令在所有情况下,允许项目数据的完整、准确的恢复。用户在使用 Bundle 的命令转换或存储项目时,要将这种情况予以考虑。

由于不包含通常是最密集的模型状态文件,Bundle 文件为项目提供了更有效的存储方法。如果是这样,用户应该牢记,文件解包时应使用创建它时用到的程序版本,并且保存的模型(SAV)将需要重新创建。根据项目的特点,这由于不包括模型的状态文件(通常是项目中最占容量部分)可能是一个耗时的过程。

创建 Bundle 文件

使用菜单序列 Tools → Bundle → Pack...。选择此命令时,程序将显示"Bundle

Report"对话框。Bundle report 提供的信息要包括在项目包中的文件，包括文件名、大小和上次修改日期。报告记录了创建项目包的完整版本。该报告还将提示警告（例如，要包含的文件有未保存的修改）或错误（例如，提示存在找不到该项目中的文件）。这些信息使用户对打包的操作和预期的结果有一个完整的预览。按 Bundle Report 对话框中的 Pack 按钮，即执行项目打包。这将提供一个标准的文件保存对话框，可以用来保存 Bundle 文件。

打开 Bundle 文件

使用菜单序列 Tools → Bundle → Unpack...。选择此命令时，提供了一个标准文件打开对话框，以允许用户选择所需要打开的项目包（Bundle）文件。选择并打开所需的项目包文件，将显示 Bundle Report 对话框，让用户有机会预览到捆绑的内容和预测在项目包被打开时可能出现的任何问题。操作按 Unpack... 按钮继续解压，并将打开一个对话框，允许用户指定项目包应该解压到的文件夹。按此对话框中 Choose 按钮将完成解压操作。

2.3.2 命令执行

虽然 FLAC3D 的用户图形界面简化了程序的操作，程序本身从根本上还是一个命令处理程序。所有的操作都可以用文本形式的命令来表示。这种设计使得它可以极大地提高程序的内置功能，使用程序的提供 FISH 脚本语言。它还有助于技术支持、质量保证和模型预览。

命令行是 FLAC3D 命令处理的核心。它可用于使用命令提示符（flac3d>）逐行命令输入。该窗格处理，从命令提示符或通过一个调用的数据文件输入的命令，该窗格同时会显示这些命令，并进行信息反馈，且根据需要还提供反馈处理命令的结果。

命令行工具栏

当命令行为激活的窗口时，工具栏显示如图 2-42 所示。

2.3.3 状态追踪

状态记录窗格提供了一种追踪创建当前模型状态的输入信息的方式。一些或所有该窗格的内容都是可以复制和粘贴到需要的地方，或者以记录文件或数据文件的形式保存。

记录文件与数据相似，除了它包含所有程序中影响当前模型状态的输入信息。还包括命令提示符、按键等。记录文件可采用 PLAYBACK 命令重新生成模型状态。

状态记录窗格提供了两种不同的模型状态视图。第一种视图为"Record of Input"，列出了已被用来创建当前模型状态的命令。第二种视图为"List of Input Files"，显示了用于创建当前模型状态的输入文件。视图之间的切换可用两种视图各自的标签按钮。

Record of Input 视图

该视图显示了用于创建当前模型状态的命令列表。记住，该列表并没有包含由数据文件调用的命令——一个含有 1000 行命令的数据文件在此视图中只显示调用的一行 CALL 命令。但是，在该视图的输出可以使用在 CALL 命令下可选的 line 关键词，跟在单一或嵌套的 CALL 命令之后，用以追踪创建当前状态的命令路径。

图标	命令	说　明
●	执行/停止开关	执行或者停止计算循环
	调用	打开一个对话框，允许用户选择一个文件调用到 FLAC3D 中
	保存状态	打开一个对话框，保存模型状态。如果过去未保存模型状态，则创建一个 SAV 文件；若已保存，则可选择将当前模型状态保存到已存在的文件
	另存为	如果当前的模型状态是一个存在的 SAV 文件，打开一个对话框，保存当前模型状态为一个新的不同的文件；否则与"保存"相同
	重建	打开一个存在的 SAV 文件并使其成为当前的模型状态
☑	选项	打开选项对话框的命令行部分
?	命令帮助	打开帮助文件到当前命令所在命令行的那一页

图 2-42　命令行工具栏

List of Input Files 视图

该视图罗列了被调用或导入的创建当前模型状态的文件。最初的文件视图将显示调用顺序，这在表的第一列。列的文件名称、日期和大小也会出现。该列表可通过单击列标题，对任何列按升序或降序排列。

出现在"List of Input Files"中的图标显示了列出文件的状态，其图例如图 2-43 所示。

图标	说　明
	项在 FLAC3D 中打开，并且自它用于创建当前模型状态后没有发生更改
	项已打开，并且自它用于创建当前模型状态后已经发生更改
	项已关闭，并且自它用于创建当前模型状态后没有发生更改
	项已关闭，并且自它用于创建当前模型状态后已经发生更改
	链接"损坏"，即该文件不能在项目当前记录的位置找到

图 2-43　List of Input Files 视图

当一个用于创建当前模型状态文件被修改，如上所述图标显示了一个红点的两种状态，则不能保证该文件可以使用，在这一点上，需要重新生成当前模型状态。

状态记录工具栏

当状态记录窗格激活时，"Record of Input"为当前视图，工具栏则如图2-44所示。当"List of Input Files"视图激活时，工具栏仅有执行/停止转换按钮。

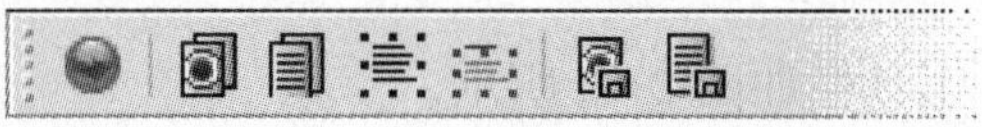

图标	命令	说明
	以记录格式复制	将当前所选部分以记录格式复制（包含显示的所有文本）
	以数据格式复制	将当前所选部分以数据格式复制（仅包含显示的输出行）
	选择所有	选择窗格内的所有文本
	选择剩余部分	选择自上次复制命令之后的输入记录行
	保存为记录	将窗格的内容以记录格式保存在一个文件中（包含显示的所有文本）。该文件可在FLAC3D中的编辑器窗格中打开
	保存为数据文件	将窗格的内容以数据格式保存在一个文件中（仅包含显示的输出行）。该文件可在FLAC3D中的编辑器窗格中打开

图 2-44 状态记录工具栏

2.3.4 信息查看

列表窗格包含 LIST 命令生成的输出信息，并可以存在多个列表窗格。当在命令提示符输入 LIST 命令后，将自动创建列表窗格并在命令提示区内输出相应的多行文本信息。输出的行数阈值可通过选项对话框中的"Listings"部分指定。如果指定的阈值没有超过，LIST 命令输出的信息则会发送到命令行的文本输出区内。出现在列表窗格的标签名（在窗格的标题栏和标签）是由 LIST 命令提供的关键字。例如，命令 LIST gp 将创建一个标签名为"GP information"的列表。如果相同的 LIST 命令多次键入，则产生的每个列表窗格将有相同的标签名。

鼠标操作

选择文本——在列表中对需要选择的文本开始处左键单击并拖动到文本结束处位置释放。

文本命令（右键）——在列表窗格中单击右键则会弹出一个选项菜单："Copy"、"Select All"、"Change Font"、"Change Color"和"Change Background"（"Copy"命令只能用于列表窗格内选中的文本）。

保存输出信息——列表窗格中的内容可以使用菜单序列 File → Save As... 保存为一个文本文件。该命令同样在工具栏中可用。

分列输出

以分列输出的布局分为两个框架：上部和下部框架。上部框架包含列表窗格中的列标题，并保持固定。下部窗格包含分列数据，并可通过出现在右窗格中的滚动条垂直滚动。

列表工具栏

当列表窗格激活时，工具栏如图 2-45 所示。

图标	命令	说明
●	执行/停止开关	执行或停止计算循环
🗔	保存	打开一个对话框以保存列表中的数据

图 2-45 列表工具栏

2.3.5 数据文件

FLAC3D 中的编辑器窗格可以编辑基于文本的项目资源（数据文件、FISH 文件——任何基于文本的文件可以加载到一个编辑器窗格）。尽管用户可以选择使用其他文本编辑器创建/修改项目的项，但是 FLAC3D 编辑器提供了一个从编辑→计算循环的集成环境，且无需在两个程序之间切换，其中包括：使用彩色编码的自动语法；FLAC3D 的语法验证工具；访问"运行/停止"命令。

工具栏

当一个编辑器窗格中激活时，工具栏如图 2-46 所示。

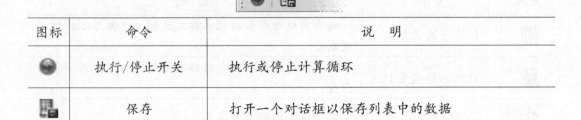

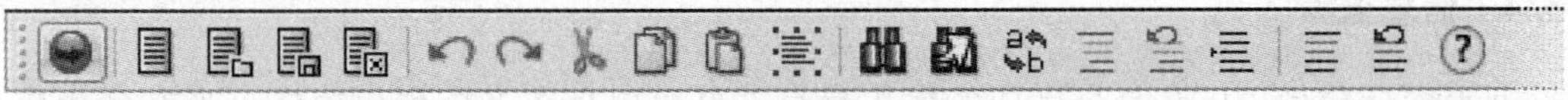

图标	命令	说明
🗔	新建	在编辑器中打开一个新的数据文件
🗔	打开	调用对话框允许用户指定要打开的数据文件
🗔	保存	保存激活的数据文件
🗔	关闭	关闭激活的数据文件

图 2-46 工具栏

其他的图标与编辑菜单中的图标一致，此处不再赘述。

第二章 FLAC3D 5.0 新功能及快速入门

处理编辑器窗格中的文件

当创建一个新的文件时（使用菜单序列 File → New item → Data File...，或者使用工具栏上新数据文件的按钮，或者用键盘快捷键 Ctrl+N），就会打开一个对话框来命名新文件并选择存储它的文件夹。在对话框中提供的初始文件夹位置将包含当前项目文件。一旦创建了一个数据文件，如果用户希望重命名该文件，则可以采用菜单序列 File → Rename [item name]。采用这种方式重命名文件，也会重命名在硬盘上相应的文件。

如果用户习惯使用其他文本编辑器中的数据文件，要注意 FLAC3D 中的项目系统特点。最重要的是，在 FLAC3D 和其他编辑器中同时打开数据文件时，两边所做的更改将不会反映在其他的编辑器。此外，保存 FLAC3D 中的命令和外部编辑器是相互独立的；无论哪个程序保存它，将覆盖文件的上次保存的版本。需要注意的是，当保存项目时，会自动保存所有打开的项目项。

2.3.6 绘图输出

视图窗格用于显示绘图。绘图可以通过工具栏上的新建按钮（▢），或者使用主菜单（File → New → Plot File）。一旦创建，绘图可以使用控制面板中的 Plot Items 设置项进行创建。根据需要可以使用多个视图窗格。绘图的名称显示在视图窗格的标题栏中和标签页的标签上（如果该窗格显示为选项卡集的一部分）。

绘图默认设置

视图窗格本身没有默认属性。但是，视图中绘图的默认外观和创建操作可以使用选项对话框中 Display 和 movie 进行部分设置。

视图窗格

视图窗格中，所有视图操作（旋转、缩放、平移等）都可用鼠标右键按钮完成。默认情况下，"操作"模式（⬉）在一个新的视图处于激活状态。在这种模式下，鼠标左键是用来移动/缩放视图中可操作的对象。为方便考虑，视图窗格还提供了右键快捷菜单（图 2-47）。

图 2-47　视图快捷菜单

在视图窗格中单击右键将弹出一个快捷菜单。"Hide group"和"Show only group"仅仅用于当鼠标为"选择"模式的时候。不管哪种鼠标模式处于激活状态，菜单上的所有其他命令始终是可用的（图2-48）。

Hide group	在绘图区域，如果鼠标在模型的一个分组上，则该命令将隐藏该分组
Show only group	在绘图区域，如果鼠标在模型的一个分组上，则该命令将隐藏其他分组，并只显示该分组
Plot >	该弹出框菜单包含以下命令（在工具栏上也存在）：New Plot, Regenerate Plot, Save Plot, Duplicate Plot, Print Plot, Rename Plot
Export >	该弹出框菜单包含以下命令（在工具栏上"Export"命令下也存在）：Bitmap…, Data File…, DXF…, VMRL…, PostScript…, SVG…, Excel…。其中，"Excel"命令只在绘图项"History"、"Profile"或"Table"可用
Plot Control Help	打开帮助菜单的快速索引页，可提供关于视图操作的完整鼠标和键盘命令
View Modes >	该弹出框菜单包含鼠标模式的转换命令（同工具栏）：Manipulate、Query、Center、Measure Distance、Define Plane
Picking	全局打开/关闭拾取（对所有绘图）

图2-48 视图窗格

工具栏

当视图窗格激活时，工具栏如图2-49所示。

图2-49 工具栏

视图窗格的工具栏可分为四个部分：一是执行/停止开关，二是视图命令，三是鼠标模式，四是控制面板按钮。视图命令如图2-50所示。

2.3.6.1 鼠标模式

视图窗格处于激活状态时，工具栏包含一组按钮用来设置当前鼠标模式。在任何时候，只有一个鼠标模式处于激活状态且可操作鼠标左键。无论哪种鼠标模式处于激活的时候，使用鼠标右键可以调整绘图的角度（旋转、放大等）。

鼠标总是在五种模式之一。因此，五个按钮会始终显示在工具栏上。图2-51显示了"选择"模式当前处于激活状态。五种模式为：Select、Query、Center、Distance、Plane。

图标	命令	说　明
	新建绘图	在一个激活的视图窗格创建一个新的绘图
	刷新绘图	刷新当前绘图，以反映当前模型数据是否更改
	保存为	保存当前绘图；打开一个文件→保存对话框，如果绘图之前没有保存
	复制绘图	在一个新的视图中创建一个当前绘图的副本
	打印绘图	打开一个文件 → 打印对话框，将当前绘图发送到打印机
	输出	打开弹出框菜单，选择一个文件类型（包括 Bitmap、Data file、DXF、VMRL、PostScript、SVG 和 Excel）输出当前绘图

图 2-50　视图命令

图 2-51　五种鼠标模式且"选择"模式选中

因为选择模式是默认的，其他模式为单次触发，这意味着其功能已经执行一次时鼠标将恢复到选择模式。

选择（Select）

当鼠标处于选择模式，左键单击视图中的对象将会选中它们。当使用鼠标选中一个常规的绘图项时，相关的绘图项将高亮显示在控制面板的 Plot Items 列表中，表示选中该项。在视图中的某些绘图项（例如坐标轴、记录等）是交互的。这意味着当选中时，它们可以使用鼠标移动和调整大小。控制面板中设置信息控制的第一行也指示鼠标目前是处于哪个绘图项上。最后，项一旦选定就可以右键单击访问快捷菜单。

一个选定的交互绘图项将显示一系列的控制点。在这种状态下，光标将改为　，表明在视图上绘图项可以直接操纵。单击其中的一个控制点并拖拉可用来缩放对象；单击处理框中的任意位置并拖动可将对象移动到一个新的位置。

查询（Query）

查询可用于获取模型信息。当激活时，点击模型的一个位置通常会弹出一个单击项信息对话框，参阅图 2-52 的示例。在这种情况下会出现一个弹出菜单，列出一组选项，用户可以从中选择感兴趣的项。菜单可在模型之外的任何位置单击鼠标"取消"。从该菜单弹出一个对话框选择一个项，其中包含模型与项目相关的信息。

图 2-52 的示例对话框显示信息中的任何按钮可以与新的对话框进行链接，将提供该特定项的信息。新的对话框也会有相应按钮。点击一个个按钮（即出现一个个对话框）创建一个"钻"的过程，并可以持续下去。对话框的主标题旁边显示的弯曲箭头按钮是"Back"按钮将返回到上一个对话框。

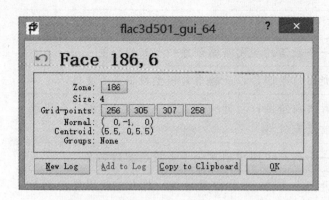

图 2-52 查询"Face"项对话框示例

出现在对话框中的信息可以使用"New Log"按钮存储在文本文件中。如果用户以前启动了日志文件,当前对话框的附加选项信息("Add to log")对于日志文件将可用。请注意,保存新的日志文件或添加到日志文件也会关闭对话框。(日志文件可访问使用查询距离和平面鼠标模式创建的信息对话框中的信息。)

中心(Center)

在中心模式下,视图的中心可以通过在模型上的所需位置上单击鼠标重新定义;如果单击鼠标定位在模型以外,则什么都不会发生。

距离(Distance)

测量距离可以点击模型内任何两点,通过弹出对话框中显示两点之间的距离和点坐标,并可以输出保存到日志。之后的测量数据可以添加到该日志或存储在一个新的日志中。

平面(Plane)

通过在模型内单击三点定义一个平面。点的位置与平面的方向相关,将显示在弹出的对话框中。输出可以保存到日志。之后的平面数据添加到该日志或存储在一个新的日志中。

鼠标准备和光标

所有鼠标模式使用特定光标表示执行左键单击操作的准备状态(图 2-53)。如果鼠标在其当前位置点击左键时没有任何反应,最常见的,因为它是指向"space",而不是任何特定的模型或绘图对象——鼠标光标将恢复基本的"选择"模式光标,无论鼠标当前选定何种模式。

光标	说 明
	鼠标不在对象上(或者没有对象),这在当前鼠标模式下是允许的(当鼠标出现这种情况时,左键单击将无任何操作)——用于所有鼠标模式
	鼠标在一个选择的绘图项上——使用选择鼠标模式
	鼠标下面的对象是当前选定的绘图项,它可以左键单击被拖到新位置或调整大小——使用选择鼠标模式
	鼠标下的对象将被查询信息——使用查询鼠标模式
	将鼠标下的对象指定为视图中心(焦距模式)或作为测量线的部分(距离模式)或作为平面的三个点之一(平面模式)

图 2-53 鼠标模式

2.3.6.2 控制面板处理

当与视图窗格配合使用时，控制面板窗格有三个控件集（图 2-54）：Plot Items、View 和 Information 控件集。Plot Items 和 View 有两个部分，并可以单独最小化。每个控件集都可使用工具栏的控件集按钮显示/隐藏：

在控制面板中，控件集由上到下显示，顺序与这些按钮的打开顺序相关（图 2-55）。当控件集关闭后，再次显示时，只能按下相应按钮。与窗格的不同是控件集显示不通过主菜单，它们是完全通过工具栏管理的。当程序第一次启动时，所有默认情况下显示的顺序为 Plot Items、View 和 Information。鉴于"最后/最低"原则，更改控制面板显示步骤如下：

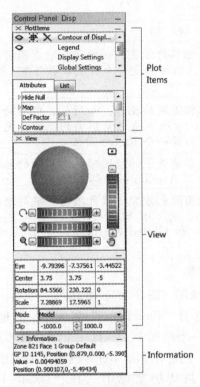

图 2-54 控制面板控件集

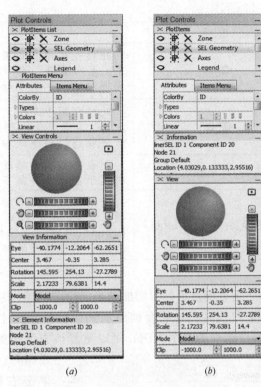

图 2-55 控制面板控件集顺序
(a) 默认顺序；(b) 更改后顺序

1. 使用工具栏上相应的按钮（　　　）关闭每个控件集。关闭的顺序并不重要。

2. 按此顺序打开控件集：　　　。

Plot Item 控件集

Plot Item 控件集提供了可以增加/减少项建立绘图的工具，同时可以改进已包括绘图项的显示控制（图 2-56）。

该控件集有上下两个部分组成。上半部分列出了当前在绘图中包含的项，下半部分包括 List 列表和 Attribute 列表。

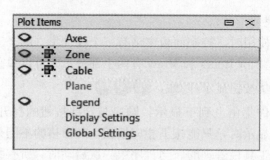

图 2-56 Plot Items 列表

Plot Items 控件集上半部的窗格是一个绘图中所有项的列表。该控件集这部分的功能如图 2-57 所述。

图标	说　明
 ◐◑	此按钮显示在与项名称相邻的位置。如所示，它有两种状态。左＝显示；右＝隐藏。该按钮是一个开关，按下它，绘图项将从一个状态转到另一个
▦▦	此按钮用于与项目范围相关联的操作。如所示，它有两种状态。左边＝未应用范围；右边＝项中受影响的范围。无论哪种状态，按下此按钮会打开一个 Range 面板
［高亮］［highlight］	列表中高亮的项表明是当前选中的绘图项。选中项的属性将显示在该控件集下部的"Attributes"部分
［文字标签］［text label］	绘图项目的文本标签使用配色方案。黑色项为一般的绘图项。绿色项要么是 plane 或 clip boxes；蓝色项（总是 Legend、Display Settings 和 Global Settings）是永久的，绘图中不可移动的部分

图 2-57 Plot Items 控件集

List 列表提供了可以增加到当前绘图的绘图项树状图（图 2-58）。要增加一个项，就在该项上双击左键，它会被添加到该控件集的上半部分"Plot Items"列表中。其他项（或同一绘图项的多个实例）可以重复该方法添加到一个绘图中。一旦一个项目被添加，要删除它时，则可在 Plot Items 列表中的该项上单击右键并从快捷菜单中选择"Delete Plot Item"。

Attributes 列表则显示了当前选中的绘图项（即，在上半部分高亮的项）的所有属性。更改绘图项 Attributes 列表中的设置将会改变它在视图窗格中的显示（图 2-59）。

View 控件集

View 控件集提供了可视化控件来操纵视图窗格中的绘图（图 2-60）。在控制面板中该控件集的显示可以使用工具栏中的视图控件（◉）。该控件集的上半部分提供了视图操作的可视化工具；下半部分提供了可写的当前视图状态的数值指定。

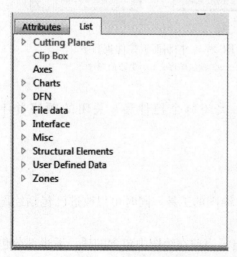

图 2-58 List 列表

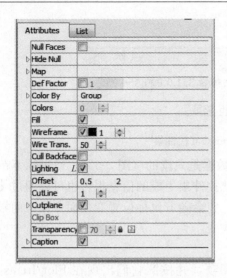

图 2-59 Attributes 列表

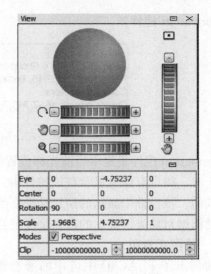

图 2-60 View 控件集

View 控件集提供的视图操作能力也可以用鼠标右键来进行——无论当前哪个鼠标模式处于激活状态。

图 2-61 描述了控件中的每个元素设置的功能。

元素	说　　明
▣	视图重置为其默认情况，消除以往任何修改（例如，更改图像中心点）
Rollerball	3D 旋转
↻	旋转。2D 旋转模型，该平面垂直于视图的当前点。使用滑块来平滑旋转；使用＋/－按钮控制增量旋转
✋	平移。使用滑块来平滑平移，水平或竖直；使用＋/－按钮控制增量平移
🔍	缩放。使用滑块来实时缩放；使用＋/－按钮控制增量缩放
Eye	视图点：视角。显示/设置模型坐标视角的 X、Y 和 Z 位置。可通过输入数值来指定
Center	视图点：中心。显示/设置模型坐标视图中心的 Z、Y 和 Z 位置。可通过输入数值来指定
Rotation	视图点：旋转。显示/设置模型坐标视图平面的倾角（dip）、倾向（dip direction）和滚动角（roll）。可通过输入数值来指定
Scale	视图点：比例。显示/设置视图的半径（从视图中心到边缘）、视角距离和倍率（相对，从左到右）。半径和倍率都影响视图的放大效果。然而，半径对于模型透视图使用的是一个固定的角度，因此改小该值将使模型更近，增大它则会使模型更远，在这两种情况下都满足模型透视图有一个固定的角度，视角位置会相应移动。倍率增加或减少都不会改变视角位置，但相应地会改变半径值，因此增大该值将放大模型而减小半径值，减小该值则缩小模型而增大半径值
Modes	在选中时，使用透视模式。在未选中时，使用正交模式
Clip	视图点：裁剪。显示/设置模型的切面的最大最小值

图 2-61 控件元素功能

Information 控件集

图 2-62 Information 控件集

Information 控件集显示当前光标位置的数据是只读的（图 2-62）。当光标不在一个模型对象上时，将没有信息显示在该控件集。此控件集生成的信息报告也可以通过使用查询鼠标模式的。该控件中显示的信息是动态的，它会随着鼠标位置变化而变化；而根据当前光标下的模型对象类型显示的数据字段也会改变。

2.3.6.3 绘图项索引

下面列出了 FLAC3D 中可用的所有绘图项，并按照它们出现在 Plot Items 控件集 List 列表的树状图中的顺序从上到下列出。每个绘图项都有一个定义和可用于控制在视图窗格中显示属性列表。

Cutting plane：下面有三种形式 octant、plane、wedge（图 2-63）。其中，octant 将产生一个八分之一的切空间，而 plane 则是产生一个切面，而 wedge 则产生的是互成一定角度的两个切面。

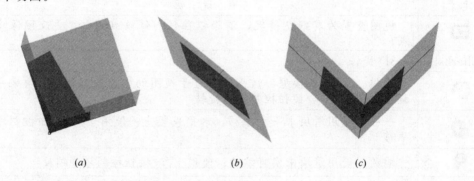

图 2-63 Cutting plane 效果图
(a) octant；(b) plane；(c) wedge

Clip box：该选项需要配合 cutting plane 一起使用，为在切面上取一定范围进行观察，如图 2-64 所示。

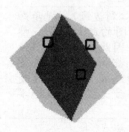

图 2-64 clip boxes 与 plane

Axes：添加坐标轴，可通过 Attribute 列表设置。

Chart：图表项，下可分为 History、Profile、Stereonet 和 Table 四项。

DFN：离散裂隙网格功能项，可分为 value、zone contour 和 ultility 三项。

File data：文件数据项，下级只有 Dxf 项，即对 dxf 文件的显示。

Interface：接触单元项，下级分为 Contour、Location 和 Slip

三项。

Misc：该项主要包含辅助功能，下级可分为 Axes、Factor Of Safety、History Locations、Particle Trace、ScaleBox、Tracked Particles 及 Water Table。

Structure：结构单元项，下级包括 Beams、Cables、Geogrids、Geometry、Liners、Piles、Shells 和 Vectors。

User Defined datas：用户自定义项，下级包括 Geometry、Labels、Scalars、Tensors、Vectors 和 Vectors As Disks。

Zones：单元项，包含的内容最多，主要为对单元信息的描述。其中，辅助视图项有：Attached Element、Boundary、DFN Color、Face、Face Group、Gp Fixity、Group、Location 等。对于单元内部信息项有：ColorScale、Contour、Tensors、Vectors 及 ZoneContour。

绘图项属性

对于不同的绘图项，Attribute 列表会有所不同，例如在 Plane 项的属性列表中有关于其初始点及法向量等属性的设置，而在 Max shear rate contour 项下有关于云图的设置。有些比较好理解的属性设置此处省略，现解释新版本增加的属性。

AutoConf：使用显示的图标设置坐标轴显示为 X、Y、Z 轴或罗盘。

Def Factor：设置变形的倍率，默认值为 1，即不产生变形；当增大为 n 时，变形放大 $n-1$ 倍。

Fixed：当选中时，将坐标轴在屏幕内固定在一个位置（使用"Screen"属性来指定位置）；当不选时，坐标轴将位于模型空间中的初始位置。

Groups：设置组是否打开（勾选）；当打开时，组分配的改变将作为内部面进行渲染。

Histories：按加号按钮时，将增加 history 的 ID 号。

Index：设置使用额外变量的指标。

Infl. ratio：设置半径比和控制平均过程的单元数（在 0.0～1.0 之间）；如果设置太低，可能不会考虑任何单元；默认值为 0.75。

Lighting：设置是否在位于查看器的右部用光源渲染项；这将导致部分项接近光源部分比远的那些更亮。

Map：提供模型空间映射输入文件的控制。

Axes：指定要使用的坐标顺序来替代默认的 XYZ 顺序（例如，XZY 表明 Y 和 Z 坐标是被交换的）。

Offset：指定转换绘图项的位置 X、Y 和 Z 的值。

Scale：指定转换绘图项的倍率 X、Y 和 Z 的值。

Null Faces：当打开时（勾选），只有空单元一侧的面会显示；默认为关。

Shrink：在显示之前分配一个收缩系数到每个元素，允许独立单元之间的边界被视为整个实体的差距；值在 0～1 之间，默认为 1。

Shrink Factor：设置显示项的收缩量。

Sketch Mode：设置项的绘制方法。在正常或自动模式下，该项呈现为一个点或点集，而通过操纵视图（旋转、放大等）来加速渲染。

Skip：在 History 或 Table 项指定记录数据点之间的间隔（0 = 包括所有数据点）

Transparency：（勾选时）设置透明度默认为 70；值在 70～100 之间，当为 100 时模型是不可见的；按下解锁按钮可设置低于 70 的值（图 2-65）。

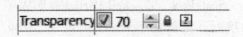

图 2-65　透明度设置

2.3.6.4　模型范围

模型范围（Range）在 FLAC3D5.0 界面中是一个视觉筛选器，用于用户自定义限定一个单独绘图项的范围。该对话框可通过单击在控制面板中绘图项名前的按钮（ ）来创建。当该按钮按下时，一个新的面板将替代原来的控制面板。该面板如同一个对话框，可以通过按钮"OK"或"Cancel"返回原来的控制面板（图 2-66）。

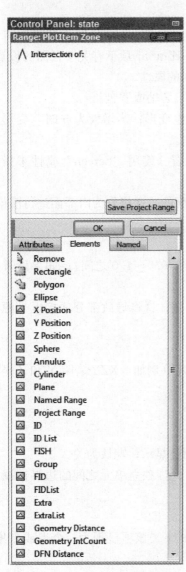

图 2-66　Range 对话框

Range 规则

每个绘图项有且只有一个范围可以应用。在一个范围内的多个元素可以合并范围。可能有多个绘图项（甚至同一绘图项的多个实例）在同一绘图内的使用范围（range）。

Range 创建/删除

一个范围 range 可通过选择并添加范围元素到 Range 区域创建。添加一个元素：在 Range 面板内激活"Elements"选项卡，然后在所需要的范围元素前的按钮左键单击，或者在其名称上双击左键。一旦添加，该元素会显示在该窗格上半部分的列表中。删除一个元素：在其名称前点击删除按钮（ ）。

Range 类型

鼠标必须在操作模式（ ）下才与范围元素具有交互功能。范围元素具有不同程度的交互性。有的只是互动型，有些是互动型和（或）数值型，其他的仅仅是数值型，如下所示。

互动型：Remove、Rectangle、Polygon、Ellipse。这四个元素前的图标不同于其他元素，显示它们是互动的。当这些元素之一被选中，可以直接通过在视图窗格中的鼠标操作来指定绘图项的范围。

混合型：X Position、Y Position、Z Position、Sphere、Annulus、Cyclinder、Plane、ID List、Block Material、Region、Volume、Orientation、Block ID。当这些元素的使用时，可通过使用鼠标（并根据需要在屏幕上控制）和（或）通过提供其属性选项卡上的属性指定范围。

数值型：范围必须通过元素属性选项卡上提供的值来定义。

Range 列表

除了列出在当前 range 内所用的范围元素之外，在 Range 窗格上半部分的 range 列表还提供如图 2-67 所示元素的控制功能。

图标	解释	操作
¡ / !	否（禁用/激活）	返回目前该范围指定的元素相反的范围
✕	删除	从 range 列表中删除该范围元素
∧/∪	交集/并集	切换在列表中所示范围元素定义范围为交集或并集
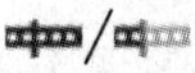 ▭▭▭/▭▭▭	默认长度（禁用/激活）	新范围元素添加 range 列表中，用当前视图的大小计算其默认长度。如果选定此选项，默认值是根据当前模型的大小计算
 ▭▭▭/▭▭▭	特定绘图项范围（禁用/激活）	激活时，绘图项的常规显示将被一个"range specific"绘图项显示替代。当前，该视图仅能用于过滤块、单元和顶点。这种特殊的显示对于范围的改变能更快响应，将当前范围用透明表示作为一个可视化的提示
▭	保存项目范围	保存当前范围并命名。一旦该范围被保存就会出现在 Named 选项卡下，同时也会出现在 Elements 选项卡的底部。从 Elements 选项卡中，除添加其他范围元素外，还可添加命名的模型范围到 range 列表中。从 Named 选项卡，命名的范围中可以重新加载（该过程将移除其他的范围元素）。重新加载后，该命名的范围元素可以更改并再次保存

图 2-67　Range 列表

2.3.7　快捷命令

FLAC3D 中可用的键盘命令的完整列表如图 2-68 所示。键盘命令受上下文（即什么样的窗格中当前处于活动状态）控制。因此，下面的列表提供了三个部分：全局可用命令，在编辑器窗格处于激活状态时可用命令和视图窗格处于激活状态时可用命令。

热键	命令	说明
Ctrl+O	打开项	
Ctrl+Shift+S	保存所有项	
Ctrl+S	保存	
Ctrl+Alt+S	另存为	
Ctrl+W	关闭	
Ctrl+P	打印项	
Ctrl+C	复制	
Ctrl+1	控制面板	显示（如果隐藏）或隐藏（如果可见）控制面板窗格
Ctrl+2	命令行	显示（如果隐藏）或隐藏（如果可见）控制台窗格中；当此命令显示在 Windows 菜单中时，激活 SAVE 状态的名称会跟在横杠后
Ctrl+3	Plot 1-Base	显示（如果隐藏）或隐藏（如果可见）初始视图窗格
Ctrl+4	项目	显示（如果隐藏）或隐藏（如果可见）项目窗格
Ctrl+5～Ctrl+0	窗格	显示（如果隐藏）或隐藏（如果可见）在窗口菜单中列出的 5-0 号窗格

(a)

热键	命令
Ctrl+N	新建
Ctrl+Z	撤销
Ctrl+Y	重做
Ctrl+X	剪切
Ctrl+C	复制
Ctrl+V	粘贴
Delete	删除
Ctrl+A	选择所有
Ctrl+F	查找
Ctrl+L	查找下一个
Ctrl+H	替换
Ctrl+B	将选中的内容作为批注
Ctrl+U	取消选中的内容为批注
Ctrl+G	到哪一行
Ctrl+T	检查是否有语句错误，但不执行，并将错误的语句高亮标出
Ctrl+Shift+T	清除标选的错误语句的高亮显示
Ctrl+E	执行/停止

(b)

图 2-68 键盘命令（一）

(a) 全局可用；(b) 编辑器窗格处于激活状态时可用

热键	命令	说 明
F5	刷新当前视图	
M and Ctrl+M	改变倍率	增大（M）减小（Ctrl+M）视图倍率
I	等轴对齐	等轴测方向对齐视图
R	重置视图	将视图重置为默认方向
X	对齐 X 轴	设置视图垂直 X 轴
Y	对齐 Y 轴	设置视图垂直 Y 轴
Z	对齐 Z 轴	设置视图垂直 Z 轴
Shift（+mouse action）	取消鼠标模式	当激活的鼠标模式不是"更新"时，执行鼠标操作时按住 Shift 键将"取消"当前鼠标模式，而如果是在"更新"模式时就会使之执行
Ctrl+I	输出位图	保存激活的绘图到位图图像文件

(c)

图 2-68 键盘命令（二）
(c) 视图窗格处于激活状态时可用

2.4 FLAC3D 5.0 快速入门

2.4.1 FLAC3D 5.0 基本概念

2.4.1.1 FLAC3D 5.0 求解流程

FLAC3D 数值模拟过程是将岩土工程中实际的地质体信息数值化，在此基础上采用有限差分方法进行计算。岩土工程中涉及方方面面的问题，而有些问题是数值模拟所必须知道的条件，有些问题是数值模拟可以近似替代的，还有些问题是数值模拟不需要考虑或者无法考虑的。

岩土工程所涉及的问题中有几点需要特别考虑，这与建造材料设计等具有不同的思路。岩土工程的对象是地质体，其在空间上的几何尺寸往往是不规则的，甚至是不连续的。此外，地质体中岩土体的材料性质在空间分布上也不是均一的，在现场取得的数据对于全部岩土体来说是少量的，所以应该认识到变形和强度特性的变化范围相当大。如果想要获取现场岩土体的全部数据，需要耗费庞大的工作，这对于实际情况来说是不可能的。而通常的情况下，对于岩土体所了解的也只有应力、性质和不连续性的部分信息。

FLAC3D 针对这种岩土体数据有限的情况具有两种不同的处理方式：一是在地质条件较为简单，可以就地取样且经费能满足的情况下，能掌握较为充足的岩土体数据，此时可以用 FLAC3D 来作为预测岩土工程中的应力位移变化情况，此时的计算结果也是相当精确的；二是当地质条件较为复杂，难以取样且经费不足的情况下，只掌握的少量岩土数据，采用 FLAC3D 进行数值实验，用于验证假设。因此，采用不同的模式进行求解的流程是不同的，而采用哪种模式并非是由 FLAC3D 决定的，而是实际问题的需要（图 2-69）。

FLAC3D 数值模拟计算的第一步是确定地质体的数值模型。首先，必须对工程图进行详细的阅读，弄清楚模拟对象的空间几何信息；之后，就要确定研究的关键区域，进行网格划分，这直接影响到计算的精度。此外，对于地质体中岩土体材料要进行分组，并选择材料的力学本构模型（只进行力学计算的情况下，其他模块计算也类似），确定材料的参数并赋给相应的材料分组。到此，含有地质体几何和力学信息的数值模型构造完毕。

FLAC3D 数值模拟计算的第二步是施加模型的边界条件和初始条件。FLAC3D 采用的计算模型是从地质体中剥离的一块，在边

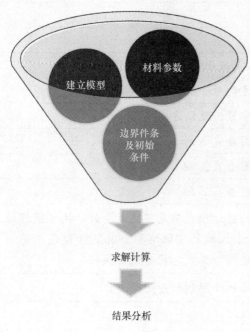

图 2-69 计算流程

界上要考虑其与地质体中剩余部分之间的作用，比如应力、位移的传递。因此，计算前必须赋予其边界条件。并且，地质体自身在未开挖的情况下存在着原岩应力场，对于浅埋工程来说一般为自重应力场，而对于深埋工程来说要考虑构造应力场的作用。因此，除了考虑计算模型的边界条件外，还要施加初始条件。

FLAC3D 数值模拟计算的第三步是设定监测信息。在 FLAC3D 中的计算后的结果文件只包含当前模型状态的信息，要知道单元或网格点随计算步变化的历史信息，就需要采用 HISTORY 命令进行设定。在计算完成后，监测的信息可以用 PLOT HISTORY 命令进行查看。

FLAC3D 数值模拟计算的第四步是运行模型的计算。首先，需要求解初始应力场。在计算开始之前，虽然赋予了模型初始条件，但是在此状态下模型并没有达到平衡，只有进行计算平衡后，才能得到模型的初始应力场。初始应力场的求解对于模拟计算是十分必要的。除了通过赋予初始条件外，还可以通过直接输入单元应力的形式建立初始应力场。在获得模型的初始应力场后就可以根据工程的需要进行开挖和支护等操作，得到计算结果。

FLAC3D 数值模拟计算的第五步是输出结果，进行分析。数值模拟的计算结果就是对于岩土工程中提出问题的一个回答，在 FLAC3D 中有多种形式。最常见的就是图形的输出，另外根据需要还可进行数据的直接输出。对于输出的计算结果，就需要工程师采用专业知识进行整理并形成报告的形式。

FLAC3D 基本的操作模式可分为三个部分，即前处理、计算和后处理。前处理包括上述的模型建立、材料赋予、边界条件和初始条件的施加和监测设定。用于预测模式的模拟只需要按照上述的五个基本步骤，但是用于验证模式的模拟，则要复杂得多。

对于验证模式来说，基本的操作与预测模式相同，不同的是研究的思路。验证模式往

往要建立不同的模型，用以研究模型参数变化的影响。因此，在考虑数值模拟对象的时候，先是建立一个简单的模型用以试算，根据拟定的初始条件、外部荷载、材料本构及参数制定计算的方案，并将计算结果与现在的监测和试验数据相比对，找出最符合实际的方案。在这个基础上，建立几个不同精度的模型，并考虑计算时间、计算精度的影响。最后，综合比较几种方案，制定出较为符合实际的计算方案，用以验证工程问题。

2.4.1.2　FLAC3D 5.0 基本术语

一般来说，FLAC3D 使用与传统的有限差分和有限元应力分析程序一致的命名。下面综述了基本术语的定义。图 2-70 提供了 FLAC3D 术语说明。

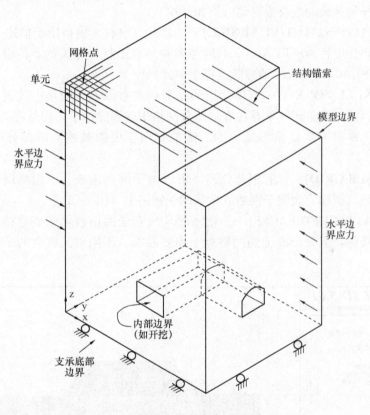

图 2-70　基本术语

FLAC3D 模型——FLAC3D 模型是由用户根据要模拟的物理问题创建的，它包含用户求解数值问题的基本条件。

单元（ZONE 或 Element）——有限差分单元是模型中最小发生变化（例如，应力和应变）的几何区域。不同形状的多面体单元（例如，砖形、楔形、金字塔形和四面体形单元）用于创建模型，可以在视图中查看。每个多面体区域包含两层叠加的五个四面体。

网格点（GRIDPOINT）——也称为节点（Nodal point、Node）。网格点位于有限差分单元的角点处，并根据单元的形状，每个单元所含的网格点不同，可分为四点、五点、六点、七点和八点单元。每个网格点都含有 X、Y、Z 坐标，用来指定单元的位置。

有限差分网格（FINITE DIFFERENCE GRID）——有限差分网格是要分析物理区域的有限差分单元的集合。有限差分网格还确定了模型中的所有状态变量的存储位置。

FLAC3D 程序遵循的是，所有的向量（如，力、速度和位移）存储在网格点，而标量和张量（如应力、材料属性等）存储在单元中心。

模型边界（MODEL BOUNDARY）——模型边界的有限差分网格的边缘。内部边界（如在网格中开挖的洞）也是模型边界。

边界条件（BOUNDARY CONDITION）——边界条件是沿模型边界的约束或控制条件（如力学问题中的固定位移或力、地下水问题中的不透水边界、热传递问题的绝热边界等）。

初始条件（INITIAL CONDITIONS）——模型所有变量（例如，应力、孔压等）的初始状态，先于任何荷载的改变或扰动（例如开挖）。

本构模型（CONSTITUTIVE MODEL）——本构（材料）模型用于描述 FLAC3D 模型中单元的变形和强度行为。FLAC3D 中包含多种与岩土材料相关的本构模型。本构模型和材料属性在 FLAC3D 中可以单独赋给每个单元。

空单元（NULL ZONE）——空单元指的是那些在有限差分网格中代表"空"的单元（即没有材料属性）。该单元并不是在有限差分网格中被删除掉了，而是将其所有的材料属性设置为 0，在视图中默认是不显示的。该单元用于模拟被挖除的部分或者待填充的部分。

子网格（SUB-GRID）——有限差分网格可以由子网格组成。子网格用于创建模型中不同形状的区域（例如，大坝子网格放在基础子网格上（图 2-71））。

粘结面（ATTACHED FACES）——粘结面是独立子网格被粘结或连接的面。粘结面必须是共面并接触，但每个面上的网格点不需要匹配。不同单元密度的子网格可以粘结（图 2-71）。

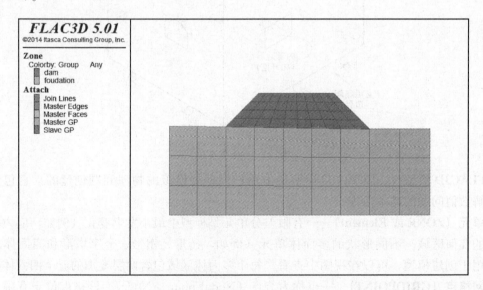

图 2-71 子网格与粘结面

接触面（INTERFACE）——接触面也是连接子网格的面，但它在计算过程中可以被分开（例如，滑动或张开）。接触面通常用来模拟物质的不连续性，例如断层、节理面或者两种不同材料的分界面。

范围（RANGE）——在 FLAC3D 模型的范围是一个过滤器，用于指定哪些对象执行操作。范围或范围的元素，按照 X，Y，Z 坐标固定在空间中（即使模型运动）——它没有连接到模型的单元和网格点。范围或范围的元素是指定的组包括所有其定义区域内的单元并组成了模型。一个 ID 号也可以是范围的一个元素，表明范围包括并连接到指定 ID 号的单元、网格点或结构单元。

组（GROUP）——FLAC3D 模型中组指的是定义单独名称对象的集合。组用于限定 FLAC3D 某个命令的作用范围，例如 MODEL 命令分配材料模型到设计的分组。任何指向组名的命令都表示命令只在该组对象内执行。

ID 号（ID NUMBER）——FLAC3D 中的每个单元都有其 ID 号。下面的模型元素也有其 ID 号：接触面、网格点、单元、体（volumes）、参考点、历史记录（history）、表（table）、绘图项和结构单元（例如，梁、锚杆、桩、壳、衬砌和土工隔栅）。单独的号码帮助用户指定模型中特定的元素。可以采用 LIST 命令来取得 ID 号。ID 号可以通过用户分配给接触面、结构单元、参考点、历史记录、表和绘图项。构件识别号（Component identification numbers，CID）也可分配给结构单元中单独的构件。单独的 CID 号可以分配给组成结构单元的每个节点、单元和节点/网格连接部件。

结构单元（STRUCTURAL ELEMENT）——FLAC3D 中包含两种不同类型的结构单元。双节点的线性单元有梁（beam）、桩（pile）和锚杆（cable）。三节点的平面三角形单元有壳（shell）、衬砌（liners）和土工隔栅（geogrid）。结构单元用于模拟岩土中结构支护的作用。这些单元具有典型的非线性材料行为。每种结构单元都由三部分组成：节点；单个单元 SELs；节点/网格连接部件。但是，每种结构单元各部分的作用特点不同。

步（STEP）——也称为时步（timestep）或循环步（cycle）。由于 FLAC3D 采用显式格式，在求解问题时需要指定计算步。在计算期间，信息在有限差分网格的单元内传递。对于静态求解来说，需要在特定的计算步数内达到平衡（稳定流）状态。一般的问题在 2000~4000 步内就可以解决，而大型复杂的问题的求解需要上万步来达到稳定。当使用动态分析选项，STEP 指动态问题实际的时间步长。

静态求解（STATIC SOLUTION）——在 FLAC3D 中当模型的动能变化率达到一个极小值时，认为达到了一个静态或者稳定状态的解，这是通过运动方程的阻尼实现的。如果模型在外部加载条件下是不稳定（失效），在静态求解阶段的结论，模型要么是处在一个平衡状态，要么是在材料的稳定流状态。FLAC3D 默认的静力学求解，并可以与瞬态流和热传导耦合计算。作为一个选项，通过抑制静态解的阻尼，也可以执行安全的动态分析。

不平衡力（UNBALANCED FORCE）——对于静态分析来说，不平衡力指示何时到达力学平衡状态（发生塑性流动）。如果在每个差分网格节点力向量的合力为零，则该模型是完全平衡的。调用 STEP 或 SOLVE 命令时，可对 FLAC3D 中的最大节点力向量进行监测，并输出到屏幕上。最大节点力向量也被称为不平衡或失衡力。数值分析的最大不平衡力不会完全达到零，但当最大不平衡力相对于问题的总作用力是比较小的时候，该模型被认为是平衡的。如果不平衡力达到了一个非零的常量，这可能表明模型内发生了失效和塑性流动。当网格点固定在某一特定方向，在这个方向上的不平衡力分量相当于支反应力。

动态求解（DYNAMIC SOLUTION）——动态求解包含完整动力学方程（包括惯性定

律）的求解过程；动能生成和损耗直接影响求解结果。问题的动态解可涉及高频率、短时间加载（例如，地震或爆炸）。FLAC3D 动态计算是一个可选模块。

大变形/小变形（LARGE STRAIN/SMALL STRAIN）——默认情况下，FLAC3D 在小变形模式：即使计算位移大，网格点坐标仍没有改变（与典型单元的尺寸比较）。而在大变形模式下，网格点将根据计算位移在每一步更新坐标。在大变形模式下，几何非线性是可能的。

2.4.1.3　FLAC3D 5.0 符号和单位

FLAC3D 中使用下列约定，必须在输入或评估结果时注意：

正应力——正为拉，负为压。

剪应力——作用在外法线沿正向的平面上的剪应力，当其指向其第二个下标的坐标轴的正向时为正。相反，如果作用面的外法线方向沿负向时，剪应力指向其第二个下标的坐标轴的负向时为正。应力张量是对称的（图 2-72）。

正应变——正为拉，负为压。

剪应变——剪应变方向与剪应力方向约定一致。

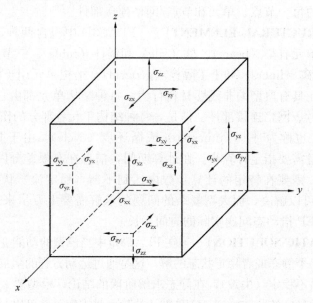

图 2-72　应力分量正向符号约定

压力——垂直指向作用面为正(如，推)；垂直背向作用面为负(如，拉)（图 2-73）。

孔隙压力——流体孔隙压力压为正，拉为负。

倾角，倾向——在 FLAC3D 中，采用全局右手向 xyz 坐标系。当指定倾角和倾向时，FLAC3D 约定如下：$+y$ 指向北（0°方位角）；$+x$ 指向东（+90°方位角）；$+z$ 指向上。倾向由水平面上从北轴（0°方位角）顺时针测量。倾角由水平面与 z 的负轴夹角测量。

矢量——矢量的 x、y、z 分量，例如力、位移和速度正方都与 x、y、z 正向一致。

FLAC3D 接受任何一致的工程单位。一致的基本参数单位如下所示。当从一个单位系统转换到另一个时，用户必须注意。

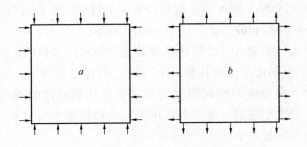

图 2-73 压力
(a) 正;(b) 负

	公制				英制	
长度	m	m	m	cm	ft	in
密度	kg/m^3	10^3kg/m^3	10^6kg/m^3	10^6g/cm^3	slugs/ft^3	snails/in^3
力	N	kN	MN	Mdynes	lbf	lbf
应力	Pa	kPa	MPa	bar	lbf/ft^2	psi
重力加速度	m/s^2	m/s^2	m/s^2	cm/s^2	ft/s^2	in/s^2

此处,有:

1 bar = 10^6 dynes/cm^2 = 10^5 N/m^2 = 10^5 Pa;

1 大气压 = 1.013 bars = 14.7 psi = 2116 lbf/ft^2 = 1.01325×105 Pa;

1 slug = 1 lbf -s^2/ft = 14.59 kg;

1 snail = 1 lbf -s^2/in;

1 重力加速度 = 9.81m/s^2 = 981 cm/s^2 = 32.17 ft/s^2。

	公制		英制	
水体积模量	Pa	bar	lbf/ft^2	psi
水密度	kg/m^3	10^6g/cm^3	slugs/ft^3	snails/in^3
FLAC3D 渗透系数	m^3·s/kg	10^{-6}cm^3·s/g	ft^3·s/slug	in^3·s/snail
渗透率	m^2	cm^2	ft^2	in^2
渗透系数	m/s	cm/s	ft/s	in/s

注意:FLAC3D 渗透系数≡渗透率(cm^2)×9.9×10^{-2}
(公 制)   ≡渗透系数(cm/s)×1.02×10^{-6}

2.4.2 FLAC3D 5.0 基本命令

2.4.2.1 基本语法

1. 基本命令与符号规定

FLAC3D 既可以使用"交互"模式进行操作(例如,通过键盘输入命令),也可以采用"文件驱动"模式(例如,将命令存储在数据文件中并从该文件读取)。不管是哪种模式,解决问题的命令都是一致的;数据输入的特定方式由用户选择。

所有输入的命令都是基于单词的,并跟在初始的 COMMAND 单词之后。一些命令

（例如，PLOT）后面都会跟一些改变该命令行为的关键字。每条命令的组成形式如下：
COMMAND keyword *value* . . . < keyword *value* . . . >

命令都可以在输入行中键入。必须注意到前几个字母是加粗的。程序只要求这些字母（最少程度）键入以来识别命令。而其他以小写形式出现的关键字，也可通过键入那些加粗的字母来识别命令。命令或关键词的完整形式也可达到同样的效果（如果用户愿意）。默认的，命令是不区分大小写的；既可以使用大写也可使用小写字母。当然也可通过设置选项对话框，来使命令区分大小写。

许多关键字后跟一系列数字，以提供关键字所需的数字输入。命令中出现粗斜体类型为数字。命令以 i、j、m 或 n 开始时，则为整数；否则，则为实数或小数。小数点可能包含在（或省略在）实数中，但绝不能出现在一个整数中。

命令、关键字和数值可以由任意数量的空格或通过以下任何分隔符隔开：
( )，=（必须为英文符号）

也有一些额外的符号的输入参数，如下：
< >表示可选参数（括号不能输入）。
. . . 表示该参数可以给任意的数。

任何跟在输入行中分号（";"注意为英文字符）后的语句都被当作注释，并在执行命令的时候忽略掉。分号可用于在运行批处理模式下的输入行中做注释。符号 & 和省略号（…）用于一行的结尾处，表示下行为改行的接续。因此该符号可以放在一条完整命令的任何一处来换行。

布尔关键字用于描述输入的布尔值（例如，on 或 off、true 或 false）。下面的任何一个关键字都可定义一个布尔值：off、false、no、on、true、yes。一般来说，如果上述关键字没有指定，则默认为 on。

如果感叹号（!）是输入行上的第一个字符，则该字符将被删除，并将该行命令标记为一个期待的错误。发生错误时，会报告错误消息，但 FLAC3D 不会停止处理命令。如果处理该行命令时未出现错误信息，将报告一个错误并将停止处理。

2. Range 算法

Range 算法允许用户通过一些命令来指定一个对象的限定集（例如，单元、网格点或面）。大多数命令接受一个可选的 range 关键字短语，且如果存在必须放在命令语句末。如果未指定 range 关键字短语，那么命令将应用到所有相关模型中的对象。

标识一组对象范围，可以由任意数量的 range 元素组成。如果指定了多个 range 元素，对象最后的范围将是那些包括单独的 range 元素范围的交集。可以使用 union 关键字修改此行为，如果指定为 union，将是 range 元素范围的并集。不在特定 range 元素内的对象可以通过在 range 元素后加 not 来识别。使用限度关键字时，对象的限度是用于验证对象是否在范围内。此关键字的只适用于几何的 range 元素（例如，sphere）。

一个命名范围也可通过命令 RANGE 创建。一旦该范围被命名，该名称可以作为一个关键字用于代替 range 元素所制定的范围。

由多个 range 元素组合能产生并集或交集范围的程序示例如下。首先，生成包含 1000 个单元的块体。然后，创建两个独立的命名范围。第一个范围为"intersected_zones"，包含由 x 和 y 的 range 元素的交集范围（图 2-74）。第二个范围为"union_zones"，包含

x 和 y 的 range 元素的并集范围（图 2-75）。两个不同的命名范围的区域在两个不同的视图中以红色显示。

```
; Performing union and intersection of range elements
new
gen zone brick size 10 10 10
range name intersected_zones x = (5，8) y = (3，7)
range name union_zones    union x = (5，8) y = (3，7)
plot create view intersected_zones
plot add zone colorlist yellow trans 80
plot add zone colorlist red range nrange intersected_zones
plot add axes

plot create view united_zones
plot add zone colorlist yellow trans 80
plot add zone colorlist red range nrange union_zones
plot add axes
```

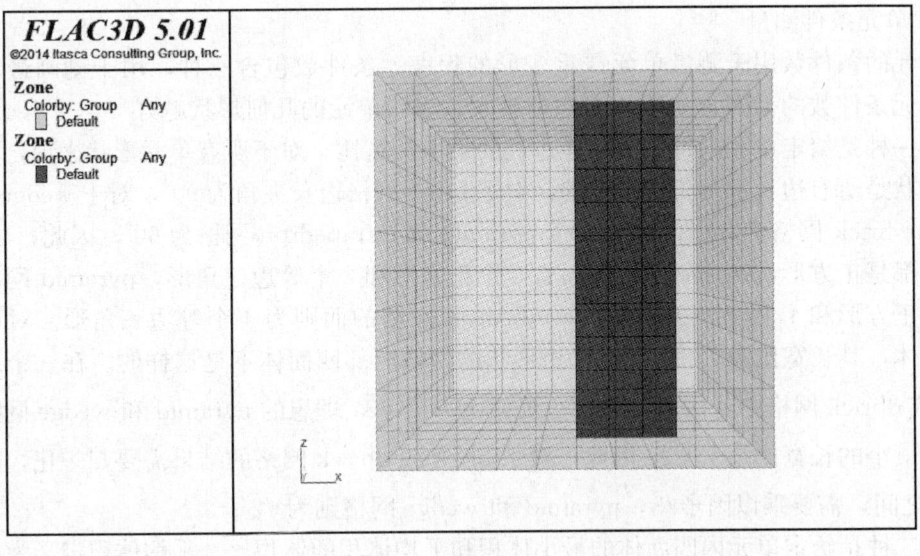

图 2-74 intersected_zones 范围

一般来说，如果 range 元素用于选择单元，那么其他类型的对象将反映在以下方面：
- 如果任何单元被选中，那么它们相关的网格点也将被选中；
- 如果任何单元被选中，那么它们相关的面也将被选中。

例如使用命令 INITIAL xvelocity 1e5 range model mohr 将设定指定为 Mohr Coulomb 模型材料的单元的网格点 x 向的速度为 1×10^5。

3. 单元节点和面的方向

单元是一个由顶点的节点和组成单元表面的面组成的封闭几何区域。节点和面的方向可通过五种基本网格形状来说明：brick、wedge、pyramid、degenerate brick 和 tetrahedron。每个面都有顶点；图中标注了这些顶点（图 2-76）。

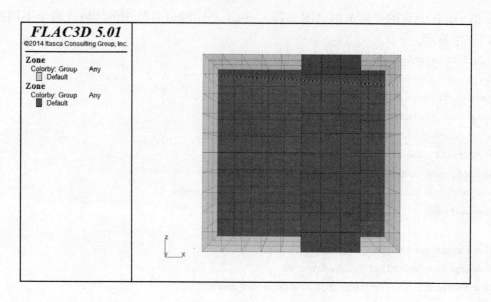

图 2-75　union_zones 范围

4. 单元条件测量

单元的条件数用于测量单元严重变形的程度。条件数包含三种，用于刻画最坏的情况。单元条件数的范围为 0~1，其数值越大，表明单元的几何形状越好。

第一种是给定单元内每个四面体边长的最小长宽比。对于所有单元形状来说，假定理想的形状是所有边长都是长度一致的，对于 brick 网格边长夹角为 90°，对于 wedge 或 degenerate brick 网格为 60°和 90°，对于 pyramid 或 tetrahedron 网格为 60°。因此，brick 网格的面都是正方形，wedge 网格的面有 3 个正方形和 2 个等边三角形，pyramid 网格的面有 1 个正方形和 4 个等边三角形，tetrahedron 网格的面则为 4 个等边三角形。对于理想的四面体，其长宽比为 1。然而，理想形状的网格内部四面体不是这样的。在一个理想的 brick 或 dbrick 网格中，四面体的最小长宽比为 $1/\sqrt{3}$，理想的 pyramid 和 wedge 网格内部四面体最小的长宽比是 $1/\sqrt{2}$。因此，对于 brick 或 dbrick 网格的结果需要归一化，并介于 0 和 1 之间，需要乘以因子 $\sqrt{3}$，pyramid 和 wedge 网格则为 $\sqrt{2}$。

第二种是给定单元内四面体的最小体积和平均体积的体积比。平均体积定义为单元体积与内部四面体体积之商。对于理想形状的 wedge、tetrahedron、pyramid 和 dbrick 网格，该值为 1，而对于理想的 brick 网格，该值为 5/6。因此，对于 brick 网格的结果需要规范化，并乘以一个因子 1.2。

第三种是正交性，即为单元中的边相对于其他边的倾斜程度。如果该值接近于 0，表明单元极度拉长或严重变形。对于理想的 brick 网格，最小值为 1，但对于理想的其他网格类型，最小值为 $\sqrt{2}$。因此除了 brick 网格外的其他单元都需要乘以因子 $1/\sqrt{2}$。

2.4.2.2　常用命令

该部分列出了 FLAC3D 中常用的命令，并对其进行解释。

1. 程序控制

某些命令允许用户不离开 FLAC3D 软件而启动新的分析，或重新启动以前的模型，

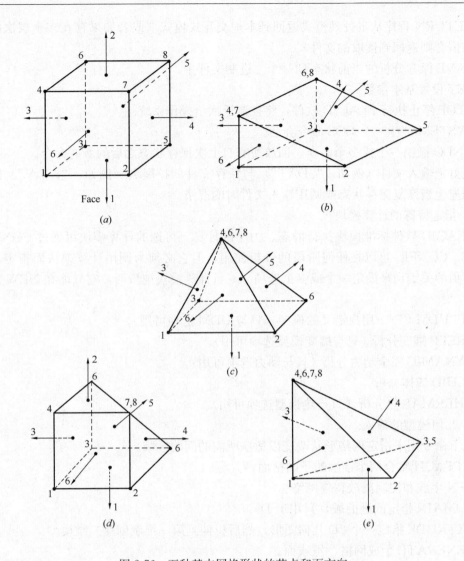

图 2-76 五种基本网格形状的节点和面方向
(a) brick；(b) wedge；(c) pyramid；(d) degenerate brick；(e) tetrahedron

继续从最后一个分析阶段进行模拟。以下命令可以提供程序控制：

CALL 在 FLAC3D 中读取之前用户准备的 ASCII 输入数据文件并执行命令——这也叫批处理模式。

CONTINUE 继续读取批处理文件。

GUI 命令影响当前的用户界面。

LOAD 加载一个用户定义的 C++插件，扩大 FLAC3D 软件的功能。

NEW 不离开 FLAC3D 开始一个新的问题。

PAUSE 暂停读入批处理文件。

PLAYBACK 回放一个输入的模型状态记录。

QUIT 停止 FLAC3D 执行并返回到操作系统（EXIT）。

RESTORE 从以前执行的问题恢复存在（二进制）保存的状态。

RETURN 程序从批处理模式返回到本地交互式模式（或者如果存在多个层次的嵌套调用被嵌套则返回到读取的文件）。

SAVE 保存分析的当前状态到一个二进制文件中。

SET 设置基本参数。

STOP 停止执行 FLAC3D 软件，将控制返回给操作系统。

SYSTEM 产生一个 DOS 命令会话。

UNDO 撤销一个或多个命令，回放所有自上次保存状态之后的所有命令。

最好把输入文件（例如，".DAT"）与保存文件的扩展名（例如，".SAV"）区分开来，以避免当恢复保存状态或调用输入文件时的混淆。

2. 指定特殊的计算模块

FLAC3D 软件标准模块执行静态、力学的计算。可选的计算模块可通过 CONFIG 命令指定。CONFIG 可以在任何阶段的分析使用，但它必须为调用计算模块而指定。可以采用下面的关键词来设定一个或多个选项。一旦计算模块被激活，它只能在 NEW 命令后失活。

CPPUDM C++用户定义的模型（只与 UDM 选项可用）。

CREEP 蠕变分析（只与蠕变模型选项可用）。

DYNAMIC 完全动力分析（只与动力选项可用）。

FLUID 流体分析。

THERMAL 热分析（只与热模型选项可用）。

3. 几何模型的输入

以下命令用来指定网格形状改变以适应所需的问题区域。

ATTACH 粘合两个接触的子网格面。

DFN 生成和控制离散裂缝网络。

DOMAIN 指定问题的域，只用于 DFN。

EXTRUDE 指定一个 2D 几何图形，然后拉伸到第三维度创建三维模型。

GENERATE 生成网格、点或面。

GEOM_TEST 为求解问题的精确性而测试网格的完整。

GEOMETRY 输入或创建几何数据。

GP 生成单一的网格点。

IMPGRID 从外部的网格生成器导入一个 FLAC3D 网格。

INITIAL 对网格点的操作，施加初始条件。

ZONE 生成单元。

4. 创建命名的对象

下面的命令允许用户创建宏和模型对象。

GROUP 创建一个包含单元和网格点的模型对象分组。

LABEL 分配给模型中的位置并创建一个标签（用选择箭头）。

RANGE 创建一个空间体积的模型对象范围。

SCALAR、VECTOR、TENSOR 输入用户自定义标量、矢量和张量数据，并用于与模拟结果比较。

5. 赋予本构模型和属性

本构模型通过命令 MODEL 分配给一个特定的区域。可用以下关键词分配适当的模型。

类别	关键字	说 明
力学模型	anisotropic	横观各向同性弹性模型
	cam-clay	剑桥黏土模型
	chsoil	简化的盖帽模型
	cysoil	盖帽模型
	doubleyield	双屈服模型
	drucker	Drucker-Prager 塑性模型
	elastic	各向同性弹性模型
	finn	动态孔隙压力生成模型
	hoekbrown	霍克-布朗模型
	mhoekbrown	改进的霍克-布朗模型
	hydrat	混凝土水化定律
	m_hyd_dp	改进的混凝土水化定律
	mohr	摩尔-库仑模型
	null	空模型
	orthotropic	正交各向异性弹性模型
	ssoftening	应变硬化/软化塑性模型
	subi	双线性应变硬化/软化遍布节理模型
	ubiquitous	遍布节理模型
流体模型	fl_anisotropic	各向异性流体模型
	fl_isotropic	各向同性流体模型
	fl_null	流体空模型
蠕变模型	burgers	Burgers 黏弹性模型
	cpower	双分量幂率模型；黏塑性模型
	cviscous	Burgers 黏塑性模型
	cwipp	Crushed-Salt 本构模型
	power	幂率模型
	pwipp	黏塑性模型
	viscous	经典的黏弹性模型
	wipp	WIPP 参考蠕变方程
热力模型	th_ac	各向同性热对流——传导
	th_anisotropic	各向异性热传导
	th_hydration	热水化模型
	th_isotropic	各向同性热传导
	th_null	热传导空模型
自定义模型	load	加载一个用户定义的本构模型 DLL 文件

每个模型的材料属性可通过命令 PROPERTY 赋值。对于应变硬化/软化塑性模型、双屈服模型和双线性模型，其材料属性依赖于累积塑性应变，可通过命令 TABLE 进行赋值。流体属性（流体体积模量或比奥模量）采用命令 INITIAL 设定。材料和流体的质量密度的设定一般也采用命令 INITIAL。

6. 施加初始条件

模型求解的初始条件可以采用下列命令施加：

INITIAL 初始化特定的网格点和单元变量，例如质量密度、应力状态和速度。

SET 通过选择一个或多个关键字对模型初始条件进行设定。关键字如下：
gravity 设置重力。
large/small 选择大变形或小变形模式。
WATER 设定有效应力计算的水位线初始条件。

7. 施加边界条件

FLAC3D 中的模型边界条件规定使用以下关键字：
APPLY 适用于力学、流体和热学条件模型边界条件。
DELETE 从模型中删除单元。
FIX / FREE 允许速度，孔隙压力或温度在选定的网格点处被固定（禁止改变）或释放（允许改变）。

8. 指定结构支撑

六种结构支撑单元可以通过 SEL（结构单元）命令指定。可用支撑单元类型的关键字如下：
beam 梁。
cable 锚杆。
geogrid 土工格栅。
liner 衬砌。
pile 桩。
shell 壳。
每种支撑单元类型的属性可通过 SEL 命令的属性关键字定义。

9. 指定接触面

命令 INTERFACE 可用于定义两个或多个 FLAC3D 中子网格的接触面。这些接触面要么是可以滑动或张开或两者兼有的面。接触面属性也可通过这个命令定义。

10. 指定用户定义的变量或函数

FLAC3D 中的嵌入式程序语言（FISH）用于解决用户需要的特殊问题定义与特殊变量和函数。FISH 的语句是在 FLAC3D 中的命令 DEFINE 和 END 之间的语句。
模型条件的变量也可以使用 TABLE 命令。FISH 函数的命令行调试可使用 FISH 调试命令。

11. 求解过程中监测模型状态

模型变量的改变可以在求解过程中进行监测。这有助于确定是否达到一个平衡或失效状态。
HISTORY 记录一个变量随时步数的改变。帮助用户确定何时达到一个稳定状态。
TRACE 记录模型对象随时间变化的位置。
TRACK 跟踪流体颗粒。

12. 求解问题

FLAC3D 模型中定义了适当的问题条件后，通过采取一系列的计算步骤解决问题。以下命令将允许 FLAC3D 自动求解或用户控制模型的求解过程：
CYCLE n 执行 n 步计算。
SOLVE 启用稳态解的自动检测。计算执行，直至到达预设的限制条件。限制条件可以通过关键字通过 SET 命令修改。关键字还允许用户进行瞬态分析流体流动、传热和蠕变，完全动态地计算定义时间限制和时间步长等。

STEP n 执行 n 步计算。

不管是采用命令 SOLVE，还是 STEP（或 CYCLE），最大不平衡力（或力率）都将持续显示在屏幕上。用户可以使用<Esc>键来停止计算。FLAC3D 在执行完计算后会将完全的控制返回给用户。然后，用户可以检查求解结果，保存模型状态或执行分析。

13. 模型输出

多个命令用于检查当前问题的状态：

EXPGRID 将当前的模型网格输出到 FLAC3D 网格文件。

LIST 显示问题条件和主要网格变量输出。

MAIL 允许用户在模型执行期间发送电子邮件通知。

SET 提供了几种不同输出条件的控制。

TITLE、HEADING 在保存文件和会图上记录标题。

14. 访问内置的帮助

HELP 提供可用命令的列表。

2.4.2.3 文件类型

FLAC3D 使用或创建以下几种类型的文件，这些文件具有不同的扩展名。

1. 数据文件

用户选择以交互方式（即，在 FLAC3D 软件环境中输入 FLAC3D 命令），或者是通过数据文件（也称为"批处理文件"）运行 FLAC3D。ASCII 格式的数据文件由用户创建，其中包含对问题进行分析的 FLAC3D 命令集。一般来说，创建数据文件是使用 FLAC3D 最有效的方式。数据文件有其文件名和扩展名。其扩展名一般为".F3DAT"或".DAT"（FLAC3D 输入命令）、".F3FIS"（FISH 函数语句）。也可采用".TXT"格式。

2. 结果文件

"FLAC3D.F3SAV"——此文件是 FLAC3D 中采用命令 SAVE 创建的。默认文件名为"FLAC3D.F3SAV"，可以通过命令（SAVE filename）指定一个不同的文件名，其中 filename 是用户指定的文件名。"FLAC3D.F3SAV"是一个二进制的文件，包含所有模型状态变量和用户自定义条件的值。创建结果文件的主要原因是为了在探讨一个参数变化的影响时并不需要重新运行计算。结果文件可以恢复，并在随后的时间继续分析。通常，FLAC3D 运行时一般要创建多个结果文件。

3. 日志文件

"FLAC3D.LOG"——此文件是 FLAC3D 中采用命令 SET log on 创建的，是一种 ASCII 格式的文件。默认文件名为"FLAC3D.LOG"，可以通过命令（SET logfile filename）指定一个不同的文件名，其中 filename 是用户指定的文件名。该命令可以交互式操作，或者作为数据文件的一部分。采用命令 SET log on 后，屏幕上出现的所有文本将被复制到日志文件中。日志文件用于提供 FLAC3D 操作记录。

4. 历史文件

"FLAC3D.HIS"——此文件是 FLAC3D 中采用命令 HISTORY write n 创建的（其中 n 是监测编号），是一种 ASCII 格式的文件。默认文件名为"FLAC3D.HIS"，默认存储路径为 FLAC3D 默认指向的文件夹，可以通过在命令（HISTORY write）后增加关键字 file myfile.his 指定不同的文件名。该命令可以交互式操作，或者作为数据文件的一部分。历史记录的值写入该文件，可以使用任何能访问 ASCII 格式的文本编辑器打开。

5. FISH 输入/输出文件

用户编写的 FISH 函数可以创建、写入和读取两种格式的文件。如果选择二进制形式，FISH 变量将会以二进制形式存储在文件中；如果选择 ASCII 形式，数字或字符数据可能会被写入或读取自一个文件。后一种形式是一种处理文件中非标准格式的 ASCII 数据的有效方法。

6. 其他文件

其他文件类型包括网格文件（*.f3grid 或 *.flac3d）、几何信息（*.dxf、*.stl、*.geom）、用户自定义数据（*.scalar、*.vector、*.tensor）和模型输入记录（*.record）。

2.5 FLAC3D 5.0 实例

2.5.1 问题描述

例题的主要问题描述如下：在一块土体中一次性开挖一个 $2m \times 4m \times 4m$ 的基坑，并对基坑周围土体的变形作监测和分析。

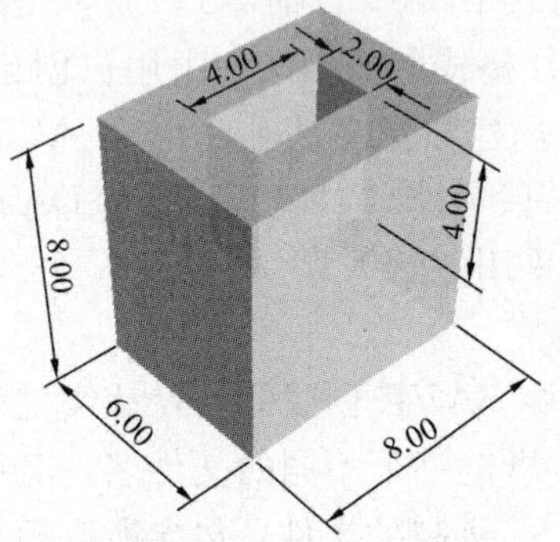

模拟的分析的第一步是根据该例题的描述简化出适于计算的模型。首先，要考虑模型的尺寸，土块的范围可以看做是无限体，而对于模拟只需在该无限体中取出一块进行分析。取出的土块的尺寸要求是边界约束不能对模拟的结果产生影响。根据开挖基坑的尺寸，确定整体的模型尺寸为 $6m \times 8m \times 8m$，边界约束采用铰链约束，如图 2-77 所示。

选择力学计算的本构模型，一般采用传统的 Mohr-Coulomb 本构模型。对于本例题，其基本力学参数如下：

图 2-77 模型示意图

密度 (kg/m³)	体积模量 (Pa)	剪切模量 (Pa)	黏聚力 (Pa)	摩擦角 (°)	抗拉强度 (Pa)
1000	1×10^8	3×10^7	1×10^{10}	35.0	1×10^{10}

2.5.2 模型建立

先采用交互式的方法在 FLAC3D 中运行该算例（即：用键盘输入命令行，在命令行输入完成后按回车键，然后直接查看输入命令后的结果）。首先，打开 FLAC3D 软件，打开后便可以看到 FLAC3D 的主窗口，在主窗口下方，是命令窗口，命令行窗格的提示符为"FLAC3D>"。

建立初始的有限差分网格的命令为 GENERATE：

gen zone brick size 6 8 8

这个命令会在软件中建立一个 X 方向 6 格，Y 方向 8 格，Z 方向 8 格的三维长方体网格。在建立的这个模型中，Z 方向为竖直方向。

如果错误地输入了一个命令，可以输入"undo"命令去消除上一次输入的命令的影响。

这个模型的视图能通过输入命令生成。然而，一般说来，可以使用图形用户界面来生成它。例如，执行下面的步骤：

1. 在菜单栏中选择 File / New Item / Plot。
2. 在出现的命名对话框中输入"Trench"（图 2-78）。
3. 在 Control Panel/List 窗格中双击"Zones"和"Axes"（图 2-79）。
4. 在 Plot Items 下选中 Zone，再在 Attributes 中，展开"Colors"属性，点击绿色格子，选择黄色（图 2-80）。

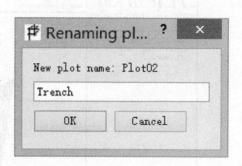

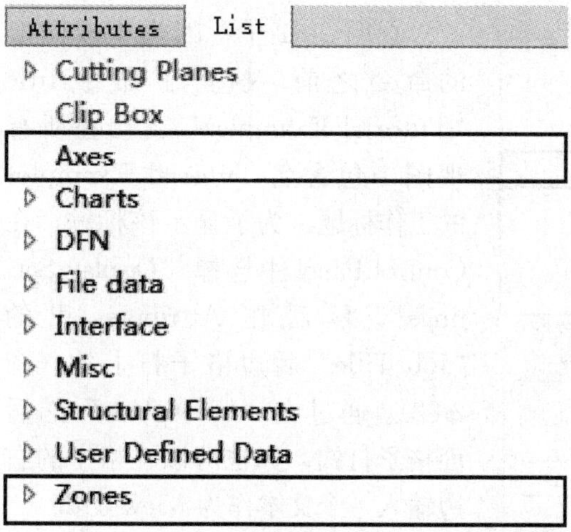

图 2-78 新建绘图

图 2-79 增加绘图项

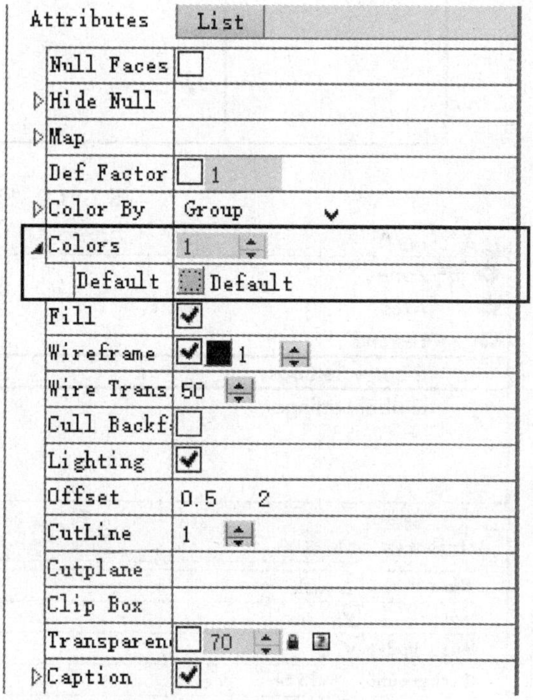

图 2-80 调整模型颜色

上述步骤生成了一个叫 Trench 的视图窗口，在窗口里生成了单元体和坐标轴。显示的结果见图 2-81。

图 2-81 中的网格，大小为 6m×8m×8m，原点在左下角。模型的尺寸、原点和网格划分都可以通过 GENERATE 命令来改变。并可以通过右击和移动鼠标来完成对当前视图的旋转。使用鼠标滚轮可以对视图进行放大（缩小），shift＋鼠标右击＋鼠标平移可以控制视图进行平移。

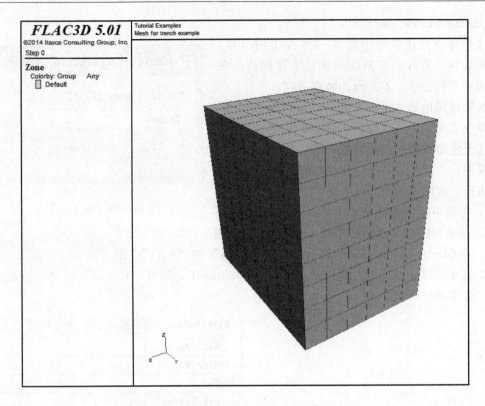

图 2-81 "Trench"图形

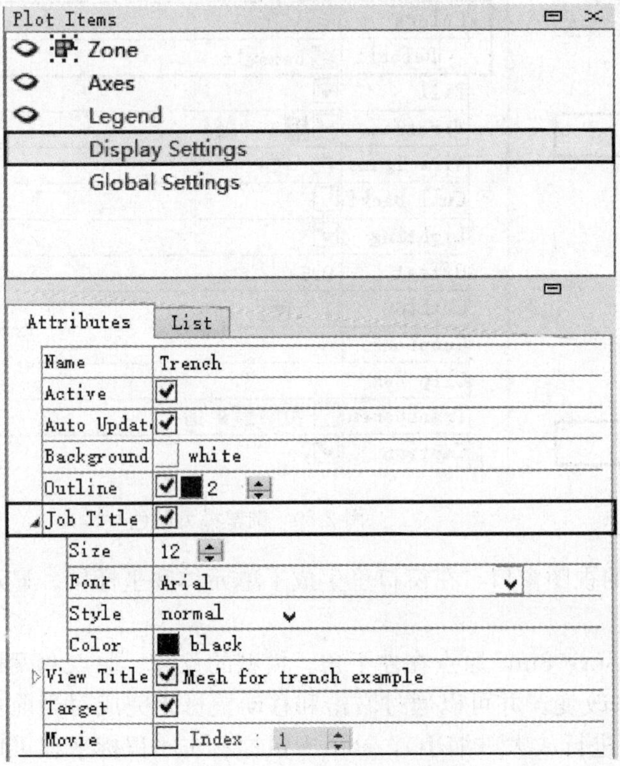

在图 2-81 中，因为生成图形的命令之前，执行了命令 title 'Tutorial Examples'就会在所有视图中包含名 Tutorial Examples 的工作标题。为了显示该标题，在 Control Panel 中选择"Display Settings"，然后在 Attributes 里的"Job Title"后边格子打上钩（图 2-82）。通过在"View Title"的后面格子打钩，你也可以在格子的右边输入一个文本作为 View Title。

2.5.3 本构及材料

现在要给整个模型空间定义本构模型和具体材料参数。在本例中，定义材料为摩尔-库伦弹塑性本构模型。返回到"Flac3D>"命令模式并输入：

model mech mohr

图 2-82 工作标题的显示

这个命令定义了该网格体的本构模型为摩尔-库伦模型。网格中的每块区域都需要定义为选择的本构模型并赋予相应的材料参数。但是如果 MODEL mechanical（缩写为 mech）命令后没有特别指定命令作用的区域，则系统默认为作用的范围为整个模型。

想知道计算这个问题需要占用多少的内存，可以输入以下命令：

list mem

输入命令后软件便会提供一张在现阶段内存的统计列表。这个例子在现阶段大概需要占用 0.6MB 的内存来存储数据，大约需要 111MB 的内存来进行模型的计算。

接着在命令窗口中输入材料属性赋值命令：

prop bulk=1e8 shear=0.3e8 fric=35

prop coh=1e10 tens=1e10

以上的命令定义了材料的体积模量（PA）、剪切模量、内摩擦角、黏聚力和抗拉强度。用户会发现黏聚力和抗拉强度值取得很大，这样取值的目的是为了模拟得到模型在自重作用下的初始应力状态。取值很大是防止了模型在初始加载分析时就达到塑性状态。

2.5.4　初始、边界条件

在该例中，土体仅受自身重力作用，在命令行中输入如下命令来加载重力：

set grav 0, 0, −9.81

ini dens=1000

Z 轴负方向加载了大小为 $9.81m/s^2$ 的重力加速度（沿着坐标轴正方向的加速度是正的）。为了形成重力，物体的密度必须要初始设置。上述命令 INITIAL 就是用来将模型的所有单元的密度初始设置为 $1000kg/m^3$。

接着定义模型的边界条件。在命令提示符 Flac3D>后面，输入以下命令：

fix x range x 0.0

fix x range x 6.0

fix y range y 0.0

fix y range y 8.0

fix z range z 0.0

以上的命令固定了模型的五个面（连杆支承），边界一旦被"FIX"（固定）后，在被固定的方向就不会发生位移和产生速度。FIX 命令在例题中起到了如下作用：

（1）固定了边界面 X=0、X=6 上的所有节点 X 方向的位移，因为这两个边界面分别在 range 关键词所指的范围内（命令的前两行）；

（2）固定了边界面 Y=0、Y=8 上的所有节点 Y 方向的位移（第三、第四行的命令）；

（3）命令的最后一行固定了底部边界面（Z=0）Z 方向的位移（第五行的命令）。

在施加边界条件后，可通过命令 PLOT add gpfix 来检查是否边界上的所有点都施加了固定边界。在界面操作中，通过双击控制面板窗格下的 Plot items>List>Zones>Gp Fixity 项也可达到同样的效果。

2.5.5　监测求解

对于 FLAC3D 保存的结果文件，只会储存在当前模型状态下各种变量的值，而不会

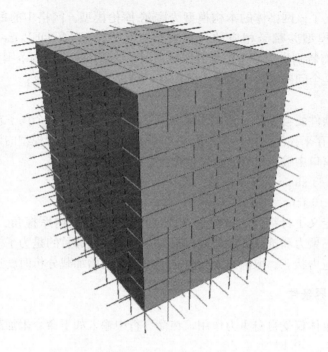

图 2-83 模型边界条件

存储变量的历史变化值。如果想了解在迭代计算过程中一些有用的变量或参数的历史变化,从而来判断分析是否已经达到平衡状态或者模型已经发生垮塌,就需要使用到 HISTORY 命令。

  hist nstep=5
  hist add ratio
  hist add gp zdisp 4, 4, 8

  命令的第一行,指定了参数记录的步频:N (Nstep)=5 指定了每迭代计算 5 次记录 1 次相关的值(如果不指定,则系统默认值为 10)。命令的第二行,指定记录最大不平衡力。命令的第三行,指定记录坐标值为 (4, 4, 8) 的节点 Z 方向的位移。在计算时记录最大不平衡力是一个很好的习惯,如果最大不平衡力接近一个很小的值,并且位移记录值不再发生变化,那就表明计算已经到达了平衡状态。

  现在已经准备好了求解模型初始状态的必要条件。由于 FLAC3D 计算的结果为显式的动态解,可以通过设定计算所需的时间步来控制计算的进程,模型的动能会慢慢衰减为零,这样就得到了需要的静态解。为了使单元体获得重力场,需要设定计算的时间步来求解模型在自重的作用下初始平衡状态。软件中 SOLVE 命令就是按一定精度自动求解平衡状态的命令。

  输入以下命令:
  solve

  这样,软件便开始了问题的求解,在求解过程中,会在程序窗口中显示计算的时间步数以及对应的最大不平衡力的值,当最大不平衡力小于所设定的上限值(系统默认值为 10^{-5})求解过程终止。因为之前没有关闭绘图窗口,显示在窗口中图像将不断更新。如果先关闭了绘图窗口,那么求解所需的时间会更短。

在模型中,计算停止在 877 步,对于一般主频为 2.7GHZ 的 i7 电脑,完成这样的计算仅需要 1s。

2.5.6 结果解释

通过查看最大不平衡力以及所记录节点 Z 方向的位移采样图来分析模型是否达到了平衡状态。在命令窗格中输入:

plot history 1

输入完命令后便可以在窗格中显示 HIST 1(最大不平衡力)的采样记录图。按回车键,再输入如下命令:

plot history 2

可以查看所记录节点 Z 方向的位移采样图。

最大不平衡力采样图(图 2-84)中显示最大不平衡力接近于零,位移图(图 2-85)中可以看出位移已经趋于一个固定值。这两个采样结果均表明系统已经达到了平衡状态。

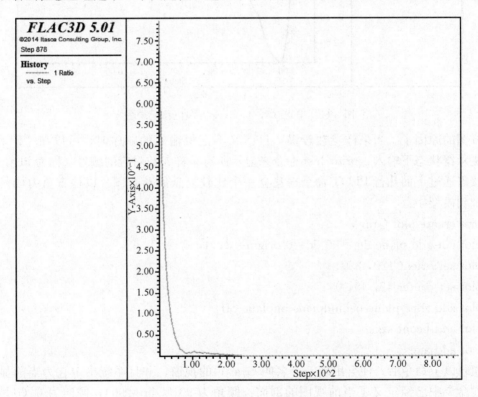

图 2-84 最大不平衡力记录图

上面两个采样图都是在 FLAC3D 默认视图窗格中显示的。任何图形如果没有定义新的视图窗格,都会直接在默认视图中加以显示,这并不会对已建立的自定义视图窗格产生影响。默认视图窗格就像一个"抓拍"器,能立即观察到所需要的视图。

注意:输入的采样记录,系统按输入顺序从"1"开始一直往下编号,这就是为什么输入 hist 1 命令显示的是最大不平衡力的采样记录图,输入 hist 2 命令可显示 Z 方向的位

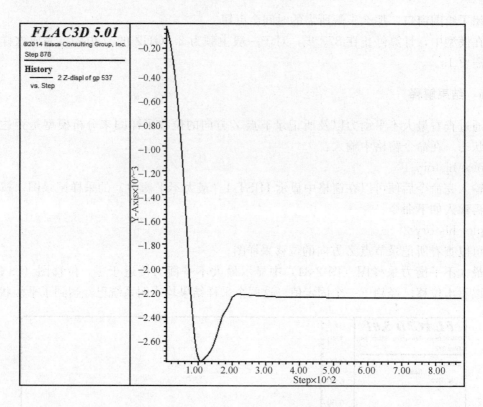

图 2-85　节点 (4, 4, 8) z 方向位移记录图

移采样图的原因了。当采样参数较多，自己又不记得输入的顺序时，可以在 "FLAC3D>" 提示符状态下输入：print hist 命令来显示所有采样参数对应的编号（称为 id 号）。

接着通过下面几行 PLOT 命令来建立一个比较复杂的新视图，以检查重力场是否已经施加到模型中：

  plot create plot GravV

  plot cut add plane dip=90 dd=0 origin=3, 4, 0

  plot set orient 120, 220, 0

  plot set center 45, 45, 0

  plot add zone plane behindplane onplane off

  plot add bcont szz

  plot add axes

执行以上命令后，便会出现一个名叫 GravV 的视窗，并且系统指定它为当前显示窗口。在命令中已经定义了当前视图的剖面：倾角为 90°（dip=90），倾向为 0（dd=0），通过点 (3, 4, 0)。此外，还增加了一个在该剖面后的单元视图和该剖面上竖向应力分量 σ_{zz} 块云图。块云图与内插获得的云图不同，显示的是每个单元质心处计算的应力值。每个单元对应的颜色直接基于单元的应力值，如图 2-86 所示。

现在，最好保存以上得出的初始状态，便于在将来任何时候返回到该状态，重新设定相关参数来做相应的研究。按回车键返回到 "FLAC3D>" 提示符状态，输入下面的命令：

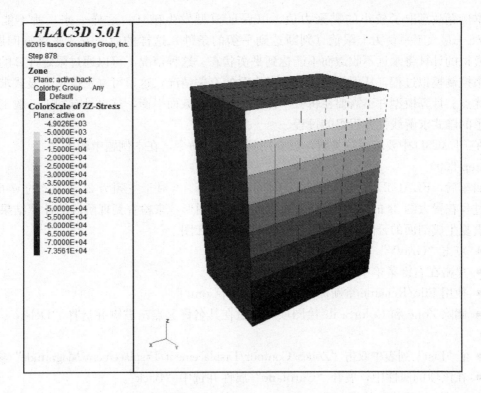

图 2-86　z 方向应力云图

save trench

这样一个名叫 trench 的 SAV 类型文件就在当前文件夹下生成了。

2.5.7　开挖求解

保存的 trench 结果文件为求解问题的初始应力场，即在未经过人为开挖扰动的原岩应力状态。现在再进行下一步工作，在土体中开挖基坑，首先输入命令：

prop coh=1e3 tens=1e3

这个命令重新定义了整个模型材料的黏聚力和抗拉强度均为 1000Pa，这样的取值其实已经能够保证在初始状态中不出现错误了（未开挖前），但还是应该通过一些计算步来检查在初始状态是否出现破坏。为了模拟开挖，输入命令如下：

model null range x=2, 4 y=2, 6 z=5, 10

开挖部分（即模型材料为 NULL）是通过限定 x, y, z 方向区域的办法来选取的。

由于黏聚力比较小，而且基坑壁没有支护，因此开挖后应该会发生土体垮塌的现象。本例题想要模拟的是现实过程，那么通过上面的简单分析，设定计算为大变形是合情合理的，设定的命令如下：

set large

必须注意仅是开挖这个过程引起的位移变化，而不是从加载重力到开挖整个过程的位移变化，所以，系统中所有网格节点的位移应该全部清零命令如下：

ini disp=（0, 0, 0）

本例题故意取了较小的黏聚力值，以保证模型发生破坏。这样一来，就不能采用 SOLVE+最大不平衡力上限值（判断达到平衡的条件）这样的命令方式来求解问题了，因为模拟的计算将永远不收敛而不能达到平衡状态。这种情况下可以通过限定计算的时间步数来控制模拟过程，从而了解在坍塌发生时的有关情况，这里可真正体现了显式求解方法的优点。计算模型并不需要在每一个计算循环都收敛而平衡，这也是有别于一般工程师所熟悉的隐式求解线性方程组的过程。

在FLAC3D中要求得这类解，就要用到STEP命令，在本例题中输入：

step 2000

回车后，FLAC3D就会执行2000时间步的计算。（对于主频为2.7GHZ的i7电脑，这个过程花费大约3s的时间）。然后通过查看相关图形，来检查到现阶段的计算结果。例如，重复生成剖面的云图的步骤，但这次绘制位移云图。

- 点击"GravV"视图以使它激活。
- 单击在右键菜单中的复制按钮。
- 使用File/Rename重新命名视图为"DispCont."。
- 删除Zone和ColorScale绘图项（通过在其名称上点击右键并选择"Delete plot item"）。
- 在"List"列表中双击"Zones/Contour/Displacement/Displacement Magnitude"项。
- 在该项的属性中，展开"Cutplane"属性并选中"Back"。

在出现的位移等值线图（图2-87）中，开挖部分周围的一些网格开始发生变形。在图中还可以看出因开挖导致地面发生沉降的区域。

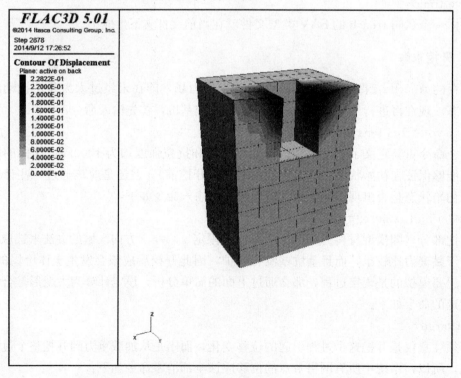

图2-87 位移云图

2.5.8 结构支撑

经过上一节的开挖求解操作,得到的结果显示该例题中的基坑开挖后产生的位移较大,不能满足稳定条件,现在考虑进行结构支撑。在该例题中,采用的结构支撑类型为梁,作用于基坑的顶部中间。所采用的梁的属性如下:

长度 (m)	弹性模量 (Pa)	泊松比	横截面积 (m^2)	X 向惯性矩 (m^4)	Y 向惯性矩 (m^4)	极惯性矩 (m^4)
2	2e11	0.30	6e-3	200e-6	200e-6	0

在进行结构支撑之前,先调用之前保存的原岩状态的计算结果 trench.f3sav(图 2-88),可采用以下命令:

restore trench.f3sav

或采用交互式操作,点击界面下的菜单栏 File>Open Item…,打开一个对话框,选中 trench.f3sav 文件,并在右边 Treat As…项下选中"Saved state:Restore",再点击 Open。也可直接双击 Project 窗格 Saved States 栏下的 trench.f3sav。

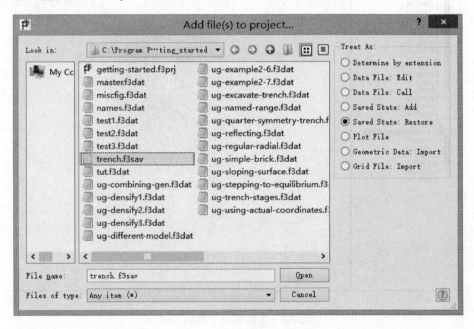

图 2-88 调用结果文件

然后依次执行材料替换和开挖命令:

prop coh=1e3 tens=1e3

model null range x=2,4 y=2,6 z=5,10

ini disp=(0,0,0)

此时,模型的状态已经进行了开挖,但是还没有进行求解,现直接施加结构支撑,采用 SEL 命令:

sel beam begin=(2,4,8) end=(4,4,8) nseg=2

sel beam prop emod=2.0e11 nu=0.30

sel beam prop XCArea=6e−3 XCIz=200e−6 XCIy=200e−6 XCJ=0.0

上述命令的第一行制定了梁两个节点的位置，及分成的段数。第二行对梁的弹性模量和泊松比进行赋值，第三行是指定梁截面的几何参数。

最后，采用 solve 命令进行求解，此处结果收敛。对于求解结果的查看，可通过上一节的操作得到，也可通过如下命令：

plot create plot DispCont

plot add cont disp

plot add sel bcontour fx

上述命令的第一行创建了一个名为"DispCont"的视图，第二行和第三行分别增加了位移云图和梁 X 向分力的云图，如图 2-89 所示。

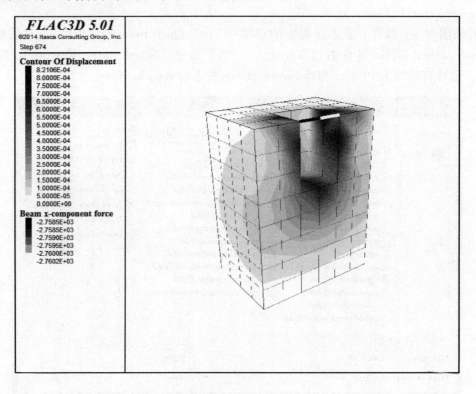

图 2-89 位移和梁 X 向力云图

第三章 网格的生成

3.1 网格生成基本方法

FLAC3D 里面的网格生成方案似乎仅局限于简单、形状规则的单元。然而，FLAC3D 网格可以通过扭转来适应任意而复杂的体积区域。FLAC3D 中建立了强大的网格生成器来控制网格以适应各种形状的三维问题域。

在这一节中，将描述执行网格生成器的步骤。在 3.1.1 节中，先对网格生成器进行了整体的概述。在接下来的 3.1.2 和 3.1.4 节中，介绍了网格生成的各个方面，以及网格设计时为了得到精确方案应该遵循的指导方针。在 3.2 节中，描述了一个特殊的网格生成工具。这个工具允许通过对二维（FLAC）数据文件网格在第三维上进行延伸来生成三维网格。而在 3.3 节中则描述了一种特殊的几何（Geometry）面网格来对 FLAC3D 模型进行辅助操作。

网格生成的一个重要方面就是在模型模拟中体现出来的所有物理边界（包括将要填筑的区域和在后续步骤中将要开挖的区域）必须在方案解决开始之前予以定义。在一个有序的分析中，后续步骤中填筑的结构形状在激活之前必须定义并移除（通过 MODEL mechanical null 命令实现）。网格生成器的目的是方便创建所有模型必需的物理形状。

3.1.1 网格生成器的概述

FLAC3D 中的网格生成需要拼接具有特殊连通性形状的网格（称为基本形状网格）来形成所需的几何体的完整模型。有几种基本形状网格可供选择，这些网格通过连接、匹配可以创建复杂的三维几何体。

网格生成是通过调用 GENERATE 命令完成的。通过执行 GENERATE zone 命令，可以生成各个基本类型网格的单元。参考点的定义可以通过在特定坐标创建网格点（使用 GP 命令）和执行 GENERATE zone 命令生成相关点来完成。GENERATE merge 命令可以确保各自独立的基本形状网格合适的连接。两个基本形状网格连接时，所有网格单元拼接面上的网格点坐标必须落在指定的允许误差范围内。另外，ATTACH 命令可以连接不同空间大小的基本形状网格。如果有必要，FISH 语言可以用来调整最终的网格，使各自模型的表面区域符合一致。以下小节中分别描述了运用这些工具来创建 FLAC3D 中的网格。

3.1.1.1 区间生成

FLAC3D 中的网格是通过 GENERATE zone 命令生成的。这个命令实际上是访问基本形状网格库；每个基本形状具有特定类型的网格连通性。根据其复杂性的增加，并总结相关关键词，列出 FLAC3D 中的各个基本形状网格，见表 3-1。

GENERATE zone 命令中可用的基本形状网格　　　　　　　表 3-1

关键词	定义	关键词	定义
Brick	六面块体网格	radbrick	块体外围渐变放射网格
wedge	楔形体网格	radtunnel	六面体隧道外围渐变放射网格
uwedge	均匀楔形体网格	radcylinder	圆柱形隧道外围渐变放射网格
tetra	四面体网格	cshell	柱形壳网格
pyramid	棱锥体网格	cylint	柱形交叉隧道网格
cylinder	柱体网格	tunint	六面体交叉隧道网格
dbrick	退化块体网格		

单独使用 GENERATE zone 命令可以创建一个区域模型。如果三维域的形状简单，可以单独应用基本形状网格，或者相互连接起来就可以创建 FLAC3D 中的网格。

举个例子，四分之一对称模型可以用于圆柱形隧道，命令如下：

gen zone radcyl size 5 10 6 12 fill

关键词 size 定义了网格在各坐标方向上的单元划分数目。对于圆柱形隧道，关键词 size 后面的每个条目与特定方向上的网格单元划分数目一致。这个例子中，沿圆柱形隧道内半径方向划分成 5 个单元，沿洞轴方向划分成 10 个单元，隧道环向划分成 6 个单元，隧道外边缘与模型外边界之间划分成 12 个单元。图 3-1 显示了该模型网格。关键词 Fill 用以填满隧道区域。

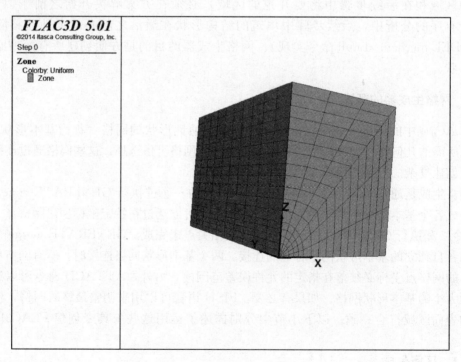

图 3-1　圆柱形隧道模型网格

除了 size 和 fill，还有一些其他的关键词可以用来定义基本形状网格的特征。用于定义基本形状网格特征的关键词总结于表 3-2 中。

GENERATE zone 命令生成基本形状网格的特征关键词   表 3-2

关键词	定　义	关键词	定　义
dimension	内部区域的尺寸	p0 through p16	形状网格参考点
edge	网格各边边长	ratio	相邻网格单元尺寸大小比率
fill	用单元填充内部区域	size	网格在各坐标方向上的单元数目

设计网格时，为了得到一个精确的解决方案但是又不能使用过多单元数目，这时关键词 ratio 就尤为重要。比如，如果为了更加精确地体现出高压应力的梯度而需要在圆柱形隧道边缘直接进行精细地分区，此时使用 ratio 命令可以调整单元的尺寸使靠近隧道的单元尺寸变小，并随着与隧道的距离的增加，相应单元的尺寸也逐渐变大。

为了理解使用关键词 ratio 的效果，输入命令：

gen zone radcyl size 5 10 6 12 ratio 1 1 1 1.2

每一个 size 后的条目都由一个 ratio 值控制。在这个例子中，第四个 size 条目值是几何比率 1.2（即随着从隧道外边缘向模型外边界的推移，后续连接单元的尺寸大小是之前区域的 1.2 倍——参见图 3-2）。小于 1.0 的比率值可以将该几何比率由增加的改变为递减的。

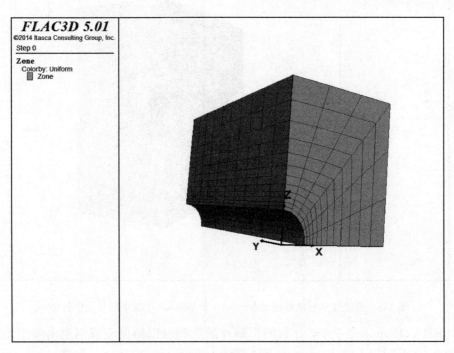

图 3-2　圆柱形隧道外径向渐变网格

分级网格可以得到准确的结果，但单元数量到了一定合理值时，这种方法将会很复杂。必须记住的三个因素如下：

由于更好地体现了高应力梯度，更加精细的网格将会得到更加准确的结果。

随着单元各方向的比率趋于一致，结果精确性将增加。

如果需要不同大小的单元，则从最小到最大的变化越平缓，结果越好。

下面章节中的例子说明了这些因素的一些应用。

几个 GENERATE zone 命令可以用来连接两个或更多的基本形状网格来建立一个模型网格。例如，要建立一个马蹄形隧道模型，如例 3-1 中所示，可以使用基本形状网格 radcylinder 和 radtunnel：

例 3-1　建立一半形状的马蹄形隧道模型

```
gen zone radcyl size 5 10 6 12 rat 1 1 1 1.2...
p0 (0,0,0) p1 (100,0,0) p2 (0,200,0) p3 (0,0,100)
gen zone radtun size 5 10 5 12 rat 1 1 1 1.2...
p0 (0,0,0) p1 (0,0,-100) p2 (0,200,0) p3 (100,0,0)
```

模型边界尺寸为 $100 \times 200 \times 100$，边界坐标通过关键词 p0、p1、p2、p3 来定义。网格如图 3-3 所示。需要注意的是，radtunnel 网格要旋转 90°来合适地安装在 radcylinder 网格之下，这是通过给 radtunnel 网格指定不同的坐标条目 p1、p2、p3 完成的。

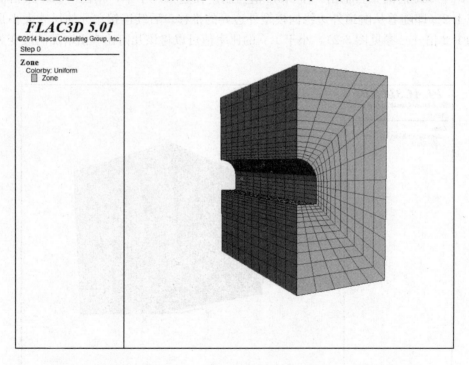

图 3-3　通过基本形状网格 radcylinder 和 radtunnel 建立的马蹄形隧道

GENERATE zone 命令中，还有两个额外的选项可以协助完成创建由多个形状网格组成的网格：GENERATE zone copy 和 GENERATE zone reflect。关键词 copy 可以通过为所有网格点加上一个偏移向量来复制一个或多个形状网格到一个新位置。关键词 reflect 可以通过一个对称面映射出一个或多个形状网格。例 3-2 中说明了映射之前建立的几何体所需的额外命令。

例 3-2　建立完整的马蹄形隧道模型

```
gen zone radcyl size 5 10 6 12 rat 1 1 1 1.2...
p0 (0,0,0) p1 (100,0,0) p2 (0,200,0) p3 (0,0,100)
```

```
gen zone radtun size 5 10 5 12 rat 1 1 1 1.2…
p0 (0,0,0) p1 (0,0, -100) p2 (0,200,0) p3 (100,0,0)
gen zone reflect dip 90 dd 270 origin (0,0,0)
```

生成的网格如图 3-4 所示。对称平面是与 x=0 平面重合的垂直平面（位置由关键词 dip, dd 和 origin 确定）。要注意的是倾斜角度（dip）和倾斜方向（dd），假定以正东方向为 x 方向，正北方向为 y 方向，垂直向上方向为 z 方向。

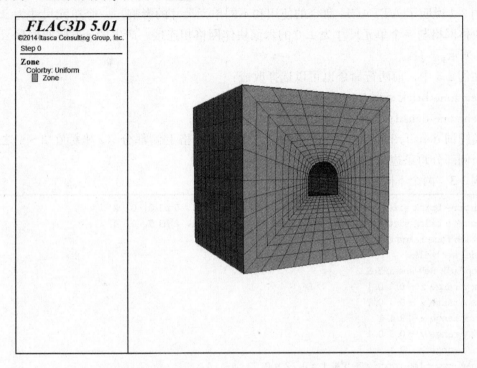

图 3-4　用关键词 reflect 建立的完整马蹄形隧道模型

3.1.1.2　毗邻基本形状网格的连接

当用基本形状网格建立几何体时，基本网格的各边必须连接起来以形成完整的连续的几何体。在执行 GENERATE zone 命令时，系统会对已有边界网格节点和将要生成的边界网格节点进行检测，而不会检测内部网格节点。如果两个边界网格点的坐标差在允许范围 $1×10^{-7}$（相对于网格点的位置矢量的大小）以内，他们被假定是相同的点，并且在所有后续的计算中直接用已有节点而不必创建新的节点。

用户负责确保所有网格点沿着相邻的基本网格与另一个基本网格相对应。在模型建立过程中，通过 GP 命令定义的参考点将有助于确保正确地指定每个基本网格的边界块体。确保区域的单元数量是正确的，并且确保用于单元划分的比率是一致的。注意，如果一个基本网格的比率方向与另一个的网格方向相反，则应取该比率的倒数作为另一个网格的比率，以确保边界网格点相互匹配。

如果边界上的网格点不匹配，该版本的 FLAC3D 不会发出警告信息。当计算开始后，系统将会观察模型中不匹配的网格点的局部速度异常现象。如果发现一些网格点不匹配，在 GENERATE zone 命令执行之后，GENERATE merge 命令可以用来合并这些网格点。

命令 ATTACH 可以用来连接单元大小不同的基本网格。但是，这种方法对各个连接面上的单元尺寸的范围有一些限制条件。为了得到最准确的计算结果，它们之间的比率必须成整数倍（比如 2∶1，3∶1，4∶1）。建议正式计算前，先将模型在弹性条件下试运行以检测比率是否合适。如果在连接的网格节点上的位移或应力分布不连续，那么应调整连接面上单元尺寸的比率；如果不连续范围是微小的，或者远远小于计算模型的大小，那么这对计算结果的影响有限，可不进行调整。

例 3-3 说明了 ATTACH 命令的使用和不同单元尺寸的影响。一个单元尺寸为 0.5 的六面块体网格与一个单元尺寸为 1.0 的六面块体网格相连接。产生的 z 方向的位移云图如图 3-5 所示。

在例 3-3 中，前两行命令也可以选择改成：
gen zone brick size 4 4 4
gen zone densify nsegment 2 range z 2 4

关键词 densify nsegment 2 改变的是六面块体网格上侧部分（z 坐标在 2~4 之间），它将上侧部分每条边分割成 2 等份。

例 3-3 两个不同的子网格

```
gen zone brick size 4 4 4 p0 0, 0, 0 p1 4, 0, 0 p2 0, 4, 0 p3 0, 0, 2
gen zone brick size 8 8 4 p0 0, 0, 2 p1 4, 0, 2 p2 0, 4, 2 p3 0, 0, 4
attach face range z 1.9 2.1
model mech elas
prop bulk 8e9 shear 5e9
fix z range z -0.1 0.1
fix x range x -0.1 0.1
fix x range x 3.9 4.1
fix y range y -0.1 0.1
fix y range y 3.9 4.1
apply szz -1e6 range z 3.9 4.1 x 0, 2 y 0, 2
hist add unbal
solve
save att
```

为了测试它的准确性，我们做了一个类似的运行，但是使用每个单元尺寸恒定为 0.5 的单个网格。数据文件由例 3-4 给出，结果如图 3-6 所示。图形几乎与图 3-5 完全相同。

例 3-4 与两个子网格比较的单独网格

```
gen zone brick size 8 8 8 p0 0,0,0 p1 4,0,0 p2 0,4,0 p3 0,0,4
model mech elas
prop bulk 8e9 shear 5e9
fix z range z -0.1 0.1
fix x range x -0.1 0.1
fix x range x 3.9 4.1
fix y range y -0.1 0.1
fix y range y 3.9 4.1
apply szz -1e6 range z 3.9 4.1 x 0,2 y 0,2
hist add unbal
solve
save noatt
```

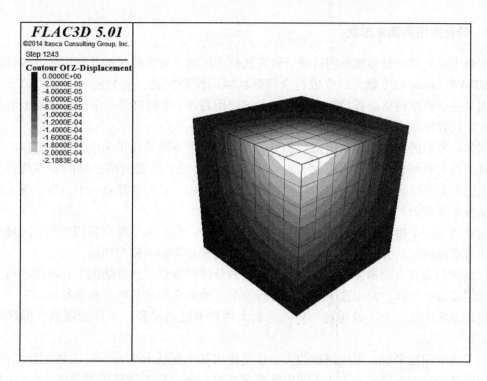

图 3-5　单元尺寸比率为 2∶1 的两个连接网格模型 z 方向位移云图

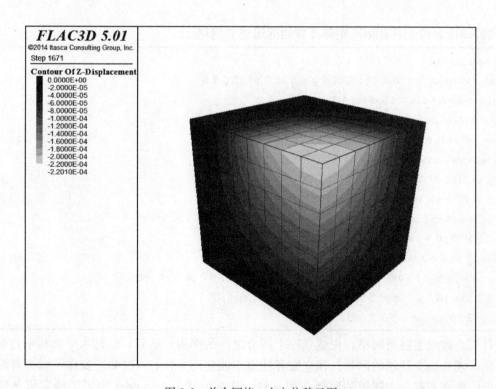

图 3-6　单个网格 z 方向位移云图

3.1.2 调整网格为简单形状

网格生成的目的是使模型网格符合研究的物理区域。对于简单的几何形状，仅仅需要 GENERATE zone 命令就可以生成符合问题区域的模型网格。要判定 GENERATE zone 命令用来建立模型网格是否足够充分，请尝试使用表 3-1 中列出的一个或多个基本形状网格来定义问题区域。

例如，考虑的问题几何体包括三个平行的隧道（服务隧道位于两个大的主隧道之间）。三条隧道的形状都是圆柱形，因此 radcylinder 网格是建立隧道网格模型的合理选择。可以假定沿着服务隧道中心线上存在垂直对称平面。从而，只需要建立一个包含一条主隧道和半条服务隧道的网格模型。

建立任意一个模型时我们都有两个重要的关注点：（1）为了得到我们所关心区域精确的解决方案而所需的分区密度；（2）网格边界的位置如何影响模型结果。

在高应力或高应变梯度区域，一个高密度的分区很重要。通常情况下，可以进行二维分析来定义这些地区。对于这个问题，运行一个二维的模拟计算可以很容易地确定一个合适的隧道分区密度。为了说明这一点，选取大约服务隧道半径一半作为隧道外围区域的尺寸。

对于这个问题来说，生成网格的第一步是使用基本形状 radcylinder 为隧道建立网格。复杂的因素是这些隧道尺寸大小不同但是底部高程相同。服务隧道的半径是 3m，主隧道的半径是 4m。该模型长度对应于一个 50m 长的隧道。例 3-5 为创建隧道周围区域网格的命令。

例 3-5 为两个具有相同底部高程的隧道建立网格

```
; main tunnel
gen zon radcyl p0 15 0 0 p1 23 0 0 p2 15 50 0 p3 15 0 8 &
size 4 10 6 4 dim 4 4 4 4 rat 1 1 1 1 fill
gen zon reflect dip 90 dd 90 orig 15 0 0
gen zon reflect dip 0 ori000
; service tunnel
gp id 2124 (2.969848,0.0,-0.575736)
gp id 2125 (2.969848,50.0,-0.575736)
gen zon radcyl p0 0 0 -1 p1 7 0 0 p2 0 50 -1 p3 0 0 8 p4 7 50 0 &
p5 0 50 8 p6 7 0 8 p7 7 50 8 p8 gp 2124 p10 gp 2125 &
size 3 10 6 4 dim 3 3 3 3 rat 1 1 1 1
gen zon radcyl p0 0 0 -1 p1 0 0 -8 p2 0 50 -1 p3 7 0 0 p4 0 50 -8 &
p5 7 50 0 p6 7 0 -8 p7 7 50 -8 p9 gp 2124 p11 gp 2125 &
size 3 10 6 4 dim 3 3 3 3 rat 1 1 1 1
```

首先，建立主隧道网格：先建立一个四分之一的网格；然后，通过水平面和垂直面映射操作来建立整个隧道的网格。建立服务隧道不能使用 reflect（映射）操作，因为要求服务隧道的底部高程与主隧道的底部高程一致。基本形状 radcylinder 中用来确定服务隧道半径位置的顶点坐标必须予以调整。这是通过首先使用 GP 命令来定义这些点的位置完成的。基本形状 radcylinder 上的 P8、P10 和另一个基本形状 radcylinder 上的 P9、P11 位于参考点上。这也保证了生成网格时两个基本形状在边界上可以匹配。隧道网格如图 3-7 所示。X=0 处的垂直平面是对称面。

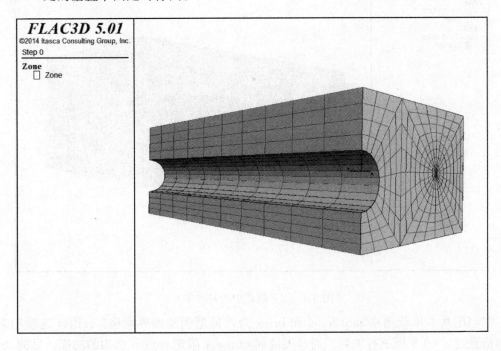

图 3-7　服务隧道和主隧道的内部网格

对于这个模型，开始时我们填充主隧道而不填充服务隧道。在主隧道开挖之前，先给服务隧道定义一层衬砌，这一步是通过 SEL shell 命令完成的，这个命令可以用于创建由壳结构单元组成的隧道衬砌。结构单元通常被用来代表薄层隧道衬砌，因为与由有限差分单元组成的衬砌相比，它可以更加准确地体现出衬砌的弯曲度。例 3-6 给出了创建衬砌模型的命令。

例 3-6　在服务隧道内建立衬砌模型

```
; liner
sel shell range cyl end1 0 0 -1 end2 0 50 -1 rad 3
```

隧道衬砌包括 240 个结构壳单元，并通过 143 个结构节点与 FLAC3D 网格连接。包含衬砌的网格如图 3-8 所示。

最后，外部边界网格环绕着隧道网格而建。对于地下开挖分析来说，外部网格的边界应该在距离开挖外边缘大概十倍开挖直径的位置。不过，根据分析目的的不同距离也对应不同。如果破坏是首要关注的问题，那么模型边界可能距离开挖外边缘要近一些；而如果位移是重要的，那么开挖外边缘到模型边界的距离可能需要增加。

对模型进行边界效应评估很重要。从一个粗略的 FLAC 二维网格着手，改变模型边界间距离通过，进而对边界效应进行分析。由于改变边界而产生的影响，可以通过计算我们所关注区域的应力或位移的差异来进行评估。然后，应该用粗略的 FLAC3D 网格对边界位置进行检验。

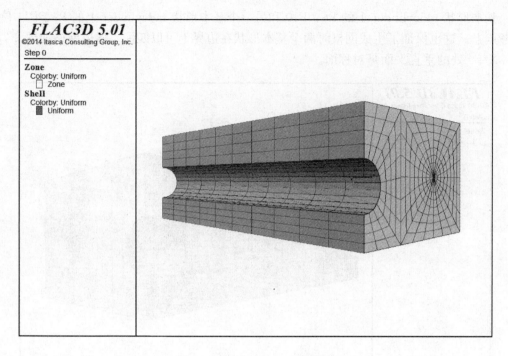

图 3-8　服务隧道中的衬砌单元

我们用基本形状网格 radtunnel 和 brick 为该模型创建边界网格。reflect 选项用来对该网格通过 z=0 平面进行映射。通过关键词 range 来限定 reflect 选项的功能。见例 3-7。

这个问题的最终网格如图 3-9 所示。GROUP 命令是用来确定该图中的主隧道。

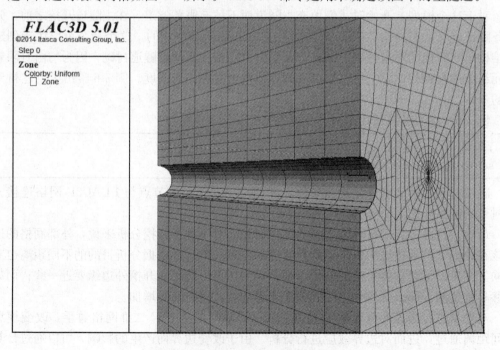

图 3-9　服务隧道和主隧道的完整网格

例 3-7 创建边界网格

```
; outer boundary
gen zone radtun p0 7 0 0 p1 50 0 0 p2 7 50 0 p3 1 50 50 p4 50 50 0 &
p5 15 50 50 p6 50 0 50 p7 50 50 50 &
p8 2 30 0 p9 7 0 8 p10 23 50 0 p11 7 50 8 &
size 6 10 3 10 rat 1 1 1 1.1
gen zone brick p0 0 0 8 p1 7 0 8 p2 0 50 8 p3 0 0 50 &
p4 7 50 8 p5 0 50 50 p6 1 50 50 p7 15 50 50 &
size 3 10 10 rat 1 1 1.1
gen zon reflect dip 0 ori 0 0 0 range x 0 23 y 0 50 z 8 50
gen zon reflect dip 0 ori 0 0 0 range x 23 50 y 0 50 z 0 50
group service range cyl end1 0 0 −1 end2 0 50 −1 rad 3
group main range cyl end1 15 0 0 end2 15 50 0 rad 4
```

3.1.3 网格密化

我们可以建立一个简单的网格，然后通过 GENERATE zone densify 命令对网格进行密化。以这种方式创建新单元失去了所有的旧单元拥有的材料模型、应力等状态信息。

例 3-8 显示了将已有单元的每条边划分成两份的方式来对一个简单的网格进行密化的命令。图 3-10 和 3-11 分别绘制的是初始的和密化后的网格。

例 3-8 通过对原有单元的每条边进行划分来密化网格

```
new
gen zone wedge size 4 4 4
;
plot create view Z1
plot set center 1.8 2.0 1.5
plot set eye 7.5 −3.5 6.0
plot add zone
;pause
plot post view Z1 filename "103F1067"
;
gen zone densify nsegment 2
;
;pause
plot post view Z1 filename "103F1068"
```

除了划分段数之外，还可以使用 GENERATE zone densify maxlength 命令来指定待改善单元的最大边长。不论使用 GENERATE zone densify maxlength 命令还是 GENERATE zone densify nsegment 命令，FLAC3D 总是通过将单元的边缘划分成整数段数来密化网格。如例 3-9 所示，将原始单元的 x，y，z 方向的最大长度分别设置为 0.5，0.5，0.4 来对 z 坐标在 2～4 之间的网格区间进行密化。(GENERATE zone densify 命令的更多信息请参见手册 Command Reference 部分)

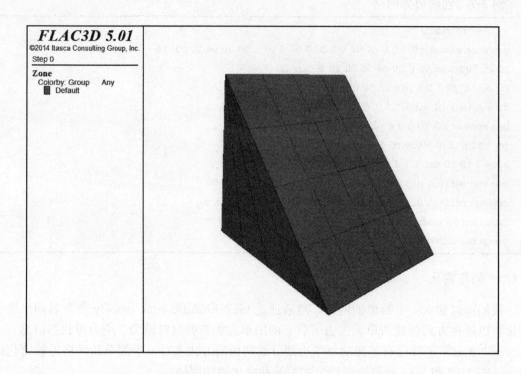

图 3-10　初始网格（例 3-8）

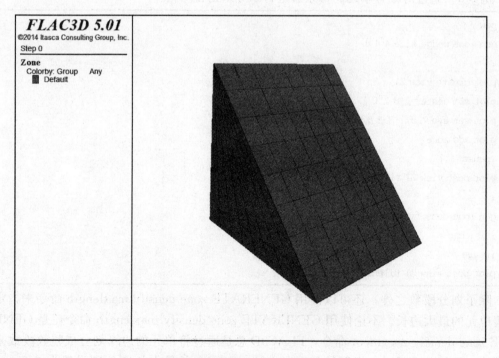

图 3-11　通过对单元的每条边进行划分来密化网格（例 3-8）

例 3-9　通过指定最大尺寸长度密化网格

```
new
gen zone brick size 4 4 4
plot create view Z2
plot set center 1.5 2.5 1.5
plot set eye 7.0 -5.0 7.0
plot add zone
;pause
plot post view Z2 filename "103F1069"
;
gen zone densify local maxlength 0.5 0.5 0.4 range z 2 4
attach face range z 1.99 2.01
;
;pause
plot post view Z2 filename "103F1070"
```

注意在 z 坐标轴方向，最大尺寸长度是 0.4。FLAC3D 中定义的 z 轴方向上的最大长度为 1/3（≤0.4），因此，最大长度（0.4，在这种情况下）相应的分段段数（3，在这种情况下）是一个不小于原始长度比（1，在这种情况下）的整数。该例中的 ATTACH 命令是用来将子网格的面严格地连接起来形成一个单独的网格。如果不同单元表面上的网格点数目不同，通常在 GENERATE zone densify 命令之后使用 ATTACH 命令。图 3-12 和图 3-13 分别绘制了例 3-9 中的原始网格和密化后的网格。

有时需要致密的网格所在的空间是由包含在一个几何集合的几何数据来定义的。例

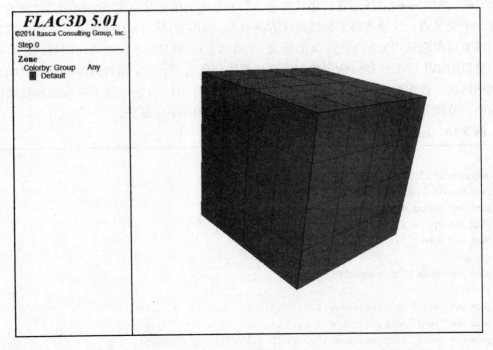

图 3-12　原始网格（例 3-9）

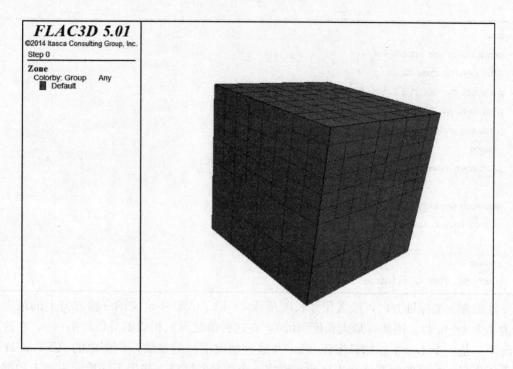

图 3-13 通过设定最大长度密化网格（例 3-9）

3-10 给出的例子所致密的空间在两个几何集之间。

在这个例子中，每个几何集合都是通过两个多边形定义的。例如，RANGE geom "setA" set "setB" count 1 命令定义一个范围，从该范围任何单元的形心出发、方向为 (0.0，0.0，1.0) 的射线与几何集"集合 A"和紧随的附加几何集（该例中是"集合 B"）共有一个交叉点。这里省略了射线默认方向 0.0，0.0，1.0。除了垂直向上之外的其他任何射线方向都应该用方向 x、y、z 来定义，(x，y，z) 则是该方向的方向向量。

这里的 ATTACH face 命令是用来严格地连接所有单元（z 轴坐标在 0~10 之间）的子网格的面，进而形成一个单独的网格。图 3-14 和图 3-15 分别绘制了原始的和致密化后的网格。范围几何的更多详情参见手册 Command Reference 部分。

例 3-10 运用几何信息致密网格

```
new
gen zone brick size 10 10 10
plot create view Z3
plot set center 4.0 6.0 4.5
plot set eye 20.5 -10.5 18.5
plot add zone
;pause
plot post view Z3 filename "103F1071"
;
geom set "setA" poly positions (0,0,1) (5,0,1) (5,10,1) (0,10,1)
geom set "setA" poly positions (5,0,1) (10,0,5) (10,10,5) (5,10,1)
geom set "setB" poly positions (0,0,5) (5,0,5) (5,10,5) (0,10,5)
geom set "setB" poly positions (5,0,5) (10,0,10) (10,10,10) (5,10,5)
```

```
gen zone densify nseg 2 range geom "setA" set "setB" count 1
attach face range z 0 10
;
;pause
plot post view Z3 filename "103F1072"
```

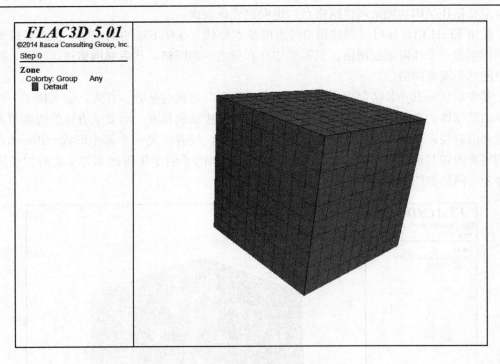

图 3-14　原始网格

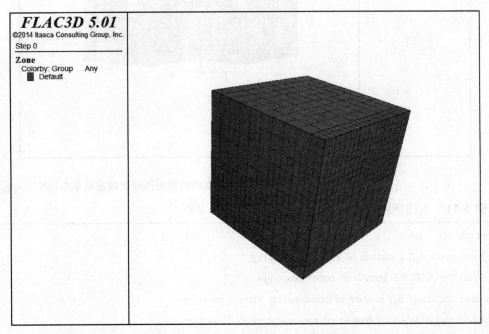

图 3-15　运用几何数据致密化的网格

3.1.4 用 FISH 语言生成网格

FISH 语言可用于指定一个几何形状，这个几何形状仅仅通过使用 FLAC3D 中内置基本形状是不容易得到的。比如，某一模型上的一个不规则表面，可以通过使用 FISH 语言的自定义拓扑结构功能来调整网格点，进而创建该表面。

使用 FISH 语言还可以创建用户特有的基本形状。在接下来的例子中，将会在球形洞室周围创建一个径向渐变网格。只需要建立八分之一的网格，然后对网格进行映射，得到完整的球形洞室网格。

基本形状 radbrick 是创建"球体外围渐变放射"形状的基础。首先，定义位于一个立方体内部球体的参数：球形洞室的半径，立方体外边缘的长度，沿着立方体外边缘单元的数量和沿着径向用内立方体到外立方体的单元数量。接着定义一个基本形状 radbrick，球形洞室将内切与该基本形状的内立方体。例 3-11 列出了创建几何比率为 1.2 的初始网格的命令，网格如图 3-16 所示。

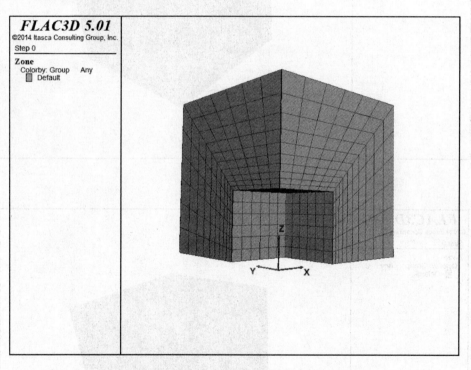

图 3-16 用于建立球形洞室外围渐变放射状网格的初始块体渐变放射基本形状

例 3-11 创建围绕球形洞室的径向渐变网格的参数

```
def parm
    global rad = 4.0 ; radius of spherical cavity
    global len = 10.0 ; length of outer box edge
    global in_size = 6 ; number of zones along outer cube edge
    global rad_size = 10 ; number of zones in radial direction
end
```

@parm
gen zone radbrick edge @len size @in_size @in_size @in_size @rad_size &
rat 1.0 1.0 1.0 1.0 dim @rad @rad @rad

现在对块体外围渐变放射网格之内的网格点重新定位,进而形成球形洞室外围的网格。FISH 语言的 make sphere 功能使用线性插值法,依次循环通过从球体起源点沿径向线到外块体边缘的网格点,并变换它们的坐标。例 3-12 显示了 FISH 语言的 make sphere 功能,图 3-17 显示了最终的网格。

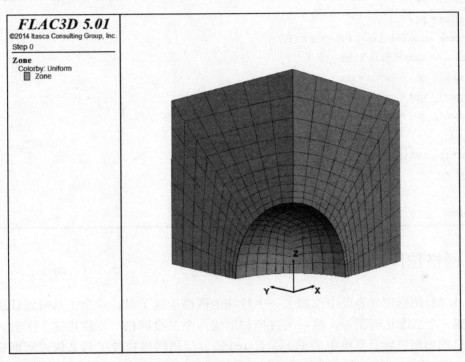

图 3-17　球形洞室外围渐变放射状网格

例 3-12　FISH 语言用于定位球形形状外围网格的网格点的功能

```
define make_sphere
; Loop over all GPs and remap their coordinates:
; assume len>rad
local p_gp = gp_head
loop while p_gp # null
; Get gp coordinate: P = (px,py,pz)
local px = gp_xpos(p_gp)
local py = gp_ypos(p_gp)
local pz = gp_zpos(p_gp)
; Compute A = (ax,ay,az) = point on sphere radially "below" P.
local dist = sqrt(px * px + py * py + pz * pz)
if dist>0 then
local k = rad/dist
```

```
        local ax = px * k
        local ay = py * k
        local az = pz * k
        ; Compute B = (bx,by,bz) = point on outer box boundary radially "above" P.
        local maxp = max(px,max(py,pz))
        k = len/maxp
        local bx = px * k
        local by = py * k
        local bz = pz * k
        ; Linear interpolation: P = A + u * (B - A)
        local u = (maxp - rad)/(len - rad)
        gp_xpos(p_gp) = ax + u * (bx - ax)
        gp_ypos(p_gp) = ay + u * (by - ay)
        gp_zpos(p_gp) = az + u * (bz - az)
    end_if
    p_gp = gp_next(p_gp)
    end_loop
end
return
```

3.2 网格拉伸工具

FLAC3D 图形用户界面中添加了一个特殊的网格生成工具，这个工具可以让用户直观地创建一个二维几何图形，然后通过拉伸形成一个三维网格。要使用这个工具，选择 FLAC3D 图形用户界面菜单中的 Panes/Extruder。运用网格拉伸工具来创建新网格是在 2D Extruder 窗格中完成的。

2D Extruder 窗格可用来创建一个或多个拉伸几何元素。在窗格菜单中选择 2D Extruder 窗格就可以访问这个窗格（如果该窗格还不可见）。拉伸几何元素包含一个二维形状及其沿直线延伸（拉伸）的第三维度。一旦它被以这种方式定义，拉伸几何元素可用于生成 FLAC3D 三维网格。虽然 FLAC3D 2D Extruder 窗格中只有一个几何元素，但多个拉伸几何元素可以同时被加载到 2D Extruder 窗格中。

窗格提供了拉伸几何元素的两种不同视图：创建视图，在该视图中绘制二维图形和拉伸视图，在这个视图中指定拉伸的范围。这些内容在 3.2.1.2 中介绍。

图 3-18 所示的例子就是用拉伸工具创建的几何体，图 3-19 显示的是产生的拉伸网格。

3.2.1 基本和核心概念

本节内容提供了使用 2D Extruder 窗格的概述，描述了在 FLAC3D 中创建拉伸网格时一些有用的关键概念。如果该窗格还不可见时，在 *Panes Menu*（窗格菜单）中选择 2D Extruder 窗格就可以访问。本节之后的章节里，将参考并使用此处提出的理念和概念。

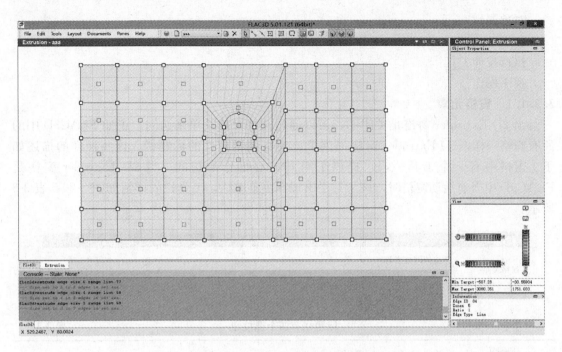

图 3-18　FLAC3D 2D Extruder 窗格

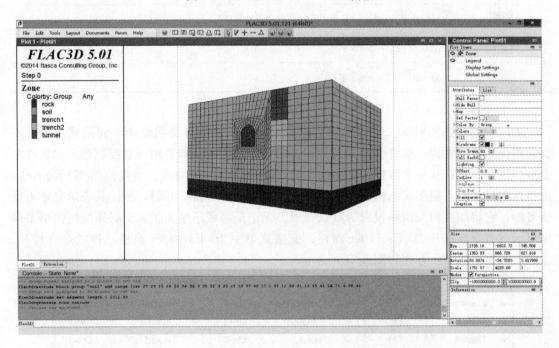

图 3-19　利用 FLAC3D 中拉伸性能生成的拉伸网格

这些内容是：

　　2D Extruder 窗格元素
　　视图
　　对象选取

对象属性

分组

执行拉伸工具

视图操作

3.2.1.1 窗格元素

当 2D Extruder 窗格是关闭的，可以通过选择窗格菜单来访问。正如 FLAC3D 中的所有窗格一样，2D Extruder 窗格提供了该窗格使用控件的标题栏。这些控件的描述如下。窗格中有一个工具栏，它提供了对其核心操作的访问。当 2D Extruder 窗格是 FLAC3D 中当前活动窗格时，该工具栏出现在主菜单栏，工具栏的详情如图 3-20、表 3-3 所示。

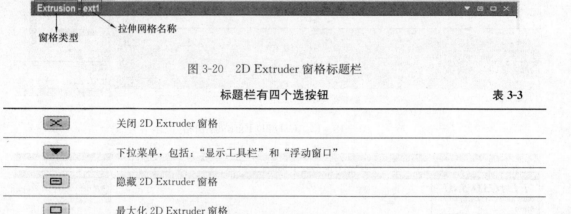

图 3-20　2D Extruder 窗格标题栏

标题栏有四个选按钮　　　　　　　　　　　　　　　　　　　　　　　表 3-3

按钮	说明
✕	关闭 2D Extruder 窗格
▼	下拉菜单，包括："显示工具栏"和"浮动窗口"
▭	隐藏 2D Extruder 窗格
▢	最大化 2D Extruder 窗格

1. 标题栏和菜单

关闭和隐藏的区别是：关闭是有效地"破坏"，不使用计算机资源。而隐藏虽然看不见，但仍然使用资源。这将会减慢拉伸相关命令的处理——如果用户在控制台发出这些命令或如该命令正在从一个数据文件中读取时可能出现的一种情况。当隐藏的 2D Extruder 窗格再次显示时，视图状态信息也一起恢复。关闭窗格重新打开时，视图状态信息是不能恢复的，它将加载当前拉伸设置为默认视图。无论是隐藏还是关闭，都必须使用窗格菜单来显示或者重新打开 2D Extruder 窗格。窗格菜单中 2D Extruder 窗格三种状态（打开、隐藏、关闭）的显示方式如图 3-21 所示。

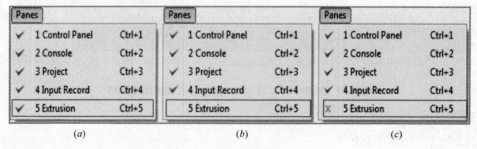

图 3-21　2D Extruder 窗格三种状态
(*a*) 打开；(*b*) 隐藏；(*c*) 关闭

2. 工具栏和对象

创建一个拉伸网格是一件关于对象（节点，控制点，边界，块体，图像，和方向指示器）的工作。所有这些对象要进一步地被定义。在这里，只是需要注意的是，它们是存在的，它们的特性需要规范以达到预期的结果。了解这些对象工作的第一件事就是创建、处理它们并对其赋予特性，是通过工具栏处理的。

3. 工具栏

正如任何窗格一样，当 2D Extruder 窗格是激活的时候，2D Extruder 窗格工具栏作为主工具栏出现在程序主菜单旁边。此外，通过按压拉伸标题栏上的"菜单"按钮并选择"显示工具栏"，在窗格中其标题栏的下方，该工具栏可以显示或隐藏（图 3-22）。

图 3-22　2D Extruder 窗格工具栏

按照它们在上图中出现的顺序，对这些工具的描述如表 3-4 所示。

2D Extruder 窗格工具栏描述　　　　　　　　　　　　　　表 3-4

图标	描述
●	执行/停止开关，更多信息参见专题工具栏
▯	在 2D Extruder 窗格中开启一个新的拉伸几何元素
ext1 ▼	下拉菜单用于各个拉伸几何元素之间的切换，左侧显示的为当前几何元素的名字
⇥	可打开导入创建视图所需的草图的对话框
✕	删除当前拉伸几何元素
⬈	左键选择对象，右键操控视图
◥	左键定义节点和边，右键选择或移动任意对象
◥	左键定义、移动、修改边界上的控制点，右键选择或移动任意对象
▢	左键用三边或四边区域创建块、沿着边或在块内部切割已存在的块，右键功能同上
▦	调用自动划分块区对话框
◯	不选择或选择一个或多个突出显示组
▤	显示创建视图
▥	显示拉伸视图
▰	创建网格

4. 状态栏

2D Extruder 窗格的状态栏将报告鼠标位置的模型坐标。当用鼠标拖动节点时，鼠标和节点的位置的坐标（括号 [ ] 内）将会显示，如图 3-23 所示。当绘制线段时，状态栏中将会报道它的位置、长度和角度。

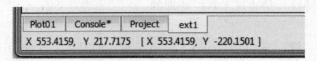

图 3-23　程序窗口左下角出现的状态栏，当一个节点
被移动，它同时报告鼠标的位置和一个节点的位置

5. Esc 键

不论当前在什么交互工具模式下，即使是在进行拖动点或边操作的时候，按 Esc 键都可以使鼠标退出到选择（ ）模式上来。

3.2.1.2　视图

拉伸几何元素的创建是一个两步的过程：

1）定义被拉伸的二维形状；

2）指定拉伸的长度和延伸方向。2D Extruder 窗格提供两个不同的视图来促进执行这两个步骤：创建视图和拉伸视图。

1. 创建视图

创建视图是使用工具栏上创建视图按钮（ ）来访问的（图 3-24）。这种视图是用来绘制用于拉伸的二维形状。这个形状是用已经设置到块体内的节点和边绘制的（即

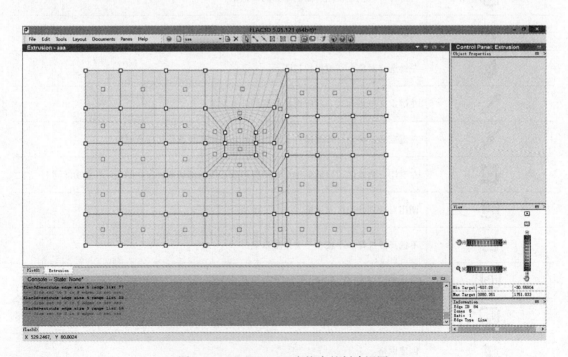

图 3-24　2D Extruder 窗格中的创建视图

从这些封闭的凸四边形或三角形块体可以派生出一个结构化网格）。当已经定义了块体，则可以对该块体进行单元划分（手动或自动划分）。当二维形状被充分地划分，则创建视图的功能就完成了。这些操作（在这里简要描述的）将在创建视图操作部分完整详细地说明。

2. 拉伸视图

拉伸视图是使用工具栏上拉伸视图按钮（ ）来访问的（图 3-25）。该视图是用来定义拉伸的长度，单元划分和拉伸集的最终空间导向。一旦这些方面已经定义并且创建视图中的操作已经完成，通过按下工具栏上的拉伸按钮（ ）可以将拉伸几何元素转变成一个完结的网格。在这里简要描述的这些操作将在创建视图操作部分完整详细地说明。

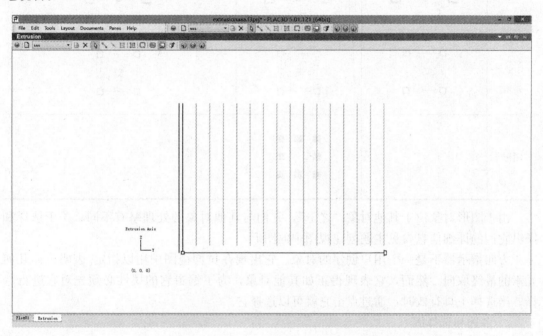

图 3-25　2D Extruder 窗格中的拉伸视图

3.2.1.3　对象选择

用于创建一个拉伸几何元素的对象是：节点，边，块，图像，和方向指示器。可以通过下面的描述来说明如何选择与使用这些对象。

1. 用选择工具选择一个单独的对象

选择工具栏上的选择工具（ ）。使用这个工具，指向要选择的对象。当鼠标放置在目标的合适的位置上，该对象将被突出显示。单击鼠标以选择它。一旦选定，对象将以蓝色突出显示表明它当前是选定的。

使用该工具可以处理六种类型的对象：节点，边，控制点，块，图像，和方向指示器。当使用前五个对象的时候，它们是根据以下视觉习惯来显示：

当使用交互工具比如 point-edge 工具（ ）和 control point 工具（ ）来点击一些对象（点，边）时，它们将会突出显示成蓝绿色，并会导致对这些对象进行操作。这种

"目标"行为的描述在专题节点和边中。

用于指示在 2D Extruder 窗格中出现的各种对象的选择状态的视觉样式　　表 3-5

对象	未选中	选中	对象之上，即已捕捉，但未选中
节点	□	■	□
控制点	 □—○—□	□—●—□	 □—○—□
边	 □—○—□	 ■—●—■	 □—○—□
块	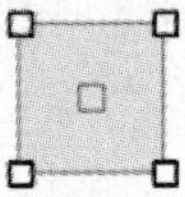	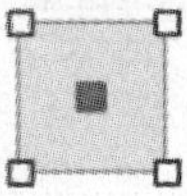	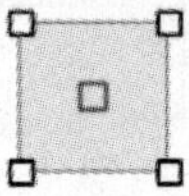
图形			

由于图形对象位于其他对象"之下"，它们与其他对象的处理略有不同；关于选择和操纵它们的详细信息参见主题创建视图中的图形。

方向指示器不是一个用户创建的对象。它出现在拉伸视图中用以指定/表明拉伸几何元素的最终取向。然而，它表现得正如其他对象，为了编辑它的属性必须先对它进行选择。当选择工具有效时，通过点击它就可以选择它。

2. 多选和选择源

(1) 选择多个对象

在待选对象的周围单击并拖动选择矩形（选取框）进行框选，任何符合选择源类型（见下文）的对象将被选中。或者已有一组或一个单独对象被选中，按 Ctrl 键并单击其他相同类型的对象。

多个控制点只能在同一条边上进行选择。一旦一个控制点被选中，那么其他的附加控制点只能从相同的边来选择以添加到选择组。

(2) 选择源

最后所选对象的类型是选择类型源。当用上述选取框（即使用方法 1）选择多个对象时，类型源决定什么样的对象将被选中。正确选择选框内所需的对象类型是很有必要的，因为在大多数情况下，一个选框将框中多个对象类型。如果绘制的选取框创建了一个错误类型的多选择组，左键单击所需类型的一个对象，由此设定为类型源，然后再绘制选取框。

3. 移动对象

要移动一个对象，单击并拖动对象到所需的位置。要移动多个对象，首先按上面"多选"中的说明选择所需的对象组。然后，在所选组的突出显示部分单击并拖动鼠标来移动这组对象；如果没有点中突出显示的对象，这将导致取消对所有对象的选择。

4. 鼠标右键和右键菜单

当选择工具是可用的，并点击右键单击一个选定的对象时，便可以访问右键菜单。所提供的命令与当前的操作，因此根据不同因素这些命令将会改变，这些因素包括：当前的选择（或没有选），在当前选择对象的类型，在当前选择对象的数目。当前选定了一个对象时，第一个菜单命令将是"编辑［对象］属性"，该命令将访问该对象类型的弹出式属性编辑器。

右键菜单其他常见的命令   表 3-6

"Add a Point"（添加一个点）	打开属性编辑器为新添加的点指定坐标
"Reset View"（重置视图）	设置视图对模型放大的程度
"Reset to Selection"（重置选择）	设置适应当前选择对象范围的放大率
"Extruder Options"（拉伸选项）	打开"拉伸"部分选项对话框

5. 过载于右键上的交互工具选项

当选择工具是可用的，上面描述的所有的选择和移动操作在鼠标左键执行。当另一个交互工具被选择（这些是 point-edge 工具 ，control point 工具 ，blocking 工具 ），这里描述的所有选择/移动操作可在鼠标右键执行。这允许用户运用交互式工具工作，而不必为了调整对象位置或属性反复来回在当前交互工具与选择工具进行切换。

3.2.1.4 对象属性

用于创建一个拉伸几何元素的对象（节点，边，块，图像，和方向指示）是有属性的。这些属性是根据需要用于定义和完善拉伸操作的。访问对象属性的两个主要方法是通过控制窗格，以及通过弹出式属性编辑器。在几乎所有的情况下，通过这两种方式访问对象属性是完全相同的，这意味着选择使用哪种方式取决于用户的偏好（一个例外是，弹出式属性编辑器不可用于导入的图像）。接下来的部分将分别描述它们的使用。

1. 通过控制窗格编辑属性

选择所关注的对象。如果控制窗格是可见的，面板上将会显示该对象的属性表。编辑区域是动态显示的，也就是说所显示的属性将随着选择对象类型的改变而改变。如果选择的是一个组，只有可以被合理地应用到该组的所有对象成员的属性才会显示（图 3-26）。

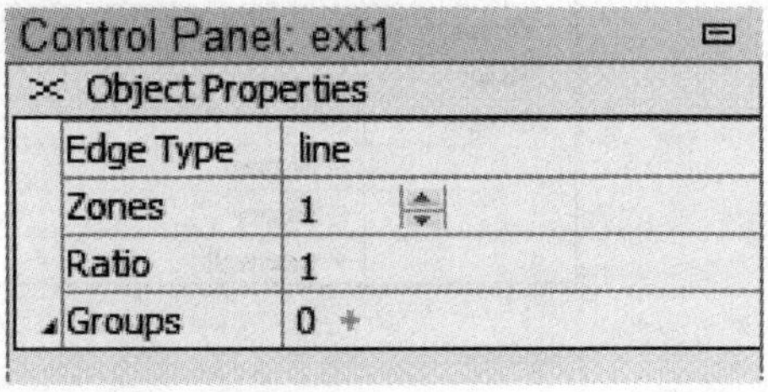

2. 通过弹出式属性编辑器编辑属性

图 3-26 控制窗格中显示的选定边的属性

选择需要编辑属性的对象，然后按空格键，所选对象类型的弹出式属性编辑器将会出现在视图中。根据对象的类型，弹出式属性编辑器将提供访问对象的一个或更多的属性。从编辑器的一个属性移到下一个属性，按 Ctrl＋←或者按 Ctrl＋→或使用（点击）那个出现在编辑器的左上角的箭头。箭头是有方向的，这意味着在属性集中它们指示向前或向后循环，属性集中的属性有一个固定的，重复的顺序。节点的弹出式属性编辑器与在节点

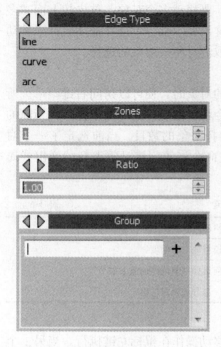

和边部分的"键盘输入创建点"中描述的一样（图3-27）。

3. 弹出式属性编辑器的访问

当已经做了有效的选择时，空格键和 Ctrl＋← 或按 Ctrl＋→ 都可以访问该编辑器。不同的是，空格键将访问弹出式编辑器上次关闭时活动的那个属性，如果当前选定的对象有这个属性的话。按 Ctrl＋→ 将访问第一个属性并依次正循环访问其他属性，按 Ctrl＋→ 将访问最后一个属性并依次逆循环访问其他属性。另外，右键单击选定的对象（或选择组中的一个对象）将弹出一个菜单，其中第一个选项是"编辑［对象］属性"（这里［对象］是当前选定对象的类型名称）；这也将访问弹出式属性编辑器。

3.2.1.5 分组

拉伸几何元素的主要对象（节点，边，块）可以进行分组。已分组的拉伸几何对象可以在控制台命令行进行操作，并可使用 FISH 语言；来源于这些拉伸对象的模型对象（单元，面，网格点）将保留之前的分组分配，这可能在接下来的运用命令行进一步修改

图 3-27 由一个所选边的弹出式属性编辑器接入的面板

模型（拉伸后）以及可视化模型（创建模型图）中使用到。只有类似的对象可以被分组。

1. 对象分组

要创建一个组，先选择所关注的对象。一旦选择了对象，可以通过弹出式属性编辑器或控制窗格将这个对象添加到一个组中。这两种方式显示如图 3-28（这个例子选择对象是边）：

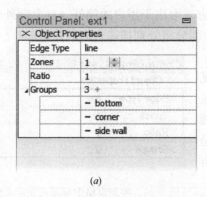

(a)

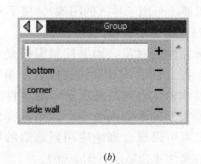

(b)

图 3-28 选定边

(a) 控制窗格中显示的"组"控制；(b) 出现在弹出式属性编辑器中的"组"控制

要创建一个组，在最上面的编辑区输入一个名字并按出现在编辑框旁边的"＋"按钮。这样操作了之后，组名将出现在顶部编辑区的下面。包含当前选定对象的所有组的列表出现在编辑线之下。注意用这种方法可以把同一对象分配到多个组。

2. 取消对象分组

要删除一个组，首先选择关注的对象。然后按下与组名相邻的"－"按钮。这样就将选定的对象从该组中删除了，但该组本身仍然存在。只有当一个组中的所有对象都以上述方式取消了分组，这个组才完全被移除；否则，只要还一个组成对象没有取消分组，这个组就会一直存在。

3. 将对象添加到一个组

要添加一个或多个对象到一个组中，先选择需要分组的对象，然后指定组名，并且使指定的组名与它们将要添加到的组的组名相同。

4. 使用组显示工具

在工具栏上的组显示工具（ ）提供了突出显示当前显示的拉伸几何元素中的一个或多个组的方法（图 3-29）。模型的每一个可用组都会列在从组显示工具拉伸出来的下拉菜单中。所有组之下，两种调节开关可供选择。选项"None"将取消突出显示任何/所有当前的突出显示组。当选中了选项"One Group At a Time"时，将限制工具只能同时选择/突出显示一个

图 3-29　允许用户选择一个或多个当前显示组的组工具下拉菜单

组；未选中时，则可以选择多个组。如果当前突出显示的不止一个组，打开（选中）"One Group At a Time"选项将取消所有活动组的选择。所有组突出显示为一个颜色（绿色），因此当多个组已被选定时，不同组之间没有视觉显示区分。

3.2.1.6　执行拉伸操作

当创建视图和拉伸视图中已经输入了完整的必要信息时，执行拉伸操作则是简单地按下工具栏中按钮（ ）而已。需要注意的是这个按钮只在拉伸视图下是可用的，必须在该视图中使用，而创建视图中该按钮则不可用。

生成网格时（这可能需要几分钟，这取决于拉伸几何元素的复杂性），在状态栏的右边将会显示一个进度条。一旦拉伸操作完成后，完成的网格将呈现在一个方便用户观看结果的视图窗格中。

每一次使用拉伸按钮（可能会反复使用，即使在相同的拉伸几何元素上，或即使没有对拉伸几何元素做任何的改变）都会增加单元到模型中。一旦模型已经包含了单元，后续每一次使用拉伸按钮都会弹出图 3-30 所示的警告对话框。

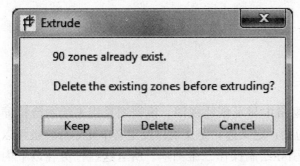

图 3-30　警告对话框

选择"Keep"将保留所有现有的单元并添加当前拉伸操作生成的单元，选择"Delete"将从模型中删除原有的单元并创建由新的拉伸操作生成的单元，按"Cancel"将终止当前的拉伸操作对模型所做的任何改变。

3.2.1.7　视图操作

因为 2D Extruder 窗格中的任一视图显示的信息都是二维的，故 2D

Extruder窗格利用FLAC3D中的全视图操作工具的一个子工具来操作。在程序的其他地方，视图操作可以通过控制窗格上的视图控件（ ）来执行，或用鼠标直接在当前视图上进行操作。

1. 控制窗格

需要注意的是，图3-31中的左下角及右上角位置坐标是可以进行编辑的，新编辑的坐标值立刻就可以应用于视图中。

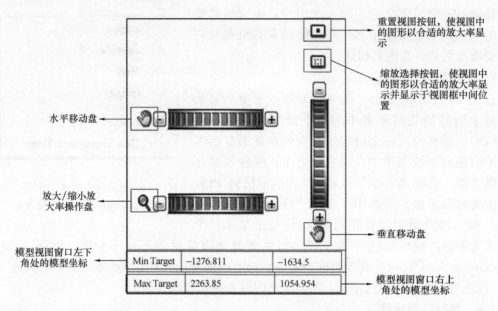

图3-31　2D Extruder窗格中的试图控制台

2. 鼠标和键盘视图控制

向上滚动鼠标滚轮可以增大视图放大率，反之则将减小视图放大率。

从3.2.1.3中已经介绍的过载于右键上的交互工具选项内容可以知道，当选择了交互工具point-edge工具（ ），control point工具（ ），blocking工具（ ）时，鼠标右键可以用来执行移动操作。当上述交互工具是当前选择时，按住Shift键使用鼠标右键可以进行移动操作。当选择工具（ ）是当前选择时，则直接使用鼠标右键就可进行移动操作。

3. 组

突出显示一个或多个组是通过工具栏中的显示组工具（ ）完成的，详细信息参见3.2.1.5。

3.2.2　创建视图中的操作

按下工具栏中的按钮（ ）可以在窗格中显示创建视图。该视图是用来绘制待拉伸的二维区域的。创建视图中的基本操作包括：定义边，定义块以及定义单元划分。也可以导入位图或DXF格式图形，用于描绘和引导绘制操作二维图形。所有这些任务在以下内容进行分述：

导入图形
定义点和边
边界类型
定义块
单元划分

3.2.2.1 背景图形

由于创建视图中背景图形位于其他对象（节点、线段、块）之下，选择和修改它们也和其他对象有所不同。拉伸几何元素接受两种类型的背景图形：位图（BMP、JPG、PNG 等格式）和几何数据集（DXF、GEOM、STL 等格式），这两种都可以便于用户创建拉伸网格。不同的是，位图实际上只是一张图片，而几何数据集包含与图像相关的数值信息而且数据可用于处理图像。这一点将在下文进一步描述。注意一个拉伸几何元素只接受一个位图或一个几何数据集。

1. 导入背景图形

拉伸工具要使用背景图形，就要先导入一个背景图形。按下工具栏中的导入按钮（），将会打开一个选择文件的对话框。选择对话框中"文件选择"对话框中可以看到能被接受使用的文件格式。按下对话框中的"打开"按钮，图形就可以自动导入到创建视图中。

2. 选择背景图形

用选择工具双击图形所在区域的任意位置都可以选择该背景图形。也可以右键单击图形，然后选择出现的菜单选项中的选择背景图形。选择后，图形的边角处和侧边中间处都会出现控制点，如图 3-32 所示。

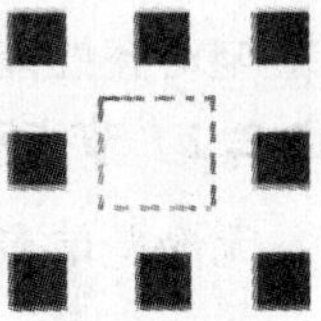

图 3-32 选择了背景图形后出现的控制点

3. 移动背景图形

按上述方式选择背景图形，在图形内部（而不是在控制点上）单击并拖拽图形，便可以移动图形。

4. 调整背景图形的大小

选择背景图形，点击并拖拽图形的控制点就可以调整图形的大小。不论使用哪个控制点来操作，图形的纵横比保持不变。当鼠标放在一个可能用来调整大小的控制点上时，这个点将突出显示成蓝绿色。调整图形大小操作时，选择做为调整大小的控制点的对角点将会是固定参考点（即在屏幕中固定不动）。

5. 旋转背景图形

选择背景图形，然后在图形上重复双击操作，这将会导致图形中的控制点替换成一个旋转循环，如图 3-33 所示。

在这种模式下，单击并拖动图像内部范围便可旋转图像。旋转的方向（顺时针方向，逆时针方向）将与鼠标旋转方向一致。

图 3-33 旋转背景图形

6. 循环编辑模式

重复双击图形将会循环出现后面三种状态模式：选择模式，旋转模式，未选择模式。选择模式下，右键菜单将会提供"下一个模式"和"退出模式"两种选项；旋转模式下，右键菜单只提供"退出模式"一个选项。

7. 选择两个背景图形

一个拉伸几何元素可能包含一个基于像素（位图）图像和一个基于数据（几何）数据集，如果这两个相互重叠，用户双击该重叠区域，编辑状态的秩序将会是：

1) 选择位图调整大小/重新定位
2) 选择位图旋转
3) 选择几何集调整大小/重新定位
4) 选择几何集旋转
5) 取消（删除选择）

8. 取消选择背景图形

选择背景图形后，有四种方式可以取消选择背景图形：点击图形矩形区域之外的任意地方；旋转模式下双击背景图形；从工具栏中选择一个不同的工具；右击背景图形并从右键菜单中选择退出模式。

9. 背景图形上的对齐性能

当背景图形是几何数据集时，点-边工具（）有对齐性能。若当前工具是点-边工具（），且鼠标在两个或更多边的交点处时，则连接到该交点的各边将突出显示，并且表明在该交点点击鼠标将会在该顶点处生成一个节点。如果鼠标是一条边的中间处，这将表明，这条边将突出显示并且点击鼠标将在该边上生成一个节点。这种对齐性能是不可用在基于像素的背景图像（位图）。请注意，如图 3-34 所示，光标没有精确地处于顶点处是不影响对齐性能的。

3.2.2.2 节点和边

无论是单点或边都是点-边工具（）创建的。单元划分将要求边形成块。因此，点-边工具（）有如下规律：一条边不能穿过另一条（图 3-35）。任何时候两条边相交，必须在交点处新建一个节点。

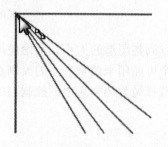

图 3-34 将点-边工具（）放在几何数据集背景图形的多条边交点处，便可使对齐交于该点的这数条边并使它们突出显示

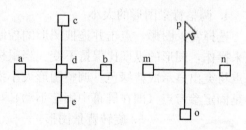

图 3-35 有效和无效的边缘绘制技术示例

左边的十字交叉形状是有效的，并从 A 到 B 绘图水平边，然后先通过 C 到 D 绘制垂直边，然后 D 到 E 绘制垂直边。注意建立中心点（D）的过程中，垂直边的制作也使原有的单一的水平边（A-B）将分裂成两条边（A-D 和 D-B）。图像的右边部分显示出垂直绘制穿过第一条水平边（m-n）的无效操作（O-P）。如果你试图让垂直绘制终点处在如图 3-35 所示的上部位置（P），将产生一个出错信息。

1. 画一条边

创建视图中，选择点-边工具（ ），在将要绘制的边的起点处单击鼠标左键，然后移动鼠标到边的另一个端点处并单击鼠标左键，便可完成绘制这一条边。

2. 键盘编辑器

画边的时候：(1) 按住 Ctrl 键将提供角度对齐功能。这限制画边时的角增量（即，它的"对齐"固定增量角）为 15°。默认值是 15°，但可以在"Extrusion"面板中的选项对话框中改变；(2) 按住 Shift 键会取消默认的对齐对象功能。请注意，当 Shift 键被按下，底层对象不会突出显示成青色，因为在下一个绘图操作中，它不会被作为"目标"。

3. 从已有边的节点处加入一条边

要在现有的边上连接上一条新的边，先把鼠标放在已有边的目标点上。当鼠标放在点上，该点将突出显示成青色。然后，按上述"画一条边"中单击-移动-单击来定义新的线段。

4. 从已有边的中间处加入一条边

要在现有的边但不在其端点的位置连接一条新的边，先把鼠标放在现有边的目标位置。当鼠标移动到目标位置，目标边将突出显示成青色。然后，按上述"画一条边"中单击-移动-单击来定义新的线段。

5. 画一个点

用点-边工具（ ），在创建视图中单击一个点，然后再次单击它。第一次单击"定位"这个点，第二次单击"放置"这个点。实际上，绘制一个单点可以被认为是绘制一个长度为零的边。

6. 键盘创建点

点可以通过键盘快速创建。当前没有选定任何工具时，按任意数字键，"—"键，"@"符号，或按空格键，弹出属性编辑器将会显示，如图 3-36 所示；用来调用对话框的文本（除了空格）将已存在于编辑字段中。

在编辑器中输入坐标，然后按"回车"将在指定位置创建一个点。按 Esc 键，将取消编辑而不进行任何更改。

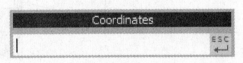

图 3-36 用于指定点的坐标的弹出式窗口属性编辑器

7. FISH 语言输入

编辑器接受坐标输入，也接受 FISH 变量。如果指定的变量尚未定义，另一个对话框将会随之出现，这个对话框需要定义一个可接受的 FISH 变量（图 3-37）。

FISH 变量名应该以"@"字作为开始。可以提供一个或两个变量。如果提供一个，

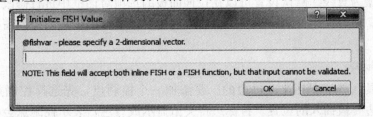

图 3-37 输入弹出式点属性编辑器中需要输入的 FISH 变量的定义

它代表一个坐标对；用逗号隔开的两个变量代表每个变量单独的坐标。

8. 移动节点

当点-边工具（ ）是有效的，右键单击并拖动一个点便可移动它。另外，右击一点以选择它，然后按空格键。这将调用弹出式属性编辑器，编辑框内有当前位置点的坐标。改变编辑区的坐标值，然后按 Enter 将会移动点到指定位置。

9. 连接节点

当根据以上信息来移动一点，如果该点与另一个点充分接近，则该点将其与目标点合并，即在该位置只会有一个点。当移动点与目标点足够接近足以产生合并时，目标点将会突出显示成青色。如果目标点没突出显示成青色，松开鼠标会产生一个点移动，但不合并。这种方式融合点将导致变化（这可能是很难预测的）包含该点的边和块都将受到合并的影响。信息控制设置中显示了合并的模型坐标允许误差（即，两个点必须要距离多近才能产生合并）。随着视图放大倍数的增加，此值降低。按住 Shift 键的同时移动一点将不会产生点的合并。

10. 移动边

当点-段工具是有效的，右键单击并拖动边便可以移动它。

11. 删除点和边

选择要删除的点或边（或要删除的点组或边组——参见多选和选择源），并按下 Delete。

12. 指定/编辑点或边的属性

点和边的属性可以使用属性编辑中所描述的方法进行编辑。点和边的属性（正如控制窗格和弹出式属性编辑器中所见）的显示和解释如图 3-38、图 3-39 所示。

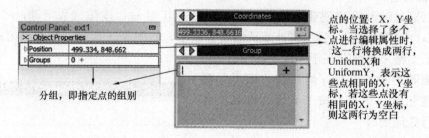

图 3-38　点属性的控制窗格和弹出式属性编辑器

3.2.2.3　边界类型

由点-边工具（ ）创建的边有三种类型：直线，曲线和圆弧。默认情况下，所有新创建的边的类型为直线。默认设置可以在拉伸面板的选项对话框中进行修改。边的类型是一条边的属性，可以使用弹出式属性编辑器或通过对象属性中描述的控制窗格来进行指定或修改。

1. 添加控制点

控制点工具（ ）是用来改进边的。要添加一个控制点，先选择控制点工具，再将鼠标放在这条边要被插入的位置。目标边将突出显示成青色，表示控制点会植入到目标边上。单击工具便可添加控制点。

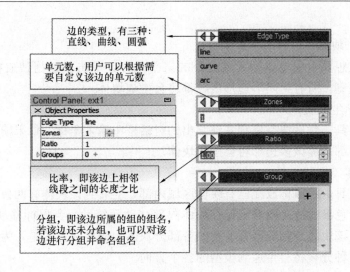

图 3-39 边属性的控制窗格和弹出式属性编辑器

2. 移动控制点

移动控制点有以下几种方式：（1）在插入（点击）点的时候，拖动（不松开鼠标左键）到所需的位置，然后松开鼠标，这样一个操作便可插入和定位控制点；（2）在使用控制点工具（ ）或选择重定位工具（ ）的时候，左键单击并拖动一个现有的控制点便可移动该点到新的位置。（3）在使用点-边工具（ ）或块体工具（ ）的时候，右键单击并拖动控制点就可以移动该点到新的位置。

3. 删除控制点

选择要删除的控制点并按删除键。有关控制点的选择方法参见选择对象。

4. 边界类型之间的差异

直线型会在两点之间创建一条直线，添加控制点将会把直线分成多个线段，但这些细分线段都是直线。如果没有控制点，曲线型或弧线型边也会是直线。曲线类型边是三次样条曲线；弧线型边是圆形曲线。在圆弧型边上加上一个控制点将在两个点之间创建圆形曲线。无论是圆弧型或曲线型都可接受多个控制点，并且有着非常相似（但不完全相同）的结果。

5. 切换边界类型

通过使用对象属性中描述的弹出式属性编辑器或控制窗格可以改变边界的类型。当用上述方式改变了边界的类型时，边界上的控制点保持不变。

3.2.2.4 块体

使用块体工具可以使封闭形状内生成块体。对一个封闭的区域划分单元之前，必须先使该区域生成块体。块体必须是封闭的，三边形或凸四边形。

1. 创建块体

将块体工具放置到由三边形或凸四边形封闭形成的区域内部，然后单击。成功创建块体后该区域将以阴影显示。注意所有的块体同时有一个默认的单元划分（如图 3-40 所示，区域内部交叉的影线）以进一步说明该区域已生成块体的

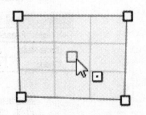

图 3-40 用块体工具点击该凸四边形内部，该区域将会生成块体

状态。

2. 创建多个块体

将鼠标放在想要生成块体的区域之外的某个地方，单击左键拖拽鼠标框选住这些区域。放开鼠标左键，所有封闭多边形区域都将会生成块体。

3. 使用坐标生成块体

选择块体工具，然后按空格键并在弹出的对话框中输入坐标，如果输入的坐标在一个封闭的多边形内部，那该多边形将会生成块体。

4. 分割块体

选择块体工具，将鼠标放在已有块体区域内部，会看到该块体有两条青色准线相交于鼠标位置处。青色准线也会随着鼠标在块体内部移动而移动。当鼠标移动到合适位置时，单击鼠标将会使该块体分割成屏幕所示的各部分块体。需要注意的是，为了保持模型的几何结构有效，这种分裂将会传递到模型的各个方向。

5. 使用坐标分割块体

选择块体工具，将鼠标移动到已有块体区域内部，如果左击鼠标将会按上部分（分割块体）中所述在青色十字光标出分割块体。若不左击鼠标，而是按 Ctrl 键＋空格键，将会弹出一个属性编辑框，并且编辑区域内将显示鼠标现在位置的坐标。输入目标分割点的坐标，然后按回车键确认，便可完成分割操作。若分割点在一条边上，将会对这条边进行分割。为了保持模型几何结构有效，任何分割操作都将在模型上传递扩展到所需区域。如果分割点不在任一已有块体内，则分割操作将会被忽视而不执行。

6. 删除一个或多个块体

当选择了块体工具（▢）、点-边工具（◠）或控制点工具（◢）时，右键单击块体中间处的小方块，然后按 Delete 键便可删除。若选择了选择工具（⇖），左键单击块体中间处的小方块，然后按 Delete 键就可删除该块体。要删除多个块体，在上述步骤中单击左键或右键的同时按住 Ctrl 键，然后便可选择多个块体，选择完后按 Delete 键，便可删除选择的多个块体。

7. 指定和编辑块体属性

通过 3.2.1.4 节对象属性中的方法，也可以编辑块体的属性。控制窗格和弹出式属性编辑器中可以编辑的块体属性如图 3-41 所示。

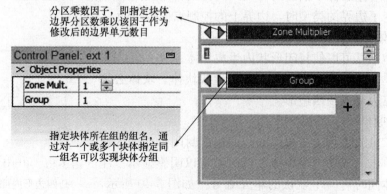

图 3-41 块体的属性控制窗格和弹出式属性编辑器

3.2.2.5 单元划分

块体划分单元可以通过自动或是手动完成。根据所用划分方式的不同,自动划分将会应用于当前视图或所有视图的所有块体。手动划分则应用于模型的个别边或特定组。

1. 自动划分单元

根据所选类型的不同,自动划分单元将会对整个模型或特定视图中的块体进行单元划分。单击工具栏中的自动划分工具（ ）,将会弹出如图 3-42 所示的对话框。

选择所需的自动划分单元类型并输入对应的数值即可完成自动单元划分。三种划分操作使用描述如下：

(1) Zone length（单元长度）

指定单元线段所需的模型单元尺寸。单元尺寸会随着这个值的增加而增加。此划分类型将只应用于当前视图。应用此划分方式将置换当前视图已经指定的任何划分设置。

(2) Model extent（模型范围）

指定创建视图中二维方向尺寸较大的维度方向上单元数目。单元尺寸会随着这个值的增加而减小。此划分

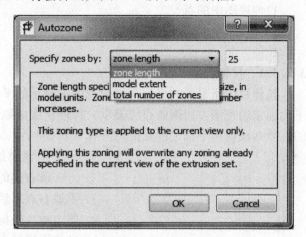

图 3-42　自动划分单元对话框

类型将只应用于当前视图。应用此划分方式,将置换当前视图已经指定的任何划分设置。

(3) Total number of zones（单元总数目）

指定模型的单元数目总数,单元尺寸随着这个值的增加而减小。此划分类型将应用于创建视图和拉伸视图。应用此划分方式,将置换当前视图已经指定的任何划分设置。

要记住的是前两种划分方式只会应用于拉伸操作的当前视图,而第三种将会应用于拉伸操作的所有视图。使用这三种自动单元划分方式,都将会置换已有的划分设置,但是不会改写块体的乘数因子和边界的尺寸比率。

2. 手动划分单元

选择一条或多条将要划分的边,打开控制窗格或弹出式属性编辑器并在对应划分数目框中输入一个数值,即可对所选边进行划分,同时会传递到模型中相应的边界上。

3. 附加单元划分控制

块体的单元乘数因子和边界的尺寸比率可用来进一步改善已有的单元划分。有关这些性质的详细信息参见 3.2.1.4 节相关属性编辑。

3.2.3 拉伸视图中的操作

按下工具栏中的按钮（ ）,可以在窗格中显示拉伸视图。该视图是用来确定模型在第三维度上的长度及其单元划分的。拉伸视图中的基本操作包括：定义拉伸长度,在拉伸线上添加控制点来分割出相互独立的各边,然后指定各边的单元划分。该视图也会详细说

明如何确定模型在三维空间内的方位。要注意的是，创建视图中的信息一经输入，系统便会默认地在拉伸的第三维度上估计并应用一个长度值，随着创建视图的改变该估计值也会改变。

当提供了拉伸视图中所需的单元划分信息后，便可执行网格生成操作了。更多信息参见 3.2.1.6 节的执行拉伸操作。上述操作的相关内容如下：

<u>定义拉伸长度</u>
<u>拉伸视图中的点</u>
<u>拉伸视图中的边界属性和单元划分</u>
<u>拉伸方向</u>

3.2.3.1 拉伸长度

拉伸视图所显示的平面与创建视图中显示的平面相互垂直。在拉伸视图中，创建视图平面通常用视图左边两条直线表示。拉伸长度由原点和最右边的点决定。这个最右边的点的性质和该视图中描述的其他点一样（图 3-43）。

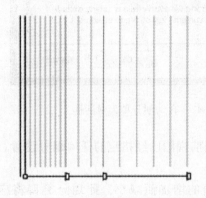

图 3-43 拉伸视图中显示的拉伸范围

1. 调整最右点的位置

最右点的位置是可调整的。这就意味着，选择了最右点之后，通过在控制窗格或弹出式属性编辑器中输入坐标便可对它的位置进行调整。另外，通过使用选择工具单击并拖拽最右点，也可以改变它的位置。

2. 删除最右点

如果最右点左边有点，那么最右点可以删除，并且删除之后左侧的点便成了新的最右点。如果最右点左侧没有点，则最右点不可以删除。

3. 调整原点

原点的位置不能通过鼠标来改变，但是可以使用控制窗格或弹出式属性编辑器来调整。需要注意的是，当原点位置改变了，所有拉伸方向上的点的位置也会相应的发生改变。

3.2.3.2 拉伸视图中的节点

在拉伸方向上的单元划分是通过对拉伸视图中的边界设定划分参数来控制的。在拉伸方向上添加点可以创建这些边。当拉伸视图首次被显示，它便已经包含一个起点（左侧点）和终点（右侧点），如图 3-44 所示。通过在原始拉伸方向上添加额外的点，有可能更好地改善拉伸方向上的网格划分。

1. 增加节点

选择点-边工具（ ），在第三维度方向即拉伸方向上所需位置单击鼠标即可。

2. 删除节点

当前工具是点-边工具（ ）时，右键单击要选的点；若当前工具是选择工具（ ）时，左键单击要选的点。选中要删除的点之后，该点会显示成纯蓝色，然后按删除键（Delete）便可删除该点。

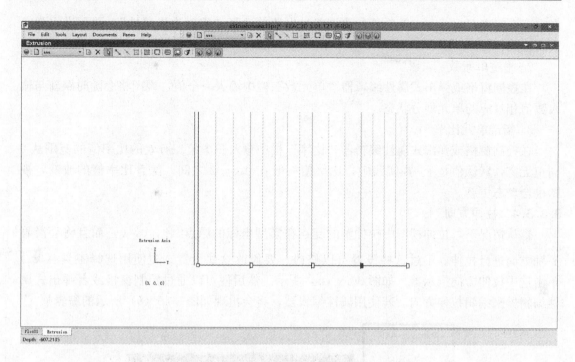

图 3-44 拉伸视图中已选择的点显示成纯蓝色

3. 通过节点的位置属性移动节点

通过上述删除节点中描述的两种方法来选择节点，然后通过控制窗格或者弹出式属性编辑器为所选节点指定一个新的位置坐标，完成移动。

4. 移动节点的限制

节点的位置会受到它临近节点位置的限制。当移动节点时，通过鼠标拖拽或重新指定节点坐标值，都不可以使节点越过其左侧和右侧的节点。

3.2.3.3 边界属性和单元划分

和创建视图中一样，拉伸视图中的单元划分可以自动完成或是手动完成。拉伸视图中自动划分的使用和创建视图中的方法一样，用法信息参见 3.2.2.5 节中的自动单元划分。

1. 边界属性

拉伸视图中连接两节点的边都有很多性质，包括决定边界单元划分的一些属性。这些属性是：长度，单元数，比率和组别。长度属性决定边界的长度。随着长度值的增加（减少），该边右侧（左侧）的所有节点都会向外远离（向内靠近）相应的长度变化值。组别属性是用来添加所选择的边到所需的组。另外两个属性——单元数和比率，用来指定边界上的单元划分，使用描述如下。

（1）选择边界

使用点-边工具（ ）右键单击要选择的边或使用选择工具左键单击要选择的边，便可选中边。

（2）编辑边界属性

选中边界后，它的所有属性将会出现在控制窗格中。在这里指定单元数和比率的数值。另外，这四个属性也可以在弹出式属性编辑器中进行编辑。选中边界后，按空格键或者 Crtl+←或 Ctrl+→或者单击右键并在弹出菜单选择"编辑边界属性",即可进入弹出式属性编辑器。

2. 指定单元数

在控制窗格或弹出式属性编辑器"单元数"栏中输入一个值,视图将会随时跟新与输入数值相对应的单元划分状态。

3. 指定单元比率

在控制窗格或弹出式属性编辑器"比率"栏中输入一个值。有效的比率值的范围从0到正无穷,默认值是1。在实践中,比率值一般在0.5~2之间。随着比率值的改变,视图也会动态更新。

3.2.3.4 拉伸方向

默认情况下,拉伸视图中拉伸轴的起点在模型坐标的原点(0,0,0)而且将会沿着Y轴方向进行拉伸。不过这些设置可以修改。要修改这些设置,先使用选择工具(![])单击选中拉伸方向指示器,如图3-45(a)所示。然后便可以通过控制窗格或者弹出式属性编辑器来编辑拉伸方向。若使用属性编辑器,将会出现如图3-45(b)所示的编辑框。

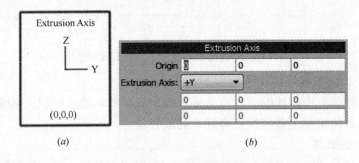

图3-45 拉伸方向指示器及编辑框

在图3-45(b)"origin"中输入新的x,y,z坐标可以改变起点位置。图中拉伸轴一栏中有六个基本坐标轴方向(x,y,z轴的正负方向)。该栏还有最后一个选项:"Extude,X"。若选择这个选项,则必须指定选栏下面的两个附加值。第一个值为"Extude",它定义了拉伸方向的方向向量。第二个值为"X",它定义了一个三位的方向,并与"Extude"单位向量定义了一个平面,两个向量均在此平面内。当这两项定义后,则有一个"Extrude,Y"的单位向量与"Extrude,X"平面垂直,并在FLAC3D中定义一个"Extrude Plane X-Extrude Plane Y"平面。现在,模型方向已定,该平面与创建视图的平面一致(需要拉伸的"面"所在的平面)。最后,当网格生成时,拉伸方向"Extrude Plane X-Extrude Plane Y"平面垂直,即使最初"Extrude"单位向量没有给定。这种调整在拉伸执行时自动产生。

3.2.4 补充信息

上述部分提供了2D Extruder窗格的概述,并进一步介绍了创建作为网格基础的拉伸几何元素的详细具体步骤,这里将介绍一些额外的内容。这些包括这里的材料,其中包括:在选项对话框中可用的2D Extruder窗格设置,2D Extruder窗格撤销操作的运用,以及FISH语言的使用。本节最后将提供一个简单的教程,演示上述所讲的内容。

3.2.4.1 拉伸选项

选项对话框中有一个面板可用于设置拉伸面板的用户配置。选择选择工具（ ），在空白处单击右键，便可访问这个对话框（图3-46）。

当选择显示工具栏，控制窗格工具栏将会复制到视图窗格上方。若不选显示工具栏，工具栏只会显示于主菜单栏中。当用点-边工具（ ）绘制边的时候，按住Ctrl键即可使移动鼠标时边的方位角改变值为"角度固定增量"。更多内容可以参见3.2.2.2节。最后一栏，用来定义新绘制边的默认边界类型，有直线、曲线和圆弧三种类型。

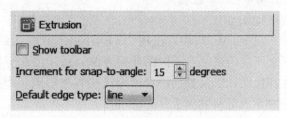

图3-46 拉伸面板中的选项对话框

3.2.4.2 撤销操作

通过在命令框中输入"undo"或者按Ctrl+z键可以撤销2D Extruder窗格中执行的最后一个操作。使用"撤销"命令实际上是返回到上次保存、恢复或新建命令的状态，并且重新运行上一状态已经发出的所有命令。在有些情况下，一个单一的"撤销"将从命令记录中"擦除"多行命令。相反，因为用户界面中的一些单一的操作需要两个（或更多，甚至）FLAC3D命令来完成，"撤销"命令可能要使用两次（或更多）才可擦除用户界面中的最后一个操作。注意"撤销"命令不限于在2D Extruder窗格中发出；但是如果连续使用会使它来"回溯"在其他窗格（例如控制窗格）中进行的操作，它不会改变目前活跃的窗格。

当"撤销"命令执行时间超过15s（默认），将会弹出一个警告对话框通知用户并提供选项来取消撤销操作。在主菜单栏选择tools，点击下拉菜单的第一个选项"options"，即可在弹出的"General"面板中改变撤销警告限制值（秒）。撤销命令的使用同样有限制，该命令的使用、限制和其他注意事项的更多信息参见手册命令参考部分的UNDO内容。

Esc键

不论当前在什么交互工具模式下，即使是在进行拖动点或边操作的时候，按Esc键都可以使鼠标退出到选择（ ）模式上来。

3.2.4.3 FISH语言的使用

输入FISH语言（符号或内联函数）可以指定一个点或一个控制点的位置。具体操作参见3.2.2.2节的节点和边。输入FISH符号或内联函数之后，系统会对输入的数值做一个评估，会出现不同的评估结果。如果输入的数值评估结果可用，则该数值将会被使用并正常运行。如果输入的符号变量没有设置初始值，则会弹出一个对话框要求用户提供一个有效的初始值。如果输入的符号变量不能被接受，则会出现错误结果。如果输入的内联函数不能被接受，也会出现错误结果。

当FISH符号是一个函数，那么还有一些其他的注意事项。如果函数返回一个不被接受的值，则提供的符号也会产生错误。如果定义了符号但没有提供函数参数，同样会产生错误。最后，至关重要的是，不管返回值是否出现错误，在返回这个数值之前函数都会执行任意操作。用户需要了解函数的内容，它将如何影响模型以及返回值的性质。当执行函数时，FLAC3D无法提前验证或校正错误来阻止非预期效应。

3.2.4.4 简单教程

1. 介绍

在FLAC3D中，使用2D Extruder窗格只要两分钟便可以创建图3-47中的模型。接下来所讲的是三个不同的建模方法，每个方法分别说明了2D Extruder窗格里的不同的方法和性质，以及如何综合使用这些方法形成一个灵活和方便的网格生成工具。假定用户按顺序完成下面的例子。

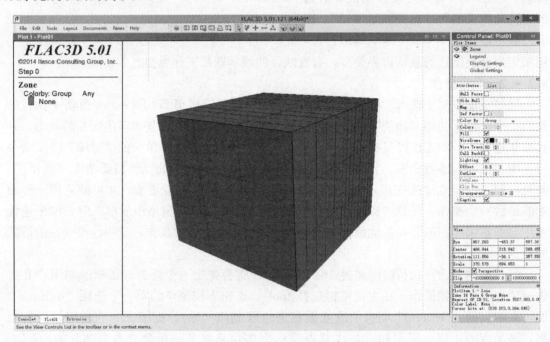

图 3-47 2D Extruder 窗格创建的 FLAC3D 网格

2. 网格一

配置工作空间：在主菜单中打开 2D Extruder 窗格（pans→Extrusion）。配置界面，使只有2D Extruder窗格和控制窗格是可见的。点击2D Extruder窗格中的最大化按钮（ ），然后打开控制窗格（pans→Control Pans）。调整窗格位置，使之相互毗邻，如图3-48所示。如果想要打开所有窗格，选择布局菜单中的single即可（需要激活2D Extruder窗格）。

开始一个新的拉伸几何元素集：按new按钮（ ）。在弹出来的对话框中，输入名字"first mesh"。

画一个正方形：当创建一个新的拉伸几何元素集，则已经默认选中了点-边工具（ ），所以单击-移动-单击便可绘制一条边，绘制另外三条边然后形成一个正方形。

正方形创建块体：选择块体工具（ ）。将光标放在正方形内部然后单击，注意这样创建的块体是3×3初始单元划分。

图 3-48 最大化 2D Extruder 窗格

分割块体：选择块体工具，将光标移动到右上单元的中心处然后单击，单元划分情况如图 3-49 所示。

切换到拉伸视图：按工具栏中拉伸视图按钮（ ）。

调整拉伸向单元划分：选择点-边工具（ ）在拉伸基线上单击创建一个新的点。选

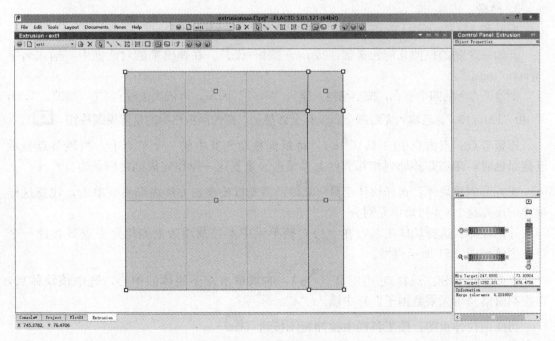

图 3-49 创建视图中的单元划分

择选择工具（）并选中基线右侧形成的边，按 Ctrl+→ 两次，在弹出式编辑器 "zoning" 栏中输入 "14"。按回车键结束，形成的模型如图 3-50 所示。

图 3-50 2D Extruder 窗格中的单元划分

拉伸：按拉伸按钮（），绘图窗格中生成的网格将会如本节开始处所示的图形一样。

3. 网格二

返回到 2D Extruder 窗格：从主菜单中选择 pans→Extrusion。

开始一个新的拉伸几何元素集：按 new 按钮（）。在弹出来的对话框中，输入名字 "second mesh"。

创建正方形的四个节点：按空格键，输入 "0，0" 回车。再依次创建点 "0，100"，"100，0" 和 "100，100"。若输入完后四个点没有全部显示，按控制窗格中的重置视图按钮（）。

连接节点：点击点-边工具（），将鼠标移动到其中的一个节点上，当该节点显示成蓝绿色时，单击并移动到相邻节点上并单击。重复这一操作完成创建四条边。

正方形创建块体：选择块体工具（）。将光标放在正方形内部然后单击，注意这样创建的块体是 3×3 初始单元划分。

分割块体：选择块体工具，在上边右侧单元中点处及左边上侧单元中点处各建一个点，创建如图 3-51 所示模型。

改进单元划分：选择点-边工具（），右键单击左下块体的中心，选中该块体后，在控制窗格"单元乘数因子"栏中输入 "4"。

切换到拉伸视图：按工具栏中拉伸视图按钮（）。

调整拉伸向单元划分：选择点-边工具（）在拉伸基线上单击创建一个新的点。选

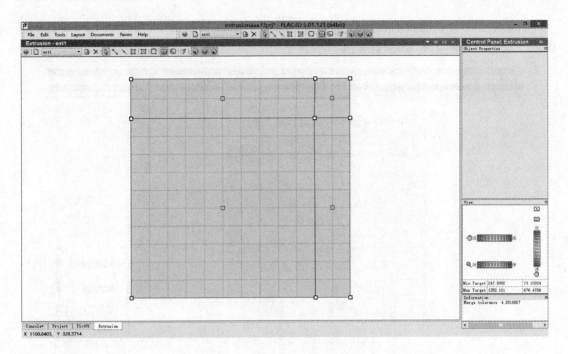

图 3-51 创建视图中的单元划分

择选择工具（ ）并选中基线左侧形成的边，在控制窗格"比率"栏中输入"1.5"，在"单元"栏中输入"8"。

拉伸：按拉伸按钮（ ），创建的网格与网格一的形状类似，但模型的单元划分不同。

4. 网格三

获取位图：这里将介绍从如图 3-52 所示的导入位图开始网格创建，要使用图示的位图，右键单击图形并选择"复制"，并粘贴到允许用户保存成 FLAC3D 可读的格式（PNG、BMP 等等）的程序中。

设置：重复上面网格二的步骤 1 和步骤 2，将新几何集命名为"third mesh"。

导入位图：按导入按钮（ ），从导入对话框中导入步骤 1 获得的位图。

旋转位图：双击位图，位图进入调整大小模式；接着再次双击位图，进入旋转模式。在旋转模式下，拖住位图旋转 45°，完成后双击位图退出旋转模式。

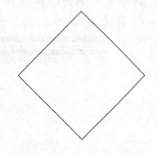

图 3-52 示例图：复制该图，粘贴保存这个文件用于该例

描绘正方形：选择点-边工具（ ），沿着位图边框描绘成正方形。

正方形创建块体：选择块体工具（ ）。将光标放在正方形内部然后单击，注意这样创建的块体是 3×3 初始单元划分。

分割块体：选择块体工具，将光标移动到右上单元的中心处然后单击，模型将如上面网格一步骤 5 所示。

自动划分单元：按自动划分单元按钮（▦）。在弹出对话框中，选择"model extent"输入"12"，点击"OK"，模型如图 3-53 所示。

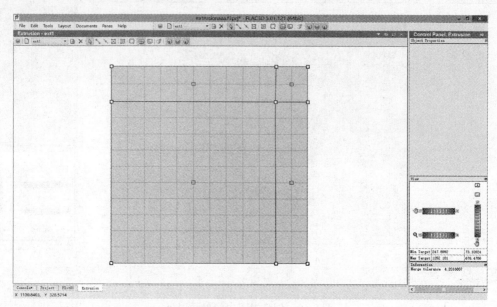

图 3-53　创建视图自动单元划分

切换到拉伸视图：按工具栏中拉伸视图按钮（▦）。注意到已经显示了一个模型拉伸长度估算初始值。按自动化分单元按钮（▦）。在弹出对话框中，选择"model extent"输入"12"，点击"OK"。

调整模型拉伸范围：选择选择工具（↖），（单击）选择基线右侧的点（终点），然后在控制窗格将"Depth"值设置成 900。

调整单元划分：再次按自动化分单元按钮，从下拉菜单中选择"Total number of zones"并输入 50000。拉伸视图中的几何集与图 3-54 相似。正如字面意思，"Total num-

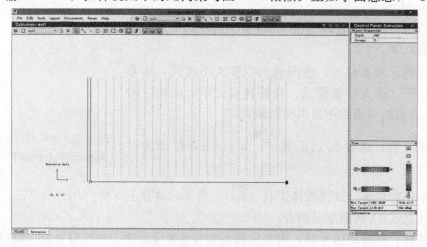

图 3-54　拉伸试图

ber of zones"设置将会影响几何集的所有方向。要验证这一点，切换到创建视图观察单元划分发生了什么变化。

拉伸：返回到拉伸视图，按拉伸按钮（ ），创建的网格与网格一的形状类似，但模型的单元划分不同。

3.3 使用几何数据

FLAC3D 有导入和定义任意几何数据的能力。例如，从 DXF 文件可以导入 AutoCAD 中的 CAD 数据。这个几何信息在创建后是可以被操作的，而且它也可以用于可视化的参考。此外，数据可以用于过滤 FLAC3D 软件命令影响的对象，并通过分配组名称将对象分类。

本节提供了一个高层次的描述，如何在当前版本的 FLAC3D 软件使用几何数据。为了了解详情，包括所有可用的选项，请参阅手册 Command Reference 里面与几何数据相关的命令文档。

在 FLAC3D 软件分布的数据文件夹中的项目"users-guide \ geometry \ geom-etry. f3prj"里面，可以找到这一节里用于生成所有图片的数据文件和几何数据。

3.3.1 几何数据

应用 FLAC3D 组织几何数据集，或多边形、边和节点的命名集合。这些数据是拓扑连接的。多边形是由一系列的边定义的，边是由两个点定义的。

创建一个几何集最简单的方法是通过 GEOMETRY import 命令。例如，命令：

geometry import layout. stl

将会导入文件"layout. stl"中的数据，并把它放在几何集"layout"里。当前可用格式有 DXF、STL 和保存添加元数据（例如，组名、FISH 额外变量等等）的 Itasca 自定义格式。还可以简单地去图形用户界面的 File/Open Item（＜Ctrl-O＞），选择一个带识别扩展名（当前的 STL、DXF 和 GEOM）的几何文件（图 3-55）。

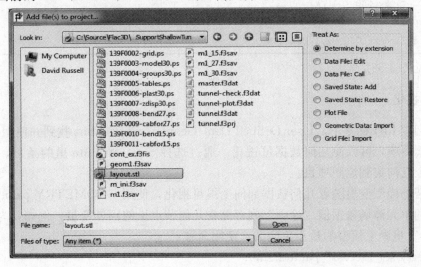

图 3-55　FLAC3D 中 Open Item 对话框

通过命令也可以创建几何数据。例如，可以直接使用 GEOMETRY polygon 命令添加多边形到几何集中。例如，

geometry polygon positions (0，0，0) (1，0，0) (1，1，0) (0，1，0)

将会添加一个四边形到当前的几何集中。

此外，所有集合中的数据通过 FISH 都可以使用。FISH 可以被用来修改和创建几何数据。例如，以下是一个简单的 FISH 函数，它创建一组称为"FISH Example"的几何集并添加多边形组成一个圆柱体：

例 3-13 "fish_cylinder.fis"

```
new
def fish_cylinder(start,radius,height,segments)
local gset = gset_find("FISH Example")
if gset = null then
gset = gset_create("FISH Example")
endif
loop local i (1,segments)
local ang1 = float(i-1) * pi * 2.0 / float(segments)
local ang2 = float(i) * pi * 2.0 / float(segments)
local p1 = start + vector(cos(ang1),sin(ang1),0.0)
local p2 = start + vector(cos(ang2),sin(ang2),0.0)
local p3 = vector(xcomp(p2),ycomp(p2),height)
local p4 = vector(xcomp(p1),ycomp(p1),height)
local poly = gpol_create(gset)
local ii = gpol_addnode(gset,poly,p1)
ii = gpol_addnode(gset,poly,p2)
ii = gpol_addnode(gset,poly,p3)
ii = gpol_addnode(gset,poly,p4)
ii = gpol_close(gset,poly)
end_loop end
@fish_cylinder((0,0,0),1.0,4.0,40)
```

结果见图 3-56。

3.3.2 可视化

在绘图项 List 标签下，User Defined Data/Geometry/Locations 找到并使用 Geometry Location 绘图项，可以使几何数据可视化。通过选择 Sets attribute 里的条目，可以添加一个或多个几何集到绘图项目。

为了帮助模型变量随着几何数据如何变得可视化，使用 GEOMETRY paint 命令可以把模型中的单元体场数据值"涂画"到存储在几何节点里的额外变量。例如，为了在几何集"access"里画上模型的最小主应力，使用命令：

geometry set "access" paint 2 smin

将会计算几何集"access"里所有节点位置的最小主应力，并指定该值给额外变量指

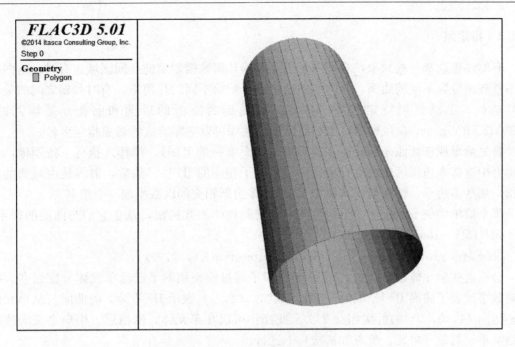

图 3-56　简单圆柱体的几何集

数 2。可用的单元体场变量超过 60。

通过使用 Geometry Contour 绘图项（User Defined Data/Geometry/Contours）和选择 Contour By attribute 下的指数 2，可以使绘画的结果可视化。图 3-57，在主开挖区附近一个简单的隧道上画出了位移大小。

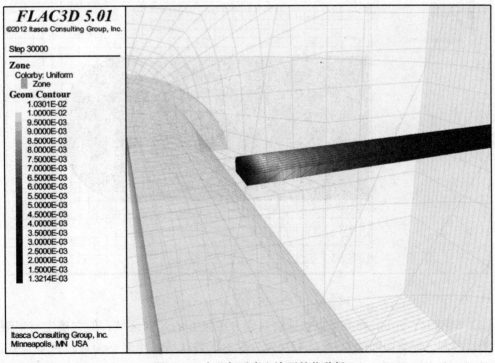

图 3-57　在几何元素上涂画的位移场

3.3.3 指定组

有时候想选择一些对象，它们属于由复杂的几何数据划定的空间区域。有时，这些数据不整齐地分为不同的曲面，而这些曲面可以分配给不同的几何集。有时数据之间的关系是复杂的，手动识别特定区域（如，以上提到的曲面的后面和前面）是烦冗的。GEOMETRY group 命令根据对象与曲面如何关联可以立即给这些对象指定组名。

首先给形成连续曲面的所有多边形指定一个唯一的 ID 号，操作才执行。特别地，一个集合中连接在边缘两端的所有多边形会被赋予相同的 ID 号。然后，射线是由对象的质心指向那些多边形，根据射线与每个 ID 号的多边形相交的次数生成一个组名。

举个简单的例子，使用一个包含两个相交圆柱体的几何集，基于它们与曲面的联系，GEOMETRY group 命令：

geometry group zone set "intcylinder" projection (1, 0, 0)

会给这些单元体指定组名。图 3-58 显示了通过模型用割平面给单元体分配组名。每一对数字代表了曲面 ID 号和相交次数。例如，(2, 1) 表示 ID 号为 2 的曲面与从单元体质心指向 (1, 0, 0) 的射线相交 1 次。此操作可以在单元体、网格点、用户定义的数据和结构单元对象（单元、节点和链接）上进行。

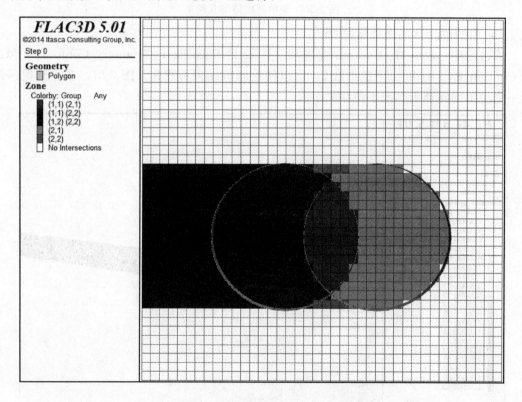

图 3-58 GEOMETRY group 命令分组

GEOMETRY group 命令可以快速将对象分成独立的几何区域，但它确实有局限性。用户无法控制分配给曲面的 ID 号，且决定分配给所需区域的组名必须通过视觉检查。通常情况下，多个组需要结合到实际研究的区域中。

3.3.4 几何范围

FLAC3D 软件选择对象的主要方法是提供一个过滤器,它决定了受给定命令影响的对象。这可以通过使用逻辑范围做到。范围单元存在过滤对象是根据它们与几何集中的数据的关系。当前存在的两个范围单元:geometry dist 和 geometry count。

geometry dist 可以用来选择范围单元对象,它们在给定的几何集中的数据距离内。这包括多边形、自由边和自由节点。对象质心到几何集任意数据的最小距离决定着这个距离值。

找到一个对象 Cartesian extent 的最小距离,对于 geometry dist 范围单元,extent 关键字是有效的。这可以和零距离值一起使用,来返回一个与几何集实际相交的所有对象的近似值。例如,下面的命令和上面的数据一起使用,将会给所有的区域指定组名 "Intersect",这些单元体都有一个与几何集 "intcylinder" 相交的 Cartesian extent。

group zone "Intersect" range geometry "intcylinder"...
dist 0.0 extent

结果如图 3-59 所示。

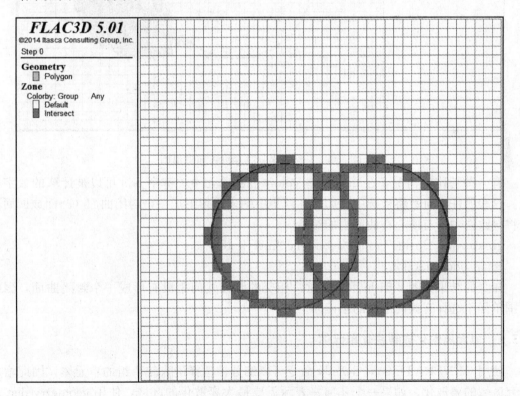

图 3-59　GEOMETRY dist 命令范围

geometry count 范围单元的表现方式类似于上面讲述的 GEOMETRY group 命令。一条射线从对象的质心出发,它与几何集中的任何多边形相交的次数会被计数。如果数与提供的数字匹配,它就会被选中。注意,曲面 ID 号在这种情况下不会被指定,extent 关键字不支持。如果给出命令:

group zone "Count 1" range geometry "intcylinder"...

count 1 direction (1, 0, 0)

将会看到如图 3-60 的结果。

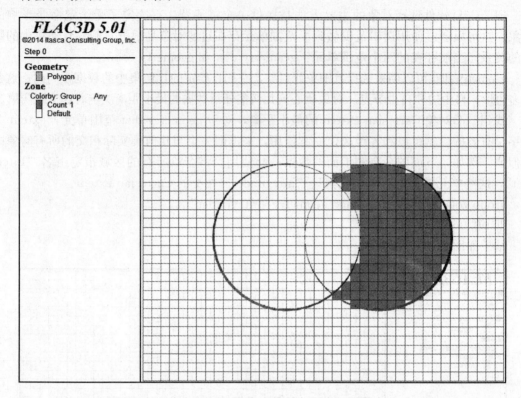

图 3-60 GEOMETRY count 命令范围

有一种特殊的情况，在 geometry count 范围单元中关键字 odd 可以被计算的数字取代。这表明任意奇数将被选中。如果几何集中的多边形形成一个封闭曲面（凸面或凹面），这将导致选中所有质心在曲面内的对象。

group zone "Inside" range geometry "intcylinder" …

count odd direction (1, 0, 0)

命令的结果如图 3-61 所示。注意，相交的圆柱几何集没有形成一个封闭曲面，因此范围单元不选择有共同区域的单元体。

3.3.5 加大离散化或致密化单元体

使用 GENERATE zone densify 命令可以细分被选择进入较小组的单元体，因此增加研究区域的离散化。如果一个几何集表示需要最大离散化的区域，使用 geometry dist 范围单元的一个命令可以创建一个八叉树网格。

例如，命令：

generate zone densify nseg 2 gradlimit maxlen 0.05 …

repeat range geometry "intcylinder" dist 0.0 extent

可以用来生成以接近 "intcylinder" 几何集为基础的八叉树网格。这个命令的结果显示如图 3-62 所示。

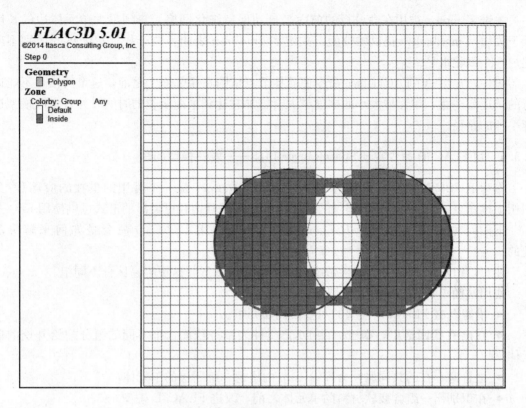

图 3-61　GEOMETRY odd 命令范围

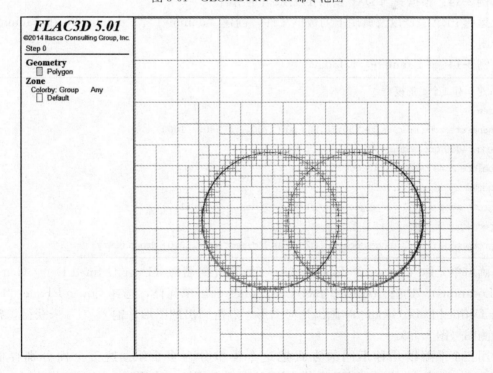

图 3-62　GENERATE zone densify 生成网格

关键字 repeat 被用在命令行的前面来自动保持细化网格，直到最大单元体边的长度低于关键字 maxlength 提供的数值。关键字 gradlimit 表明，两个相邻单元体的区别不应超过一个细化水平。

记住，在用 ATTACH face 命令使悬挂节点依附在相邻面上之前，这个网格是不能运行的。还要注意，单元体大小的梯度越大会增加它达到平衡所花的时间，并且更改模型达到平衡的路径。

3.3.6　用 FLAC3D 命令实现 SpaceRanger 功能——解决模型问题

作为 KUBRIX 网格生成包的一部分，SpaceRanger 是一个可用的单独的应用程序。利用上述命令，SpaceRanger 提供的功能以更快、更直接和更灵活的形式可供使用。

下面列举几个使用 SpaceRanger 例子，并描述用 FLAC3D 命令是如何来解决问题的。

注意，PDF 版本的手册将会带颜色显示下面的图形，这更容易区分不同组。

使用这些工具可以解决的模型问题：
- 沿着既有 FLAC3D 模型的一些表面切开组。
- 在已有的网格里，基于一些 DXF 文件表示开挖面，把不同的组分配给开挖的单元体。
- 把普遍存在的共同属性分配给 10m 内出现一组断层的单元体。
- 在识别出一组含疲软材料的单元体之前，改进 FLAC3D 模型。

例 3-14：根据其与 DXF 文件的关系指定组名

运行 FLAC3D 以及调用下列数据文件，创建"dummy1"、"dummy2"和"dummy3"三个组。

例 3-14 "Example_1.f3dat"

```
;建立有 3 个组的模型
new
generate zone brick size (50,50,50) p0 (2700,-10500,-1000)...
edge 4000 group dummy3
delete zone range z 0 1000000
geometry import s1.dxf
group zone dummy1 range geometry s1 count 1 direction (0,1,0)
geometry import s2.dxf
group zone dummy2 range geometry s2 count 1 direction (1,0,0) group dummy3
```

画出单元体（Zones or Zones/Location）和几何图形（User Defined Data/Geometry/Locations）。选择 Control Panel/List/Zones 画出单元体，选择 Control Panel /List/User Defined Data/Geometry 画出几何图形。点击画出的图形并输入"i"来获得该模型的轴测图（图 3-63）。

用三个平面以几种不同的方式把这个模型分为多个组。这三个面分别存储在"Y0.dxf"、"Y1.dxf"和"Y2.dxf"DXF 文件中。把这三个面视为露天矿井的三个开挖面，分别表示为 Year0、Year1 和 Year2。图 3-64 显示了这些面。

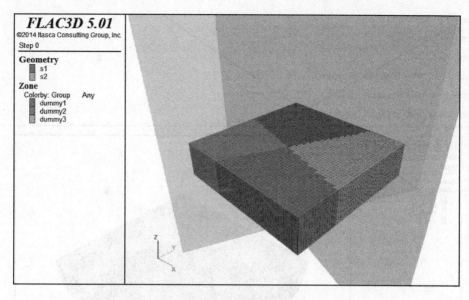

图 3-63 分区模型和两个平面

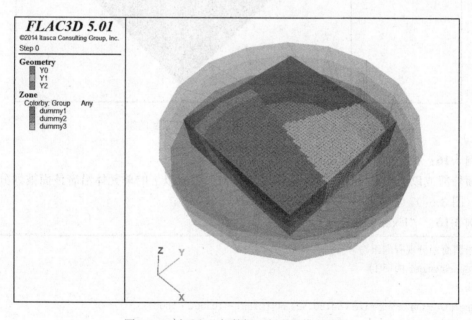

图 3-64 树面和几何数据一起用于模型分区

例 3-15：忽略现有的组，根据面建立新的组

现有的组更名为"old"，根据面创建新的组（图 3-65）。这对应于 Space-Ranger 选项 0。

例 3-15　"Example_2.f3dat"

;忽略现有的组,根据面建立新的组
;(SpaceRanger 选项 0)
geometry import Y0.dxf

```
geometry import Y1.dxf
geometry import Y2.dxf
group zone OLD
group zone NEW_1 range geometry Y0 count odd
group zone NEW_2 range geometry Y1 count odd
group zone NEW_3 range geometry Y2 count odd
```

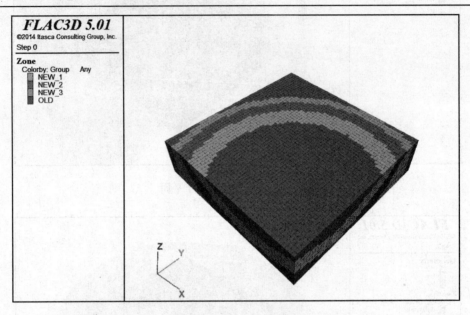

图 3-65　忽略现有的组，根据面建立新的组

例 3-16：根据面划分现有的组

面外部或以上的单元体保持旧的组号。任何面内或以下的单元体沿着该面被划分为新的组（图 3-66）。这对应于 SpaceRanger 选项 1。

例 3-16　"Example_3.f3dat"

```
;根据面划分现有的组
;(SpaceRanger 选项 1)
new
generate zone brick size (50,50,50) p0 (2700,-10500,-1000)...
edge 4000 group dummy3
delete zone range z 0 1000000;
geometry import s1.dxf
group zone dummy1 range geometry s1 count 1 direction (0,1,0)
geometry import s2.dxf
group zone dummy2 range geometry s2 count 1 direction (1,0,0) group dummy3
geometry import Y0.dxf
geometry import Y1.dxf
geometry import Y2.dxf
group zone NEW_1 range geometry Y0 count odd group dummy1
```

```
group zone NEW_2 range geometry Y0 count odd group dummy2
group zone NEW_3 range geometry Y0 count odd group dummy3
group zone NEW_4 range geometry Y1 count odd group NEW_1
group zone NEW_5 range geometry Y1 count odd group NEW_2
group zone NEW_6 range geometry Y1 count odd group NEW_3
group zone NEW_7 range geometry Y2 count odd group NEW_4
group zone NEW_8 range geometry Y2 count odd group NEW_5
group zone NEW_9 range geometry Y2 count odd group NEW_6
```

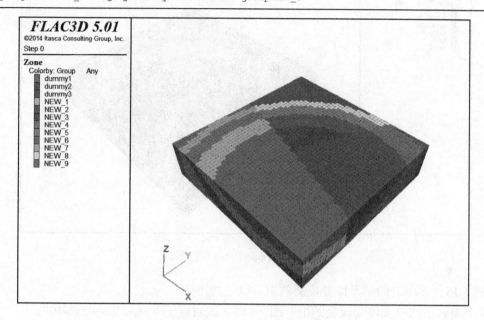

图 3-66 面下的所有分区

例 3-17：面以下的单元体变成独立的组，外面的组不变

划分面内部或以下的所有区域，而其外部或以上的都保持原来的组号（图 3-67）。这对应于 SpaceRanger 选项 2。

例 3-17　"Example_4.f3dat"

```
;面以下的单元体变成独立的组,外面的组不变
;(SpaceRanger 选项 2)
new
generate zone brick size (50,50,50) p0 (2700,-10500,-1000)...
edge 4000 group dummy3
delete zone range z 0 1000000
geometry import s1.dxf
group zone dummy1 range geometry s1 count 1 direction (0,1,0)
geometry import s2.dxf
group zone dummy2 range geometry s2 count 1 direction (1,0,0) group dummy3
geometry import Y0.dxf
geometry import Y1.dxf
```

```
geometry import Y2.dxf
group zone NEW_1 range geometry Y0 count odd
group zone NEW_2 range geometry Y1 count odd
group zone NEW_3 range geometry Y2 count odd
```

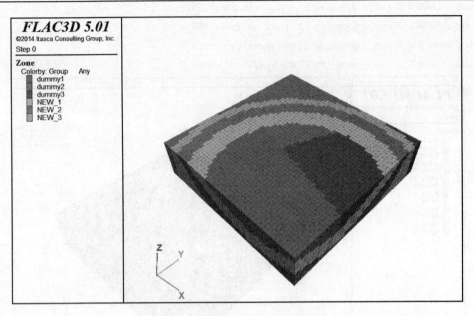

图 3-67　SpaceRanger 选项 2

例 3-18：面以上的单元体变成新的组，以下的不变

3 个面以上的单元体变成新的组（图 3-68）。这对应于 SpaceRanger 选项 3。

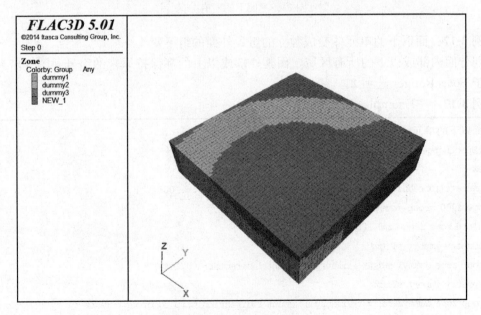

图 3-68　SpaceRanger 选项 3

例 3-18 "Example_5.f3dat"

;面以上的单元体变成新的组,以下的不变
;(SpaceRanger 选项 3)
new
generate zone brick size (50,50,50) p0 (2700,-10500,-1000)...
edge 4000 group dummy3
delete zone range z 0 1000000
geometry import s1.dxf
group zone dummy1 range geometry s1 count 1 direction (0,1,0)
geometry import s2.dxf
group zone dummy2 range geometry s2 count 1 direction (1,0,0) group dummy3
geometry import Y0.dxf
geometry import Y1.dxf
geometry import Y2.dxf
group zone NEW_1 range geometry Y0 count odd not ...
geometry Y1 count odd not ...
geometry Y1 count odd not

例 3-19：有相交面的单元体变成独立的组

有相交面或在 80m 内出现相交面的单元体被分为 New_1、New_2 和 New_3 三个组（图 3-69）。这对应于 SpaceRanger 选项 4。

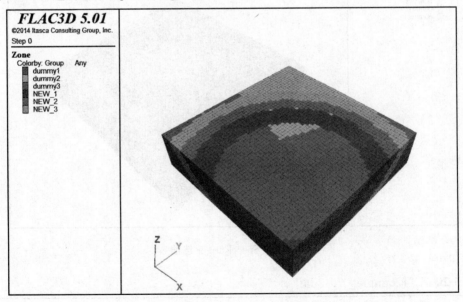

图 3-69　SpaceRanger 选项 4

例 3-19 "Example_6.f3dat"

;在 80m 内有相交面的单元体变成独立的组
;(SpaceRanger 选项 4)

```
new
generate zone brick size (50,50,50) p0 (2700,-10500,-1000) ...
edge 4000 group dummy3
delete zone range z 0 1000000
geometry import s1.dxf
group zone dummy1 range geometry s1 count 1 direction (0,1,0)
geometry import s2.dxf
group zone dummy2 range geometry s2 count 1 direction (1,0,0) group dummy3
geometry import Y0.dxf
geometry import Y1.dxf
geometry import Y2.dxf
group zone NEW_1 range geometry Y0 distance 80 extent
group zone NEW_2 range geometry Y1 distance 80 extent
group zone NEW_3 range geometry Y2 distance 80 extent
```

例 3-20：拆分相交面下的单元体

首先 Y0 下的单元体被细化，然后是 Y1 下的区域，最后是 Y2 下的区域（图 3-70）。这种可控变化是由 SpaceRanger 选项 5 决定的。

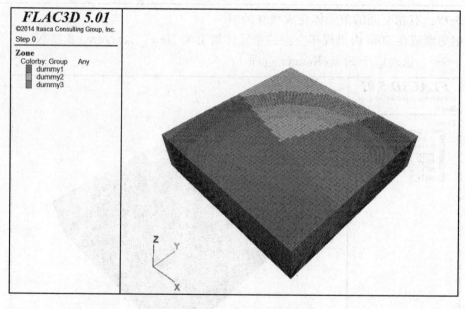

图 3-70 SpaceRanger 选项 5

例 3-20 "Example_7.f3dat"

```
;拆分相交面下的单元体
;(SpaceRanger 选项 5)
new
generate zone brick size (50,50,50) p0 (2700,-10500,-1000) ...
edge 4000 group dummy3
delete zone range z 0 1000000
```

geometry import s1.dxf
group zone dummy1 range geometry s1 count 1 direction (0,1,0)
geometry import s2.dxf
group zone dummy2 range geometry s2 count 1 direction (1,0,0) group dummy3
geometry import Y0.dxf
geometry import Y1.dxf
geometry import Y2.dxf
generate zone densify nsegment 2 range geometry Y0 count odd
generate zone densify nsegment 2 range geometry Y1 count odd
;跳过第三个层次的细化保持这个模型足够小,适合32位版本
;generate zone densify nsegment 2 range geometry Y2 count odd

例 3-21：拆分有相交面的大单元体

细化在 80m 内有相交面的单元体,确保在 40m 内没有单元体被创建（图 3-71）。这对应于 SpaceRanger 选项 6。

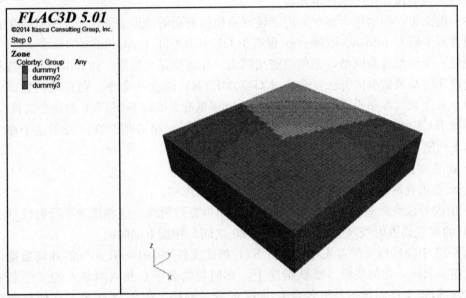

图 3-71　SpaceRanger 选项 6

例 3-21　"Example_8.f3dat"

;在不少于 40m 内拆分有相交面的大单元体
new
generate zone brick size (50,50,50) p0 (2700,-10500,-1000)...
edge 4000 group dummy3
delete zone range z 0 1000000
geometry import s1.dxf
group zone dummy1 range geometry s1 count 1 direction (0,1,0)
geometry import s2.dxf
group zone dummy2 range geometry s2 count 1 direction (1,0,0) group dummy3

```
geometry import Y0.dxf
geometry import Y1.dxf
geometry import Y2.dxf
generate zone densify nsegment 2 maxlength 50...
  range geometry Y0 distance 80 extent
generate zone densify nsegment 2 maxlength 50...
  range geometry Y1 distance 80 extent
generate zone densify nsegment 2 maxlength 50...
  range geometry Y2 distance 80 extent
```

3.3.7 表面地形和分层

在FLAC3D5.01版本中,提供了GENERATE topography命令来生成现有网格(或背景网格)面和几何集之间的网格,从而表现地形的特征。从指定范围的面沿着射线方向到指定的几何集拉伸,来创建单元体。

本节提供了一些示例,演示如何创建网格模拟复杂的地形表面。想了解详细的命令选项,请参阅手册Command Reference里有关GENERATE topography的命令文件。

创建一个地形表面网格,必须指定几何集。几何集是多边形、边和节点拓扑连接的集合。创建几何集最简单的方法就是通过GEOMETRY import命令。创建几何数据也可以通过命令来完成(参阅手册Command Reference里有关GEOMETRY的命令文件)。

在使用GENERATE topography命令之前,背景网格必须存在。关于这个命令,只有满足下列所有标准的单元体的面才是有效的面:

- 面必须在范围内。
- 面必须在网格表面上,任何内部的面必须被忽略。
- 面的外法线向量必须以小于89.427°的角度穿过射线。这将排除平行射线(交叉角为90°)的面或朝着射线(交叉角为90°~180°之间)相反方向的面。

例3-22中的数据文件首先导入来自STL格式文件"surface1.stl"的几何数据,并把它存放在surface1几何集里(默认情况下,几何集的名字是和刚刚导入的文件名字相同的),然后数据文件创建一个组名为Layer1的背景网格。图3-72画出了几何集和背景网格。可以看出,如果投影到xy平面,几何集将会完全地覆盖背景网格。所以如果沿着射线的方向挤压,该范围内有效面里的任何节点将会有一个与几何集的交点。

例3-23中,GENERATE topography命令被附加到例3-22中的命令。在这个GENERATE topography命令中,几何集被分配到surface1(geomset surface1)中;没有指定射线方向的话,那么意味着是默认的direction(0,0,1),段数为8(segment 8);没有指定比率的话,那么意味着是默认的ratio 1.0;新创建的单元体将会在含有默认slot 1的group Layer2里。这个命令没有给面指定范围,所以现有网格(组Layer1)表面上所有面会受到几何集的挤压。然而在这个例子中,法向量与射线方向(0,0,1)垂直的四个单元体侧面和法向量与射线(交叉角为180°)方向相反的底面都被忽略,所以只有组Layer1顶部的面被用来创建新的网格。完整的网格如图3-73所示,几何集的地形在网格中被准确地展示出来。还可以观察到由于比率是1.0,单元体两侧沿着组Layer2中的射

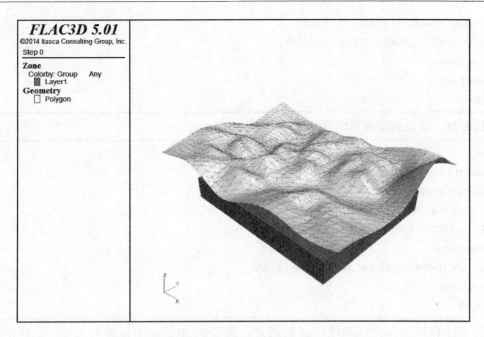

图 3-72　现有的网格——几何集

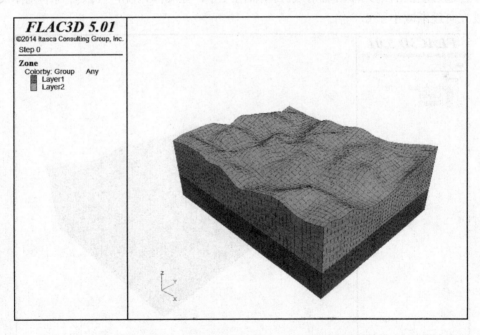

图 3-73　通过 GENERATE topography 命令创建网格

线方向是相同的。

例 3-22　创建网格和几何集

```
new
geometry import surface1.stl
gen zone brick size 50 40 5...
```

```
p0 (0,0,-4000) p1 (15000,0,-4000)...
p2 (0,12000,-4000) p3 (0,0,-2000)...
group Layer1
save topo1
return
```

例 3-23　添加表面地形的单元体

```
new
geometry import surface1.stl
gen zone brick size 50 40 5...
p0 (0,0,-4000) p1 (15000,0,-4000)...
p2 (0,12000,-4000) p3 (0,0,-2000)...
group Layer1
gen topo geomset surface1 seg 8 group Layer2
save topo2
return
```

例 3-24 和例 3-23 之间的唯一区别就是，例 3-24 中的比率设置为 0.8。从图 3-74 上看，接近地形表面的单元体沿着射线方向细化尺寸；更具体地说，可以看到单元体尺寸沿着射线方向逐渐减小了 0.8 倍。

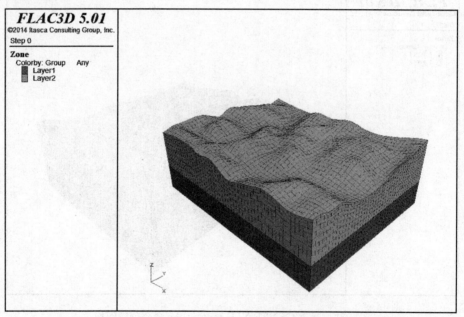

图 3-74　通过 GENERATE topography 命令创建网格（ratio=0.8）

例 3-24　把靠近表面的单元体分等级

```
new
geometry import surface1.stl
gen zone brick size 50 40 5...
```

```
p0 (0,0,－4000) p1 (15000,0,－4000)…
p2 (0,12000,－4000) p3 (0,0,－2000)…
group Layer1
gen topo geomset surface1 segment 8 ratio 0.8 group Layer2
save topo3
return
```

例 3-25 中，范围（range x 0 5000 y 0 5000）被应用到背景网格的面上。这个范围仅限于质心坐标落在 $0 \leqslant x \leqslant 5000$ 和 $0 \leqslant y \leqslant 50000$ 范围内的面（图 3-75）。应该强调的是，GENERATE topography 命令中的逻辑范围是应用到面上，而不是单元体或网格点。

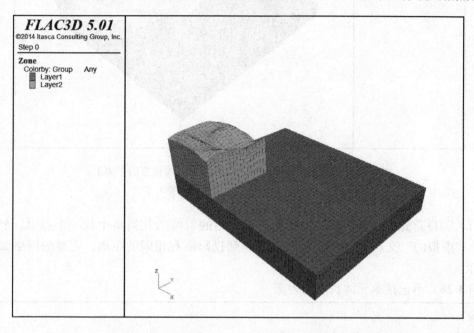

图 3-75　通过 GENERATE topography 命令创建网格（指定面的范围）

例 3-25　限定表面区域

```
new
geometry import surface1.stl
gen zone brick size 50 40 5…
p0 (0,0,－4000) p1 (15000,0,－4000)…
p2 (0,12000,－4000) p3 (0,0,－2000)…
group Layer1
gen topo geomset surface1 segment 8 ratio 0.8 group Layer2…
range x 0 5000 y 0 5000
save topo4
return
```

在几何集没有完全覆盖背景网格的情况下，如果投影到与射线垂直的平面上（如，例 3-26 和图 3-76），一些网格点沿着射线方向与几何集没有交点。为了处理这个特殊的情

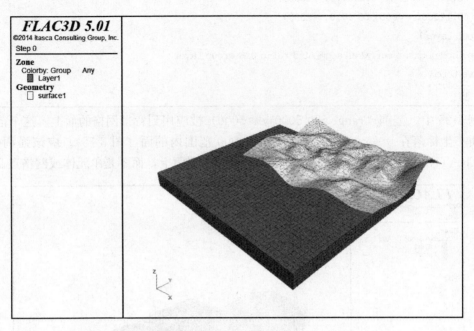

图 3-76 几何集和背景网格（投影到与射线垂直的平面上，几何集没有完全覆盖背景网格）

况，FLAC3D 首先会在最接近从相关网格点开始的射线的几何集中找一个点 A，然后再找一个"虚拟的"交点 B，所以点 A 和点 B 到投影面有相同的距离。完整的网格如图 3-77 所示。

例 3-26 不包括单元体长度的表面

```
new
geometry import surface1.stl
gen zone brick size 50 40 5...
p0 (-10000,-10000,-4000) p1 (15000,-10000,-4000)...
p2 (-10000,12000,-4000) p3 (-10000,-10000,-2000)...
group Layer1
save topo5a
gen topo geomset surface1 segment 8 ratio 0.8 group Layer2
save topo5b
return
```

多次使用 GENERATE topography 命令可以创建多个图层的网格。每一次使用 GENERATE topography 命令时，最近更新的网格被视为背景网格。例 3-27 中，通过指定多边形四个顶点的位置，用一个简单的 GEOMETRY 命令创建第二个几何集（surface2）。FLAC3D 首先在现有的网格（组名为 Rock）与几何集 surface2 之间创建单元体，并指定组 Sand 里的新单元体。然后 FLAC3D 在更新的网格（组 Rock 加上组 Sand 的单元体）和几何集 surface1 之间生成网格，并分配组 Clay 里的新单元体。最终的网格如图 3-78

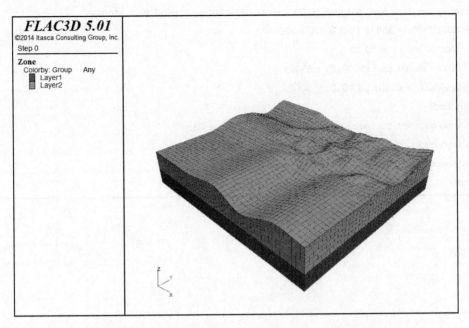

图 3-77 通过 GENERATE topography 命令创建网格
（投影到与射线垂直的平面上，几何集没有完全覆盖背景网格）

所示。

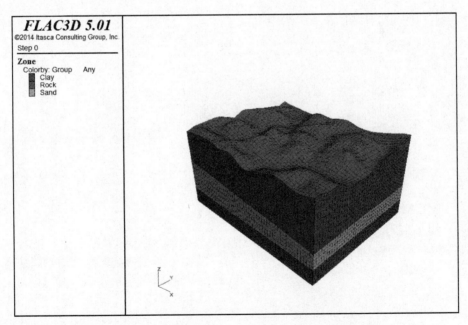

图 3-78 通过多个 GENERATE topography 命令创建网格

例 3-27 创建多个几何集的网格

```
new
geometry import surface1.stl
```

```
geometry set surface2 polygon positions (0,0,-2000) (15000,0,-3500) ...
(15000,12000,-3500) (0,12000,-2000)
gen zone brick size 50 40 5...
p0 (0,0,-6500) p1 (15000,0,-6500)...
p2 (0,12000,-6500) p3 (0,0,-5000)...
group Rock
gen topo geomset surface2 segment 5 ratio 1.0 group Sand
gen topo geomset surface1 segment 8 ratio 0.8 group Clay
save topo6
return
```

第四章 FLAC3D 中内置语言——FISH 语言

4.1 FISH 语言简介

FISH 是一种嵌入在 FLAC3D 中能够使用户定义新的变量和函数的程序设计语言。FISH 的第一个字母取自 FLACIFLAC3D 的第一个字母,因此它并非鱼的含义。这些自定义函数扩展了 FLAC3D 的用途,还增加了用户自定义的功能。新的功能有很多,例如:显示新的变量、应用专用的网格生成器、利用伺服系统做数值测试、指出不常见的属性分布、实现参数研究的自动化等等。

设计 FISH 语言是用来满足使用现有程序难以或无法完成某些工作的 ITASCA 软件用户的需求的。开发者不是加入新的或者特别的专用功能到标准程序代码,而是选择内嵌一种语言,使用户可以自己编辑生成函数。ITASCA 已经编写了一些简单的 FISH 函数包含在 FLAC 库中,提供在 FLAC3D 的安装目录下的 library 子目录下。

FISH 语言可能非常简单,即使没有编程经验也可以写出一些简单的 FISH 函数。然而,正如其他语言一样,FISH 函数也可能十分复杂。因为 FISH 不像大多数编辑器一样有错误检查功能,因此在开始编程之前,FISH 函数应该按照逐渐增加的方式创建,在进行创建更复杂的代码之前应该对每一个操作进行检查。同时为了保证错误发生的概率变小,所有的函数应该先进行带入简单数据的测试,然后再进行真正的应用。

FISH 函数就简单的镶嵌 FLAC3D 数据文件中,函数的命令行以 DEFINE 开始,在遇见 END 时结束该函数。函数可以调用其他函数,相应的其他函数又可以调用另外的函数。函数被定义的顺序无关,只要在使用前被定义即可。由于 FISH 函数的编辑模式储存在 FLAC 的内存空间中,所以使用 SAVE 命令就可以保存函数和相关变量的当前值。

下面介绍一个最简单的 FISH 函数以方便理解。为了从例子中得到最好的效果,建议和 FLAC3D 运行交互使用。这些短程序可以直接输入,在运行完后,可以在 FLAC3D 中输入 NEW 来清除旧数据,准备运行下一算例。长一些的程序可以先编写再存到文件中,在需要时利用 CALL 命令调用。在 FLAC3D 命令窗口依次输入程序语言,在每一命令行输入结束后按 ENTER 换行。

例 4-1 简单的 FISH 函数

```
def abc
    abc = 22*3 + 5
    abcd = 2.0 / 5.0
end
```

这样就完成了一个 FISH 函数的编制。FISH 函数均是以 DEFINE 为开头,后面跟随需要定义的函数的名称,并以 END 作为结束,DEFINE 和 END 之间是函数的主体部分。注意在第一行命令输入以后,命令提示符变为 DEF,在输入 END 后变为通常的提示符。

提示符的变化提示命令是在向 FLAC3D 中输入或者 FISH 中输入。通常在发出 DEFINE 后,后面的所有内容应该是 FISH 函数。然而,如果输入行中包含错误,将会重新回到 FLAC3D 提示符。

例 4-1 定义了一个名称为 abc 的函数,函数主体包含两个赋值语句,分别对函数 abc 和变量 abcd 进行赋值操作。这里可以注意到函数与变量之间的差别,函数是通过 DEFINE 命令定义的,并可以在函数体内进行赋值,而变量则可以自行定义。

如果在上面的操作中没有出现错误,会出现 FLAC3D 提示符,通过输入命令执行函数:

list @abc

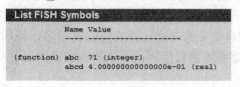

图 4-1 函数查看的输出信息

函数执行后 FLAC3D 不会有任何的提示,可以通过下列命令来查看函数运行的效果:

print @abc

运行后会出现如图 4-1 所示的信息,其中显示了函数 abc 和变量 abcd 的值,函数 abc 的数值前有(function)函数名这样的提示,便于大家了解哪些是函数,哪些是变量。

FISH 函数可以保存为文本文件,后缀一般为 .txt 或 .fis。

4.2 代码的编写规范

代码规范在程序编写中起着非常重要的作用,严格的代码规范能够提供代码的可读性、可维护性和可重用性。为了编写高质量的 FISH 函数,必须从一开始就注意养成良好的编程习惯。

4.2.1 命名规则与代码书写

为了方便代码编写和增强代码的可读性,给代码中的对象按照一定的规则命名是非常必要的,良好的代码书写格式也能让代码阅读起来更加清晰。

- 在选择 FISH 变量和函数的名称的时候有很大的灵活性。下划线(_)也可以包含在名字中,名字必须以一个非数字开始,不能包含任何算术运算符,并且不能和内置或已经保存的名字相同,不能包含 FISH 语句的关键字。
- FISH 是大小写不敏感语言,它不区分大小写字母,所有的字符一律默认为小写。
- FISH 重视空格键,用它来区分变量名、关键词等,而且不允许在变量和函数名中使用空格键。另外,通过使用空格键的方式可以提高程序的可读性。
- 代码行用语句(statements)开始,比如,DEFINE、IF、LOOP 等。
- 命令行含有多个用户自定义函数时,函数名以空格相隔,如:

fun_1 fun_2 fun_3

以上名字和用户自定义的函数名一致,函数即可按照顺序执行。FISH 代码中函数名不用提前定义,只用在执行前定义即可,因此,函数可以提前声明。

- 命令行由赋值语句组成，将"＝"右边的符号赋给左边的变量或函数名。
- 在 FISH 函数中给出 FLAC 命令可以通过 COMMAND−END COMMAND 命令嵌入。

从一个 FISH 函数中调用 FLAC 命令有两个原因：一是可以用 FISH 函数去执行预定义变量不可能完成的操作；另一个是可以用 FISH 函数控制整个 FLAC 运行过程。

- 代码行可以是空行或者以分号";"开头的行，但是分号后面的代码将不被执行。

分号很多时候用来表示程序注释，对于单行注释，可以在代码末尾用分号";"引导注释内容；对于整块注释，可以用分号";"开头在块前设置注释行。分号后面的任何内容都会被 FISH 编辑器忽略，但它们会反映在 log 文件中。对程序进行注释是一种良好的程序设计习惯，它能够增强程序的可读性，便于程序的编辑、调试和维护。

- FISH 中的变量名、函数名以及语句都必须拼写完整，而不能像 FLAC 命令一样缩写、简写，也不能省略语句中的逗号、括号等标点符号。而且，代码行不能续行，可以通过增加中间变量将复杂的表达式简化，也可以在行后加"&"进行断开，从而接长句。
- 代码书写中只要遵循语句书写规则就可以编写出能够运行的代码，但是为了方便程序的阅读，应该采用缩进编排格式。
- 在变量较多时，最好将同一类变量的变量名采用相同的开头字母。因为变量是按照字母顺序排列的，所以采用相同的开头字母会让相应的变量排列在一起，有利于进行数据检查。

4.2.2 查错方法

主要采用 PRINT fish 命令对编写的 FISH 函数进行信息输出，查看变量的赋值是否合理，主要检查值为 0 的函数和变量。因为 FISH 函数中一般定义的变量都有实际的意义，输出为 0 的变量很有可能是与保留字相冲突的变量（如 a 就是 apply 的保留字），或者由于编写笔误产生的变量（如数字 0 与字母 o）。

4.3 变量与函数

4.3.1 变量与函数名

变量是指在程序运行时其值可以被改变的量。变量用来保存程序中的临时数据，对数据的操作是通过变量名来进行的。

除了自定义变量外，FISH 中有许多内置变量可满足用户的调用。这些内置变量可以被分为几类，其中一类是标量变量，只有单一数据，例如：

clock	在一秒的百分之一处计时
unbal	最大不平衡力
xgrav	x 方向的重力
pi	π
step	当前的步数

urand   在 0.0 和 1.0 之间随机的均匀分布数据

变量名和函数名不能以数字和下列字符开始：. ，* / + - = < > # ( ) [ ] @ ; ' "

尽管理论上用户可以定义任意长度的名称，但因为代码行长度受到限制，因此程序会自动减掉多余的字符。另外，用户定义的名称不能与 FISH 语言和 FLAC 程序保留字相同，而且即使程序中存在与保留字相冲突，FLAC3D 也不会提供任何提示，所以当运算不正确时，可以首先考虑是否与变量或函数名有关。基于此，在编写 FISH 函数时，应该要尽量使用较长的、复杂的变量和函数名，以避免犯错。FLAC3D 和 FISH 的保留字非常多，具体见本书附录 A。

4.3.2 函数的创建

函数是一个具有数据类型和返回值的过程，并且函数是 FISH 语言能执行的唯一对象。函数随 DEFINE 语句开始，以 END 语句结束。在函数执行完毕后，END 语句将会返回给调用者。值得注意的是，EXIT 语句也有将控制权返回给调用语句的作用。函数的建立和使用见例 4-2。

例 4-2 函数的建立

```
new
define xxx
    aa = 2 * 3
    xxx = aa + bb
end
```

函数运行完毕后，xxx 的值发生变化。变量 aa 的值由函数局部运算得到，而变量 bb 的数值代入对 xxx 求解。如果变量值没有明确地赋值，则默认为零（整数）。另外，不需要按照名字为函数的各个变量赋值。

4.3.3 函数的调用

函数是 FISH 执行的唯一对象，它没有自变量，只能在调用的时候通过提前设置变量的值来传递变量。可以采用下面的方式来调用函数 xxx：

- 作为单一词汇 xxx 出现在 FISH 代码行中；
- 以变量名 xxx 的形式出现在 FISH 函数的公式中，例如：new_var = (sqrt (xxx) /5.6)^4；
- 作为单一词汇 @xxx 在 FLAC3D 命令行中；
- 在代码输入行中，作为替换对象；
- 作为 SET、LIST 或 HISTORY 等命令的参数。

在函数本身被定义之前可以在另一个函数中被提及，FISH 编译器会在函数第一次被提及的位置做记号，当函数用 DEFINE 命令被定义后再将它们与函数联系起来。函数可以被删除或者重新定义。

函数可以嵌套到任意层次，也就是说，函数可以引用另外的函数，另外的函数又可以引用其他的函数，可以一直循环。但是不允许递归函数调用，函数的执行一定不能调用相同的函数。例子 4-3 介绍了一个递归函数的调用，因为定义的函数 stress_sum 尝试调用自身，而这是不允许的，因此，例 4-3 在执行时会产生错误。

例 4-3 函数的递归调用

```
generate zone brick size 1 1 1
define stress_sum
   stress_sum = 0.0
   local pnt = zone_head
   loop while pnt # null
     stress_sum = stress_sum + z_sxx(pnt)
     pnt = z_next(pnt)
   end_loop
end
@stress_sum
```

该函数的正确代码编写如例 4-4。

例 4-4 改变递归位置的新程序

```
generate zone brick size 1 1 1
define stress_sum
   local sum = 0.0
   local pnt = zone_head
   loop while pnt # null
     sum = sum + z_sxx(pnt)
     pnt = z_next(pnt)
   end_loop
   stress_sum = sum
end
@stress_sum
```

4.3.4 函数的删除和重定义

可以删除或者重新定义 FISH 函数。当新的 DEFINE 起始代码行的名字和一个已有的函数重名时，旧的函数的代码被删除，并且伴随着有警告提示信息的输出，从而新的代码取代了旧的函数定义代码。需要注意以下事项：

- 当函数重新定义后，函数中原有的变量依然存在，除非删除原有的代码。因为变量是全局的，因此就如同在其他位置使用它们一样。
- 当旧函数被新函数替换后，所有对旧函数的调用会自动由新函数替代，这也包括 fishcall。值得注意的是，如果参数的量发生了变化，这将会导致运行的错误。

4.3.5 变量与函数的区别及适用范围

函数和变量之间的区别是：一旦函数被引用就总是会执行，变量仅仅只传递当前值，然而，函数的运行会产生其他的变量值。这一作用很有效，比如当需要很多 FISH 变量的历史值时，只要用到一个函数就可以得到多个数值。见例 4-5。

例 4-5　变量的计算

```
new
define h_var_1
  local zi = z_near(1,1,1)
  h_var_1 = z_sxx(zi)
  h_var_2 = z_syy(zi)
  h_var_3 = z_szz(zi)
end
```

请求输出历史的 FLAC3D 命令是：

hist add fish h_var_1
hist add fish h_var_2
hist add fish h_var_3

函数 h_var_1 会按照 FLAC3D 的历史逻辑每几步运行一次。同时，变量 h_var_2 和 h_var_3 也会被计算，并作为历史变量使用。

与 BASIC 语言一样，变量和函数一旦定义，那么它们在整个程序中都会有效。只要是正确的 FISH 函数行中提到的变量和函数名，就能在所有 FISH 代码和 FLAC 命令中有效；而且，在执行命令 LIST fish 后，这些名称也都能在变量名清单中出现。如果关键字 local 被用来声明变量，那么这个变量被认为是函数的局部变量，它将不能用于该函数之外的地方。在函数里，局部变量取代全局变量。如果使用 SET fish autocreate off，全局变量将会通过关键字 global 表现。基于此，可以通过其他的 FISH 函数或 FLAC 命令为 FISH 函数中的变量赋值，并予以保留，直到发生改变。变量值可以通过 SAVE 命令存储，RESTORE 命令恢复。

4.4　数据类型

4.4.1　基本类型

FISH 变量和函数的数据类型被划分为六种：整数型、浮点型、字符型、指针型、2D 向量、3D 向量。

整数型：用于保存整数，是精确的数据，没有小数点，但有一定的范围。范围大小为 $-2147483648 \sim +2147483647$。

浮点型：用于保存浮点数，精确到小数点后 14 位，但是范围更大。大约为 $10^{-308} \sim 10^{308}$。

字符型：用于存放字符串，字符包括所有 ASCII 字符和汉字字符。字符型数据用单引号（''）表示，常用于保存时文件名的定义。可以由任意的字符组成、任意长度、任意空格，但在输出时会减掉多余字符。例如 'have a nice day'、'123'、'Fish' 等。

指针型：类似于指针变量，常用于表示单元或节点的存储地址，并解决 FLAC3D 的内部变量。除了空指针，根据指针所指的对象，它们有相关联的类型匹配。

2D 或 3D 向量：表示浮点型的 2D 或 3D 向量。

例 4-6 变量类型

```
new
def haveone
  aa = 2
  bb = 3.4
  cc = 'Have a nice day'
  dd = aa * bb
  ee = cc + ', old chap'
ff = vector(1,2,3)
end
@haveone
list fish
```

屏幕上的结果显示为：

Name   Value
 aa   2（integer）
 bb   3.400000000000000e+00（real）
 cc   'have a nice day'（string）
 dd   6.800000000000000e+00（real）
 ee   'have a nice day,old chap'（string）
 ff   （1.000000000000000e+00, 2.000000000000000e+00, 3.000000000000000e+00）（vector3）
（function） haveone 0（integer）

根据它们被赋的值，变量 aa、bb、cc 分别可以转换为整数型、浮点型和字符型。另外，三种不同类型变量之间的转换规律是不同的，如例 4-6 中 dd 变成了一个浮点小数，因为它是浮点小数和整数共同运算的结果；变量 ee 是字符串，因为它是两个字符串的求和。

用不同类型的表达式，可以动态地改变 FISH 中变量的数据类型，这种改变取决于所设置的变量类型，例如：

var1 = var2

如果 var1 和 var2 是不同的数据类型，那么赋值的结果是：第一，var1 原有数据类型被替换成了 var2 的数据类型；第二，var2 的数值转移给 var1。在其他程序语言如 FORTRAN 或者 C 中，变量 var1 的数据改变了，但数据类型不变。

FISH 语言默认的变量数据类型是整数型。如执行 var = 3.4 后，var 变量的值为 3.4，同时，其类型也由整数型变成了浮点型。所有变量的当前数据类型也可以由 FLAC 命令 list fish 决定，只是该数据为输出后的数据类型。

FISH 的动态数据类型机制是为使非专业程序设计师编程更简单而设计的，在其他语言例如 BASIC 中，数字以浮点形式存储，当需要用到整数型数据（如用于循环计数）时会比较麻烦。在 FISH 中，变量数据类型随使用的语境自动调整。例如：

n = n + 2
xx = xx + 3.5

变量 n 为整数型数据，且每运行一次增加 2；变量 xx 为浮点型数据，每次运行增加 3.5。也就是说，变量类型由赋值语句右边的对象决定。这一规定既适用于 FISH 语句又与 FLAC 中用 SET 命令赋值的法则相同。FISH 和 FLAC 命令均可依据指定数值用于改变变量的数据类型，其法则如下：

- 为变量被赋给整数（仅由 0～9 的数字组成）时，则变量为整数型数据。例如：var1 = 334。
- 当变量被赋给含有小数点的数据，或者以 'e' 或 'E' 为底的指数时，则变量为浮点型数据。例如：var1 = 3e5；var2 = −1.2。
- 当变量被赋给以单引号表示的一段字符时，则变量为字符型数据，它的值就是单引号内的字符串。例如：var1 = 'have a nice day'。

预定义变量或函数也可以进行类型转换，有必要的话也可以对变量或函数的类型进行预定义，即用 FISH 语句 INT、FLOAT、STRING 就可以将相关变量初始化为指定类型。正常情况下，没有必要进行变量的类型预定义，除非用于本构模型中的变量，预定义可以使得计算结果更加理想化。

4.4.2 运算符和类型转换

在 FISH 语言中，算术运算遵循大部分语言的惯例，符号 ^、/、*、−、+ 分别表示求幂、除法、乘法、减法和加法运算，使用时按照数学里面的优先顺序计算。另外，可以通过圆括号来改变计算固有的优先顺序，圆括号内表达式的计算先于括号外的任何运算，最内层的括号最先计算。例如：

xx = 6/3□4^3+5

表达式等价于：

xx = ((6/3)□(4^3))+5

如果对于所使用的运算符运算顺序有疑问，应该加上圆括号使计算清楚明了。

关系运算符用于比较两个相同类型的操作数的大小。返回值为 True 和 False。FISH 中提供的关系运算符共六种：=（等于）、♯（不等于）、>(大于)、<(小于)、>=(大于等于)、<=(小于等于)。

在运算过程中，如果两个对象中有一个是浮点型数据，则运算的结果是浮点型；如果两个对象均为整数型数据，则运算的结果是整数型。另外，两个整数相除会导致数据的截断误差。例如：5/2 的结果是 2，5/6 的结果就是 0。但是如果将 5 写成 5.0，变为 5.0/2，这时的结果就将是 2.5。因此，进行两个对象的除法计算时，可以将其中一个对象设置为浮点型，这样得到的结果会更准确。

4.4.3 字符串

FISH 语言中有 12 个固有函数来操作字符串。分别为：buildstr(str, any,...)、char(str, i)、float(var)、in(var)、input(var)、int(var)、out(var)、parse(str, i)、pre_parse(str, i)、string(var)、strlen(str)、substr(str, istart, ? ilen?)。

这些函数主要用来进行交互式的输入输出，例 4-7 演示了为用户提供杨氏模量和泊松比的输入参数。

例 4-7 交互式输入实现

```
new
define in_def(msg,default)
  local xx = in(buildstr('&1 (default:&2):',msg,default))
  if type(xx) = 3
    in_def = default
  else
    in_def = xx
  end_if
end
define moduli_data
  local default = 1.0e9
  local y_mod = in_def('Input Young\'s modulus',1.0e9)
  local p_ratio = in_def('Input Poisson\'s ratio',0.25)
  if p_ratio = 0.5 then
    local ii = out('Bulk mod is undefined at Poisson\'s ratio = 0.5')
    ii = out('Select a different value --')
    p_ratio = in_def('Input Poisson\'s ratio',0.25)
  end_if
;
  global s_mod = y_mod / (2.0 * (1.0 + p_ratio))
  global b_mod = y_mod / (3.0 * (1.0 - 2.0 * p_ratio))
end
@moduli_data
;
generate zone brick size 10 10 10
model mechanical elastic
property bulk = @b_mod shear = @s_mod
list zone prop bulk
list zone prop shear
```

对字符串唯一有效的运算操作是加法，如例 4-7 所示，相加的结果是两个字符串相连。

FISH 中用来描述字符串特性的操作符主要有 7 个，表 4-1 所示为这 7 种操作符的功能。

字符串操作符　　　　　　　　　　　　　表 4-1

操作符	功能
\'	place single quote in string（在字符串中放置单引号）
\"	place double quote in string（在字符串中放置双引号）
\\	place backslash in string（在字符串中放置反斜线符号）
\b	Backspace（退后一格）

续表

操作符	功能
\t	tab
\r	carriage return（回车）
\n	CR/LF

当字符串变量中含有一个数字时，必须使用固有函数 string（）（例 4-7 中的变量 xx）。同时，使用固有函数 type（）能区分不同的数据类型。

4.4.4 指针

指针可能并没有指向一个确定的对象，或者是个空指针。如果对象被删除或者更改，指针指向的对象所表示的 FISH 字符将会都指向空指针 null。对于空指针的值，可以采用内置变量 NULL 来查看。

FISH 指针对象是被类型化的，其中类型提供了固有函数 pointer_type（）。函数 pointer_type（）返回给一个字符串，字符串定义了指向对象的指针。部分可用类型的列表如表 4-2 所示。

指针类型列表　　　　　　　　　　　　　　表 4-2

名称	对 象 指 向
null	null pointer（空指针）
memitem	pointer to block of allocated FISH memory（FISH 内存分配块指针）
array	array of FISH parameters（FISH 参数数组）
range	stored named range（储存指定范围）
table	table of values（值表）

另外，指针唯一能使用的算术运算符是"＋"，而且"＋"只能被用于 memitem 指针。

4.4.5 向量

FISH 提供了 6 个通用函数以协助向量的创建和处理，这些函数分别如下所示：

vector（flt，flt）

vector（flt，flt，flt）　　　　从 2 或 3 浮点类型的参数返回到 2D 或 3D 向量。

xcomp（vec）⎫
ycomp（vec）⎬　返回 X、Y、Z 方向的向量。如果参数是一个 2D 向量，zcomp（）将会返回 0。值得注意的是，这些功
zcomp（vec）⎭　能目前只读，但不能用于设置一个方向的向量。

cross（vec，vec）　　回两个向量的叉积。如果使用的是一个 2D 向量，那么返回的是浮点值；如果使用的是一个 3D 向量，返回的则是向量。

vectors dot（vec，vec）　两个向量的点积为浮点值。

两个向量类型之间的运算允许一些算术操作符如：/，*，＋，－，其中每一步操作都在组件到组件的基础上。例如，v1 * v2 返回值是向量（v1.x * v2.x，v1.y * v2.y，v1.z * .v2z）。操作符"*"可以用于向量和数字（整数型或者浮点型）之间。操作符

"/"也可以用于向量和数字之间,但是数字必须在其右侧,即作为分母。

4.5 控制语句

在 FISH 函数编写中,常用到的除了函数定义的语句外,还包括选择语句、条件语句、循环语句、命令语句等。这些语句的构成都与函数定义语句类似,都以 DEFINE 开头,以 END 相关命令结束。

4.5.1 选择语句

选择语句的作用是根据表达式的值,分别执行不同的 FISH 语句,相当于 C 语言中的 switch 开关语句。选择语句的基本结构是:

```
caseof expr
;................默认情况下的语句
case i1
;................表达式为 i1 时的语句
case i2
;................表达式为 i2 时的语句
case i3
;................表达式为 i3 时的语句
endcase
```

case i 语句可以有无数个,可以自己添加。

4.5.2 条件语句

条件语句主要根据表达式的不同值来进行不同的操作,其基本结构是:

```
IF expr1 test expr2 THEN
ELSE IF expr1 test expr2 THEN
ELSE
ENDIF
```

这些声明允许有条件地执行 FISH 函数段,ELSE 和 THEN 是可以选择的,test 命令是由后面的符号或者符号对组成:=、♯、>、<、>=、<=。expr1 和 expr2 命令条是任何有效的表达式或单个变量。如果条件为真,那么跟在 IF 后面的语句将会立刻执行,直到 ELSE 或者 END IF 出现。当条件为假时,如果 ELSE 命令存在,执行在 ELSE 和 ENDIF 之间的语句,否则,程序跳到 ENDIF 后面的第一行。

例 4-8 执行 IF ELSE ENDIF 命令

```
new
define abc
   if xx > 0 then
     abc = 33
   else
```

```
    abc = 11
  end_if
end
set @xx = 1
list @abc
set @xx = -1
list @abc
```

条件语句常用于描述分段函数，例如上例就建立了函数 abc 的表达式，其中，abc 是变量 xx 的函数：

$$abc = \begin{cases} 11 & xx<0 \\ 33 & xx \geq 0 \end{cases}$$

4.5.3 循环语句

循环语句有三种形式，分别针对变量的数值及条件表达式。如下所示：

```
LOOP var (expr1, expr2)
ENDLOOP
```

其中变量 var 表示循环变量（LOOP），expr1 和 expr2 代表公式或者单个变量，变量 var 的数值变化范围为 expr1 和 expr2 之间。执行循环时，首先将 var 赋值为 expr1，每循环一次，var 的数值增加 1，直到超过 expr2 的值，循环结束。所以数值上 expr1 应该比 expr2 要小，否则该循环只执行一次。

另两种形式分别为：

```
LOOP WHILE expr1 test expr2
ENDLOOP
```

或

```
LOOP FOREACH var expr1
ENDLOOP
```

下面给出一个简单的例子。

例 4-9 FISH 中的可控循环

```
new
define xxx
  sum = 0
  prod = 1
  loop n (1,10)
    sum = sum + n
    prod = prod * n
  end_loop
end
@xxx
list @sum, @prod
```

在本例中，循环变量 n 从 1 依次增加到 10，对于每一个 n 的值，循环里的语句（LOOP 和 ENDLOOP 之间的语句）都执行一次计算。另外，循环变量的上下限 1 和 10 也可以由 FISH 变量或表达式代替。

下面来看一个 LOOP 结构的实际应用——在 FLAC 网格中设置弹性模量非线性初始分布。假设在式（4-1）中给出了弹性模量：

$$E = E_0 + c\sqrt{z} \tag{4-1}$$

式中　z——表面以下的深度；

c、E_0——常数。

编写一个 FISH 函数来设置合适的体积模量和剪切模量的值。

例 4-10　应用模量的非线性初始分布

```
new
generate zone brick p0 (0,0,0) p1 (-10,0,0) p2 (0,10,0) p3 (0,0,-10)
model mechanical elas
define install
  pnt = zone_head
  loop while pnt # null
   z_depth = -z_zcen(pnt)
   y_mod = y_zero + cc * sqrt(z_depth)
   z_prop(pnt,'young') = y_mod
   pnt = z_next(pnt)
  end_loop
end
set @y_zero = 1e7 @cc = 1e8
@install
property poiss 0.25
plot bcontour property propname young
```

在函数 install 中，从 FOREACH 开始，LOOP 扫描所有的网格。LOOP 循环变量将 pnt 赋值到 z_list 里的每个单元里去，并返回到模型列表中的所有单元。在循环中，每一个单元的中心坐标 Z 值被用来计算杨氏模量和体积模量。其中，变量 z_zcen（pnt）和 z_prop（pnt,'young'）是单元变量。

4.5.4　其他结构控制语句

1. COMMAND…END COMMAND 语句

在上面的例子中，FISH 函数通过 LIST 或者在 FLAC 命令行中定义函数调用出来，反过来也可以在 FISH 函数中调用 FLAC 命令，大多数的 FLAC 命令都能嵌入下面两个 FISH 语句中：

```
COMMAND
ENDCOMMAND
```

从一个 FISH 函数中调用 FLAC 命令有两个主要原因：第一，使得使用 FISH 函数来执行一些操作成为可能，这些操作通过之前提到的定义的变量不可能实现；第二，可以用 FISH 函数控制整个 FLAC 运行。

如例 4-11 所示，编写一个 FISH 函数来连接一定数量的锚杆单元到一个弹性材料的表面。当需要很多锚杆单元时，对于不同的网格数据，输入许多单独的 SEL cable 命令相当烦琐。然而，通过 FISH，可以在 LOOP 中发出 COMMAND 命令，每一次自动调整网格的索引。

例 4-11 锚杆单元的自动设置

```
new
generate zone brick size 10 3 5
define place_cables
  loop n (1,5)
    z_d = float(n) - 0.5
    command
      sel cable beg (0.0,1.5,@z_d) end (7.0,1.5,@z_d) nseg 7
    end_command
  end_loop
end
@place_cables
plot add zone trans 75
plot add sel geom
```

2. EXIT 语句

EXIT 语句用于无条件地跳出该执行的函数，方便了程序的设计。

3. EXIT SECTION 语句

该语句使程序无条件地跳转到相应的 SECTION 结束处。

4. SECTION…END SECTION 语句

FISH 语言没有"GO TO"命令，END SECTION 语句作为一个标签，类似于 C 和 FORTRAN 语言中的 GO TO 语句，SECTION 允许程序以某种可控制的方式跳转。SECTION…END SECTION 可以包含任意行的 FISH 代码，且不影响代码的运行；然而，在代码段内的 EXIT SECTION 命令将使程序直接跳到代码段的结束位置，任意数量的跳转都可以嵌入进去。

SECTION 语句可以很方便地跳转到其他语句行，但会给程序的结构化设计带来一定的麻烦。如果在大型复杂的程序中频繁地使用该语句，程序有可能会崩溃。因此，应该尽可能用其他结构来替代以保证程序运行的稳定性。

4.6 FISH 与 FLAC3D 的联系

4.6.1 被 FLAC3D 修改

能直接修改 FISH 变量或实体的 FLAC3D 的命令如下：

HISTORY add fish *var* 在步进的过程中会产生 FISH 变量或函数的历史。如果 var 是一个函数，那么它将会评估每一次储存的历史，储存的历史由 HISTORY command 控制；而且，没有必要用 fishcall 注册函数。如果 var 是一个 FISH 变量，那么将会采取它的当前值。因此，当使用变量而不是函数的历史时应该小心谨慎。历史可以以常规的方法绘制。

LIST fish 输出一系列的 FISH 符号，符号要么是它们当前的值，要么是指标的类型。

LIST fish call 输出当前 fishcall 的 ID 号和 FISH 函数之间的联系。

SET fish call *n name*

SET fish remove *n name* FISH 函数 name 在 FLAC3D 中将会被来自 fishcall 的 ID 号 n 的值的位置调用，一般的识别码 ID 号如 4.6.5 节中的表 4-3 所示。当放置在 FISH 函数 name 前时，关键字 remove 将会使 FISH 函数从列表中移出。

SET @*var value* 设置 FISH 变量 var 为给定的值 value，给定的值 value 也决定了 var 的类型。值得注意的是，value 可能本身就是 FISH 变量或函数名，在这种情况下，它的值和类型都转移给 var。

4.6.2 FISH 函数的执行

一般情况下，FLAC3D 和 FISH 是分开作为独立的实体运行的，FISH 语句不能作为 FLAC3D 命令使用，FLAC3D 命令也不能直接作为 FISH 语句使用。但是，有很多种方法可以让它们相互作用相互影响，下面介绍一些最常见的方法：

● 直接使用 FISH 函数。当用户在输入行输入函数名后，相应的 FISH 函数便会执行。一些典型的用途是生成几何形状，设置特定的材料属性，或者以某种方式初始化压力。

● 作为一个 HISTORY 变量。当用作 HISTORY 命令的参数时，只要 HISTORY 被储存，FISH 函数都将在整个运行阶段定期执行。

● 在 FLAC3D 迭代中自动执行。如果 FISH 函数应用了广义的 fishcall，那么在 FLAC3D 计算循环的每一步或者特定的情况下（见 4.7.5 节），FISH 函数都会自动执行。

● 使用函数来控制 FLAC3D 的运行。因为 FISH 函数可能通过 COMMAND 声明发出 FLAC3D 命令，因此，类似于对一个数据文件的控制，FISH 函数可以用来驱动 FLAC3D。而且，因为参数命令可以通过命令改变，因此使用 FISH 函数来控制会更强大，更方便。

在 FLAC3D 里执行 FISH 函数的主要方式是输入 FISH 函数名，因此，FISH 函数名就像 FLAC3D 里的常规命令。

在 FISH 和 FLAC3D 之间还有另一种很重要的联系：在 FLAC3D 命令中，FISH 变量或者函数名可以在任何地方取代任何一个数字、字符串或者矢量。这是一个十分强大的功能，因为数据文件可以通过 FISH 变量或者函数名而不是实际的数字来设置。

通过例 4-12 可以看到一个独立几何问题的数据文件是如何构建的。

例 4-12 FISH 函数的处理能力

```
;... function definition...
define make_hole
```

```
    global x_bou = 400.0
    global y_bou = 200.0
    global z_bou = 200.0
    global rad = 20.0
    global n_inner
    global n_total
    global n_1 = n_inner
    global n_2 = n_total
    global n_3 = 2 * n_inner
    global n_4 = n_total - n_inner
end
; FLAC3D input - - - set @n_inner = 5 @n_total = 10
@make_hole
; create grid
generate zone radcylinder size @n_1,@n_2,@n_3,@n_4...
    p0 (0,0,0) p1 (@x_bou,0,0) p2 (0,@y_bou,0) p3 (0,0,@z_bou)...
    dim ((@rad,@rad,@rad,@rad)
```

上例可以看出：在命令行中输入名字 make_hole 就可以调用该函数；在 set 命令之前，控制函数的参数就已经给出；在 FLAC3D 的输入中，没有明显的数值（它们全被符号代替了）。

4.6.3 执行 FISH 中的命令

使用 FISH 函数的另一个很重要的方法是控制 FLAC3D 的运行或其一系列操作。在 FISH 函数中，FLAC3D 命令置于 COMMAND...ENDCOMMAND 区域之间，整个区域可能在一个循环之内，而且参数可以传到 FLAC3D 中。例 4-13 说明了这种方法。

例 4-13 控制一系列 FLAC3D 的运行

```
new
define series
    global new_fric = 85.0
    global step_lim = 1000
    global inc_fric
    local ipt = gp_near(1,5,1)
    local n
    loop n (1,8)
        command
            prop fric = @new_fric
            ini stress 0,0,0,0,0,0
            ini vel (0,0,0)
            ini disp (0,0,0)
            list @new_fric
            set mech step @step_lim force 50
```

```
    solve step 1000 force 50
  endcommand
  xtable(1,n) = new_fric
  ytable(1,n) = log(abs(gp_ydisp(ipt)))
  new_fric = new_fric - inc_fric
 end_loop
end
generate zone brick size 3 5 3
model mechanical mohr
property bulk 1e8 shear .3e8 coh 1e4 ten 1e4 dens 2500
fix y range y -0.1 0.1
set grav (0,-10,0)
set @inc_fric = 5
@series
plot table 1 style both
```

在每一步运行，也就是上例中的循环执行时，所有模型变量都会重置，摩擦角都会重新定义。

4.6.4 错误处理

FLAC3D 里面有内置的错误处理措施，当一些程序发现错误时，可以调用这些错误处理措施。无论错误在哪里发生，都有方案以有序的方式返回给用户来处理。相同的逻辑可能由用户编写的 FISH 函数（通过使用 FISH 固有的 error）访问。如果 FISH 函数分配一个字符串给 error，那么 FLAC3D 的错误处理措施会立刻被调用，包含分配给 error 的字符串信息也会输出。另外，一旦设置了 error，步进和 FISH 处理就会立刻停止。

错误处理机制也可以用在不包含错误的时候，比如，当检测到某种特定条件时，步进就有可能会停止。例 4-14 说明了当不平衡力小于设置值，FLAC3D 的运行将会停止，而且，在这个例子中，step 的测试是必要的，因为在步进开始时，不平衡力为零。

例 4-14 使用错误处理来控制运行

```
new
;
define unbal_met
  while_stepping
  local ii = out('unbal = '+string(unbal))
  if unbal < 500.0 then
    if step > 5 then
      error = 'Unbalanced force is now: ' + string(unbal)
    end_if
  end_if
end
;
generate zone brick size 4 4 4 edge 2
```

```
fix z range z 0.0
model mech elastic
property dens 2000 bulk 2e8 shear 1e8
set gravity (0,0,-10)
solve
```

4.6.5 FISH 调用

FISH 函数可以在 FLAC3D 程序的很多位置被调用，命令的形式如下：

SET　　fish call *n name*
SET　　fish remove *n name*

命令 fish call 使得 FISH 函数 name 被调用，该被调用程序放置的位置由识别码 ID 值 n 决定。通常表 4-3 所示识别码均为系统分派，数值指示了对应 fishcall 在程序中放置的位置。值得注意的是，识别码均指示特定的计算循环分量。当调用 FISH 函数时就会体现该过程。例如，当 ID=1 时，函数会在应力计算前被调用，而 ID=4 时，会在之后调用。

Fish 识别码 ID 号分布　　表 4-3

循环存放位置	CONFIG 模式
初始化	
大应变几何体中的更新 fishcall 1	所有模式
主计算循环开始（在增加循环计数之后）fishcall 2	所有模式
计算时间步 fishcall 0	所有模式
开始力学计算 fishcall 3	仅 mechanical 模式
调用本构模型	仅 mechanical 模式
计算节点力 fishcall 4	仅 mechanical 模式
运动计算 fishcall 5	仅 mechanical 模式
速度传递给伺服系统 fishcall 6	仅 mechanical 模式
速度传递给伺服系统 fishcall 7	仅 thermal 模式
热应力计算 fishcall 8	仅 thermal 模式（如果热模式活跃）
热应力计算 fishcall 9	仅 fluid-flow 模式
地下水流计算 fishcall 10	仅 fluid-flow 模式（如果流力模式活跃）
整个应力更新 fishcall 12	仅 fluid-flow 模式（如果流力模式活跃）
整个应力更新 fishcall13	所有模式
主循环结束	

例 4-15 介绍了 fishcall 的使用，测试了大应变模式下的应力计算，应力分量 σ_{xx} 和 σ_{yy} 在循环旋转 30°后返回给初始值。从这个例子可以看出，对于 FLAC3D 来说，在每个周期进行几何更新十分地有必要，因此，有命令 SET geom_rep=1。

例 4-15　fishcall 的使用

```
;--- test of stress rotation ---
new
```

```
call fishcall.fis suppress
generate zone brick size 1 1 1
model mechanical elastic
property shear 300 bulk 300
define ini_coord(xc,zc)
   local pnt = gp_head
   loop while pnt # null
      gp_extra(pnt,1) = sqrt((gp_xpos(pnt) - xc)^2 + (gp_zpos(pnt) - zc)^2)
      gp_extra(pnt,2) = atan2((gp_xpos(pnt) - xc),(zc - gp_zpos(pnt)))
      pnt = gp_next(pnt)
   endloop
   global xcen = xc
   global zcen = zc
end
@ini_coord(0,0)
define rotation ; rotate about y-axis
   global tt
   global delta_t
   global freq
   global amplitude
   tt = tt + delta_t
   global theta = 0.5 * amplitude * (1.0 - cos(2*pi*freq*tt))
   local pnt = gp_head
   loop while pnt # null
      local length = gp_extra(pnt,1)
      local angle = gp_extra(pnt,2)
      local xt = xcen + length * sin(angle + theta * degrad)
      local zt = zcen - length * cos(angle + theta * degrad)
      gp_xvel(pnt) = xt - gp_xpos(pnt)
      gp_zvel(pnt) = zt - gp_zpos(pnt)
      pnt = gp_next(pnt)
   endloop
end
set fish call @FC_XSTRESS @rotation ;... just before MOTION
fix x y z
initial sxx 1
set @freq=1 @delta_t=1e-3 @amplitude=30
set large
history nstep 2
history add fish tt
history add fish theta
history add zone sxx (1,1,1)
history add zone syy (1,1,1)
```

```
history add zone szz (1,1,1)
set geom_rep = 1
plot create plot Zones
plot add zone
plot add velocity arrowhead on colorbymag on point size 0
plot add axes
plot set center (0.25,0.5,0.6) radius 1.1
step 1000
plot create plot History
plot add his 3 4 5 vs 1
```

4.7 应用实例

在前面的例 4-11 中，已经说明了锚杆自动施加的方法。现在可以将这个例子改进一下，把开挖施工过程和施加安装锚杆组合在一起。正如前面提到的，当在 FISH 函数中调用 FLAC 的命令时，需要使用 COMMAND 命令，这里便用到了 COMMAND 命令的第二个用途。在这个例子中，我们通过使用命令 FREE 和 SOLVE 来实现模型界处的五步开挖过程。在每一个开挖步结束时安装一排锚杆（每排由三根锚杆组成），然后再进行下一步的开挖计算。

例 4-16 开挖和锚杆设置

```
new
generate zone brick size 10 3 5
model mechanical mohr
property bulk 1e8 shear 0.3e8 fric 35
property coh 1e3 tens 1e3
initial dens 1000
set grav (0,0,-10)
fix x y z range z 0.0
fix y range y 0.0
fix y range y 3.0
fix x range x 0.0
fix x range x 10.0
set large
history add unbal
solve
save cab_str.f3dat
initial xdis 0 ydis 0 zdis 0
history add gp xdisp (0,1,5)
define place_cables
    loop n (1,5)
        z_d = 5.5 - float(n)
```

```
            z_t = z_d + 0.5
            z_b = z_d - 0.5
            command
                free x range x 0.0 z @z_b,@z_t
            solve
            sel cable beg (0.0,0.5,@z_d) end (7.0,0.5,@z_d) nseg 7
            sel cable beg (0.0,1.5,@z_d) end (7.0,1.5,@z_d) nseg 7
            sel cable beg (0.0,2.5,@z_d) end (7.0,2.5,@z_d) nseg 7
            sel cable prop emod 2e10 ytension 1e8 xcarea 1.0...
                       gr_k 2e10 gr_coh 1e10 gr_per 1.0
            end_command
        end_loop
end
@place_cables
save cab_end.f3dat
plot add zone trans 75
plot add sel cabblock force line width 4
```

第五章 FLAC3D中的本构模型及二次开发

5.1 理论介绍及使用指南

5.1.1 概述

当使用本构模型来描述岩土材料的力学行为时，数值模拟过程中将遇到许多问题。岩土材料的三个特点将会引起特定的问题。一是物理不稳定性。当材料失稳具有潜在应变软化特性时，将会出现物理不稳定性。当其发生时，材料的一部分将会发生加速运动，同时，储存的能量将以动能的形式释放出来。因为，当物理不稳定性出现时，将引起问题求解不能收敛，从而导致数值模拟计算出现问题。

第二个特性是非线性材料的路径相关性。在大部分岩土系统中，同时满足其平衡方程、变形协调方程及本构方程的解有无数多组。为了获取正确的计算结果，必须事先指定路径。例如，如果存在损失开挖（如爆破），那么材料惯性效应可以引起材料的附加失稳，这会影响计算结果。但是，当分步进行开挖时将不会引起上述问题。为了更准确地使用本构模型，数值模拟方法应当能适应不同的加载路径。

第三个特点是非线性应力-应变反馈。这就包含基于弹性刚度和围压存在条件下的强度包络线的非线性。同时，它还包括最终失稳后的行为，这些行为随着应力水平的变化而不断改变（如同样是张拉引起的失稳，无围压和有围压条件下的峰后特性存在差异）。数值分析方法应当能适应不同形式的非线性特性。

在岩土工程数值模拟中遇到的问题，即物理非稳定性、路径相关性及应用极度非线性本构模型，均可通过FLAC/FLAC3D提供的显式、动态求解方法得以解决。该方法允许数值分析随着岩土系统以真实行为进行演化而演化，而不需考虑数值非稳定问题。在显式、动态求解方法中，求解方程包含完全动态运动方程。通过上述方法的使用，即使物理系统不稳定（如边坡的突然垮塌），数值求解依然能获得稳定解。实际上，系统中的一些应变能被转化为动能，此后动能从源头开始向外辐射并消散。由于包含惯性项，其允许动能的产生和消散，因此显式、动态求解方式能直接模拟该过程。

相反，如果无法包含惯性项，数值模拟工具必须引入一些数值过程来处理物理非稳定性。即使这些过程可以成功避免产生数值非稳定性，但是对应的路径并不一定是真实的。数值模拟工具不应当被看做是能给出结果的黑匣子。系统的物理演化过程会影响计算结果，而显式、动态求解方式能遵守物理路径。通过引入完全动态方程，该方法能评估加载对本构反馈的影响。

同时，显式、动态求解方式也为应用极度非线性本构方程创造了有利条件，因为求解过程允许模型中每一个单元的场物理量（力/应力、速度/位移）在一个计算时步内与其他单元物理上相互独立。在此框架下，弹-塑性本构模型的应用方法将在5.1.4节和5.1.5

节中进行说明。

FLAC/FLAC3D 提供了众多本构模型，从线弹性模型至高度非线性塑性模型。基本本构方程列出如下，同时，对每个本构模型理论背景的简要讨论及测试也将一并列出。

5.1.2 FLAC/FLAC3D 中的本构模型

FLAC/FLAC3D 中共提供了 15 种力学本构模型，它们可以分为三大类：空模型组、弹性模型组及塑性模型组。

1. 空模型组

该种材料模型被用于表征材料被挖除（见 5.1.3 节）。

2. 弹性模型组

(1) 各向同性弹性模型

该模型以最简单的方式来表征材料的特性。其主要适用于均质、各向同性的连续材料，表现为线弹性应力-应变行为，在卸载时并没有出现滞后特性（见 5.1.4.1 节）。

(2) 正交各向异性弹性模型

该模型适用于材料中存在三组互相正交的弹性对称平面的情况。例如，该模型可用于模拟柱状玄武岩在低于强度极限加载条件下的力学响应（见 5.1.4.2 节）。

(3) 横观各向同性弹性模型

该模型可用于模拟层状弹性介质材料的力学行为，该层状材料特性表现为垂直于和平行于层面方向上，弹性模量存在较大差异（见 5.1.4.3 节）。

3. 塑性模型组

(1) 德拉克－普拉格模型

该模型可较好地模拟摩擦角较小的软黏土的力学行为。然而，一般情况下并不建议将该模型应用于地质材料的模拟。该模型主要用于同其他数值模拟工具进行对比分析（见 5.1.5.2 节）。

(2) 摩尔-库伦模型

该本构是一个传统模型，用以描述土体及岩体在剪切作用失稳时的力学响应。例如，Vermeer 及 de Borst (1984) 通过对砂土及混凝土进行室内试验，发现试验结果同摩尔-库伦准则非常吻合（见 5.1.5.2 节）。

(3) 遍布节理模型

该模型是一个各向异性塑性模型，可以考虑在摩尔-库伦材料集合体中存在的沿一定方向软弱结构面的作用（见 5.1.5.3 节）。

(4) 应变硬化/软化模型

该模型可用于模拟非线性材料的软化及硬化行为，通过事先指定摩尔-库伦参数（如黏聚力、摩擦角、剪胀角和抗拉强度）的变化是偏塑性应变的函数来实现模拟。

(5) 双线性应变硬化/软化遍布节理模型

该本构可用于模拟存在软弱结构面材料的软化及硬化行为，通过事先指定边部节理模型参数的变化是偏应变及抗拉塑性应变的函数。通过应用双线性选项可以考虑材料强度参数随着平均主应力的变化。

(6) 双屈服模型

该本构可用于表征除塑性屈服外受到不可逆压缩作用的材料的力学行为，例如水力回填和微粘合颗粒材料。

（7）修正剑桥黏土模型

该模型可表征材料体积变化可以显著改变材料的变形参数的特性，以及需要考虑材料的抗剪强度时材料的力学行为，如软黏土的行为。

（8）霍克-布朗模型

霍克-布朗失稳准则突出了完整岩石及岩体发生失稳时的应力条件。失稳面呈现出非线性特征，取决于最大、最小主应力间的关系。该模型引入了一个塑性流动准则，它是围压水平的函数。

（9）修正霍克-布朗模型

该模型额外提供一个前面提及的应力相关塑性流动法则。修正模型通过多个简单的流动法则选项，根据用户指定的剪胀角来确定采用何种流动法则来描述材料的峰后塑性流动特性。该模型同时包含抗拉强度极限，类似于摩尔-库伦模型中的做法。此外，使用该本构时，可以进行基于强度折减的安全系数计算。

（10）Cysoil 模型

该模型可以用于土体复杂非线性行为的模拟。具体来讲，该模型可模拟摩擦型应变硬化、应变软化、具有椭圆形体积峰值的应变硬化及弹性模量是塑性体积应变函数关系的行为，能更准确、更贴近实际地表征加卸载条件下土体的力学行为。

（11）简化的 Cysoil 模型

该模型提供一些内置的特性，包括摩擦硬化定律，该定律将双曲线模型参数作为直接输入参数，并使用两个内置的膨胀变形定律的摩尔库伦失稳包络线。

FLAC/FLAC3D 还将其他力学本构模型作为可选特性提供给用户。蠕变计算模式下，总共有八种时间相关（蠕变）材料本构。此外，在动力分析模式下，还提供了两种可考虑材料孔压的本构模型。这些模型是通过对摩尔库伦本构进行修正获取的，可模拟随着计算进行体积的变化特性以模拟材料液化特性。当然，FLAC/FLAC3D 还提供了一种修正的德拉克－普拉格本构以模拟热辐射相关的力学行为。

以上所有本构均以动态链接库（DLL）的形式提供，且它们的源代码被保存在 \pluginfiles\models 子路径下，当 FLAC/FLAC3D 启动时它们被自动加载。用户可以根据需要有针对性地修改这些本构模型源代码或通过创建新本构模型代码并编译成 DLL 文件的方式开发出自己的本构模型。

5.1.3 空模型组

空模型用于表征材料被开挖，空网格内的应力自动设置为 0，即：$\sigma_{ij}^N = 0$。空模型对应的材料在后续模拟研究中可以被设置成不同的材料模型。通过这种方式，可以模拟开挖后回填。

5.1.4 弹性模型组

该组模型的主要特点是：卸载条件下变形可以恢复；应力-应变规律是线性的且与路径无关。弹性模型包括各向同性弹性和各向异性弹性模型。其中，FLAC/FLAC3D 提供两种各向异性弹性模型：正交各向同性弹性和横观各向同性弹性模型。

5.1.4.1 各向同性弹性模型

在该本构中,已知应变增量可以通过线性、可逆虎克定律确定应力增量:

$$\Delta \sigma_{ij} = 2G\Delta \varepsilon_{ij} + \alpha_2 \Delta \varepsilon_{kk} \delta_{ij} \tag{5-1}$$

上式是以爱因斯坦标量方程(Einstein summation convention applies)的形式表示的。δ_{ij} 表示 Kroenecker 增量符号,α_2 是材料与体积模量 K 和剪切模量 G 相关的常量,其表达式如下:

$$\alpha_2 = K - \frac{2}{3}G \tag{5-2}$$

因而,新应力值可以通过以下关系式获取:

$$\sigma_{ij}^N = \sigma_{ij} + \Delta \sigma_{ij}$$

5.1.4.2 正交弹性模型

正交弹性模型共包含三组相互正交的弹性对称面。弹性主坐标轴编号为 $1'$、$2'$、$3'$,分别表示以上三组平面的法向。

在局部坐标系下,应变-应力增量关系式如下:

$$\begin{Bmatrix} \Delta \varepsilon'_{11} \\ \Delta \varepsilon'_{22} \\ \Delta \varepsilon'_{33} \\ 2\Delta \varepsilon'_{12} \\ 2\Delta \varepsilon'_{13} \\ 2\Delta \varepsilon'_{23} \end{Bmatrix} = \begin{bmatrix} \frac{1}{E_1} & -\frac{\nu_{12}}{E_2} & -\frac{\nu_{13}}{E_3} & & & \\ -\frac{\nu_{21}}{E_1} & \frac{1}{E_2} & -\frac{\nu_{23}}{E_3} & & & \\ -\frac{\nu_{31}}{E_1} & \frac{\nu_{32}}{E_2} & \frac{1}{E_3} & & & \\ & & & \frac{1}{G_{12}} & & \\ & & & & \frac{1}{G_{13}} & \\ & & & & & \frac{1}{G_{23}} \end{bmatrix} \begin{Bmatrix} \Delta \sigma'_{11} \\ \Delta \sigma'_{22} \\ \Delta \sigma'_{33} \\ \Delta \sigma'_{12} \\ \Delta \sigma'_{13} \\ \Delta \sigma'_{23} \end{Bmatrix} \tag{5-3}$$

上式中共包含九个独立弹性常量:

E_1、E_2、E_3:局部坐标系方向上的杨氏模量;

G_{23}、G_{13}、G_{12}:平行于局部坐标系平面的剪切模量;

ν_{12}、ν_{13}、ν_{23}:泊松比。其中 ν_{ij} 表示由于沿着局部坐标轴 j' 方向上张应力引起的 i' 方向的侧向收缩。

由于具有应变-应力矩阵具有对称性,因此,可得到下列关系式:

$$\frac{\nu_{21}}{E_1} = \frac{\nu_{12}}{E_2}, \frac{\nu_{31}}{E_1} = \frac{\nu_{13}}{E_3}, \frac{\nu_{32}}{E_2} = \frac{\nu_{23}}{E_3} \tag{5-4}$$

除了以上九个参数之外,用户需要提前给出 $(1', 2')$ 平面的倾向、倾角以指定局部坐标系以及 $1'$ 坐标轴与倾角矢量的旋转角度。默认状态下,这些量值均为 0。

在 FLAC/FLAC3D 中,局部刚度矩阵 $[K']$ 可以通过对式(5-1)中的对称矩阵进行转秩来获得。使用 $\Delta[\sigma']$ 和 $\Delta[\varepsilon']$ 来表征式(5-1)两端的应力矢量增量和应变矢量增量。

$$\Delta[\sigma'] = [K']\Delta[\varepsilon'] \tag{5-5}$$

在全局坐标系下,应力-应变关系式如下:

$$\Delta[\sigma] = [K]\Delta[\varepsilon] \tag{5-6}$$

在 FLAC3D 中，全局刚度矩阵 $[K]$ 通过下式转换获得：
$$[K] = [Q]^\mathrm{T}[K'][Q] \tag{5-7}$$

其中，$[Q]$ 是一个 6×6 矩阵，其同全局坐标系下局部坐标系的方向余弦有关（$[Q]$ 来自于关系式 $\sigma'_{ij} = c_{ik}\sigma_{kl}c_{jl}$，其中，$c_{ij}$ 表示局部坐标系 i 的方向余弦）。

特别地，当局部坐标系是由全局坐标系绕着 $3'$ 轴进行一正角度的旋转时，可以获取以下关系式：

$$Q = \begin{bmatrix} \cos^2\theta & \sin^2\theta & & -\sin\theta\cos\theta & & \\ \sin^2\theta & \cos^2\theta & & +\sin\theta\cos\theta & & \\ & & 1 & & & \\ 2\sin\theta\cos\theta & -2\sin\theta\cos\theta & & \cos^2\theta-\sin^2\theta & & \\ & & & & \cos\theta & -\sin\theta \\ & & & & \sin\theta & \cos\theta \end{bmatrix} \tag{5-8}$$

绕着 $1'$ 轴及 $2'$ 轴旋转矩阵可以通过置换下标的方式获取。

5.1.4.3 横观各向同性弹性模型

该本构考虑一个各向同性平面。使旋转对称轴即 $3'$ 轴沿各向同性平面的法向，该轴指示方向同时也是弹性主方向。此外，位于各向同性平面内任意两个互相垂直的方向 ($1'$, $2'$)，也是弹性主方向。基于上述认识，横观各向同性模型可以认为是正交弹性模型的特例，满足：

$$E_1 = E_2, G_{13} = G_{23}, \nu_{13} = \nu_{23}, G_{12} = \frac{E_1}{2(1+\nu_{12})} \tag{5-9}$$

上式中各物理量的含义如下：

$E=E_1=E_2$：各向同性平面的杨氏模量；
$E'=E_3$：各向同性平面法向方向上的杨氏模量；
$\nu=\nu_{12}$：泊松比，表征各向同性平面受到拉应力时该平面内的横向压缩效应；
$\nu'=\nu_{13}=\nu_{23}$：泊松比，表征各向同性平面法向方向受到拉应力时各向同性平面内的横向压缩效应；
$G=G_{12}$：各向同性平面内的剪切模量；
$G'=G_{13}=G_{23}$：垂直于各向同性平面的平面内的剪切模量。

局部坐标系下的应变-应力关系可表示为：

$$\begin{Bmatrix} \Delta\varepsilon'_{11} \\ \Delta\varepsilon'_{22} \\ \Delta\varepsilon'_{33} \\ 2\Delta\varepsilon'_{12} \\ 2\Delta\varepsilon'_{13} \\ 2\Delta\varepsilon'_{23} \end{Bmatrix} = \begin{bmatrix} \dfrac{1}{E} & -\dfrac{\nu}{E} & -\dfrac{\nu'}{E'} & & & \\ -\dfrac{\nu}{E} & \dfrac{1}{E} & -\dfrac{\nu'}{E'} & & & \\ -\dfrac{\nu'}{E'} & -\dfrac{\nu'}{E'} & \dfrac{1}{E'} & & & \\ & & & \dfrac{1}{G} & & \\ & & & & \dfrac{1}{G'} & \\ & & & & & \dfrac{1}{G'} \end{bmatrix} \begin{Bmatrix} \Delta\sigma'_{11} \\ \Delta\sigma'_{22} \\ \Delta\sigma'_{33} \\ \Delta\sigma'_{12} \\ \Delta\sigma'_{13} \\ \Delta\sigma'_{23} \end{Bmatrix} \tag{5-10}$$

本模型涉及五大独立弹性常量，即 E，E'，v，v' 和 G'。剪切模量 G 可以通过式 $G = E/2(1+v)$ 来获取。除此之外，用户需要指定各向同性平面的倾向和倾角以确定该平面。默认状态下，所有的参数值均为 0。

同时，必须指定各向异性弹性剪切模量。Lekhnitskii（1981）基于岩石的室内试验，提出了以下关系式（假定 XZ 平面为各向异性平面）：

$$G_{xy} = \frac{E_x E_y}{E_x(1+2\nu_{xy})+E_y} \tag{5-11}$$

5.1.5 塑性模型组

5.1.5.1 德拉克-普拉格模型

该模型的失稳包络线涉及包含抗拉强度截距的德拉克-普拉格强度准则。包络线上的点由剪切失稳非关联流动法则和张拉失稳流动法则确定。

1. 广义应力分量和广义应变分量

德拉克-普拉格模型定义的广义应力矢量包含两个分量（$n=2$）：剪切应力 τ，平均法向应力 σ。它们的定义的表达式如下：

$$\tau = \sqrt{\frac{1}{2}s_{ij}s_{ij}} , \sigma = \frac{\sigma_{kk}}{3} \tag{5-12}$$

上式中用到了爱因斯坦张量表达式，$[s]$ 表示偏应力张量。关联的广义应变增量矢量 $\Delta[\varepsilon]$ 的两个分量分别为：剪切应变增量 $\Delta\gamma$ 和体积应变增量 $\Delta\varepsilon$。它们的表达式如下：

$$\Delta\gamma = \sqrt{2\Delta e_{ij} \Delta e_{ij}} , \Delta\varepsilon = \Delta\varepsilon_{kk} \tag{5-13}$$

式中 $[\Delta e]$——片应变张量的增量。

2. 弹性增量定律

基于广义应力和应变增量而言，虎克定律的增量表达式如下：

$$\Delta\tau = G\Delta\gamma^e , \Delta\sigma = K\Delta\varepsilon^e \tag{5-14}$$

式中 K，G——分别表示体积模量和剪切模量。

3. 复合失稳准则及流动法则

FLAC/FLAC3D 模型中用到的失稳准则是具有抗拉截距的复合德拉克-普拉格失稳准则。定义失稳包络线 $f(\tau,\sigma)=0$ 满足如下条件：如图 5-1 所示从 A 点至 B 点，服从德拉克-普拉格失稳准则 $f^s=0$，其表达式如下：

$$f^s = \tau + q_\phi \sigma - k_\phi \tag{5-15}$$

从 B 点至 C 点，服从德拉克-普拉格失稳准则 $f^t=0$，其表达式如下：

$$f^t = \sigma - \sigma^t \tag{5-16}$$

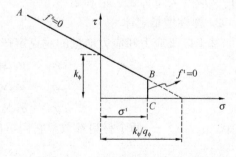

图 5-1 FLAC3D 德拉克-普拉格失稳准则

式中 q_ϕ，k_ϕ，σ^t——均为正值，表示材料参数。

σ^t——德拉克-普拉格模型的抗拉强度。

需要注意的是：对于某一种材料如果其参数 q_ϕ 不为 0，则抗拉强度的最大值可以通过下式获得：

$$\sigma_{\max}^{t} = \frac{k_{\phi}}{q_{\phi}} \tag{5-17}$$

势函数 $g(\tau,\sigma)=constant$ 由两个函数组成，即 g^s 和 g^t，分别表示剪切塑性流动和张拉塑性流动。函数 g^s 大体上符合非关联流动法则，其形式如下：

$$g^s = \tau + q_{\psi}\sigma \tag{5-18}$$

式中　q_{ψ}——当流动法则是相关联的时候，其值等于 q_{ϕ}。

函数 g^t 大体上符合关联流动法则，其形式如下：

$$g^t = \sigma \tag{5-19}$$

流动法则通过以下方式被唯一确定。函数 $h(\tau,\sigma)=0$ 表示在 (τ,σ) 平面内 $f^s=0$ 和 $f^t=0$ 间的对角线。如图 5-2 所示，根据函数的正域和负域来选择函数，其表达式如下：

$$h = \tau - \tau^P - a^P(\sigma - \sigma^t) \tag{5-20}$$

式中　τ^P, a^P——两个常数，它们的定义如下：

$$\tau^P = k_{\phi} - q_{\phi}\sigma^t, a^P = \sqrt{1+q_{\phi}^2} - q_{\phi} \tag{5-21}$$

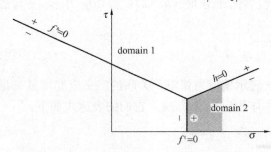

图 5-2　德拉克-普拉格模型-用于定义流动法则的域

假设一弹性点突破了复合屈服函数，在图 5-2 (τ,σ) 中表示该点位于域 1 和域 2 内，它们分别表示 $h=0$ 的正域和负域。如果应力点位于域 1 内表示该点处于剪切屈服状态，且应力点处于曲线 $f^s=0$ 上，适用于势函数 g^s 推导得到的流动法则。如果应力点落于域 2 中，表示该点处于拉伸屈服状态，新应力点满足 $f^t=0$，适用于势函数 g^t 推导得到的流动法则。

5.1.5.2　摩尔库伦模型

1. 广义应力分量和应变分量

摩尔库伦准则用三个主应力：σ_1、σ_2 和 σ_3，它们是模型的三个广义应力矢量。另外三个广义应变矢量为 ε_1、ε_2 和 ε_3。

2. 弹性增量定律

基于广义应力和应力增量的虎克定律增量表达式如下：

$$\begin{aligned}\Delta\sigma_1 &= \alpha_1\Delta\varepsilon_1^e + \alpha_2(\Delta\varepsilon_2^e + \Delta\varepsilon_3^e) \\ \Delta\sigma_2 &= \alpha_1\Delta\varepsilon_2^e + \alpha_2(\Delta\varepsilon_1^e + \Delta\varepsilon_3^e) \\ \Delta\sigma_3 &= \alpha_1\Delta\varepsilon_3^e + \alpha_2(\Delta\varepsilon_1^e + \Delta\varepsilon_2^e)\end{aligned} \tag{5-22}$$

式中　α_1, α_2——两个材料参数，它们可以用剪切模量 G 和体积模量 K 表示：

$$\alpha_1 = K + \frac{4}{3}G, \alpha_2 = K - \frac{2}{3}G \tag{5-23}$$

3. 复合失稳准则及流动法则

摩尔库伦模型中用到的失稳准则包含抗拉截距。首先需要指出的是 σ_1、σ_2 和 σ_3 存在以下关系：

$$\sigma_1 < \sigma_2 < \sigma_3 \tag{5-24}$$

则摩尔库伦强度准则可以在 (σ_1,σ_3) 平面内表示，如图 5-3 所示（压应力为负值）。

失稳包络线 $f(\sigma_1, \sigma_3)=0$ 的定义如下：

从 A 点至 B 点基于摩尔库伦失稳强度 $f^s=0$ 定义：

$$f^s = \sigma_1 - \sigma_3 N_\phi + 2c\sqrt{N_\phi} \tag{5-25}$$

从 B 点至 C 点基于拉伸失稳准则 $f^t=0$ 定义：

$$f_t = \sigma_3 - \sigma^t \tag{5-26}$$

式中 ϕ——摩擦角；

c——黏聚力；

σ^t——抗拉强度，且满足下式：

$$N_\phi = \frac{1+\sin(\phi)}{1-\sin(\phi)} \tag{5-27}$$

由于材料的抗拉强度不能超过 (σ_1, σ_3) 平面内直线 $f^s=0$ 与 $\sigma_1=\sigma_3$ 的交点对应的 σ_3。该最大值的表达式为：

$$\sigma^t_{max} = \frac{c}{\tan\phi} \tag{5-28}$$

势函数通过两个函数：g^s 和 g^t 表达，它们分别表示剪切塑性流动和张拉塑性流动。函数 g^s 符合非关联法则并有如下形式：

$$g^s = \sigma_1 - \sigma_3 N_\psi \tag{5-29}$$

上式中的 ψ 指剪胀角，同时有：

$$N_\psi = \frac{1+\sin(\psi)}{1-\sin(\psi)} \tag{5-30}$$

函数符合关联法则 g^t 并有如下形式：

$$g^t = -\sigma_3 \tag{5-31}$$

通过引入以下方法可以给出流动法则的唯一表达。函数 $h(\sigma_1, \sigma_3)=0$ 定义为 (σ_1, σ_3) 平面内 $f^s=0$ 和 $f^t=0$ 间的斜线。如图 5-4 所示，根据函数的正域和负域来选择函数，其表达式如下：

$$h = \sigma_3 - \sigma^t + a^P(\sigma_1 - \sigma^P) \tag{5-32}$$

式中 a^P, σ^P——常量，定义为：

$$a^P = \sqrt{1+N_\phi^2} + N_\phi, \sigma^P = \sigma^t N_\phi - 2c\sqrt{N_\phi} \tag{5-33}$$

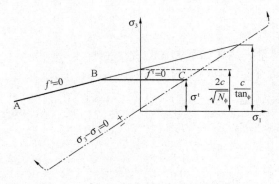

图 5-3 FLAC3D 摩尔库伦强度准则

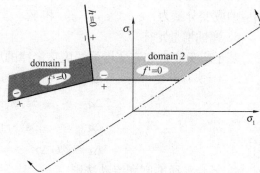

图 5-4 摩尔库伦模型-用于定义流动法则的域

假设一弹性点突破了复合屈服函数,在图 5-4 (σ_1, σ_3) 平面中表示该点位于域 1 和域 2 内,它们分别表示 $h=0$ 的正域和负域。如果应力点位于域 1 内表示该点处于剪切屈服状态,且应力点处于曲线 $f^s=0$ 上,适用于势函数 g^s 推导得到的流动法则。如果应力点落于域 2 中,表示该点处于拉伸屈服状态,新应力点满足 $f^t=0$,适用于势函数 g^t 推导得到的流动法则。

5.1.5.3 遍布节理模型

该模型用于描述摩尔库伦模型中存在一软弱面时的力学行为。包含抗拉强度截距的复合摩尔-库伦强度包络线构成了该给定平面的失稳准则。位于复合强度包络线上的应力点当发生剪切失稳时,其由非关联流动法则控制;当发生张拉失稳时,其由关联流动法则控制。

数值模拟时,首先检查主要失稳状态,并应用相应的塑性修正,然后分析软弱面的应力以判断其失稳状态同时更新应力值。

1. 定义

软弱面的方向通过指定该面法向的笛卡尔分量以全局坐标系 x 轴、y 轴及 z 轴的形式来指定。局部坐标系由平面内的 x'、y' 轴和平行于平面单位法向量 $[n]$ 的 z' 轴组成(x' 方向沿着倾向方向向下,y' 方向沿着水平方向,同时,局部坐标系符合右手螺旋法则)。

使用矩阵符号表示,$[C]$ 定义为旋转张量,其三列数分别表示 x'、y' 轴和 $[n]$ 的方向余弦。用局部坐标系 $\sigma_{i'i'}$ 表示的应力分量可以通过下列变形获取:

$$[\sigma]' = [C]^T [\sigma] [C] \tag{5-34}$$

反过来,全局坐标系下的应力分量可以通过上述变形的可逆变形由局部坐标系应力分量获得,变形式如下:

$$[\sigma] = [C][\sigma]'[C]^T \tag{5-35}$$

软弱面上的切向牵引分量,用 τ 表示,定义为:

$$\tau = \sqrt{\sigma_{1'3'}^2 + \sigma_{2'3'}^2} \tag{5-36}$$

与 τ 对应的应变分量 γ 的表达式如下:

$$\gamma = \sqrt{\varepsilon_{1'3'}^2 + \varepsilon_{2'3'}^2} \tag{5-37}$$

2. 软弱面内的广义应力和应变分量

用于描述软弱面失稳特性的广义应力矢量有四个分量($n=4$):$\sigma_{1'1'}$,$\sigma_{2'2'}$,$\sigma_{3'3'}$ 和 τ。相应的应变分量为:$\varepsilon_{1'1'}$,$\varepsilon_{2'2'}$,$\varepsilon_{3'3'}$ 和 γ。

3. 弹性增量定律

基于广义应力和应变增量的虎克定律的增量表达式如下:

$$\begin{aligned} \Delta\sigma_{1'1'} &= \alpha_1 \Delta\varepsilon_{1'1'}^e + \alpha_2 (\Delta\varepsilon_{2'2'}^e + \Delta\varepsilon_{3'3'}^e) \\ \Delta\sigma_{2'2'} &= \alpha_1 \Delta\varepsilon_{2'2'}^e + \alpha_2 (\Delta\varepsilon_{1'1'}^e + \Delta\varepsilon_{3'3'}^e) \\ \Delta\sigma_{3'3'} &= \alpha_1 \Delta\varepsilon_{3'3'}^e + \alpha_2 (\Delta\varepsilon_{1'1'}^e + \Delta\varepsilon_{2'2'}^e) \\ \Delta\tau &= 2G\Delta\gamma^e \end{aligned} \tag{5-38}$$

4. 复合失稳准则和流动法则

软弱面的失稳准则是包含抗拉强度截距的复合摩尔-库伦强度准则,用 ($\sigma_{3'3'}$, τ) 的形式表达,如图 5-5 所示。失稳包络线 $f(\sigma_{3'3'}, \tau) = 0$ 的定义如下:

从 A 点至 B 点满足摩尔-库伦失稳准则 $f^s = 0$，表达式如下：

$$f^s = \tau + \sigma_{3'3'}\tan\phi_j - c_j \quad (5-39)$$

从 B 点至 C 点满足抗拉失稳强度准则 $f^t = 0$，表达式如下：

$$f^t = \sigma_{3'3'} - \sigma_j^t \quad (5-40)$$

以上各式中涉及的 ϕ_j，c_j 和 σ_j^t 分别表示软弱面的摩擦角、黏聚力和抗拉强度。注意到对于摩擦角非零的软弱面，抗拉强度的最大值可通过下式求得：

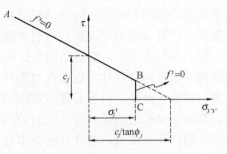

图 5-5　FLAC3D 软弱面失稳准则

$$\sigma_{j\max}^t = \frac{c_j}{\tan\phi_j} \quad (5-41)$$

势函数通过两个函数：g^s 和 g^t 表达，它们分别表示剪切塑性流动和张拉塑性流动。函数 g^s 符合非关联法则并有如下形式：

$$g^s = \tau + \sigma_{3'3'}\tan\psi_j \quad (5-42)$$

式中　ψ_j——软弱面的剪胀角。

函数 g^t 符合非关联法则并有如下形式：

$$g^t = \sigma_{3'3'}$$

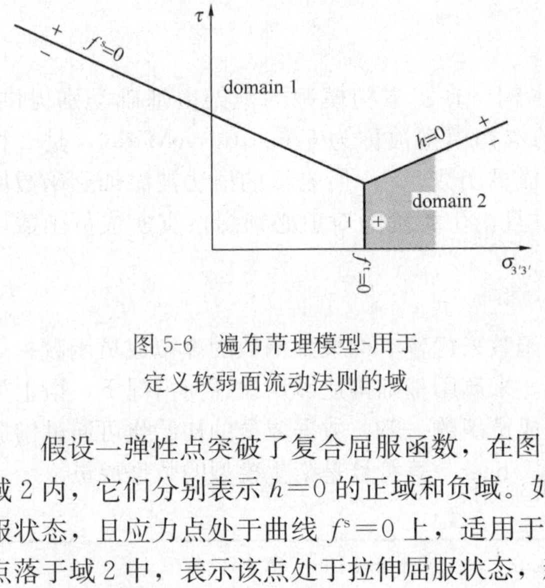

通过引入以下方法可以给出流动法则的唯一表达。函数 $h(\sigma_{3'3'}, \tau) = 0$ 定义为 $(\sigma_{3'3'}, \tau)$ 平面内 $f^s = 0$ 和 $f^t = 0$ 间的斜线。如图 5-6 所示，根据函数的正域和负域来选择函数，其表达式如下：

$$h = \tau - \tau_j^P - a_j^P(\sigma_{3'3'} - \sigma_j^t) \quad (5-43)$$

式中　τ_j^P，a_j^P——两个常量，它们的表达式如下：

$$\tau_j^P = c_j - \tan\phi_j\sigma_j^t \quad (5-44)$$

$$a_j^P = \sqrt{1 + \tan\phi_j^2} - \tan\phi_j \quad (5-45)$$

图 5-6　遍布节理模型-用于定义软弱面流动法则的域

假设一弹性点突破了复合屈服函数，在图 5-6 $(\sigma_{3'3'}, \tau)$ 平面中表示该点位于域 1 和域 2 内，它们分别表示 $h=0$ 的正域和负域。如果应力点位于域 1 内表示该点处于剪切屈服状态，且应力点处于曲线 $f^s = 0$ 上，适用于势函数 g^s 推导得到的流动法则。如果应力点落于域 2 中，表示该点处于拉伸屈服状态，新应力点满足 $f^t = 0$，适用于势函数 g^t 推导得到的流动法则。

5.2　开发自定义本构

5.2.1　简介

用户可以按照自己的意愿为 FLAC3D 开发自定义本构。该本构利用 C++ 开发后编译成 DLL（动态链接库）文件，用户在需要使用该本构时只需调用即可。自定义本构的主要功能是返回产生相应应变增量后的新应力值。然而，该模型必须提供其他的信息，如模型的名字及该模型中用到的材料参数名，同时需要用户指定模型同软件交互的方式。

在C++语言中，编程结构是面向对象的，它使用类别来表征对象。与对象有联系的数据被对象密封，且这些数据在对象外部不可见。通过作用于密封数据的成员函数可与对象进行交流。此外，对于对象有很强的等级制度支持：新的对象类型来源于基础对象，同时，基础对象的成员函数由衍生对象的类似函数所代替。就程序模块化而言，这一设置带来巨大的好处。例如，在软件的许多部分中，主程序可能需要获取衍生对象的许多不同的变量，但只需要引用基础对象，而不是衍生对象。运行时系统自动调用相应的衍生对象的成员函数即可。

利用C++编写FLAC3D本构模型的方法在5.2.2节介绍，包括对基础类别的描述、成员函数、本构模型注册、FLAC3D和本构模型间信息的传递及模型状态指示器。执行DLL的过程在5.2.3节介绍，包括模型用到的支撑函数的描述、示例本构模型的源代码、FISH语言对自定义本构的支持及创建和加载DLL文件的机理。所有这部分引用的文件被放置于"\pluginfiles\models\src"目录下。

需要注意的是DLL文件必须使用Microsoft Visual Studio 2010或更新版本编译才能用于FLAC3D。

5.2.2 方法

5.2.2.1 本构模型的基础类别

FLAC3D利用上述方法来开发自定义本构。真实本构模型的框架由基础类别提供，属于基础类别衍生出来的本构。基础类别的本构模型被称为ConstitutiveModel，是一种抽象的类别，因为它申明了一些纯粹虚拟的成员函数（=0所表示的语法被添加到函数原型中）。这意味着无法创建基础类别的对象，且衍生类别的对象必须提供真实成员函数以代替纯粹虚拟的本构模型函数。

5.2.2.2 成员函数

所有衍生的本构模型类别必须提供真实函数来代替本构模型函数的虚拟成员函数。

模型的类别定义也应当包含一个构造器，来调用基础构造器。在任何情况下，衍生类别的构造器调用时不需带参数，就像克隆的成员函数一般。数据成员的初始化可通过构造器来实现，如例5-1所示。示例中，bulk_，shear_等符号是衍生模型的数据成员。

例5-1 典型数据构造器

```
ModelExample::ModelExample():bulk_(0.0),shear_(0.0),cohesion_(0.0),
friction_(0.0),dilation_(0.0),tension_(0.0),e1_(0.0),e2_(0.0),
g2_(0.0),nph_(0.0),csn_(0.0),sc1_(0.0),sc2_(0.0),sc3_(0.0),
bisc_(0.0),e21_(0.0),rnps_(0.0)
```

5.2.2.3 本构模型注册

每一个用户自定义本构模型被编译进一个DLL文件，该DLL文件在FLAC3D进程中必须被实例化。按照惯例，在被用作FLAC3D插件的DLL文件中包含四个输出函数：getName( )，getMajorVersion( )，getMinorVersion( )和createInstance( )。此外，还需提供一个被称为DllMain( )的存根函数，当函数库从系统中加载或卸载时它将会被调用。例如，以下为 Hoek-Brown 本构中这些函数是如何表示的：

```
int _ stdcall DllMain(void * , unsigned, void * )
{
return 1;
}
extern "C" EXPORT _ TAG const char * getName()
{
return "modelhoekbrown";
}
extern "C" EXPORT _ TAG unsigned getMajorVersion()
{
return models:: ConstitutiveModel:: getMajorVersion();
}
extern "C" EXPORT _ TAG unsigned getMinorVersion()
{
return MINOR _ VERSION;
}
extern "C" EXPORT _ TAG void * createInstance()
{
models:: ModelHoek * m = new models:: ModelHoek();
return (void * )m;
}
```

宏 EXPORT _ TAG 表示这些函数应当从 DLL 文件中输出。

DllMain（　）文件始终是相同的。

输出的 DLL 函数 getName（　）始终返回一个以字符串"model"开头的字符。这意味着 DLL 是本构模型的一个插件。在上述例子中，字符串"modelhoekbrown"就由 DLL 函数 getName（　）输出。ConstitutiveModel 类别的 getName（　）方法返回字符串"hoekbrown"（输出的结果并不以"model"为前缀）。应当遵守输出名带前缀"model"的规定。ConstitutiveModel 的 getName（　）函数必须返回独一无二的字符串，以同其他本构模型区分开来。

getMajorVersion（　）函数不应当被改变。主要版本由基础本构模型 DLL 定义，表示的是二进制兼容性。原则上，该数字应当包含于创建的 DLL 的文件名中。

getMinorVersion（　）表示的是本构模型的小版本更新。例如，当新的特性加入与本构模型中，它将无法与老版本的文件保持兼容。这种情况下，小版本将会以 1 为增量。

createInstance（　）函数实际上创建并返回一个类别实体。它被存储于注册表中，用以创建其他的实体。

5.2.2.4　循环过程中本构与 FLAC3D 间信息的传递

FLAC3D 与用户自定义本构间最重要的联系是被称为 run（unsigned nDim，State * ps）的成员函数，它计算出循环过程中模型的力学响应。一个被称为 State（在"state.h"中定义）的构架被用于与模型进行信息交流。成员函数 run（　）的主要任务是计算新应变增量对应的新应力。在非线性模型中，与模型的内部状态交流信息也是非常重要的，以便状态的输出。例如，给出的模型是正在发生屈服还是过去已经发生屈服了。每一个子网格均可以设置变量 state_，它用一系列字节记录模型的状态，这些状态可以被关闭或打开，分别用 0 和 1 表示。每一字节与显示于屏幕的一条信息相关。成员函数 state 返回的字符串包含在 state_ 中设置的对应于数位位置的子字符串。第一个子字符串表示 0，第二个子字符串表示 1，依此类推。可以同时设定若干个字节。例如，剪切屈服和张拉屈服可以同时发生。通过查阅非线性本构模型文件，如"modelexample.cpp"，可以理解状态逻辑的具体执行过程。

5.2.2.5 网格的状态指标

FLAC3D 中的一个网格由若干个四面体子网格组成，同时每一四面体子网格有一个成员变量，该变量用于记录当前状态指标。成员变量共有 32 个字节，可最多用于表征 16 种不同的状态。状态指标被内置本构模型用于表征一个组成网格的四面体的塑性失稳。内置本构模型的字节分配及相应的失稳状态指标如表 5-1 所示。

FLAC3D 的失稳状态及字节分配　　　　　　　　　　　　表 5-1

变量名称	十六进制赋值	十进制数值	二进制数值
mShearNow	0×0001	1	0000 0000 0000 0001
mTensionNow	0×0002	2	0000 0000 0000 0010
mShearPast	0×0004	4	0000 0000 0000 0100
mTensionPast	0×0008	8	0000 0000 0000 1000
mJointShearNow	0×0010	16	0000 0000 0001 0000
mJointTensionNow	0×0020	32	0000 0000 0010 0000
mJointShearPast	0×0040	64	0000 0000 0100 0000
mJointTensionPast	0×0080	128	0000 0000 1000 0000
mVolumeNow	0×0100	256	0000 0001 0000 0000
mVolumePast	0×0200	512	0000 0010 0000 0000
unused	0×0400	1024	0000 0100 0000 0000
unused	0×0800	2048	0000 1000 0000 0000
unused	0×1000	4096	0001 0000 0000 0000
unused	0×2000	8192	0010 0000 0000 0000
unused	0×4000	16384	0100 0000 0000 0000
unused	0×8000	32768	1000 0000 0000 0000

对于用户自定义本构模型，用户可以创建一个已命名的状态，指定该状态对应的任意字节，随后可以更新四面体状态指标变量。表 5-1 中命名的状态可以被内置本构模型用于更新四面体子网格的失稳状态，并且显示状态指标参数的详细说明。当用户在自己创建的模型中使用状态指标变量来表征失稳状态时，应当确认内置本构的失稳状态表征常数与自定义的失稳状态常数不存在冲突（如果在分析中同时使用二者）。

表 5-1 中所列的命名的状态被以下内置本构用于更新四面体子网格状态指标：
1. Drucker-Prager 德拉克-普拉格本构
2. Mohr-Coulomb 摩尔库伦本构
3. Strain-Hardening/Softening 应变硬化/软化本构

4. Ubiquitous-Joint 遍布节理本构
5. Bilinear，Strain-Hardening/Softening Ubiquitous-Joint 双线性，应变硬化/软化遍布节理本构
6. Double-Yield 双屈服本构
7. Modified Cam-Clay 修正剑桥黏土本构
8. Cysoil
9. Chsoil
10. Generalized Hoek-Brown 广义霍克-布朗本构
11. Modified Hoek-Brown 修正霍克-布朗本构
12. Finn
13. WIPP-Creep Viscoplastic
14. Power-Law Viscoplastic 指数黏塑性本构
15. Burgers-Creep Viscoplastic 博格斯-蠕变黏塑性本构
16. Modified Drucker-Prager with hydration 考虑水合作用的修正德拉克-普拉格本构

FLAC3D 对每一组成网格的四面体调用本构模型函数 run（ ）以更新其应力状态，状态指标在这一过程中也被本构模型更新。对于内置的模型，状态指标表示四面体的失稳状态。该指标被本构模型更新，更新的依据是对四面体本构模型状态指标变量和由本构模型计算得到的当前失稳状态进行"或"（|）逻辑运算。在当前状态由本构模型算得前，用户需要注意在状态更新前设置初始状态，在本构模型计算得到当前状态前。四面体的状态可以通过对状态常数和期望的用户自定义状态使用"和"（&）逻辑来查看。

如果四面体正在经历张拉或剪切失稳，这些失稳状态被存储于四面体状态指标中。内置的本构模型更新状态变量：

a. 首先，检查当前状态并准确设置状态指标。例如：

if (TetState & mShearNow){
TetState & = ~mShearNow; /* unset previous state */
TetState | = mShearPast; /* set previous state to new state */
}
if (TetState & mTensionNow){
TetState & = ~mTensionNow; /* unset previous state */
TetState | = mTensionPast; /* set previous state to new state */
}

b. 计算四面体的当前状态。

c. 必要情况下更新状态。例如，

TetState | = mShearNow;
TetState | = mTensionNow;

程序运行的结果是第一和第二个字节被分配给特定的四面体。此外，初始化过程中，第三和第四个字节也被设置。

FISH 函数 z_state（zpnt，i）返回值 15，排在前面的四个字节的等值当量被设定。

用户可以使用 FISH 的"和"（and）逻辑来找出任意分析时刻的失稳状态。此外，用户还可以将结果分解成 2 的指数次方的和，以找出所有不同的失稳状态。例如，如果 z_ state 函数返回值15，而15可表示成15＝1＋2＋4＋8，由表5-1可看出，网格当前处于剪切和张拉失稳状态，而其过去也经历了剪切和张拉失稳。

5.2.3 执行

5.2.3.1 实用结构

FLAC 提供了一些结构/类型以帮助用户编写本构模型并与这些本构模型交流。一些结构/类型由"base002.dll"提供，它定义了所有插件界面的共性功能的基础等级。其他的由"conmodel002.dll"提供，它用于定义本构模型系统所使用的特定界面。在所有示例中，等级定义的所有文档均可通过程序界面文档的基础界面模块处获取。

"base002.dll"提供：

Int，UInt，Byte，UByte，Double，Float 等——在 base/src/basedef.h 中定义。这些类型是标准C＋＋类型，如 int，unsigned，char，double 等的替代。利用这些种类可确保数据的一致性，如对于任何平台，int 类型均表示为带符号的32位数。

String——在 base/src/string.h 中定义。

这一种类来源于 std∷basic-string<char>或美国标准学会C＋＋标准的字符串类别。String 类别增加了一些可操作的对数字变换的实用功能。

DVect3——在 base/src/vec.h 中定义。

该类别实际上是模板类别 Vector3<T>的双精度实例。类似的预定义类别是 IVect（Vector3<Int>）和 UVect（Vector3<UInt>）。该类别允许将三维矢量看作一种原始类别，这需要对便捷语法进行的完整操作符重载。

Variant——在 base/src/variant.h 中定义。

它定义的一种类型可代表许多不同原始类别，如 String，Double，Int 等。该类别用于与本构模型间传递特性。

Axes——在 base/src/axes.h 中定义。

该类型允许定义一个标准正交基。该基准可以与传统笛卡尔坐标系表征的全局基准交流转换坐标。

SymTensor——在 base/src/symtensor.h 中定义。

该类别定义了一个 3×3 对称张量，用于表征应力和应变。成员量可以通过 s11（ ），s12（ ），s13（ ），s22（ ）等函数来获取。对成员的修改可通过 rs11（ ），rs12（ ）等函数来实现。此外，特征向量信息（主方向和主值）可通过函数 getEigen-Info（ ）来获取。使用帮助类别 SymTensorInfo 可允许用户不修改主方向而仅修改主值，在此基础上新建一个 Sym Tensor。

Orientation3——在 base/src/orientation.h 中定义。

该类别可以对空间中的方向进行存储及操作，这一方向可以通过法向量或倾向、倾角来定义。

除了 ConstitutiveModel 和 State 界面，"conmodel002.dll"在"convert.h"中提供以下两个公共函数：getYPFromBS（ ）和 getBSfromYP（ ）。这些函数可用于杨氏模量、泊松比和体积模量、剪切模量值之间的互换。

5.2.3.2 自定义本构编写实例

软件提供了所有 FLAC 内置本构模型的源代码,以便用户进行检验和改编。本节以文件"Modelexample.*"中摩尔弹塑性本构的部分代码为例加以说明。例子 5-2 提供了模型的分类规范,它同时包含了模型独有类别号的定义。需要注意的是私有变量的数量比特征变量的数量多。在该本构模型中,有些变量仅用于内部使用:它们占用每个网格的存储空间,但 FLAC 用户无法调整或打印输出。此外,还需注意到函数 getProperty( )/setProperty( ) 用于保存/恢复。

例 5-2 摩尔-库仑本构分类规范:文件"modelexample.h"

```
#pragma once
#include "../src/conmodel.h"
namespace models
{
class ModelExample : public ConstitutiveModel {
public:
ModelExample();
virtual String getName() const;
virtual String getFullName() const;
virtual UInt getMinorVersion() const;
virtual String getProperties() const;
virtual String getStates() const;
virtual Variant getProperty(UInt index) const;
virtual void setProperty(UInt index,const Variant &p,
uint restoreVersion = 0);
virtual ModelExample *clone() const { return new ModelExample(); }
virtual Double getConfinedModulus() const
{ return bulk_ + shear_ * 4.0/3.0; }
virtual Double getShearModulus() const { return shear_; }
virtual Double getBulkModulus() const { return bulk_; }
virtual bool supportsHystereticDamping() const { return true; }
virtual void copy(const ConstitutiveModel *mod);
virtual void run(UByte dim,State *s);
virtual void initialize(UByte dim,State *s);
// Optional
virtual Double getStressStrengthRatio(const SymTensor &st) const;
virtual void scaleProperties(const Double &scale,
const std::vector<UInt> &props);
virtual bool supportsStressStrengthRatio() const { return true; }
virtual bool supportsPropertyScaling() const { return true; }
private:
Double bulk_,shear_,cohesion_,friction_,dilation_,tension_;
Double e1_,e2_,g2_,nph_,csn_,sc1_,sc2_,sc3_,bisc_,e21_,rnps_;
};
```

```
} // namespace models
// EOF
```

例 5-3 给出了模型中使用常数的定义。

例 5-3 模型中使用常数的定义

```
static const Double d4d3  = 4.0 / 3.0;
static const Double d2d3  = 2.0 / 3.0;
static const Double pi = 3.1415926535897932384626433832795028841971 69399;
static const Double degrad = pi / 180.0;
```

该本构的构造函数列于例 5-1 中。例 5-4 给出了用于初始化及执行的成员函数的列表。需要注意的是：为了节约计算时间，私有模型变量如 e1_，e2_，g2_ 等，并没有在每一计算步中重新计算。此外，还需注意给出应变增量和应力的 State 结构。大体上，对于在二维和三维软件中使用的每一个本构，需要给出单独的部分以使得相同的本构在 FLAC 或 UDEC 中高效应用。在本例中，二维部分的代码及三维部分的代码是相同的。请参阅文件 "modelexample.cpp" 来获取成员函数（getProperties、getStates、getProperty、setProperty 及 copy）相关信息。

例 5-4 示例本构的初始化及执行部分

```
void ModelExample::initialize(UByte dim,State *s)
{
ConstitutiveModel::initialize(dim,s);
e1_ = bulk_ + shear_ * d4d3;//elastic constants
e2_ = bulk_ - shear_ * d2d3;//(2.73)
g2_ = shear_ * 2.0;
Double rsin = std::sin(friction_ * degrad);
nph_ = (1.0 + rsin) / (1.0 - rsin);//(2.78)
csn_ = 2.0 * cohesion_ * sqrt(nph_);
if (friction_)
{
Double apex = cohesion_ * std::cos(friction_ * degrad) / rsin;
tension_ = std::min(tension_,apex);
}
rsin = std::sin(dilation_ * degrad);
rnps_ = (1.0 + rsin) / (1.0 - rsin);
Double ra = e1_ - rnps_ * e2_;
Double rb = e2_ - rnps_ * e1_;
Double rd = ra - rb * nph_;
sc1_ = ra / rd;
sc3_ = rb / rd;
sc2_ = e2_ * (1.0 - rnps_) / rd;
bisc_ = std::sqrt(1.0 + nph_ * nph_) + nph_;//(2.84)
e21_ = e2_ / e1_;
}
```

```cpp
void ModelExample::run(UByte dim,State * s)
{
ConstitutiveModel::run(dim,s);
if (s->hysteretic_damping_) {
Double shear_new = shear_ * s->hysteretic_damping_;
e1_ = bulk_ + shear_new * d4d3;
e2_ = bulk_ - shear_new * d2d3;
g2_ = 2.0 * shear_new;
Double ra = e1_ - rnps_ * e2_;
Double rb = e2_ - rnps_ * e1_;
Double rd = ra - rb * nph_;
sc1_ = ra / rd;
sc3_ = rb / rd;
sc2_ = e2_ * (1.0 - rnps_) / rd;
e21_ = e2_ / e1_;
}
// plasticity indicator;
// store 'now' info. as 'past' and turn 'now' info off
if (s->state_ & shear_now) s->state_ ˉ shear_past;
s->state_ &=~shear_now;
if (s->state_ & tension_now) s->state_ ˉtension_past;
s->state_ &=~tension_now;
int plas = 0;
/* --- trial elastic stresses --- */
Double e11 = s->stnE_.s11();//strain tensors normal components
Double e22 = s->stnE_.s22();
Double e33 = s->stnE_.s33();
s->stnS_.rs11() += e11 * e1_ + (e22 + e33) * e2_;//(2.12)(2.72)
s->stnS_.rs22() += (e11 + e33) * e2_ + e22 * e1_;
s->stnS_.rs33() += (e11 + e22) * e2_ + e33 * e1_;
s->stnS_.rs12() += s->stnE_.s12() * g2_;
s->stnS_.rs13() += s->stnE_.s13() * g2_;
s->stnS_.rs23() += s->stnE_.s23() * g2_;
// default settings, altered below if found to be failing
s->viscous_ = true; // Allow stiffness-damping terms
s->mean_plastic_stress_change_ = 0.0;
if (canFail())
{
// Calculate principal stresses
SymTensorInfo info;
DVect3 prin = s->stnS_.getEigenInfo(&info);
/* --- Mohr-Coulomb failure criterion --- */
Double fsurf = prin.x() - nph_ * prin.z() + csn_;//(2.76)
```

```
/* --- Tensile failure criteria --- */
Double tsurf = tension_ - prin.z();//(2.77)
// (2.83)
Double pdiv = -tsurf + (prin.x() - nph_ * tension_ + csn_) * bisc_;
/* --- tests for failure */
if (fsurf < 0.0 && pdiv < 0.0)
{ //this is domain 1 in fig 2.6
plas = 1;
/* --- shear failure: correction to principal stresses --- */
s->state_ ˉshear_now;
prin.rx() -= fsurf * sc1_;//(2.87) plastic corrections
prin.ry() -= fsurf * sc2_;
prin.rz() -= fsurf * sc3_;
}
else if (tsurf < 0.0 && pdiv > 0.0)
{ // domain 2
plas = 2;
/* --- tension failure: correction to principal stresses --- */
s->state_ ˉtension_now;
Double tco = e21_ * tsurf;
prin.rx() += tco;//(2.93)
prin.ry() += tco;
prin.rz() = tension_;
}
if (plas)
{
s->viscous_ = false; // Inhibit stiffness-damping terms
}
}
}
```

5.2.3.3 本构模型的 FISH 支撑

FLAC3D 可获取以下 FISH 内部变量：

z_prop (*zp*, *p_name*)

它能应用于表达式的左边或右边。

因此，表达式 val = z_prop (zp, p_name) 将地址为 zp 的网格中名为 P_name 的特征以浮点型数据的形式储存于 val 中，p_name 可以是包含特征参数名的一个字符串，或者是一个求字符串的 FISH 变量。例如，z_prop (zp, 'bulk') 指的是体积模量。当 zp 中没有本构模型或本构模型中并不包含该变量，它将返回 0.0。同样地，z_prop (zp, p_name) =val 将 val 储存在网格 zp 的名为 p_name 特征变量中。如果 zp 中没有本构模型、本构并不包含该名字的特征变量或 val 不是一个整型或浮点型数据，数据存储将不会进行。在上述两类应用中，zp 必须是一个网格指针，p_name 必须是一个字符串或包含字符串的变量。

5.2.3.4 生成用户自定义本构 DLLS 文件

为了利用 Visuanl Studio 2010 生成 dll 文件，首先需要生成一个解决方案，该解决方案包括若干项目，而这些项目本质上是 C++源文件、头文件及相互依存关系的集合。

软件中提供了解决方案和项目示例。这些文件可以在 FLAC3D 应用数据目录的以下文件夹中找到"pluginfiles \ models \ example"。为了生成一个自定义 DLL 文件，用户可能仅仅希望将示例中的文件做适当的修改。然而，我们不提倡这样做，因为原来的示例将无法重新调用。此外，Visual Studio 为每个解决方案及项目文件内置了一个独有的标示符。复制项目文件及重命名将造成集成开发环境的混乱。推荐按照以下步骤及设置来创建一个新项目：

（1）从开始菜单处启动 Visual Studio 2010 并选择 "FILE/NEW/PROJECT"。在 "Project Types" 菜单下，选择 Visual C++/Win32。在 "Templates" 菜单下，选择 Win32 项目。选择一个地址并为项目命名，然后点击 OK。

（2）将出现一个 Win32 应用向导，选择左边的 "Application Setting"。在 "application Setting" 菜单下，选择 DLL。在 "Additional Options" 下面选择 "Empty Project"。然后点击 "FINISH"。

（3）将 "pluginfiles \ models \ examples" 下的文件 "modelexample.h"、"modelexample.cpp"、"version.rc" 及 "version.txt" 复制至 Visual Studio 为解决方案及项目创建的目录里面。以自定义本构模型重命名 C++源文件，例如："modeltest.h" 和 "modeltest.cpp"。

（4）在 Visual Studio 界面下的 "Solution Explorer" 窗口，鼠标右击 "Header Files" 并增加 "modeltest.h"。然后鼠标右击 "Source Files" 并增加 "modeltest.cpp"。添加文件 "version.rc" 至 "Resources" 文件夹，增加 "version.txt" 作为一个项目对象。这些文件现在可以被编辑以生成用户自定义本构文件。

（5）右击项目树并选择 "Properties"。确保 Configuration 显示的是 "Active（Debug）"，Platform 显示的是 "Active（Win32）"。

（6）在 "Configuration Properties" 菜单下，选择对象 "General"，将 "Output Directory" 改变为 "$（ProjectDir）$（ConfigurationDebug）"。

（7）在 "C/C++" 菜单下，选择 "General" 对象。将 "interface" 和 "models \ src" 增加至 FLAC3D 安装路径 "Additional Include Directories"。同时，用户应当将 "Warning Level" 设置为四级，将 "Treat Warnings As Errors" 设置为是。

（8）在 "C/C++" 菜单下，选择 "Preprocessor" 对象。改变 "Preprocessor Definintions" 以便 "_DEBUG" 显示为 "MODELDEBUG"。

（9）在 "C/C++" 菜单下，选择 "Code Generation" 对象。改变 "Runtime Library" 为 "Multi-threaded DLL"。

（10）选择 "Linker/General"。生成 DLL 文件的命名规则符合 "model<name>005.dll"，其中<name>指用户自定义本构的名字，可以通过 getName() 返回。前缀 "model" 表明它是一个本构模型，005 表示主要版本号。

（11）选择 "Linker/Input"。"Additional Dependencies" 应当增加文件 "exe32 \ lib

\base005.lib"及"exe32\lib\conmodel005.lib",它们通过一个空格隔开,且应当包含 FLAC3D 的安装路径。例如:在一个典型安装中,它应当是这样的:"C:\Users\Name\My Documents\Itasca\FLAC3D500\exe32\lib\base005.libC:\Users\Name\My Documents\Itasca\FLAC3D500\exe32\lib\conmodel005.lib"。

5.2.3.5 加载并执行用户自定义本构 DLLs 文件

当 FLAC3D 在运行时,通过给其"MODEL LOAD"命令并附带上 DLL 文件名,本构 DLL 文件可加载进 FLAC3D。同时,当 DLL 文件被放置于"exe32\plugins\models"文件夹时,DLL 文件也可以自动加载。因此,新本构模型名及参数名可以被 FLAC3D 及 FISH 函数识别。如果用"MODEL LOAD"命令重复加载本构,软件不会有任何操作,其只会显示提醒信息。

在本构模型被赋值到网格之前,该本构必须通过命令"CONFIG cppudm"来确认。需要注意的是,上述确认完成后,如果用户的授权许可不包含 C++插件选项,模型将不能进行循环计算。

5.3 开发实例——以 Burgers 为例

FLAC3D 支持新版本的 C++ 11 标准,所以该版本的 C++扩展功能都是基于新版本的 C++语言编写的。另外,开发的编译器也由原来的 visual studio 2005 升级为 visual studio 2010,并且在安装目录下自带了支持 visual studio 2010 的插件(图 5-7)。

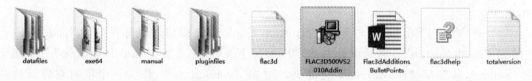

图 5-7 FLAC3D 中的 visual studio 2010 插件

5.0 版本中几乎给出了所有的自带本构的 C++文件,都包含在其安装目录下的路径为\pluginfiles\models 文件夹下(图 5-8)。其中 src 文件夹下包含的是自定义本构模型的通用 C++文件,而 burger 文件下为空。本节即以 Burgers 模型为例,进行 FLAC3D 的自定义本构模型开发。

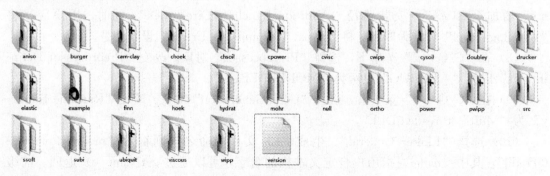

图 5-8 FLAC3D 中的 model 文件夹

5.3.1 准备工作

在进行模型文件编写前需要安装好编译器 visual studio 2010，以及 visual studio 2010 的相关插件 FLAC3D500VS2010Addin.msi。该插件必须在安装好 visual studio 2010 之后才能安装，否则会提示找不到 visual studio 2010 安装路径。

启动 visual studio2010，点击菜单栏上的"文件/新建/项目"，打开新建项目选项框，选择左边已安装模板下的 Visual C++项，在右侧栏目中选中 FLAC3D500 Constitutive Model（插件安装后才有），并在下方的名称、位置及解决方案名称分别填上相应的文件夹名称、安放的路径及所想给定的解决方案的名称（图 5-9、图 5-10）。

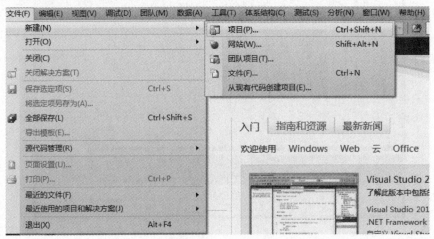

图 5-9 新建项目

图 5-10 新建项目选项框

指定完成所有选项，点击"确定"，此时会弹出一个指定模型名称的对话框。默认名称为"example"，将其改为需要指定的模型名称，该操作会相应地更改模板文件中所有的模型名称（图5-11）。在本例中，将其改为 userburger。

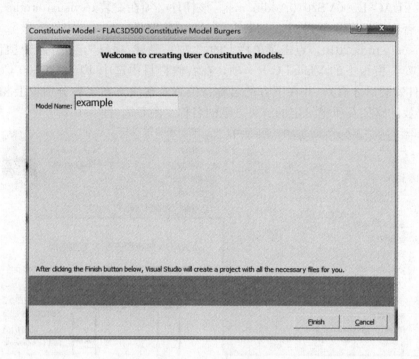

图 5-11　修改模型名称

点击 Finish 后，会打开一个以 Mohr-Coloumb 模型为模板的解决方案。在解决方案

图 5-12　解决方案资源管理器

资源管理器窗口下，可以看到该解决方案包含的 C++文件（图5-12）。其中包括头文件 Modeluserburger.h、资源文件 version.rc、源文件 Modeluserburger.cpp、外部依赖项和文档。Modeluserburger.h 和 Modeluserburger.cpp 是自定义本构模型的主文件，其中 Modeluserburger.h 包含的是本构模型中所需要的类及定义的函数名以及主要的参数名，而 Modeluserburger.cpp 中包含的是本构模型主要的执行步骤。资源文件 version.rc 包含的则是 FLAC3D 的版本信息（图5-13），文档文件 ReadMe.txt 是说明文件，而 version.txt 则是对于 FLAC3D 的版本的说明。外部依赖项包含的是建立自定义本构模型所需要的函数库文件。这里要注意的是，当解决方案选择的与安装的 FLAC3D 版本不同时（如安装的版本为 64 位，而解决方案选择为 win32），该项只包含 C++的标准库，此时，执行解决方案时会提示部分函数或参量没有声明。

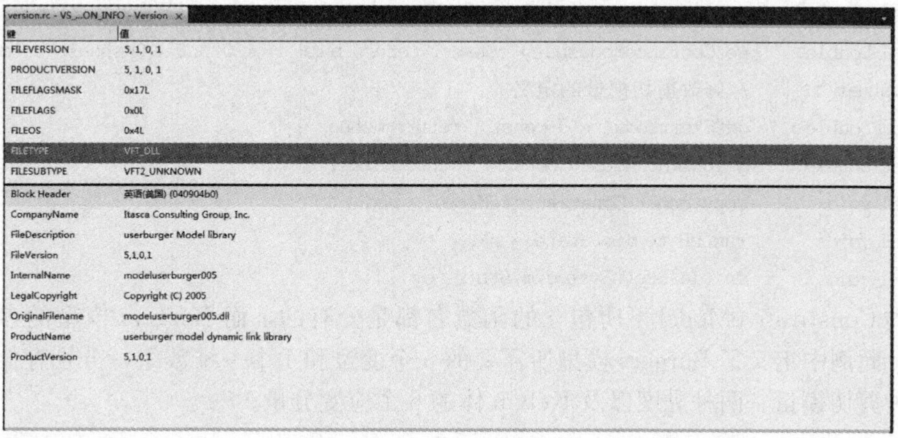

图 5-13　资源文件 version.rc

5.3.2　头文件（.h）

Modeluserburger.h 相当于一个预处理快，包含的是本构模型中所需要的类及定义的函数名以及主要的参数名。开头为声明部分：

\# pragma once　　　　　　//保证头文件只被编译一次
\# include "conmodel.h"//包含本构模型通用库 conmodel.h
……
// EOF

接着使用了一个名为 model 的名称空间，该项说明包含在声明部分调用的 conmodel.h 中。并在该名称空间下定义了一个名为 Modeluserburger 的类，其基类为 ConstitutiveModel。同属于基类 ConstitutiveModel 的类所包含的函数名基本一致，只是部分地方有些差别。在 Burgers 本构模型中，由于有两个剪切模型 mshear 和 kshear，所以在定义函数名 getConfinedModulus（　　）时，加入了一个选择表达式，选用二者中较大的项。

```
namespace models        //调用名称空间
{
  class Modeluserburger : public ConstitutiveModel //定义类和基类
  {
  Modeluserburger();

    virtual String      getName() const;
    virtual String      getFullName() const;
    virtual UInt        getMinorVersion() const;
    virtual String      getProperties() const;
    virtual String      getStates() const;
    virtual Variant     getProperty(UInt index) const;
    virtual void        setProperty(UInt index,const Variant &p,UInt restoreVersion = 0);
```

```
    virtual Moateluserburger  * clone() const { return new Modeluserburger(); }
    virtual Double       getConfinedModulus() const { return bulk_ + 4.0/3.0 * (kshear_ > mshear_ ?
kshear_:mshear_); }    //修改剪切模量的定义
    virtual Double       getShearModulus() const { return mshear_; }
    virtual Double       getBulkModulus() const { return bulk_; }
    virtual void         copy(const ConstitutiveModel * mod);
    virtual void         run(UByte dim,State * s);
    virtual void         initialize(UByte dim,State * s);
```

基类 ConstitutiveModel 下所包含的函数名都是公有的，而 Burgers 模型的参数是私有变量。此例中定义了 Burgers 模型所需要的 5 个变量和 1 个一维数组，分别存储体积模量、两种剪切模量、两种黏度以及 Kelvin 体的 6 个应变分量。

```
private:
    Double bulk_,kshear_,mshear_,kviscosity_,mviscosity_;//定义5个参数
    Double mekd_[6];//定义 Kelvin 体的 6 个应变分量
  };
}// namespace models
```

5.3.3 源文件（.cpp）

Modeluserburger.cpp 是自定义本构模型的主体文件，包含的是本构模型主要的执行步骤。开头的声明包含了头文件 Modeluserburger.h，模型通用库 state.h、convert.h，文档 version.txt 以及 C++通用库 algorithm 和 limits。当然，不同的本构模型所需要的函数库是不完全一样的，这根据所需要进行的运算选择。

```
# include "modeluserburger.h"    //模型头文件
# include "state.h"               //模型状态函数库
# include "convert.h"             // 模型体积模量、剪切模量与杨氏模量换算函数库
# include "version.txt"           // 版本信息文档
# include <algorithm>             //演算法
# include <limits>                // 检测整型数据数据类型的表达值范围
```

接着，采用一个预处理块对模型进行注册，输出函数：getName（），getMajorVersion（），getMinorVersion（）和 createInstance（）。此外，还需提供一个被称为 DllMain（）的存根函数，当函数库从系统中加载或卸载时它将会被调用。

```
# ifdef EXAMPLE_EXPORTS
    int __stdcall DllMain(void * ,unsigned, void * )//存根函数
    {
      return 1;
    }
    extern "C" EXPORT_TAG const char * getName()    // 取得模型名称
    {
# ifdef MODELDEBUG
      return "modeluserburgerd";
# else
      return "modeluserburger";
```

```
# endif
  }
  extern "C" EXPORT_TAG unsigned getMajorVersion()// 取得模型的大版本号
  {
    return MAJOR_VERSION;
  }
  extern "C" EXPORT_TAG unsigned getMinorVersion()//取得模型的小版本更新号
  {
    return MINOR_VERSION;
  }
  extern "C" EXPORT_TAG void *createInstance()//创建并返回一个类别实体
  {
    models::Modeluserburger *m = new models::Modeluserburger();
    return (void *)m;
  }
# endif // USERBURGER_EXPORTS
```

在源文件中调用名称空间 model，凡是包含在该名称空间中的函数和变量都可以使用。并定义了一个常量 d1d3。

```
namespace models
{
  static const double d1d3 = 1.0 / 3.0;
```

将类 Modeluserburger 给定一个实例 Modeluserburger（ ），并将私有变量的值都初始化为 0，注意最后一个私有变量后面没有逗号。另外，该处初始化的变量都是在头文件中定义了的私有变量。

```
Modeluserburger::Modeluserburger() :
bulk_(0.0),kshear_(0.0),mshear_(0.0),kviscosity_(0.0),mviscosity_(0.0)
        {
                mekd_[0] = 0.0;
                mekd_[1] = 0.0;
                mekd_[2] = 0.0;
                mekd_[3] = 0.0;
                mekd_[4] = 0.0;
                mekd_[5] = 0.0;
        }
```

getName（ ）为取得模型名称的函数。当模型出现 bug 时返回字符串 burgerd，而没有 bug 时，则返回 burger。getFullName（ ）也是执行类似操作，而 getMinorVersion（ ）则是取得小版本号，UInt 是自定义的类型。

```
String Modeluserburger::getName()const
  {
# ifdef MODELDEBUG
    return L"userburgerd";
# else
```

```
    return L"userburger";
# endif
}


String Modeluserburger::getFullName()const
{
# ifdef MODELDEBUG
    return L"userburgerD";
# else
    return L"userburger";
# endif
}


UInt Modeluserburger::getMinorVersion()const
{
    return MINOR_VERSION;
}
```

getProperties( ) 函数给出了本构模型中所有参数的关键字，可以自行定义。返回值 L 表示后面的类型为字符串，也是 FLAC3D 中 property 命令后面跟着定义材料属性的关键字。

```
String Modeluserburger::getProperties()const
{
    return L"bulk,kshear,mshear,kviscosity, mviscosity,k_exx,k_eyy,k_ezz,k_exy,k_exz,k_eyz";
}
```

getStates( ) 为定义本构模型中的屈服状态的函数，与前面的定义静态变量的十六进制值连用，由于 Burgers 模型是一种黏弹性的本构，因而此处省略了塑性指示器的定义，并且字符串也全都定义为"空"。

```
String Modeluserburger::getStates()const
{
    return L"";
}
```

getProperty (UInt index) 将返回模型各参数的值，UInt 为自定义类型，包含在自定义库 basedef.h 中。

```
Variant Modeluserburger::getProperty(UInt index)const
{
    switch (index)
    {
    case 1: return bulk_;          //体积模量
    case 2: return kshear_;        // Kelvin 体剪切模量
    case 3: return mshear_;        //Maxwell 体剪切模量
    case 4: return kviscosity_;    //Kelvin 体粘度
    case 5: return mviscosity_;    //Maxwell 体粘度
```

```
case 6: return mekd_[0]; // k_exx
case 7: return mekd_[1]; // k_eyy
case 8: return mekd_[2]; // k_ezz
case 9: return mekd_[3]; // k_exy
case 10: return mekd_[4]; // k_exz
case 11: return mekd_[5]; // k_eyz
    }
    return 0.0;
}
```

setProperty( ) 将 C++中模型各参数的变量,通过调用的 prop.toDouble( ) 函数与 FLAC3D 中的模型参数关键字赋值建立一一对应关系。

```
void Modeluserburger::setProperty(UInt index,const Variant &prop,UInt restoreVersion)
{
    ConstitutiveModel::setProperty(index,prop,restoreVersion);
    switch (index)
    {
    case 1: bulk_ = prop.toDouble(); break;
    case 2: kshear_ = prop.toDouble(); break;
    case 3: mshear_ = prop.toDouble(); break;
    case 4: kviscosity_ = prop.toDouble(); break;
    case 5: mviscosity_ = prop.toDouble(); break;
    case 6: mekd_[0] = prop.toDouble(); break;
    case 7: mekd_[1] = prop.toDouble(); break;
    case 8: mekd_[2] = prop.toDouble(); break;
    case 9: mekd_[3] = prop.toDouble(); break;
    case 10: mekd_[4] = prop.toDouble(); break;
    case 11: mekd_[5] = prop.toDouble(); break;
    }
}
```

copy( ) 函数将首先调用基类的复制功能,然后复制所有必要的模型对象数据。指针 m 指向假定为与当前模型相同的派生的类。在 Initial( ) 函数被调用时,不需要复制重新计算的数据成员。lopy( ) 函数将从指针名为 mm 的 Burgers 本构类中复制属性值。

```
void Modeluserburger::copy(const ConstitutiveModel *m)
{
    ConstitutiveModel::copy(m);
    const Modeluserburger *mm = dynamic_cast<const Modeluserburger *>(m);
    if (!mm) throw std::runtime_error("Internal error: constitutive model dynamic cast failed.");
    bulk_ = mm->bulk_;
    kshear_ = mm->kshear_;
    mshear_ = mm->mshear_;
    kviscosity_ = mm->kviscosity_;
```

```
    mviscosity_ = mm->mviscosity_;
    mekd_[0] = mm->mekd_[0];
    mekd_[1] = mm->mekd_[1];
    mekd_[2] = mm->mekd_[2];
    mekd_[3] = mm->mekd_[3];
    mekd_[4] = mm->mekd_[4];
    mekd_[5] = mm->mekd_[5];
}
```

initialize( )函数将在 FLAC3D 中调用 CYCLE 命令、执行大变形更新以及当 isValid( )函数返回 false 值时在 run( )函数的开头为每个模型对象调用。模型对象可以执行其属性或状态变量的初始化，也可能什么都不做。注意当调用时，应变并没有定义。在本例中，只是对于模型参数变量进行初始化。

```
void Modeluserburger::initialize(UByte dim,State *s) {
    ConstitutiveModel::initialize(dim,s);
    if(mshear_ <= 0.0) mshear_ = 1e-20;
    if(kshear_ <= 0.0) kshear_ = 0.0;
    if(kviscosity_ <= 0.0) {
        kviscosity_ = 0.0;
        kshear_ = 0.0;
    }
    if(mviscosity_ <= 0.0) mviscosity_ = 0.0;
}
```

run( )函数是本构模型的主体部分，包含应力/应变张量的更新。当其调用时，应力分量已经包含旋转修正项。

```
void Modeluserburger::run(UByte dim,State *s) {
    ConstitutiveModel::run(dim,s);
    if ((dim!=3)&&(dim!=2)) throw std::runtime_error("Illegal dimension in Modeluserburger");
    // dEkd values now stored in s->working_[] array (necessary for thread safety)
    double tempk = 0, tempm = 0;
    if (! s->sub_zone_) {
        s->working_[0] = 0.0;
        s->working_[1] = 0.0;
        s->working_[2] = 0.0;
        s->working_[3] = 0.0;
        s->working_[4] = 0.0;
        s->working_[5] = 0.0;
    }
    // Timestep
    double dCrtdel = (s->isCreep() ? s->getTimeStep() : 0.0);

    if (kviscosity_ <= 0.0) tempk = 0.0;
```

```
else tempk = 1.0 / kviscosity_ ;
if (mviscosity_ <= 0.0) tempm = 0.0;
else tempm = 1.0 / mviscosity_ ;
double temp = 0.5 * kshear_ * dCrtdel * tempk;

double dA_con = 1.0 + temp;
double dB_con = 1.0 - temp;
```

$$A = 1 + \frac{k_1 \Delta t}{2\eta_1}$$

$$B = 1 - \frac{k_1 \Delta t}{2\eta_1}$$

```
double dBa    = dB_con/dA_con;
double dBa1   = dBa - 1.0;
temp   = (tempm + tempk / dA_con) * dCrtdel * 0.25 ;
double temp1  = 1.0 / (2.0 * mshear_);
```

```
double dX_con = temp1 + temp;
double dY_con = temp1 - temp;
```

$$X = \frac{1}{k_2} + \frac{\Delta t}{2\eta_2} + \frac{\Delta t}{2A\eta_1}$$

$$Y = \frac{1}{k_2} - \frac{\Delta t}{2\eta_2} - \frac{\Delta t}{2A\eta_1}$$

```
double dZ_con = dCrtdel * tempk/(4.0 * dA_con);
double c1dxc  = 1.0 / dX_con;
// Partition Strains
double dDev = s->stnE_.s11() + s->stnE_.s22() + s->stnE_.s33() ;
double dDev3 = d1d3 * dDev;
double dE11d = s->stnE_.s11() - dDev3;
double dE22d = s->stnE_.s22() - dDev3;
double dE33d = s->stnE_.s33() - dDev3;
// Partition Stresses
double dS0 = d1d3 * (s->stnS_.s11() + s->stnS_.s22() + s->stnS_.s33());
double dS11d = s->stnS_.s11() - dS0;
double dS22d = s->stnS_.s22() - dS0;
double dS33d = s->stnS_.s33() - dS0;
// Remember old stresses
double dS11old = dS11d;
double dS22old = dS22d;
double dS33old = dS33d;
double dS12old = s->stnS_.s12();
double dS13old = 0.0;
double dS23old = 0.0;
if (dim == 3) {
  dS13old = s->stnS_.s13();
  dS23old = s->stnS_.s23();
}
```

//new deviatoric stresses $F' = \dfrac{1}{X}\left\{u' - u° + YF° - \left(\dfrac{B}{A} - 1\right)u°_k\right\}$

```
dS11d = (dS11d * dY_con + dE11d - mekd_[0] * dBal)/dX_con;
dS22d = (dS22d * dY_con + dE22d - mekd_[1] * dBal)/dX_con;
dS33d = (dS33d * dY_con + dE33d - mekd_[2] * dBal)/dX_con;
 s->stnS_.rs12() = ( s->stnS_.s12() * dY_con + s->stnE_.s12() - mekd_[3] * dBal ) *
c1dxc;
 if (dim = = 3) {
  s->stnS_.rs13() = ( s->stnS_.s13() * dY_con + s->stnE_.s13() - mekd_[4] * dBal ) *
c1dxc;
  s->stnS_.rs23() = ( s->stnS_.s23() * dY_con + s->stnE_.s23() - mekd_[5] * dBal ) *
c1dxc;
 }
 // isotropic stress is elastic
 dS0 = dS0 + bulk_ * dDev;
```

// convert back to x-y components
```
s->stnS_.rs11() = dS11d + dS0;
s->stnS_.rs22() = dS22d + dS0;
s->stnS_.rs33() = dS33d + dS0;
```

// sub-zone contribution to kelvin-strains $u'_k = \dfrac{1}{A}\left\{Bu°_k + (F' + F°)\dfrac{\Delta t}{2\eta_1}\right\}$

```
 s->working_[0] + =   (mekd_[0] * dBa + (dS11d + dS11old) * dZ_con) * s->getSubZoneV-
olume();
 s->working_[1] + =   (mekd_[1] * dBa + (dS22d + dS22old) * dZ_con) * s->getSubZoneV-
olume();
 s->working_[2] + =   (mekd_[2] * dBa + (dS33d + dS33old) * dZ_con) * s->getSubZoneV-
olume();
 s->working_[3] + =   (mekd_[3] * dBa + (s->stnS_.s12() + dS12old) * dZ_con) * s->
getSubZoneVolume();
 if (dim = = 3) {
  s->working_[4] + =   (mekd_[4] * dBa + (s->stnS_.s13() + dS13old) * dZ_con) * s->
getSubZoneVolume();
  s->working_[5] + =   (mekd_[5] * dBa + (s->stnS_.s23() + dS23old) * dZ_con) * s->
getSubZoneVolume();
 }
 // update stored kelvin strains
 if (s->sub_zone_ = = s->total_sub_zones_ - 1)
    {
        double Aux = 1./s->getZoneVolume();
        if (s->overlay_ = = 2) Aux * = 0.5;
        mekd_[0] = s->working_[0] * Aux;
        mekd_[1] = s->working_[1] * Aux;
```

```
            mekd_ [2] = s->working_ [2] * Aux;
            mekd_ [3] = s->working_ [3] * Aux;
        if (dim = = 3) {
            mekd_ [4] = s->working_ [4] * Aux;
            mekd_ [5] = s->working_ [5] * Aux;
        }
    }
}
} // namespace models
```

5.3.4 生成 .dll 文件

编辑完 .h 和 .cpp 文件后，将解决方案调到 Release 和相应的操作系统版本（win32 或 x64），点击菜单栏 生成/重新生成解决方案（图 5-14）。

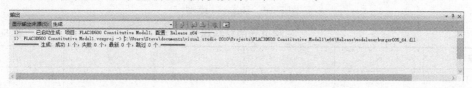

图 5-14 输出对话框提示

生成好的 .dll 文件可以在设定的项目目录文件夹下找到，路径为 … \ x64（或 win32）\ Release，其文件名将由 model＋指定的项目名＋操作系统位数（32 位则省略）组成，如本例为 model＋userburger＋_64.dll（图 5-15）。

图 5-15 输出的 .dll 文件

.dll 文件的调用需要将其放在 FLAC3D 的安装目录下，路径一般为 C:\Program Files \ Itasca \ Flac3d500 \ exe64。在计算时先要加载自定义本构模块，命令为 config umdcpp，然后还要加载 .dll 文件，如本例命令为 model load modeluserburger005_64.dll。

5.3.5 验证

Burgers 体由两部分组成，即 Maxwell 体和 Kelvin 体（图 5-16）。本例给出相同大小的三个单元，均赋予材料属性为 userburger，然而其材料参数不同，分别可代表 Maxwell

体、Kelvin 体和 Burger 体（表 5-2）。

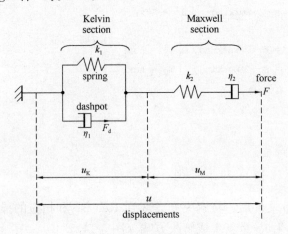

图 5-16　Burgers 模型

三种单元的材料属性　　　　　　　　　　　　　　　　　　　表 5-2

编号	K	G^m	G^k	η^m	η^k
1	20	15	10	30	10
2	20	15	—	30	—
3	20	15	10	—	10

例 5-5　Burgers 模型压缩试验

```
; ------------------------------------------------------------
; Compression test – – Burgers models
; ------------------------------------------------------------

new project
set fish autocreate off

title
Compression test- - - Burgers models
config cppudm
config creep
model load modeluserburger005 _ 64.dll

gen zone brick size 5 1 1

def setup
global bu = 20. ;体积模量
global g _ k = 10. ;Kelvin 体剪切模量
global g _ m = 15. ;Maxwell 体剪切模量
```

```
global vis_k = 10.    ; Kelvin体粘度
global vis_m = 30.    ; Maxwell体粘度
global P = -1.
global cons = 1. / (3.*bu) + 1./g_m
global alpha = g_k/vis_k
end
@setup

model userburger
model mech null range x 1 2
model mech null range x 3 4


fix z range z 0
apply szz @P range z 1

def strn_m ; 理论值
global strn_m = P* (crtime/vis_m + cons) /3.
global strn_k = P* ( (1. - exp (-alpha*crtime))/g_k + cons) /3.
global strn_b = P* (crtime/vis_m + (1. - exp (-alpha*crtime))/g_k + cons ) /3.
end

his add gp zdisp 1，1，1 ; Burgers体Z向位移
his add gp zdisp 3，1，1 ; Maxwell体Z向位移
his add gp zdisp 5，1，1 ; Kelvin体Z向位移
his add crtime           ; 蠕变时间
hist add fish @strn_m
hist add fish @strn_k
hist add fish @strn_b
hist add dt ; 时间步
;-----------------------------------------------------
; Burgers substance in left blocks
prop bulk @bu range x 0 1 z 0 1
prop mshear @g_m mvisc @vis_m range x 0 1 z 0 1
prop kshear @g_k kvisc @vis_k range x 0 1 z 0 1

; Maxwell substance in center blocks
prop bulk @bu range x 2 3 z 0 1
prop mshear @g_m mvisc @vis_m range x 2 3 z 0 1

; Generalized Kelvin substance in right blocks
prop bulk @bu range x 4 5 z 0 1
```

```
prop mshear @g_m range x 4 5 z 0 1
prop kshear @g_k kvisc @vis_k range x 4 5 z 0 1

;--- initial "instantaneous" equilibrium ---
solve
;--- reset velocities ---
ini xv 0 yv 0 zv 0
;--- creep test ---
set creep dt 1e-5
set creep dt auto on
set creep mindt 1e-5 maxdt 0.1
solve age 6.

save compression-test

return
```

本例通过比较数值模型计算与理论值，可以看出二者结果基本吻合，且 Burgers 本构模型中的两组分 Maxwell 体和 Kelvin 体的模型满足其自身定义，因此，可验证本例中自定义本构模型的正确性（图 5-17）。

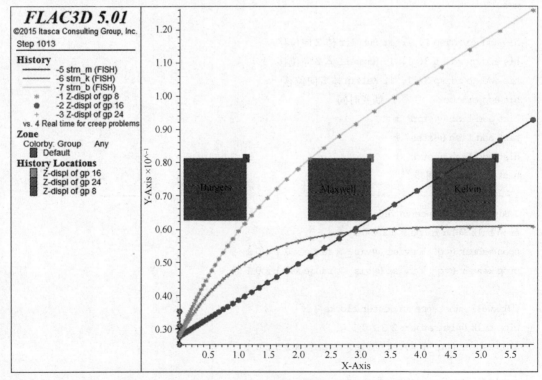

图 5-17　计算结果验证

第六章 FLAC3D 中的流固耦合分析

6.1 概述

FLAC3D 可模拟渗透性固体（如岩体和土体）中的渗流。渗流分析可以与通常的力学计算独立进行，也可以与之同时进行，即流固耦合计算。流固耦合现象的一种典型情况是土体的固结现象：孔隙水压力的缓慢消散导致土体中发生沉降，这个过程包含了两种力学现象：一是孔隙水压力的改变导致了有效应力的改变，从而影响土体的力学性能，如有效应力的减小可能使土体达到塑性屈服；二是土体中的流体会对土体体积的改变产生反作用，表现为流体孔压的变化。

基本渗流分析方案可以解决两种渗流问题：一是完全饱和渗流；二是潜水位发生变化的渗流。对于有地下水的渗流，FLAC3D 认为地下水面以上的区域孔隙水压力为 0，且不考虑气相的作用。这个理论适用于毛细效应可忽略的粗糙材料。为了表现饱和与非饱和单元内部转换的演变过程，必须对非饱和区域的渗流进行分析，这样渗流就可以从一个区域渗透到另一区域。表观渗透率与饱和度有关：非饱和区域中的渗透作用可以近似处理，而在饱和区域中则需要精确计算。

FLAC3D 中的渗流计算具有以下特点：

(1) 各向同性、各向异性材料渗透规律不同，FLAC 提供两种不同的渗流模型。另外，为渗流区域中的不透水材料提供了不透水模型。

(2) 不同的单元可以赋予不同的渗流模型和渗流参数。

(3) 可设置多种不同的流体边界条件，有：流体压力、涌入量、渗漏量、不可渗透边界等。

(4) 可在材料中插入流体源，包括点源和体积源。这些源对应规定的流体入流和出流量，并随着时间而变化。

(5) 计算完全饱和土体中的渗流问题，可以采用显式差分法或者隐式差分法，其中显式差分法可适用于饱和渗流问题和非饱和渗流问题；而非饱和渗流问题只能采用显式差分法。

(6) 渗流模型可以与力学模型、热模型进行耦合。在耦合计算中，允许饱和材料的压缩和热膨胀。

(7) 流体和固体的耦合程度依赖于土体骨架的压缩程度，用 Biot 系数表示颗粒的可压缩程度。

(8) 热耦合计算问题有两个重要的参数：线性热膨胀系数 α_t 和不排水热系数 β。

(9) 热耦合计算是基于线性理论的。假设材料参数为常量并忽略对流的影响。流体与固体的温度是局部平衡的。非线性情况的计算则需要通过 FISH 函数定义材料参数与孔压。

（10）FLAC3D也提供了对流模型，考虑了对流产生的热传导的影响。它需要考虑温度相关的流体密度和流体产生的热对流。

6.2 流固耦合计算模式

分析孔隙水压力问题时所需的计算模式和命令，根据是否设置流体计算（计算中是否设置 CONFIG fluid）分为两种，分别是渗流模式和无渗流模式。

渗流模式（设置 CONFIG fluid）下，可以单独进行渗流计算，也可以与力学变形耦合计算。

在未设置流体计算时，FLAC3D 也可以进行简单的、非耦合的渗流和力学计算，如边坡稳定性分析。当此选项适用时，相较于设置流体计算的情况可更快地求解。

6.2.1 无渗流模式

如未设置命令 CONFIG fluid，那么计算中不能进行流体分析，但是仍可以在节点上设置孔隙水压力。在这种模式下，孔隙水压力保持不变，而单元的屈服由有效应力状态确定，当选用塑性本构模型时则需考虑单元屈服的影响。

节点处的孔隙水压力可自行指定，指定方法有命令 INITIAL pp 和命令 WATER table 两种。

使用命令 WATER table 设置水位面，FLAC3D 将自动计算水位面之下单元的静水压力分布。使用此命令前，必须给定流体密度（WATER density）和重力（gravity）。如果水位面由关键词 face 定义，命令 LIST water 可以将密度值和水位面的位置显示出来，PLOT water 可将水位面在图像中显示出来。

用这两种方法指定节点孔隙水压力，求出节点孔隙水压力的平均值作为单元孔隙水压力，再由此推导出用于本构模型中的有效应力。在无渗流模式下，体力计算中将自动不考虑流体的存在：用户需自己给定干湿介质的密度，以及其相应地处于水位面之上或之下。命令 LIST gp pp 和 LIST zone pp 可分别在屏幕上显示出节点孔隙水压力和单元孔隙水压力。PLOT contour gpppressure 可在图像中显示出网格节点孔隙水压力云图。

当地质材料的孔隙内充满孔隙液并处于压缩状态时，材料的强度通常会降低。FLAC3D 通过考虑有效应力来实现这一特性。FLAC3D 中定义孔隙水压力为压应力并取正值。因此，有效应力 σ' 与总应力 σ 和孔隙水压力 p 的关系为：

$$\sigma' = \sigma + p$$

有效应力理论适用于所有的塑性模型。

6.2.2 渗流模式

如果计算中设置了命令 CONFIG fluid，那么 FLAC3D 可进行瞬态渗流分析，孔隙水压力随浸润面的变化而变化。可先计算出模型节点的孔压，并通过求平均值的方法推导出单元孔压。有效应力（静水压力分布）计算和不排水计算均可在渗流模式下进行。另外，也可进行完全流固耦合计算，此时孔隙水压力的改变会产生力学变形，同时体积的改变又会导致孔隙水压力的改变。

在渗流模式下，用户必须制定土体干密度（无论浸润线上下），因为FLAC3D在体积力的计算中将自动考虑流体的影响。

在渗流模式下，单元必须要赋予渗流模型，命令MODEL fluid fl-isotropic为设置成各向同性渗流模型，命令MODEL fluid fl-anisotropic为设置成各向异性模型，命令MODEL fluid fl-null设置为不透水材料模型。另外需注意力学性质为空的单元不会自动设置为不透水模型，需用户在开挖完成后自行设定。

流体参数包括单元流体参数和节点流体参数。单元的流体参数包括各向同性渗透系数、孔隙率、比奥系数、不排水热系数和流体密度。除了流体密度使用命令INITIAL赋值外，其他单元流体参数均通过命令PROPERTY赋值（注意：流体密度也可通过WATER命令赋值）。

对于各向同性流体，可使用关键词permeability对渗透系数进行赋值。对于各向异性流体，利用关键词k_1、k_2和k_3赋予三个方向上的渗透系数，同时利用关键词fdip、fdd和frot确定方向。渗透系数的主方向对应k_1、k_2和k_3，遵循右手螺旋系统规则。fdip和fdd可分别定义k_1、k_2的平面的倾角和倾向，倾角从水平面xy平面开始测量，向下为正（z轴负轴方向为正），倾向是y轴正轴与倾向线在xy平面上投影的夹角（从y轴开始顺时针方向为正）。frot是k_1轴与倾向线在k_1-k_2轴内投影的夹角（从方向线开始顺时针方向为正）。

关键词biot_c可给比奥系数赋值，porosity可给孔隙率赋值。系统默认比奥系数＝1，孔隙率＝0.5。

命令INITIAL可给节点流体参数赋值。节点流体参数包括流体体积模量、比奥模量、流体抗拉强度和饱和度。也可给每一个节点参数赋予一个空间变量（表6-1）。

属性指定方法 表6-1

属　性	关键词	隶　属	命　令
渗透系数（各向同性渗流模型）	permeability	单元	PROPERTY
渗透系数主值（各向异性渗流模型）	k_1、k_2、k_3	单元	PROPERTY
渗透系数主方向（各向异性渗流模型）	fdip、fdd、frot	单元	PROPERTY
孔隙率	porosity	单元	PROPERTY
比奥系数	biot_c	单元	PROPERTY
不排水热系数	u_thc	单元	PROPERTY
流体模量	fmodulus	节点	INITIAL
比奥模量	biot_mod	节点	INITIAL
饱和度	saturation	节点	INITIAL
流体抗拉强度	ftens	节点	INITIAL
流体密度	fdensity	节点	INITIAL
	density	全局变量	WATER

注意：在渗流模式下，流体的可压缩性可通过以下两种方式之一来定义：（1）给定比奥系数和比奥模量；（2）给定流体体积模量和孔隙率。第一种方式考虑了土体颗粒的可压缩性（不可压缩颗粒的比奥系数为1），第二种方式假设土体颗粒是不可压缩的。

命令LIST zone property和LIST gp可分别将单元参数和节点参数显示出来。命令LIST water可以将流体密度连同水位线的位置显示出来。命令PLOT bcontour flproperty可以将流体参数绘制成云图。对于各向同性流，利用单元参数关键词kxx，kyy，kzz， kxy，kxz 和 kzz，可将渗透张量的全局分量绘制和显示出来（请注意这些全局分量不能直接初始化赋值）。

不论是在渗流模式还是无渗流模式下，定义初始孔隙水压力分布的方法是一样的（命令 INITIAL pp 或 WATER table）。在用户选择的节点上，命令 FIX pp（FREE pp）可固定（释放）该节点孔隙水压力。命令 APPLY 可施加流体源与汇。

命令 SET fluid 和 SOLVE 可控制渗流计算。有几个关键词可用于帮助计算过程。例如，SET fluid on 或 SET fluid off 可打开或关闭渗流计算模式。这些命令和关键词的应用要依据渗流计算中所要求的耦合程度来确定。6.5 节将讲述各种不同的耦合程度和推荐的计算步骤。

FLAC3D 可以通过多种形式提供渗流计算的结果。命令 LIST gp pp 和 LIST zone pp 可以分别显示出节点和单元的孔隙水压力。命令 HISTORY add gp ppressure 和 HISTORY add zone pp 分别可以监测节点和单元孔隙水压力的历史记录。对于瞬态渗流，命令 HISTORY fltime 可以通过监测流动时间，绘制出相对于真实时间的孔隙水压力图。命令 PLOT contour gpppressure 可以绘制出节点孔隙水压力云图。命令 PLOT contour saturation 可以绘制出饱和度云图。PLOT flow 可以绘制出特定的流量矢量。命令 LIST fluid 可以显示出渗流模式的基本信息。通过 FISH 函数可以实现多个流体变量。gp_flow 是一个与网格相关的变量，只能通过 FISH 函数实现，它代表着网格上节点的入流量和出流量。

6.3 流体分析的参数和单位

FLAC3D 中渗流计算涉及的参数有渗透系数 k、密度 ρ_f、比奥系数 α、比奥模量 M（对于含可压缩颗粒材料中的流体），或者流体体积模量 K_f 和孔隙率 n（对于含不可压缩颗粒材料中的流体）。热耦合参数有排水线性热膨胀系数 α_t（热-力学），不排水热系数 β（孔隙-热）。下面会对这些参数进行相关的说明与推导。

所有热-孔隙-力学参量必须基于连续单元。

6.3.1 渗透系数

本书中的 FLAC3D 中的各向同性渗透系数 k 是一个流度系数，它的国际单位是 $m^2/(Pa/s)$。它是达西定律中的压力项系数，与导水率 k_h 有关：

$$k = \frac{k_h}{\rho_f g}$$

式中　g——重力加速度。

内在渗透性 K 与渗透系数 k 的关系为：

$$k = \frac{K}{\mu}$$

式中　μ——动力黏度。

FLAC3D 流体计算的时间步与渗透系数有关，渗透系数越大则稳定时间步越小，达到收敛的计算时间就越长。如果模型中含有多种不同的渗透系数，时间步是由最大的渗透系数决定的。在稳态渗流计算中，可以人为地减小模型中多个渗透系数之间的差异，以提高收敛速度。例如，渗透系数之间的差异 20 倍与 200 倍计算得到的最终稳定的渗流状态基本没有差别。

6.3.2 密度

当问题中涉及重力荷载时必须设置密度参数，FLAC3D 中涉及的密度参数有 3 种：土体的干密度 ρ_d，土体的饱和密度 ρ_s，以及流体的密度 ρ_f。

在渗流模式（设置 CONFIG fluid）中，只需要设置土体的干密度，FLAC3D 会按照下式自动计算每个单元的饱和重度。

$$\rho_s = \rho_d + ns\rho_f$$

式中　　n——孔隙率；

　　　　s——饱和度。

在无渗流模式（未设置 CONFIG fluid）中，需要对水下的单元设置饱和密度，这也是唯一一种设置饱和密度的情况。

命令 WATER table（或 INITIAL pp）可以指定水位线的位置，水位线以上的单元设置干密度，水位线以下的单元设置饱和密度。

命令 INITIAL density 可以给土体设置干密度或饱和密度；命令 WATER density 可以设置全局流体密度；命令 INITIAL fdensity 可以对不同位置设置不同的流体密度。

6.3.3 流体模量

6.3.3.1 比奥系数和比奥模量

当考虑固体介质（比如土颗粒）的压缩性时，需要用到比奥系数和比奥模量两个参数。

比奥系数，定义为孔隙压力改变时，单元中流体体积的改变量占该单元本身体积改变量的比例，可以根据排水试验测得的排水体积模量来确定。比奥系数的取值变化范围为 $\frac{3n}{2+n} \sim 1$ 之间，n 是土体的孔隙率。FLAC3D 默认土体颗粒不可压缩，比奥系数为 1。

对于理想多孔介质，比奥系数与体积模量 K 和土颗粒的体积模量 K_s 存在如下的关系：

$$\alpha = 1 - \frac{K}{K_s}$$

比奥模量定义为储水系数的倒数。储水系数是指在体积应变一定的情况下，单位孔隙压力增量引起的单元体积内流体含量的增量。比奥模量 M 可以按下式进行定义：

$$M = \frac{K_u - K}{\alpha^2}$$

式中　K_u——介质的不排水体积模量。

对于理想多孔介质，比奥模量与流体模量 K_f 的关系为：

$$M = \frac{K_f}{n + (\alpha - n)(1 - \alpha)K_f/K} \quad 即：M = \frac{K_f}{n + (\alpha - n)(1 - \alpha)K_f/K}$$

因此，当土颗粒不可压缩的情况下（$\alpha = 1$），比奥模量为：

$$M = \frac{K_f}{n}$$

FLAC3D中若考虑土颗粒的可压缩性需要打开比奥计算模式（默认为off），命令为：SET fluid biot on。若要给单元设置比奥系数，命令为：PROPERTY。若要给各节点设置比奥模量，命令为：INITIAL。

6.3.3.2 流体体积模量

如果分析中不考虑土颗粒的可压缩性，则读者可以使用默认的比奥系数（$\alpha=1$），并使用由式$M = \frac{K_f}{n}$计算得到的比奥模量；也可以不使用比奥系数和比奥模量，而直接使用流体的体积模量。

流体的体积模量是表示流体可压缩性的物理量，定义为流体压力增量ΔP与ΔP作用下引起的流体体积应变$\Delta V_f/V_f$的比：

$$K_f = \frac{\Delta P}{\Delta V_f / V_f}$$

对于室温下纯水而言，体积模量为2×10^9Pa。在实际的土体中，由于孔隙水含有溶解的空气气泡，使得体积模量有所降低。对于地下水问题，考虑到水中气泡含量的不同，水在不同的节点位置可能有不同的流体模量，可以通过FISH程序来描述这种变化规律。

当使用流体模量作为输入参数时，不考虑固体介质的压缩性，FLAC3D会自动计算比奥模量，并且将比奥系数赋值为1，忽略用户对比奥系数的赋值。

6.3.3.3 流体模量和计算收敛速度

根据分析问题的不同，流体模量对计算收敛速度存在不同的影响。

在饱和的稳态渗流分析中，流体模量（比奥模量M或流体模量K_f）的取值不会影响计算的收敛速度，因为达到稳态所需的流动时间及流体计算的时间步都与模量（M或K_f）成反比，所以不论设置多大的模量值，所需的迭代步数是相同的，程序运行所需的时间也是一样的。

在含有浸润面的稳态渗流分析中，使用较低的流体模量可以加快问题的收敛，因为饱和度增量的计算公式中涉及时间步，具体可以参考流体计算的理论公式。

对于完全流固耦合系统的分析，则更加的复杂。相对于固体的体积模量（K），如果比奥模量M（或K_f）取值越大，则收敛的速度越慢。从数值分析的角度，流体模量的数值不必大于20倍$\left(\frac{K+4/3G}{\alpha^2}\right)$和$\left(\frac{K+4/3G}{n}\right)$。

6.3.3.4 排水和不排水分析的流体模量

在FLAC3D的渗流模式下，如果设置了流体模量（M或K_f），则土体模量应当设置为排水模量，土体的表观模量（不排水模量）由FLAC3D自动计算，而且在计算中不断更新。

在渗流模式下，也可以进行不排水计算，此时需要直接设置土体的不排水体积模量，计算公式为：

$$K_u = K + \alpha^2 M$$

对于不可压缩土体，$\alpha=1$，$M=\frac{K_f}{n}$，则上式变为：

$$K_u = K + \frac{K_f}{n}$$

6.3.4 孔隙率

孔隙率是一个无量纲数,定义为孔隙的体积与土体的总体积的比值,与孔隙比 e 有关:

$$n = \frac{e}{1+e}$$

FLAC3D 中默认孔隙率为 0.5,孔隙率的取值范围为 0~1,但是当孔隙率较小(比如小于 0.2)时需要引起注意,因为流体模量是与 $\frac{K_f}{n}$ 相关,当孔隙率 n 较小时,流体模量会远大于土体材料的模量,这样会使收敛速度变得很慢。这种情况下,可以适当减小流体模量 K_f 的值。

在 FLAC3D 中,孔隙率主要用来计算饱和密度,当使用流体模量作为输入参数时,孔隙率还用来估算比奥模量的值;FLAC3D 在计算中不会对孔隙率进行更新,因为计算过程需要耗费一定的时间;孔隙率是单元变量,赋值命令是 PROPERTY poros。

6.3.5 饱和度

饱和度定义为流体所占的体积与所有孔隙体积的比值。FLAC3D 认为,如果一点处的饱和度小于 1,那么该点处的孔隙水压力为 0。如果需要考虑流体中溶解的空气和存在的气泡,则可以在饱和度为 1 的情况下,通过降低流体模量的方法近似实现(假设有等效流体贯穿孔隙空间)。尽管非完全饱和区域中不存在孔隙水压力,其中的流体依然有重量,且在重力作用下运动。

用户可以设置初始饱和度,但是 FLAC3D 计算中为了遵守质量守恒定律,会自动更新饱和度。另外,饱和度不是一个独立的变量,不能在节点上对饱和度进行固定。

6.3.6 不排水热系数

不排水热系数 β 定义为在不排水固结测试(无变形)中,温度每改变一度,孔隙水压力变化量除以 $3\alpha M$ 的值。

对于理想多孔介质,不排水热系数与颗粒体积热膨胀系数 β_g 和流体体积热膨胀系数 β_f 有关,计算公式为:

$$\beta = 3[\beta_g(\alpha - n) + \beta_f n]$$

不排水热系数是一个单元参数,赋值命令为 PROPERTY。

6.3.7 流体抗拉强度

在细粒土中,孔隙水可以承受明显的拉力(负孔隙水压力)。FLAC3D 可以描述负孔隙水压力的产生,土体中存在的负孔隙水压的极限值定义为流体的抗拉强度,用 INITIAL ftens 命令设置,程序默认值为 -10^{15}。注意:负孔隙水压力不同于由毛细管力、电力、化学力造成的拉力,后者的典型代表有本构模型中增大的有效应力,而负孔隙水压力的产生与材料是由颗粒构成的这一事实无关,它仅是由充满液体的体积膨胀产生的。

6.4 流体边界条件，初始条件，源与汇

FLAC3D中默认的边界条件为不透水边界；所有节点在初始时刻都是"自由"的（边界上节点与外界没有流体交换，边界节点上的孔压值可以自由变化）。在适当的节点处使用命令 FREE pp，可以明确地设置不透水边界条件。在任意节点处使用命令 FIX pp 则可以设置与之相对的条件。通常，如果孔隙水压力固定，那么沿着透水边界，流体可以流入或流出模型边界。下面对两种边界条件的影响作出如下总结：

（1）孔隙水压力自由——不透水边界，为默认的边界条件。模型与外界没有流体交换。孔压和饱和度的改变是可以计算的，依赖于饱和度目前的值以及流体是否发生空化。

（2）孔隙水压力固定——透水边界，模型与外界有流体的交换。当孔隙压力固定为零时，饱和度才会变化，否则饱和度为 1（与FLAC3D的假设"孔隙水压力只存在于完全饱和材料中"一致）。孔隙压力的固定值不能小于流体的抗拉强度，否则FLAC3D会自动将这些值重置为抗拉强度。

如上所述，某些条件的组合是不可能存在的（如孔隙水压力的固定值小于流体的抗拉强度）。FLAC3D在执行任一计算步之前，会自动纠正这些条件。孔隙水压力可以固定为某一值，命令为 FIX pp；也可使用命令 APPLY pp 来定义模型内部或外部边界条件。必须注意的是，如果边界条件被应用于无表面节点，则必须设置可选关键词 interior。使用APPLY 命令的优点是可以通过 history（由 FISH 函数提供）直接控制孔隙压力。

通过 APPLY 命令，用户可以给个体，一定范围的节点，单元表面和单元设置流体边界条件。命令 APPLY pwell 可以描述从节点流入（或流出）的流量大小。若使用 interior 关键词，表示模型内部节点的流量。命令 APPLY discharge 和 APPLY leakage 在模型边界的平面上设置渗流边界条件，分别为通量边界条件和渗漏边界条件。命令 APPLY vwell 对模型中的一个单元（zone）进行赋值，可以描述通过一个单元体的流量大小。所有的这些流体边界条件（除了 APPLY leakage）都可以通过关键词 history 记录。

固定孔压的节点可以作为源或汇。FLAC3D中没有一个明确的命令可以测量流入或流出这些节点的流量，但是可以根据 FISH 程序中的模型变量 gp_flow（作用是记录了节点的不平衡流量）编写一个简单的程序来实现节点流量的监测。

通过命令 INITIAL 或 PROPERTY，可以设置孔隙水压力、孔隙率、饱和度和流体参数的初始分布。如果问题中考虑重力的影响，则以上变量和参数的初始分布必须与实际静水压力的梯度一致。如果用户设置的条件与静水压力不一致，则一开始流体计算单元内就会产生渗流。因此，开始模拟的时候可以先运行几个 step，以检验流体参数和初始条件设置的正确性。

在渗流分析中，如果模型中含有接触面，则在模型中进行初始应力设置时，接触面上的应力会自动考虑孔隙水压力的存在而进行有效应力的初始化，这个过程在渗流模式和无渗流模式下都是如此。例如，在无渗流模式下，使用 WATER table 命令可以产生节点上的孔压，这样沿着接触面的孔压也会自动生成，因为接触面上的孔压是节点上的孔压插值得到的。如果接触面两侧的平面处于接触状态，则流体可以从接触面的一面渗透到另一面，并且不受任何阻力。但是，沿着接触面方向的渗流是不能计算的（比如裂隙渗流）。

6.5 单渗流问题和耦合渗流问题的求解

FLAC3D可以进行单纯渗流问题的分析,也可以进行流固耦合的分析。耦合分析可以与FLAC3D中的任意本构模型进行。

有几种可用的建模策略来实现耦合过程。其中之一假设模型中的孔隙水压力保持不变。这种方法不要求为渗流计算提供额外的内存空间。建模中若涉及渗流,需要为流体网格设置CONFIG fluid,并且在渗流可能发生的单元内使用命令MODEL fluid。

本节中将说明流固耦合分析中不同的建模策略,越精细将需要越多的计算机内存和时间。一般来说,应该选择最简单的选项。

6.5.1 时标

当使用FLAC3D分析含有流体作用的问题时,时标与其中不同的物理进程相互联系,因此对时标进行估计是非常有用的。了解问题中的时效、扩散率等概念可以有助于确定问题中的最大网格范围、最小单元尺寸、时间步及利用FLAC3D分析的可行性。如果不同进程之间的时标差别很大,则有可能使用简化的不耦合方法来分析。

时标可以通过特征时间来得到,特征时间由量纲分析推导而来,并且满足连续性方程。通过特征时间可以得到FLAC3D分析中各进程时标的大致值。其中,力学进程的特征时间定义为:

$$t_c^m = \sqrt{\frac{\rho}{K_u + 4/3G}} L_c$$

式中 K_u——不排水体积模量;
G——剪切模量;
ρ——密度;
L_c——特征长度(即模型的平均尺寸)。

$$t_c^f = \frac{L_c^2}{c}$$

式中 L_c——渗流特征长度(即模型中渗流路径的平均尺寸);
c——扩散率,定义为渗透系数k与储水系数S的比值:

$$c = \frac{k}{S}$$

在FLAC3D中储水系数的定义有不同的定义:
(1)饱和渗流模式,储水系数为流体存储,定义为:

$$S = \frac{1}{M}$$

则流体扩散率为:

$$c = kM$$

(2)非饱和渗流计算中,储水系数S为潜水存储,定义为:

$$S = \frac{1}{M} + \frac{n}{\rho_w g L_p}$$

则流体扩散率为：

$$c = \frac{k}{\dfrac{1}{M} + \dfrac{n}{\rho_w g L_p}}$$

（3）流固耦合问题中，储水系数 S 为弹性存储，定义为：

$$S = \frac{1}{M} + \frac{\alpha^2}{K + 4G/3}$$

则流体扩散率为真实扩散率，或称为广义固结系数：

$$c = \frac{k}{\dfrac{1}{M} + \dfrac{\alpha^2}{K + 4G/3}}$$

6.5.2 完全耦合分析方法的选择

使用 FLAC3D 进行流体-固体的完全耦合分析通常需要耗费大量的时间，而实际上有时并不必要。使用不同程度的非耦合方法进行简化分析，可以加快计算速度。在进行方法选择时，有三个主要因素需要考虑：

（1）问题的分析时标与扩散特征时间之间的比值；
（2）耦合过程施加扰动的属性（流体扰动还是力学扰动）；
（3）流固刚度比。

特征时间 t_c^c，扩散率 c，刚度比 R_k 的表达式可以帮助我们量化这些因素。下面分别对这三个因素进行详细介绍，并推荐根据这些因素选择的分析方法。

6.5.2.1 时标

首先，我们需要通过测试初始扰动的时间来考虑时标的影响。定义 t_s 为问题需要分析的时标，t_c 为耦合扩散时间所需要的特征时间，根据 t_s 和 t_c 之间的关系，可以将问题分为短期分析和长期分析两种情况。

1. 短期分析

如果 $t_s \ll t_c$，那么渗流对分析结果的影响可忽略，这种分析方法属于不排水分析。对于不排水分析，干分析与湿分析均可行，而进行湿分析的命令为 CONFIG fluid 和 SET fluid off。这种问题的模拟中不包括真实的时间变量，但是如果给定真实的流体模量（M 或 K_f），也可以计算由于体积应变的改变引起的孔压的改变。

这种分析方法的一个实例为：地基瞬间加载问题。

2. 长期分析

如果 $t_s \gg t_c$，在 $t_s = t_c$ 时进行排水，因此属于排水分析，那么孔压场可以不与应力场耦合。可以首先通过单渗流计算得到稳态的孔压场（命令为 SET fluid on，SET mechanical off），然后将再设置流体模量 $K_f = 0$，达到力学平衡状态（命令为 SET mechanical on，SET fluid off）。严格来说，这种工程方法只适用于弹性材料，而塑性材料的分析是与路径相关的。

另外一种描述时标的方法是排水和不排水分析。不排水分析严格来说是指分析对象与外界没有流体交换（其中外界是指实验室测试样本周围的介质，数值模拟或现场试验中的其他部分）。排水分析是指分析对象可以与外界进行完全的流体交换，这意味着流体压力可以扩散到任意位置。这种描述方法与短期分析和长期分析密切相连，因为不排水测试通常可以快速完成，而排水测试则需要较长的一段时间，以便超孔隙水压力能够消散。

6.5.2.2 耦合过程中施加扰动的性质

扰动是指完全流固耦合问题中引起系统平衡状态改变的外界条件，包括流体边界条件和力学边界条件。例如，水井承压含水层中的瞬态渗流就是水井中孔隙水压力改变引起的，属于流体扰动；高速公路路基填筑中地基固结问题就受到路基荷载的影响，属于力学扰动。如果问题中的扰动仅仅是由于孔隙水压力的改变引起的，那么流体进程和力学进程可以不耦合。如果是由于力学扰动引起的，则流体进程和力学进程的耦合程度需要考虑流固刚度比的影响。下面将具体讲述。

6.5.2.3 流固刚度比

流固刚度比 R_k 对于流固耦合问题分析具有重要的影响。根据其大小，可以将流固耦合问题分为刚性骨架问题和柔性骨架问题两种。

1. 相对刚性骨架（$R_k \lll 1$）

如果土壤骨架刚度很大（或流体压缩性很大），则 R_k 很小，那么孔隙水压力的扩散方程可以不进行耦合，因为扩散率受到流体的影响（Detournay and Cheng 1993）。那么分析方法可根据其主要影响机理（流体扰动或力学扰动）分为两种：

（1）力学扰动分析中孔隙水压力保持不变，在弹性分析中，土骨架相当于没有流体影响，而在弹塑性分析中，孔压的出现会导致单元的屈服，这种方法在边坡稳定分析中有应用。

（2）流体扰动分析中孔隙水压力场受体积应变的影响不大，可以独立进行渗流计算（命令为 SET fluid on，SET mechanical off）。通常，孔压场的改变会影响应变，可以在随后进行力学循环得到。在力学循环中，流体模量 M 或 K_f 必须设置为 0，以防止产生额外的孔压。

2. 相对柔性骨架（$R_k \ggg 1$）

如果土骨架刚度很小（或流体压缩性很大），则 R_k 很大，需要进行耦合分析，且扩散率受骨架的影响。根据扰动属性的不同，也有两种不同的分析方法：

（1）力学扰动分析中这种问题需要耗费大量的时间，可以通过减小流体模量（M 或 K_f）的方法使 R_k 降低到 20 左右，这样不会对计算结果产生明显的影响。

（2）孔压扰动分析中，经验表明，一般情况下孔压场与力学场的耦合较弱。对于弹性介质，可以先进行渗流分析（命令为 SET fluid on，SET mechanical off），再进行力学分析（命令为 SET mechanical on，SET fluid off；流体模量设置为 0）使模型达到平衡状态。

注意：为了保持真实的扩散率以及系统的特征时标，流体模量（M 或 K_f）需要调整为：

$$M^a = \frac{1}{\dfrac{1}{M} + \dfrac{\alpha^2}{K + 4G/3}}$$

或

$$K_f^a = \frac{n}{\dfrac{n}{K_f} + \dfrac{1}{K + 4G/3}}$$

在力学计算中,需要将模量设为 0,以避免体积应变对孔压场造成新的改变。

6.5.2.4 选择分析方法的推荐流程

第一,针对指定的问题条件和参数确定扩散过程的特征时间,并将特征时间与真实的时标相比较;

第二,考虑系统扰动属于力学扰动还是孔压扰动;

第三,确定流固刚度比。

完全流固耦合问题分析方法的具体选择如表 6-2 所示,表中基于对以上三个因素的评估提出了适当的分析方法,也列出了各种情形下流体模量 M 或 K_f 的调整情况。

完全流固耦合分析中选择分析方法的步骤　　　　表 6-2

时标	扰动属性	流固刚度比	分析方法和主要命令	流体模量
$t_s \gg t_c$ 稳定渗流分析	力学或孔压	任意	无渗流模式下的有效应力分析	无流体
			渗流模式下的有效应力分析 CONFIG fluid SET fluid off SET mechanical on	0
$t_s \ll t_c$ 不排水分析	力学或孔压	任意	孔隙水压力的生成 CONFIG fluid SET fluid off SET mechanical on	实际值
t_s 在 t_c 范围内	孔压	任意	不耦合,分两步求解 CONFIG fluid (1) SET fluid on SET mechanical off	调整 M_a (K_f^a)
			(2) SET fluid off SET mechanical on	$M_a(K_f^a) = 0$
	力学	任意	流固耦合 CONFIG fluid SET fluid on SET mechanical on	调整 $M_a(K_f^a)$, 使得 $R_k \leqslant 20$

注:1. 章节 6.5.3 中将讨论无渗流模式下的有效应力分析,为了建立这种有效应力分析的初始条件,可使用命令 WATER table, INITIAL pp 或 FISH 功能来建立稳态孔隙水压力。水位线以下的单元使用湿密度,以上的单元使用干密度。2. 章节 6.5.4 中将讨论渗流模式下的有效应力分析,为了建立这种有效应力分析的初始条件,可使用命令 INITIAL 或 FISH 功能来建立稳态孔隙水压力,若潜水面的位置未知,也可使用 SET fluid on mechanical off 循环计算到达稳定状态。

6.5.3 固定孔压(有效应力分析)

在某些分析计算中,孔隙水压力的分析非常重要,因为它可以用于估算系统中所有点的有效应力。比如分析边坡稳定性时，可以使用固定的水面条件，在这种情况下孔压不受力学作用的影响。

使用 WATER table 或 INITIAL pp 命令可以在水位面以下生成静水压力条件，另外 FISH 函数也可以产生需要的孔压分布。用户必须要给定水的密度（命令为 WATER density），以及在水位面以上和以下分别设置干密度和饱和密度。

孔压分布对应着没有应变的初始状态，它保持不变且不受力学变形的影响。此时不会产生渗流。孔压分布对材料的屈服有影响，因为材料的屈服依赖于平均有效应力。

6.5.4 单渗流分析建立孔压分布

不考虑任何力学影响时，可以在某些系统中进行单渗流分析，确定其流量和压力分布。例如，在分析排水沟、抽水井时，考虑其造成的地下水的改变是非常有必要的。或者耦合计算需要建立的初始孔压分布。在这两种情况下，FLAC3D 先进行单渗流计算，接着可进行力学计算，当然也可不进行。

单渗流计算的步骤为：

（1）第一步是设置渗流模式，命令是 CONFIG fluid，这样可以给渗流计算提供更多的内存空间。并且需要将力学计算关闭，命令为 SET mechanical off。

（2）第二步是确定渗流算法是显式算法或隐式算法。FLAC3D 默认为显式算法，但是在计算的任意过程中可以通过命令 SET fluid implicit on（SET fluid implicit off）激活（关闭）隐式算法。注意：隐式算法仅仅适用于完全饱和的渗流情况，即饱和度始终保持为 1，如果在模拟中出现减饱和时，计算结果会错误，因此我们在使用隐式算法过程中需要经常查看模型的饱和度情况（例如绘制饱和度轮廓线）。

在显式算法中，FLAC3D 会按照自动计算的渗流时间步进行计算，但是使用命令 SET fluid dt 也可以选择更小的时间步计算。而在隐式算法中，用户必须自己定义时间步的大小，通常可以设置更大的时间步，因此对于饱和渗流问题的分析，隐式算法通常会更有效率。

（3）第三步是对渗流区域的所有单元进行渗流模型和参数的赋值。设置渗流初始条件和边界条件。单渗流分析和流固耦合分析中的渗流区域是指模型中含有非空模型的单元集合。例如通量边界条件，可以通过命令 APPLY 设置，并使用关键字 range 来指定其区域。

（4）第四步是进行渗流求解。渗流求解命令包括 STEP 和 SOLVE 两种。命令 STEP 后可加一定的步数，FLAC3D 可以执行相应的步数。SOLVE age 后面加的是流动时间，当到达指定的流动时间，FLAC3D 可以自动结束渗流计算。也可以使用命令 SET fluid age 和 SET fluid step 规定流动时间上限和步数的最大值，然后再使用 SOLVE 命令。也可通过 SOLVE 直接计算得到稳定状态渗流场，使用关键词 ratio 设置极限不平衡渗流比来定义稳定渗流状态。

如果渗流计算完成后还要进行力学计算，其中假设孔隙水压力保持不变，则需要将力学进程打开，命令为 SET fluid off mechanical on。同时要把比奥系数或流体体积模量设置为 0，以避免因力学变形而造成的孔压场的改变。

6.5.5 无渗流——力学引起的孔压

FLAC3D在进行短期分析（不排水分析）时可以使用"干法"和"湿法"两种分析方法。

在干法中，体积应变产生的孔压并不是直接计算，而是将土体体积模量K设置为不排水模量$K_u = K + \alpha^2 M$来考虑力学变形的影响。在干法分析中，有两种方法来监测Mohr-Coulomb材料的屈服：

（1）使用WATER或INITIAL pp命令设置初始恒定的孔压，使用不排水凝聚力和摩擦角。

（2）假定材料为0摩擦角并且凝聚力等于不排水剪切强度C_u。

第一种方法适用于孔压改变量相对于初始孔压而言较小的情况，第二种严格地说只适用于Skempton系数为1的平面应变问题，即流体模量远远大于土体模量的情况（$M \gg K + 4G/3$）。注意：无论是否设置CONFIG fluid，都可进行干法分析。如果设置CONFIG fluid，必须将流体模量赋值为0，以避免力学变形引起孔压改变。

在湿法分析中，FLAC3D则必须在渗流模式下进行耦合系统地短期分析。使用参数为与排水相关的体积模量、凝聚力和摩擦角。如果设置流体进程关闭（SET fluid off），并且比奥模量（或流体模量）为真实值，则计算得到的孔压响应就是力学变形产生的。例如，路基加载引起的瞬时孔压问题就可以用这种方法进行分析。如果流体模量远大于土体的体积模量，则收敛速度会非常慢，可以减小流体的体积模量而不影响分析的结果。

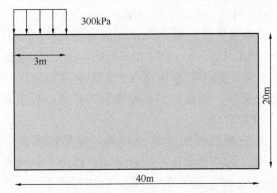

图6-1 荷载引起的孔压变化示例示意简图

例如图6-1，地基土的宽度为40m，高度为20m，地基土顶部表面为透水边界条件，孔压固定为0，以防止该处产生孔压。在地基土表面3m的范围内缓慢施加300kPa的荷载。孔隙率为默认值0.5，设置渗透系数。

计算的具体命令为：

```
new
title 'Instantaneous pore pressures generated under an applied load'
config fluid
gen zone brick size 40 1 20 p0 0 0 0 p1 20 0 0 p2 0 1 0 p3 0 0 10
;---建立力学模型---
model mech mohr
prop bulk 5e7 shear 3e7 fric 25 coh 1e5 tens 1e10
;---施加边界条件---
fix x     range x -.1 .1
fix z     range z -.1 .1
```

```
fix x       range x 19.9 20.1
fix y
;---缓慢加载---
def ramp
    ramp = min (1.0, float (step) /1000.0)
end
apply nstress = -0.3e6 hist @ramp range x -.1 3.1 z 9.9 10.1
;---设置流体模型---
model fluid fl_iso
ini fmod 9e8
;---将表面孔压固定为0---
fix pp 0 range z 9.9 10.1
;---关闭渗流模式---
set fluid off
;---记录节点孔压---
hist add gp pp 2, .5, 9
;---时间设置---
def time0
    t0 = clock/100.0
end
def runtime
    runtime = clock/100.0 - t0
end
;---测试求解---
@time0
solve
print @runtime
save load
```

本例加载中产生了大量的塑性流动，使用 FISH 函数 ramp 给命令 APPLY 提供一个线性变化的乘数，逐步地进行应力加载。从图 6-2 中可以看到加载后的孔隙水压力云图和荷载矢量。在荷载作用下地基土体中产生了超孔隙水压力，其中超孔压最大值发生在荷载作用位置以下，由于地基表面设置成为透水边界，因此荷载作用的位置没有产生超孔隙水压力。需要注意的是，实际在很短的一段时间内会发生塑性流动（大约几秒），此处的"流动"容易产生误解，相较于渗流，它是瞬时的。因此，进行不排水分析更加贴合实际。

因为土体是完全饱和的，且流体的刚度远远大于土体骨架，可以利用饱和快速流方案来计算此例。只需要在上文的命令中加入命令 SET fluid fastflow on 来进行饱和快速流计算。当不平衡体积 V_{av} 和 V_{max} 以及不平衡力率小于预设值，则达到平衡状态，结束计算步。计算得到的瞬时孔隙水压力与基本渗流方案所得基本一致（相差 5% 以内），如图 6-3 所示。而饱和快速流方案的运行速度大致是基本渗流方案的 3 倍。

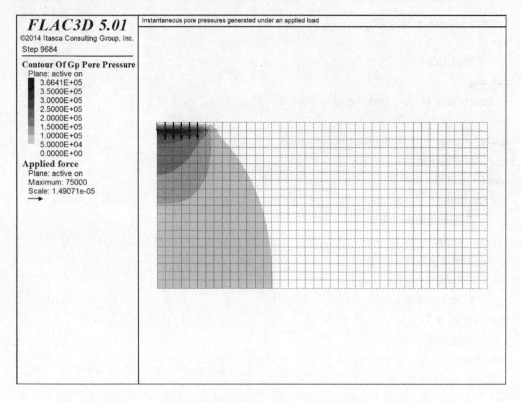

图 6-2 加载产生的瞬时孔隙水压力

6.5.6 流固耦合分析

在渗流模式下，如果比奥模量（或流体模量）、渗透系数都为真实值的话，FLAC3D 默认进行完全的流固耦合分析，完全的流固耦合分析有 2 个方向：一是孔压的改变引起体积应变的变化，进而影响应力；同时，应变的发生也会影响孔压的改变。

用户必须重视固结和力学加载的相对时标。力学扰动都是瞬时的（几秒或几分之一秒），然而，渗流是一个较长的过程：固结中超孔隙水压力的消散往往需要几个小时、几天或几周。

通过耦合进程和不排水进程的特征时间之间的比值，可以估算相对时标。不排水力学进程的特征时间可以使用饱和质量密度 ρ 和不排水体积模量 K_u 来得到，扩散率的特征时间和排水力学进程的特征时间的比值为：

$$\frac{t_c^f}{t_c^m} = \sqrt{\frac{K + \alpha^2 M + 4/3G}{\rho}} \frac{L_c}{k} \left(\frac{1}{M} + \frac{\alpha^2}{K + 4/3G} \right)$$

在多数情况下，M 大约为 10^{10} Pa，但是流度系数 k 有几种不同的数量级：花岗岩为 10^{-19} m²/（Pa·s），石灰岩为 10^{-17} m²/（Pa·s），砂岩为 10^{-15} m²/（Pa·s），黏土为 10^{-13} m²/（Pa·s），砂土为 19^{-7} m²/（Pa·s）。

实际上，相对于流体的扩散效应而言，力学的扰动作用可以假定为瞬时发生的，FLAC3D 中也采用了这个假定，在渗流时间步中不包含力学时间步。在动力模式中，则可以考虑砂土材料的动力流固耦合作用，因为砂土材料的力学时标和流体时标具有可比性。

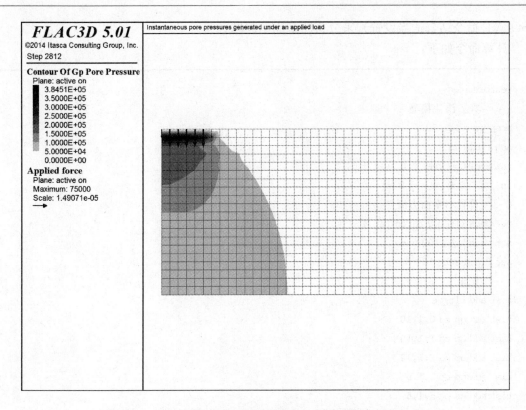

图 6-3 饱和快速流方案下加载产生的瞬时孔隙水压力

方法一：在绝大多数流固耦合分析中，分析开始之前必须先达到初始力学平衡状态。在小的渗流时间内，必须给每一个渗流步提供明确数量的力学步，才能达到准静力平衡。在较大的渗流时间内，如果系统达到了稳定渗流状态，更多步数的渗流计算不会对力学状态造成影响。与此相对应的数值模拟方法为，手动地控制单渗流模式（SET fluid on mechanical off）和单力学模式（SET fluid off mechanical on）的计算的时间步。两种模式下都可使用 STEP 命令来进行计算。

方法二：使用 SOLVE 命令并结合适当的设置，可以避免上述方法中烦琐的手动调节工作。需要进行的设置有：设置一个不平衡力（或 SET mechanical rafio）的大小，达到这个不平衡力（或 SET mechanical rafio），系统认为暂时达到平衡状态，命令为 SET mechanical force；设置力学进程为从进程，在主进程每执行一步中需执行 n 步（当系统达到平衡时也可以少于 n 步），命令为 SET mechanical substep n auto；设置流体进程为主进程，命令为 SET fluid substep m（主进程的关键词 auto 省略了）。如果对于每一个渗流时间步力学进程只需要一个子步就可以达到平衡状态，那么渗流子步的步数将会加倍，但不会超过数值 m（默认的情况下 $m=1$），而一旦这种连续性被打破时，系统将会采用原有的子步设置方案。如果使用 SOLVE age 命令指定一定的渗流时间，那么计算将一直持续直到达到 age 指定的渗流时间。

方法三：在流体模式和力学模式都处于打开状态下，可以直接使用 STEP 命令进行流固耦合求解。在这种求解方法中，每个渗流时间步中都有一个力学时间步，由于每一步都要使系统达到平衡状态，所以设置渗流时间步要足够小。

为了解释完全流固耦合分析，我们继续 6.5.5 节中的路基分析的例子，使用方法二

(SOLVE 命令结合适当设置）来分析路基固结问题。

计算命令如下：

```
restore load
;---建立渗流模型---
prop perm 1e-12
set fluid on
ini xvel 0.0 yvel 0.0 zvel 0.0
ini xd  0.0 yd  0.0 zd  0.0
;---设置不平衡力值---
set mech force 0 ratio 1e-4
set mech subs 100 auto
set fluid subs 10
;---记录---
hist add fltime
hist add gp zd 0,1,10
hist add gp zd 1,1,10
hist add gp zd 2,1,10
hist add gp pp 2,1,9
hist add gp pp 5,1,5
hist add gp pp 10,1,7
;---求解时间为 3,000,000 秒---
@time0
solve age 3.0e6
print @runtime
save age_3e6
return
```

在整个计算过程中，需要认真观察屏幕输出——在 SOLVE 命令之后，屏幕上有 8 个变量更新了：(1) 目前的计算步数；(2) 主进程子循环的步数；(3) 从进程子循环的步数；(4) 当前进程类型（力学或渗流）；(5) 当前进程的子循环步数；(6) 当前最大不平衡力（比）；(7) 主进程的渗流时间；(8) 当前时间步。

本例中最大不平衡力率的误差设置为 10^{-4}，进行了足够步数的力学计算，保证了最大不平衡力率的值小于误差。但是，根据子步数（SET mechanical substep）的设置，力学进程的步数不能超过 100，否则计算将会出现错误。无论不平衡力最大值或子步数设置得过小，系统将会很不稳定且不能达到平衡状态。误差的大小将会影响求解的质量：小误差将会产生一个稳定而准确的结果，但是运行速度缓慢；大误差将会快速得到结果，但可能是一个错误的答案。

图 6-4 为基础荷载作用下 FLAC3D 记录的 3000000s 内基础位移随时间的变化图。在本例中，地表的孔压固定为 0，因此多余的流体将会向上溢出。图中曲线逐渐趋向平稳状态，表明基础达到了完全固结状态。

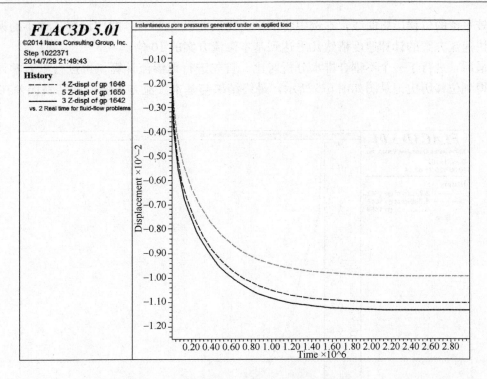

图 6-4　固结响应——基础位移随时间变化图

因为地基土体是完全饱和的，所以也可以使用饱和快速流方案进行流固耦合分析。使用命令 SET fluid fastflow on 可以开启饱和快速流方案。当渗流模式打开时，流固耦合计算会继续使用饱和快速流方案。计算结果与基本渗流方案相近，如图 6-5 所示。为了得到

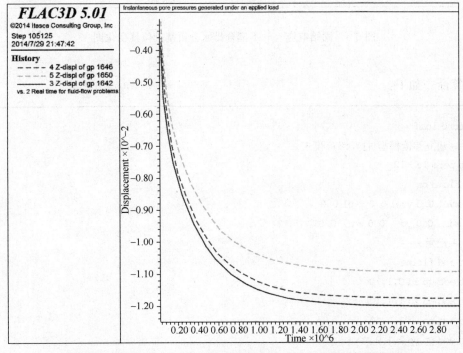

图 6-5　固结响应——饱和快速流方案下基础位移随时间变化图

一个较平滑的位移历史曲线，本例中将不平衡比误差设为 10^{-6}。即使设置了较小的误差，饱和快速流方案的计算速度依然几乎达到基本渗流方案的 10 倍。

最后，进行了一个不耦合排水分析对比。首先进行单渗流计算，再进行单力学计算。计算得到位移历史记录图如图 6-6 所示，最终结果与基本渗流方案所得的结果误差在 3% 以内。

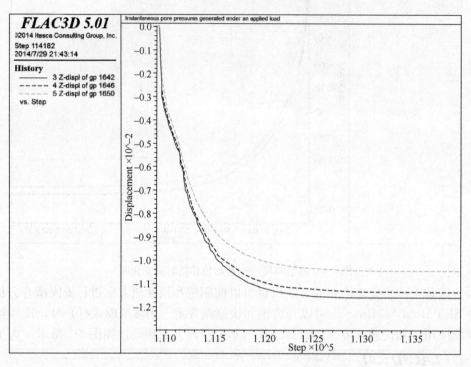

图 6-6　固结响应——不耦合排水分析基础位移变化图

计算命令如下：

```
restore load
;--- 建立渗流模型 打开渗流模式 ---
prop perm 1e-12
set fluid on
ini xvel 0.0 yvel 0.0 zvel 0.0
ini xd  0.0 yd  0.0 zd  0.0
;--- 记录 ---
hist add fltime
hist add gp zd 0,1,10
hist add gp zd 1,1,10
hist add gp zd 2,1,10
hist add gp pp 2,1,9
hist add gp pp 5,1,5
```

```
hist add gp pp 10,1,7
;---求解时间为 2,000,000 秒---
;---不耦合计算---
set fluid on
set mech off
solve age 3.0e6
set fluid off
set mech on
ini fmod 0
solve
save age_3e6_uncoup
```

流固耦合分析中,如果荷载或力学边界条件发生突变,应进行不排水(短期)分析,这对渗流的产生特别重要。也就是说,在无渗流模式下,FLAC3D 在力学扰动改变后应使系统能达到平衡状态。在渗流模式下,可以用 SOLVE 来计算随后的流固耦合响应。如果流体边界条件随着力学扰动的改变同时发生变化,那么依然要遵循上述的分析顺序(力学扰动、平衡状态、流体扰动、流固耦合分析)。

下面介绍另一个完全流固耦合分析实例:饱和土体中沟渠开挖引起的与时间相关的膨胀现象。这种情况下,在沟开挖后,土体中立即产生负孔隙水压力;然后水逐渐涌入负孔隙水压力区域,发生膨胀。我们分两步来分析这个问题:第一步,在无渗流模式下计算达到力学平衡;第二步,允许渗流的发生,使用 SOLVE 命令进行计算,在固结过程中保持力学平衡状态。将流体拉力设置为一个较大的负值,这样可以避免计算过程中的去饱和作用。

沟的开挖是从土体的左侧开始的,土体最初是完全饱和的,并在重力作用下处于平衡状态。本例中将土体设置为弹性的,但同样也可以是黏性材料,如黏土。假设自由表面为不透水边界。

计算命令如下:

```
new
title "Maintaining equilibrium under time-dependent swelling conditions"

config fluid
gen zone brick size 40 1 8
;---建立力学模型---
model mech elas
prop bulk 2e8 shear 1e8
ini dens 1500
;---开挖---
model mech null range x 0,2 z 2,8
;---设置渗流模型---
model fluid fl_iso
```

```
prop perm 1e-14   poros 0.5
ini fmod 2e9
ini ftens -5e5
ini fdens 1000
model fluid fl_null range x 0,2 z 2,8
;---设置初始边界条件---
fix x        range x -.1 .1
fix x        range x 39.9 40.1
fix x y z range z -.1 .1
fix y
set grav 0,0,-10
ini sxx -1.6e5 grad 0,0,20000
ini syy -1.6e5 grad 0,0,20000
ini szz -1.6e5 grad 0,0,20000
ini pp   8.0e4 grad 0,0,-10000
;---关闭渗流模式---
set fluid off
;记录不平衡力
hist add unbal
solve
save swell1
;
ini xd 0.0 yd 0.0 zd 0.0
his add fltime
;his add gp pp 3,0,7
his add zone pp 4.5,0.5,6.5
his add gp xd 2,0,8
his add gp zd 2,0,8
fix pp range x 39.9 40.1
set fluid on;打开渗流模式
set mech force 50
set fluid substep 100
set mech  substep 100 auto ;从进程
solve age 5e8
save swell2
return
```

图 6-7 为渗流发生后的时间内所积累的位移矢量，从模型的左侧可以看到开挖的沟渠。图 6-8 为沟渠顶部附近区域孔隙水压力随时间的变化图，注意由于土体的瞬时膨胀，会产生一个初始压力负偏移。图 6-9 为沟顶部水平和竖直位移随时间变化的情况。

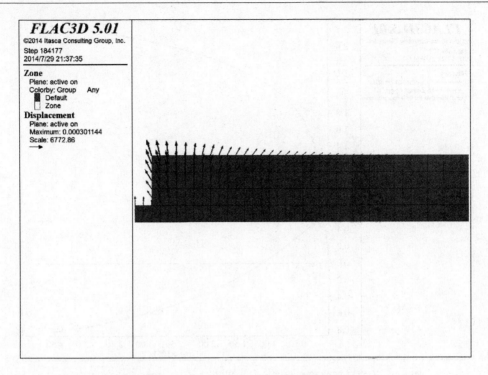

图 6-7　不透水边界沟渠附近区域膨胀位移

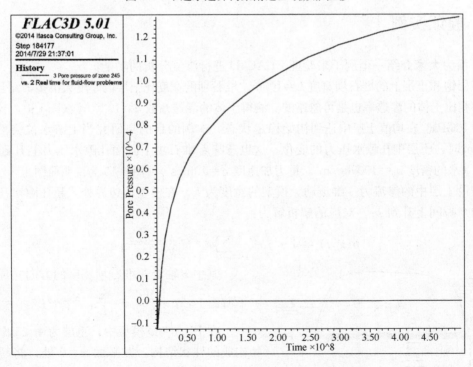

图 6-8　沟渠顶部附近区域孔隙水压力随时间的变化图

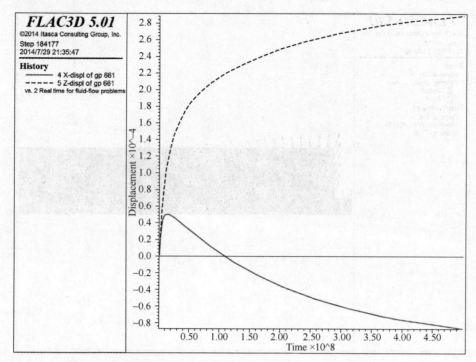

图 6-9 沟渠顶部位移变化图——水平位移（上）和竖直位移（下）

6.6 验证实例

下面为大家介绍一个例子来验证 FLAC3D 进行渗流分析的功能。

浅层饱和土层上的堆石坝宽度 $L=100\text{m}$。堆石坝的宽度比土层的厚度大很多，而且它的渗透率相比土体的渗透率也是可忽略的。测得土体的渗透系数 $k=10^{-12}\text{m}^2/(\text{Pa}\cdot\text{s})$，比奥模量 $M=10\text{GPa}$。在均值土层中达到初始稳定状态。本例的目的是研究当上游水位突然上升 $H_0=2\text{m}$ 时，土层中孔隙水压力的变化。这也意味着堆石坝上游面孔隙水压力上升到 $p_1=H_0\rho_w g$（水的密度 $\rho_w=1000\text{kg/m}^3$，重力加速度 $g=10\text{m/s}^2$）。图 6-10 为说明简图。

假设土层中的渗流为一维流动。模型的宽度为 L。在模型的边界处，超孔隙水压力从初始的 0 瞬间上升到 p_1。对应的解析解为：

$$\hat{p}(\hat{z},\hat{t}) = 1 - \hat{z} - \frac{2}{\pi}\sum_{n=1}^{\infty} e^{-n^2\pi^2\hat{t}}\left(\frac{\sin n\pi\hat{z}}{n}\right)$$

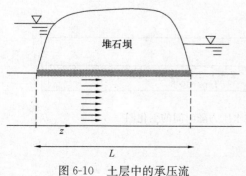

图 6-10 土层中的承压流

其中 z 轴沿着堆石坝宽度的方向且原点在下游面上，$\hat{p}=\dfrac{p}{p_1}$，$\hat{z}=\dfrac{z}{L}$，$\hat{t}=ct/L^2$，$c=Mk$。

在 FLAC3D 模型中，土层为由 25 个单元构成的柱状结构。在平面 $z=0$ 处，将超孔隙水压力的值定义为 $2\times 10^4\text{Pa}$，而在平面 $z=100\text{m}$ 处为 0。模型如图 6-11 所示。

将解析解编写成了一个 FISH 函数，直接与选定时间的数值解相比较，相应的时间

为 $\hat{t}=0.5$, 0.1, 0.2 和 1.0。这些渗流时间的解析解和数值解可以储存在 table 中。

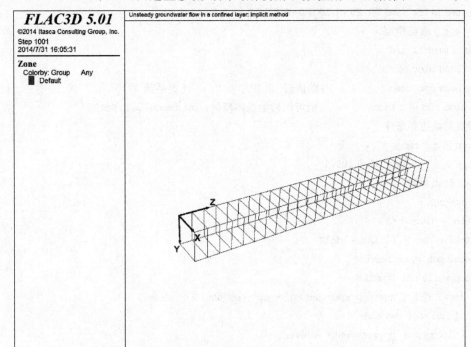

图 6-11　承压土层中的渗流模型

下面分别为显式解法和隐式解法的计算代码。

显式解法计算代码：

```
new
set fish autocreate off

title 'Unsteady groundwater flow in a confined layer: explicit method'
config fluid
;---设置 fish 常量---
def constants
    global c_cond = 1e-12              ;渗透系数
    global c_biom = 1e10               ;比奥模量
    global length = 100.               ;土层宽度
    global dp1 = 2e4                   ;上游水面孔压增大值
    global tabn = -1
    global tabe = 0
    global overl = 1. / length
    local d = c_cond * (c_biom)
    global dol2 = d * overl * overl
    global pi2 = pi * pi
end
```

```
@constants
gen zone brick size 1 1 25 p1 10 0 0 p2 0 10 0 p3 0 0 @length
;---建立渗流模型---
model fluid fl_iso
set fluid biot on
prop perm @c_cond            ;默认值：孔隙率 0.5    比奥系数 1
ini biot_mod @c_biom         ;也可用初始流体模量：ini fmodulus 0.5e10
;设置初始边界条件
fix pp @dp1 range z  -.1 .1
fix pp 0     range z 99.9 100.1
;---fish函数---
def num_sol
  tabn = tabn + 2
  local t_hat = fltime * dol2
  local pnt = gp_head
  loop while pnt # null
    local rad = sqrt(gp_xpos(pnt)^2 + gp_ypos(pnt)^2) * overl
    if rad < 1.e-4 then
      local x = gp_zpos(pnt) * overl
      table(tabn,x) = gp_pp(pnt) / dp1
    end_if
    pnt = gp_next(pnt)
  end_loop
  table_name(tabn) = 'FLAC3D at' + string(t_hat)
end
def ana_sol
  local top = 2. / pi
  local n_max = 100              ;设置精确解的最大循环限制数
  tabe = tabe + 2
  local t_hat = fltime * dol2
  local tp2 = t_hat * pi2
  local pnt = gp_head
  loop while pnt # null
    local rad = sqrt(gp_xpos(pnt)^2 + gp_ypos(pnt)^2) * overl
    if rad < 1.e-4 then
      local x = gp_zpos(pnt) * overl
      local n = 0
      local nit = 0
      local tsum = 0.0
      local tsumo = 0.0
      local converge = 0
      loop while n < n_max
        n = n + 1
```

```
            local fn = float(n)
            local term = sin(pi*x*fn) * exp(-tp2*fn*fn) / fn
            tsum = tsumo + term
            if tsum = tsumo then
              nit = n
              table(tabe,x) = 1. - x - top * tsum
              converge = 1
              n = n_max
            else
              tsumo = tsum
            end_if
          end_loop
          if converge = 0 then
            local str = buildstr("no convergence x = %1 - t = %2",x,fltime)
            local oo = out(str)
            exit
          end_if
        end_if
      pnt = gp_next(pnt)
    end_loop
    table_name(tabe) = 'Analytical at' + string(t_hat)
end
;---关闭力学模式 打开渗流模式---
set mech off
set fluid on
;---求解---
solve age 5e4
list gp pp range x -.001 .001 y -.001 .001
@num_sol
@ana_sol

solve age 10e4
@num_sol
@ana_sol

solve age 20e4
@num_sol
@ana_sol

solve age 100e4
@num_sol
@ana_sol
```

```
save confe-imp
```

隐式解法的计算代码：

```
new
set fish autocreate off
title 'Unsteady groundwater flow in a confined layer: implicit method'
config fluid
;--- 设置 fish 常量 ---
def constants
  global c_cond = 1e-12          ;渗透系数
  global c_biom = 1e10           ;比奥模量
  global length = 100.           ;土层宽度
  global dp1 = 2e4               ;上游水面孔压增大值
  global tabn = -1
  global tabe = 0
  global overl = 1. / length
  local d = c_cond * (c_biom)
  global dol2 = d * overl * overl
  global pi2 = pi * pi
end
@constants
gen zone brick size 1 1 25 p1 10 0 0 p2 0 10 0 p3 0 0 @length
;--- 建立渗流模型 ---
model fluid fl_iso
set fluid biot on
prop perm @c_cond              ;默认值：孔隙率 0.5    比奥系数 1
ini biot_mod @c_biom           ;也可用初始流体模量：ini fmodulus 0.5e10
fix pp @dp1 range z -.1 .1
fix pp 0      range z 99.9 100.1
;--- 设置初始边界条件 ---
def num_sol
  tabn = tabn + 2
  local t_hat = fltime * dol2
  local pnt = gp_head
  loop while pnt # null
    local rad = sqrt(gp_xpos(pnt)^2 + gp_ypos(pnt)^2) * overl
    if rad < 1.e-4 then
      local x = gp_zpos(pnt) * overl
      table(tabn,x) = gp_pp(pnt) / dp1
    end_if
    pnt = gp_next(pnt)
  end_loop
  table_name(tabn) = 'FLAC3D at' + string(t_hat)
```

```
    end
    def ana_sol
      local top = 2. / pi
      local n_max = 100                ;设置精确解的最大循环限制数
      tabe = tabe + 2
      local t_hat = fltime * dol2
      local tp2 = t_hat * pi2
      local pnt = gp_head
      loop while pnt # null
        local rad = sqrt(gp_xpos(pnt)^2 + gp_ypos(pnt)^2) * overl
        if rad < 1.e-4 then
          local x = gp_zpos(pnt) * overl
          local n = 0
          local nit = 0
          local tsum = 0.0
          local tsumo = 0.0
          local converge = 0
          loop while n < n_max
            n = n + 1
            local fn = float(n)
            local term = sin(pi * x * fn) * exp(-tp2 * fn * fn) / fn
            tsum = tsumo + term
            if tsum = tsumo then
              nit = n
              table(tabe,x) = 1. - x - top * tsum
              converge = 1
              n = n_max
            else
              tsumo = tsum
            end_if
          end_loop
          if converge = 0 then
            local str = buildstr("no convergence x = %1 - t = %2",x,fltime)
            local oo = out(str)
            exit
          end_if
        end_if
        pnt = gp_next(pnt)
      end_loop
      table_name(tabe) = 'Analytical at' + string(t_hat)
    end
    ;--- 关闭力学模式 打开渗流模式 ---
    set mech off
    set fluid on
```

```
set fluid implicit on
set fluid dt 1e3
;---求解---
solve age   5e4
list gp pp range x -.001 .001 y -.001 .001
@num_sol
@ana_sol

solve age 10e4
@num_sol
@ana_sol

solve age 20e4
@num_sol
@ana_sol

solve age 100e4
@num_sol
@ana_sol

save confe-exp
```

本例分别使用显式解法和隐式解法计算，得到了四种渗流时间下超孔隙水压力解析解和数值解的对比图，如图 6-12 和图 6-13 所示。

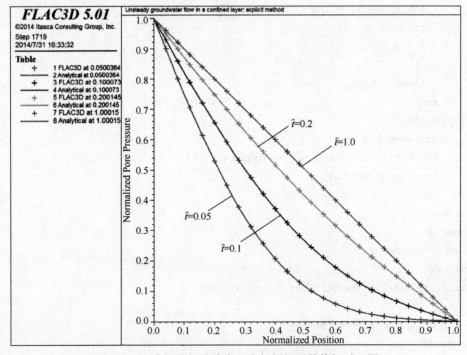

图 6-12　显式解法超孔隙水压力解析解和数值解对比图

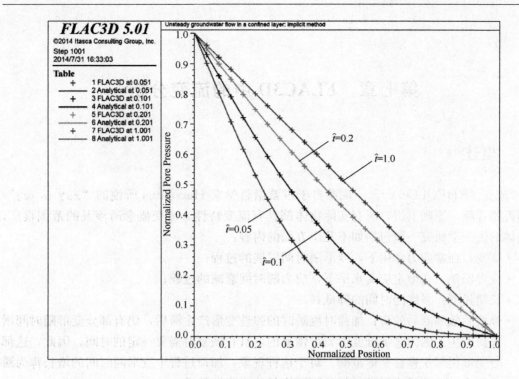

图 6-13　隐式解法超孔隙水压力解析解和数值解对比图

第七章 FLAC3D 中的流变分析

7.1 概述

"流变（RHEOLOGY）"一词源自于古希腊哲学家 Heractitus 所说的"παγ τα ρεγ"，意即万物皆流，原则上讲，所有实际物体都具有流变特性。流变概念所涉及的范围很广，岩土体的流变学研究一般包括如下几个方面的内容：
- 蠕变：在常应力作用下，变形随时间发展的过程；
- 应力松弛：在恒定应变水平下，应力随时间衰减的过程；
- 长期强度：强度随时间的降低；
- 弹性后效和滞后效应：加荷时继瞬时的弹性变形产生滞后，仍有部分变形随时间增长而产生，因为这部分变形属可恢复的，且在恢复时需要一定的时间，因此，这部分变形仍属于弹性变形范畴。对于这种现象，加荷过程中变形随时间的增长称为滞后效应；卸荷后变形随时间的逐渐恢复称为弹性后效。

FLAC3D 蠕变模块重点侧重解决岩土体蠕变问题，蠕变行为通常指介质在外荷载不变的条件下变形随时间持续增长并可能导致破坏的过程。在软弱围岩工程实践中，软岩蠕变变形问题较为常见，特别地，深埋条件下的隧洞、地下厂房、管道设施等长期受到高地应力的作用，由于岩性特征、强度与应力之间的突出矛盾使得岩体蠕变性质成为影响围岩体、工程结构长期稳定性的重要因素。

FLAC3D 蠕变模块可描述岩土体蠕变变形特征，如变形过程中所呈现的三个典型阶段，即随时间推移而出现的变形加速阶段、稳定发展阶段和最终破坏阶段。FLAC3D 蠕变分析功能主要具有下述特征：
- 蠕变模块共提供八款本构材料模型，模型简单复杂性不等，以满足不同性质蠕变变形问题的需要，若干模型还综合考虑了温度的影响；
- 计算核心为显式中心差分求解方案，分析中要求对迭代时间增量有明确定义，或由程序依据蠕变模型的类别和应力状态等条件自动获取；
- 在复杂地质条件或荷载形式下，蠕变模块可与地下水模块、温度模块和结构等模块耦合，但与动力模块不兼容。

岩土体蠕变性质极为复杂，迄今为止，国内外工作者也对此进行了大量研究并获得极为丰富的成果，但内容多以蠕变变形机理探索为主，特别地，FLAC3D 所提供的用户自定义材料模块为蠕变力学模型的拓展开发提供了平台，同时也进一步强化了 FLAC3D 解决岩土体蠕变问题专业性的优势。

作为对静力学问题的功能补充及为满足岩土体所具有变形时效性的深化研究需求，FLAC3D 蠕变分析功能在岩土体工程领域内的相关应用可部分概述为：
- 在地表工程范畴内，蠕变分析模块通常应用于高边坡，如高边坡中岩体、构造等地质单元在长期荷载作用下变形所具有的时间性，即变形随时间不断扩展的现象，若不进行有效的工程处理措施，边坡存在失稳的可能性。蠕变分析功能可结合室内试验和现场地勘成果，为边坡变形机理、潜在失稳可能性及其处理措施提供依据；

- 蠕变分析应用在地下工程内或许更为普遍，如深埋软弱岩体体内进行隧洞开挖所面临的围岩大变形现象，蠕变分析功能可有效揭示大变形机理及其影响因素，特别地，研究成果可进一步指导永久性支护类型的设计，如从同时满足结构安全性和使用性的角度来确定衬砌厚度值。

此外，与室内试验手段结合进行软岩蠕变机理性研究也很常见，如静态疲劳试验的数值再现模拟等，通常这些应用还配合有更高层次的技术手段，如蠕变材料模型的二次开发等。

岩土体的蠕变行为与受力状态密切相关，应力水平较低时蠕变过程可以以减速的方式进行；相对地，当应力水平较高时，蠕变过程可能以加速的方式进行，直至进入破坏状态，而且荷载越大，岩土体破坏越快。前述第一种情况称为衰减蠕变过程，第二种情况称为非衰减蠕变过程。

软岩在长期荷载作用下的典型蠕变曲线如图 7-1 所示，呈现为较为明显的非衰减蠕变过程。其中，0A 段对应于围岩短期变形响应，属于隧洞施工期稳定性评价相关的内容范畴，这部分变形由短期行为的弹性和塑性变形两部分构成，通常采用静力学的方法加以评价，可以认为在 $t=0$ 时，材料的应变率趋于无穷大。

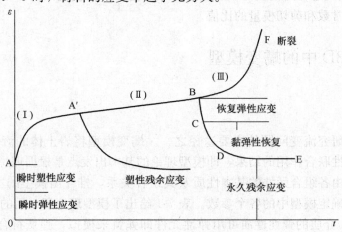

图 7-1 典型蠕变曲线图

随着时间的扩展，材料进入 AA′区域所指示的初始蠕变阶段，该阶段的典型特征是蠕变速度从无限大值过渡到有限值；AB 区域蠕变速度保持为常数，称为稳定蠕变阶段，若在此阶段的任意时间点卸载，则会有较大的永久性的残余变形。变形到达 B 点后将逐步转变为加速，到达某一点 F，可能发生突发性的破坏（蠕变断裂）区域 BF 叫做加速蠕变阶段。

岩土体蠕变力学特性研究的侧重点主要包括如下三个方面：

1) 本构模型的建立：探讨用什么样的本构方程去描述岩土体的应力、应变及时间的关系，既要使得本构方程能够准确反映介质的蠕变特性，同时需要考虑到实际工程应用的可行性；

2) 本构方程的解析：包括方程的解析解和数值解，其中数值解除得到普遍应用的有限元、有限差分法外，还可以采用边界元法、无限元法及其之间的耦合；

3) 工程问题的应用：选用适当的本构模型和解析方法，解决工程中涌现的各种问题，如建筑物的变形和长期沉降，边坡和护岸工程的变形，坑道和隧道的变形等。

FLAC3D蠕变分析功能与应用也应大致沿用上述三个方面的内容，特别地，程序利用中心差分作为核心算法进行求解迭代，由此也决定了程序具有一定的独特性。FLAC3D蠕变分析具有如下特点：

1) 采用模型理论来研究岩土体介质的时效变形行为，在提供内置经典模型的同时支持模型自定义；

2) 蠕变模型和FLAC3D其他模型最大的不同在于模拟过程中时间概念的不同，对于蠕变，求解时间和时间步代表着真实的时间，而一般模型的静力分析中，时间步是一个人为参数，仅仅作为计算从迭代到稳态的一种手段来使用；

3) 对于蠕变等时间依赖性问题，程序允许用户自定义一个时间步长，这个时间步长的默认值为零，此时材料对于黏弹性模型表现为线弹性，对于黏塑性模型表现为弹塑性；

4) 用户可以对蠕变时间步的步长进行人为干预，但步长不能任意给定，必须满足差分方法收敛性对步长的要求；

5) 通常，蠕变过程由偏应力状态控制，从数值计算的精度来讲，最大蠕变时间步长可以表示成黏性常数和剪切模量的比值。

7.2 FLAC3D中的蠕变模型

7.2.1 概述

模型理论是研究流变问题的主要途径之一。蠕变模型将岩土体的流变特性看成是弹性、黏滞性和塑性联合作用的结果，即模型理论的基本出发点是根据理想的元件组合成各种不同的模型，由各组合元件的基本性质及其组合关系，推导出模型的本构方程，然后，通过试验资料来确定模型中的各个参数。表7-1给出了模型理论所采用的基本元件。

依据表7-1，介质的弹性性质可用弹性元件即弹簧来模拟，弹簧符合虎克定律即$\tau = G\epsilon$，用符号[H]表示；黏滞性则用黏壶模型来模拟，黏壶模型符合理想的牛顿体运动规律即$\tau = \eta\dot{\epsilon}$，用符号[N]表示；而摩擦元件即圣维南体常用于描述介质的塑性特性，用符号[V]表示，摩擦元件的受力关系满足$\tau = f(\tau_s)$，其中τ_s是介质的摩擦强度。

上述元件可以分别以串联（表示为"—"）和并联（表示为"｜"）两种方式连接，由此可见，以上几种元件可以有任意复杂的组合形式，为岩土体复杂流变特性的描述提供了灵活多样的表现形式。

模型理论的概念直观、简单，同时又能全面反映流变介质的各种流变特性：蠕变、应力松弛、弹性后效以及滞后效应。例如，上述[H]元件和[N]元件的各种组合，体现的是岩土体介质的线黏弹性特征；而当[H]元件具有非线性应力应变关系或者[N]元件呈现非牛顿体特征时，[H]与[N]的组合可以具有描述介质非线性黏弹性特性的能力。

对于各种不同的岩土体介质，现在已经发展了许许多多的模型，不胜枚举，FLAC3D 蠕变模块中内置了八款常用蠕变模型，用以解决不同行业及其典型岩土体介质类型的变形时效问题。

1) MAXWELL 模型：经典黏弹性模型，调用命令为 MODEL MECHANICAL VISCOUS；

2) BURGERS 模型：经典黏弹性模型，调用命令为 MODEL MECHANICAL BURGERS；

3) CVISC 模型：BURGERS 模型的变体，引入 MOHR-COULOMB 模型作为串联构成，综合描述介质的黏弹塑性性质，调用命令为 MODEL MECHANICAL CVISC；

4) POWER 模型：黏弹性模型，在采矿工程中得到较为普遍的应用，例如盐岩与钾碱矿藏，调用命令为 MODEL MECHANICAL POWER；

5) CPOWER 模型：POWER 模型的变体、黏弹塑性模型，具体是引入 MOHR-COULOMB 模型来描述介质的塑性性质，调用命令为 MODEL MECHANICAL CPOWER；

6) WIPP 模型：经典黏弹性模型，较为适用于在盐岩中进行核废料处置即具有热力耦合作用条件下的岩体时效变形问题，调用命令为 MODEL MECHANICAL WIPP；

7) PWIPP 模型：作为 WIPP 模型的变体，通过引入 DRUCKER-PRAGER 模型来反映介质的塑性特性，使得 WIPP 模型演变为黏弹塑性模型，调用命令 MODEL MECHANICAL PWIPP；

8) CWIPP 模型：同样是 WIPP 模型的变体，除偏应力外，同时考虑了球应力对时效变形的潜在作用，调用命令 MODEL MECHANICAL CWIPP。

表 7-2 列举了典型岩土体介质类型中的蠕变模型应用，其中通过元件符号间的关系表示了模型内元件的构成，如 K、M 分别表示由 [H] 与 [N] 元件并联、串联形成的经典 Kelvin 和 Maxwell 蠕变模型。

蠕变元件力学性质   表 7-1

元件	元件符号	应力应变关系（一维）	张量方程（三维） 球应力	张量方程（三维） 偏应力	说明
刚性体（欧几里得体）	(E_u)	$\varepsilon_{ij}=0$	$\sigma_{kk}=0$	$S_{ij}=0$	(Euclide) 刚形体，无变形
弹性体（虎克体）	弹簧 (H)	$\tan^{-1}G$ $\tau = G\varepsilon$	$\sigma_m = 3E\varepsilon_m$ $\sigma_{kk}=3K\varepsilon_m$	$S_{ij}=2G\varepsilon_{ij}$	(Hooke) 有弹性与强度，无黏性特性
黏性体（牛顿体）	黏壶 (N)	$\tan^{-1}\eta$ $\tau = \eta\dot{\varepsilon}$	$\sigma_m = 3E\varepsilon_m$ $\sigma_{kk}=3K\varepsilon_m$	$S_{ij}=2\eta\dot{\varepsilon}_{ij}$	(Newton) 有黏滞性，无弹性域强度
塑性体（圣维南体）	滑块 (V)	τ_s $\tau = \tau_s$		$S_{ij}=f(\tau_s)$	(St. Venant) 有强度，无黏滞性

典型蠕变模型应用　　　　　　　　　　　　　　表 7-2

介质类型	模型	性能	资料来源
坚硬岩石	H	弹性	Obet 及 Duvall (1967)
一般岩石	K=H∣N	黏弹性	Salustowicz (1958)
深部岩石	M=H—N	黏弹性	Salustowicz (1958)
短期受载岩石	H—K	黏弹性	中村 (1949)
砂岩、石灰岩等	Bu=M—K	黏弹性	Ruppent 及 Libermann (1960)
煤	改良 Bu	黏弹性	Hardy (1959) Bobrov (1970)
白云岩、黏土岩	H—∑K$_i$	黏弹性	Langer (1966、1969)
碳化的岩石	K—H∣N	黏弹性	Kidybianski (1964)
碳化的岩石	(H—V)∣N	黏弹塑性	Loonen 及 Hofer (1964)
硬质黏土	N∣M	黏弹性	Langer (1966)
软岩土	B=H—(N∣V)	黏弹性	Bingham (1916)
赤色黏土	H—(V∣K)	黏弹塑性	村山和柴田 (1964)
标准的一般岩石	M—∑Ki	黏弹性	Langer (1969)
岩体（建筑范围）	H—∑Ki	黏弹性（当 ε<ε$_s$）	Langer (1969)
岩体（建筑范围）	B=H—(N∣V)	黏弹塑性	Langer (1972)
地块（构造大范围）	Bu=M—K	黏弹性	格差斯克 (1959)
地壳/地幔	K	黏弹性 4h<t<15×10^{3}年	沙德格尔 (1962)
	B	黏弹性 t>15×10^{3}年	

* 说明：表中 "∣" 表示并联，"—" 表示串联。

近年来，研究者利用非线性理论对描述加速蠕变阶段的方法做了大量拓展改进，基本思路是在非线性黏弹性理论基础上改进模型参数和建立新的元件来模拟岩石长期力学行为机制，或考虑到岩土体介质内部的物理原因，通过引入损伤理论建立新的模型来描述长期破坏等。因此，除上述模块的内置模型外，FLAC3D 具有支持本构模型自定义的高级功能，即在 C++平台上开发特定模型并编译成动态链接库 DLL 文件，通过 FLAC3D 接口技术进行模型调用。

7.2.2　MAXWELL 黏弹性模型（Model Mechanical VISCOUS）

MAXWELL（麦克斯维尔）模型为黏弹性体，分别由一个牛顿体和虎克体串联构成，即通过弹性变形和黏性变形来描述岩土体蠕变行为，如图 7-2 所示。其中虎克体受力变形服从虎克定律，而牛顿体变形则与应力状态成正比例关系。总之，该模型定义岩土体蠕变速率为：

$$\dot{u} = \dot{u}_M = \frac{\dot{F}}{k} + \frac{F}{\eta} \quad (7-1)$$

式中　F——模型受力；

k、η——分别为虎克体刚度及牛顿体黏性常数。即 MAXWELL 模型速率 $\dot{u}_M$ 等于岩土体蠕变总速率 $\dot{u}$。FLAC3D 蠕变分析采用中心差分方法进行求解，假定相邻迭代步所对应的受力分别为 F°、F'，则在一定迭代步时间增量 Δt 内，上式可变换为：

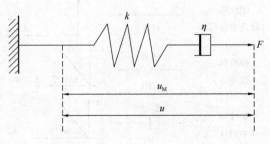

图 7-2　Maxwell 模型构成

$$\frac{\Delta u}{\Delta t} = \frac{F' - F^\circ}{k \Delta t} + \frac{F' + F^\circ}{2\eta} \quad (7\text{-}2)$$

式中 Δu ——在时间增量 Δt 内产生的变形增量。

引入参数并变换上式得到 MAXWELL 模型当前时刻受力条件为：

$$F' = (F^\circ C_1 + k\Delta u) C_2 \quad (7\text{-}3)$$

式中 $C_1 = 1 - \dfrac{k\Delta t}{2\eta}$, $C_2 = \dfrac{1}{1 + k\Delta t/2\eta}$。

式（7-3）给出了 FLAC3D 蠕变分析及 MAXWELL 模型求解所参照的一般性原理和简要流程，与实际运算即本构的力学定义存在区别。具体地，MAXWELL 模型试图建立偏应变与偏应力之间的联系，或者说该模型假定岩土体蠕变行为仅为偏应力作用的结果和体现即忽略球应力的影响，依据式（7-3）扩展延伸得到蠕变行为的具体关系式：

$$\sigma_{ij}^d = (\sigma_{ij}^{d0} C_1 + 2G\Delta\varepsilon_{ij}^d) C_2 \quad (7\text{-}4)$$

式中各变量定义：

$$\Delta\varepsilon_{ij}^d = \Delta\varepsilon_{ij} - \frac{1}{3}\Delta\varepsilon_{ij}\delta_{ij}$$

$$\sigma_{ij}^{d0} = \sigma_{ij}^0 - \frac{1}{3}\sigma_{ij}^0 \delta_{ij}$$

$$C_1 = 1 - \frac{G\Delta t}{2\eta}$$

$$C_2 = \frac{1}{1 + G\Delta t/2\eta}$$

式中，带有上角标"d"的变量表示为偏应力或偏应变张量分量，上角标"0"则指示变量为由上一迭代步计算得到的已知量。此处 σ_{ij}^{d0}、σ_{ij}^0 分别为上一迭代步计算得到的偏应力与总应力张量分量，$\Delta\varepsilon_{ij}^d$、$\Delta\varepsilon_{ij}$ 则表示当前迭代步内（Δt）岩土体所发生的偏应变与总应变张量分量，δ_{ij} 为 Kronecker 张量，将上述变量代入式（7-4）得到对应于当前迭代步的偏应力张量分量 σ_{ij}^d。此外，G 是岩土体材料剪切模量。

在已知偏应力状态的条件下，当前迭代步单元总应力 σ_{ij} 由下式计算得到：

$$\sigma_{ij} = \sigma_{ij}^d + \sigma^{iso}\delta_{ij} \quad (7\text{-}5)$$

式中 σ^{iso} ——球应力张量且服从定义 $\sigma^{iso} = \sigma_{kk}^0/3 + K\Delta\varepsilon_{kk}$；

σ_{kk}^0、$\Delta\varepsilon_{kk}$ ——分别表示上一迭代步求解得到的球应力和当前迭代步内发生的球应变增量；

K ——岩土体材料性质即体积模量。

依据上述分析，MAXWELL 具有如下主要性质：

- FLAC3D 为该模型应用分配的关键字为 VISCOUS，即通过命令 MODEL MECH VISCOU 实现本构模型调用与设置；
- 对应于该模型的材料参数共计为 4 个，即材料密度 ρ、体积模量 K、剪切模量 G 及其黏性常数 η；
- 模型中构成中的虎克体（元件）用于表征图 7-1 所示的蠕变曲线中的瞬态变形部分（OA 段），蠕变变形仅通过牛顿体表达，且蠕变变形仅为偏应力、应变状态的作用结果，与球应力、应变无关。特别地，在球应力作用条件下，岩土体仅发生由虎克体所表征的弹性变形、即无累计蠕变变形。

7.2.3 BURGERS 黏弹性模型（Model Mechanical BURGERS）

BURGERS 模型构成较为复杂，总体可分解为一个 Kelvin（开尔文）体和 Maxwell 体，实现对岩土体瞬态变形和时效变形的综合描述（图 7-3）。

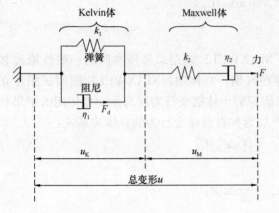

图 7-3 Burgers 模型构成

Kelvin 体由虎克元件与牛顿元件并联构成，意味着在外力作用下 Kelvin 体的变形等于虎克体或牛顿体变形。以牛顿体作为研究对象，在外力 F_d 作用下牛顿体发生的变形速率为：

$$\dot{u}_k = \frac{F_d}{\eta_1} \tag{7-6}$$

设 Kelvin 体中虎克元件的刚度为 k_1，则虎克体受力为 $k_1 u_k$，由 Kelvin 体构成元件的并联关系得到牛顿元件受力 $F_d = F - k_1 u_k$，将该条件代入式（7-6）得到变换式：

$$\frac{u'_k - u^0_k}{\Delta t} = \frac{(\overline{F} - k_1 \overline{u}_k)}{\eta_1} \ \text{或} \ u'_k = u^0_k + (\overline{F} - k_1 \overline{u}_k)\frac{\Delta t}{\eta_1} \tag{7-7}$$

其中变量上角标"′"或"0"分别表示当前迭代步与上一迭代步变量计算值，$\overline{F}$、$\overline{u}_k$ 为相邻迭代步 Kelvin 体所受外力合力和变形的平均值。由此，可对式（7-7）做进一步分解变换：

$$u'_k = u^0_k + \{F' + F^0 - k_1(u'_k + u^0_k)\}\frac{\Delta t}{2\eta_1} \tag{7-8}$$

以上内容完成对 BURGERS 模型中 Kelvin 体变形受力关系进行了描述。对于该模型中的 Maxwell 体而言，基本力学性质与上一节论述类似，具体地，设 Maxwell 体变形速率为 $\dot{u}_m$，则：

$$\dot{u}_m = \frac{\dot{F}}{k_2} + \frac{\overline{F}}{\eta_2} \tag{7-9}$$

引入前述 Kelvin 体力学描述的相似概念，得到上式的变换形式：

$$u'_m = u^0_m + \frac{F' - F^0}{k_2} + \left\{\frac{F' + F^0}{2\eta_2}\right\}\Delta t \tag{7-10}$$

最终，BURGERS 模型总变形由 Kelvin、Maxwell 体变形综合描述。特别地，单位迭代步内发生的模型变形增量以差分形式表达为：

$$u' - u^0 = (u'_m - u^0_m) + (u'_k - u^0_k) \tag{7-11}$$

式中 u ——BURGERS 模型总变形量。

式（7-8）、式（7-10）、式（7-11）共同作为 BURGERS 模型的控制性方程，其中未知参量为 u'_k、u'_m、F'，已知参量为 u^0_k、u^0_m、F^0。基于 FLAC 算法角度出发，BURGERS 模型变形响应与受力历史或路径有关，即未知量通过已知量增量累计作用得到。

特别地，BURGERS 模型控制方程可作进一步概化。首先，将式（7-8）变换为如下形式：

$$u'_k = \frac{1}{A}\left\{Bu_k^0 + (F' + F^0)\frac{\Delta t}{2\eta_1}\right\} \qquad (7\text{-}12)$$

式中 参数 A、B 满足如下定义：

$$A = 1 + \frac{k_1 \Delta t}{2\eta_1}$$

$$B = 1 - \frac{k_1 \Delta t}{2\eta_1}$$

联立式（7-10）、式（7-11）和式（7-12），得到 BURGERS 模型当前迭代步内受力条件：

$$F' = \frac{1}{X}\left\{u' - u^0 + YF^0 - \left(\frac{B}{A} - 1\right)u_k^0\right\} \qquad (7\text{-}13)$$

式中 参数定义：

$$X = \frac{1}{k_2} + \frac{\Delta t}{2\eta_2} + \frac{\Delta t}{2A\eta_1}$$

$$Y = \frac{1}{k_2} - \frac{\Delta t}{2\eta_2} - \frac{\Delta t}{2A\eta_1}$$

需要注意的是，实际应用中如果使用了 INITIAL 命令对单元应力初始化，此时 BURGERS 模型中的构成元件 Kelvin 体存在应变与应力不匹配的情况，因此需要一定的迭代来激发与应力水平相一致的应变值。通常地，为避免这一情况导致的不良影响，建议在进行应力初始化的同时，辅以应变值匹配等相关操作。具体地，FLAC3D 提供两种途径来实现这一目的，首先是利用 PROPERTY 命令直接对相关参数进行赋值，这些参数为 k_exx、k_eyy、k_ezz、k_exy、k_exz 及 k_eyz；另一方式是通过 FISH 函数对上述参数进行预定义，例 7-1 为标准示意。特别地，此处应变预定义设置同样适用于 BURGERS 黏塑性蠕变模型（CVISC Model）。

例 7-1 Burgers 模型 Kelvin 应变预定义

```
define setKstrains
    local p_z = zone_head
    loop while p_z # null
        local iflag = 0
        if z_model(p_z) = 'burgers' then           ;识别 Burgers 蠕变模型
            iflag = 1
        endif
        if z_model(p_z) = 'cviscous' then          ;识别 Burgers 黏塑性蠕变模型
            iflag = 1
        endif
        if iflag = 1 then
            local kg2 = 2.0 * z_prop(p_z,'kshear')    ; kg2 = 2 倍剪切模量
            if kg2 > 0.0 then
                local sig0 = (z_sxx(p_z) + z_syy(p_z) + z_szz(p_z))/3.0  ;球应力
                z_prop(p_z,'k_exx') = (z_sxx(p_z) - sig0) / kg2         ; k_exx 设置
```

```
                z_prop(p_z,´k_eyy´) = (z_syy(p_z) - sig0) / kg2        ;k_eyy 设置
                z_prop(p_z,´k_ezz´) = (z_szz(p_z) - sig0) / kg2        ;k_ezz 设置
                z_prop(p_z,´k_exy´) = z_sxy(p_z) / kg2                 ;k_exy 设置
                z_prop(p_z,´k_exz´) = z_sxz(p_z) / kg2                 ;k_exz 设置
                z_prop(p_z,´k_eyz´) = z_syz(p_z) / kg2                 ;k_eyz 设置
            endif
        endif
    p_z = z_next(p_z)
    endloop
end
return
```

7.2.4 BURGERS 黏弹塑性模型（Model Mechanical CVISC）

FLAC3D 中嵌入的 BURGERS 黏弹塑性蠕变模型的基本特征是采用黏弹塑和弹塑性性质分别来描述材料的偏应力与体变行为。模型中的黏弹、黏性和塑性蠕变体以串联的方式发生作用，其中黏弹、黏塑性蠕变体的组合定义服从上一节所描述的本构定律（即 BURGERS 黏弹性模型，由 Kelvin 体与 Maxwell 体串联构成），而塑性体的力学行为采用 MOHR-COULOMB 模型来加以表征，如图 7-4 所示。

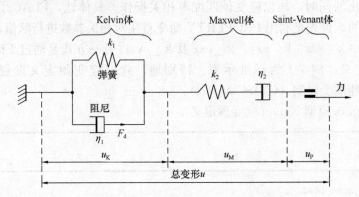

图 7-4 Burgers 黏弹塑模型构成

本节论述引入了常用的符号定义，即变量 S_{ij}、ε_{ij} 分别用以表示计算单元的偏应力和偏应变，且满足下式定义：

$$S_{ij} = \sigma_{ij} - \sigma_0 \delta_{ij} \tag{7-14}$$

$$\varepsilon_{ij} = \varepsilon_{ij} - \frac{\varepsilon_{vol}}{3}\delta_{ij} \tag{7-15}$$

式中 σ_0 ——单元球应变 $\sigma_0 = \sigma_{kk}/3$；

ε_{vol}——体应变，满足定义 $\varepsilon_{vol} = \varepsilon_{kk}$。

此外约定，Kelvin、Maxwell 和塑性体对单元应力或应变的贡献量分别注释以上标 ·^{K}、·^{M}、·^{P}。引入上述定义后，模型的偏应变行为可采用下式表达，即应变率构成为：

$$\dot{\varepsilon}_{ij} = \dot{\varepsilon}_{ij}^K + \dot{\varepsilon}_{ij}^M + \dot{\varepsilon}_{ij}^P \tag{7-16}$$

其中，应变率构成满足关系：

Kelvin 体
$$S_{ij} = 2\eta^K \dot{\varepsilon}_{ij}^K + 2G^K \varepsilon_{ij}^K \tag{7-17}$$

Maxwell 体
$$\dot{\varepsilon}_{ij}^M = \frac{\dot{S}_{ij}}{2G^M} + \frac{S_{ij}}{2\eta^M} \tag{7-18}$$

塑性体
$$\dot{\varepsilon}_{ij}^P = \lambda^* \frac{\partial g}{\partial \sigma_{ij}} - \frac{1}{3}\dot{\varepsilon}_{vol}^P \delta_{ij}$$

$$\dot{\varepsilon}_{vol}^P = \lambda^* \left[\frac{\partial g}{\partial \sigma_{11}} + \frac{\partial g}{\partial \sigma_{22}} + \frac{\partial g}{\partial \sigma_{33}} \right] \tag{7-19}$$

相应地，体应力 $\dot{\sigma}_0$ 与体应变中的弹性部分线性相关：

$$\dot{\sigma}_0 = K(\dot{\varepsilon}_{vol} - \dot{\varepsilon}_{vol}^P) \tag{7-20}$$

式中　　$\dot{\varepsilon}_{vol}^P$——塑性体应变率。

此外，上述各式中，K、G 分别表示材料的体积模量和剪切模量，η 为黏性系数。MOHR-COULOMB 模型的强度包络线由剪切、拉伸准则共同构成，强度包络线所对应的（屈服）方程通常写为 $f = 0$。在主应力空间内，剪切、拉伸方向上的屈服方程可分别写为：

剪切屈服
$$f = \sigma_1 - \sigma_3 N_\phi + 2C\sqrt{N_\phi} \tag{7-21}$$

拉伸屈服
$$f = \sigma^t - \sigma_3 \tag{7-22}$$

式中　　σ_1、σ_3——表示单元的最小与最大主应力（约定压应力为负）；

　　　　σ^t——抗拉强度；

　　　　C、ϕ——分别为材料的黏聚力与摩擦角，且参数 $N_\phi = (1+\sin\phi)/(1-\sin\phi)$。

势函数 g 采用以下形式：

剪切破坏
$$g = \sigma_1 - \sigma_3 N_\psi \tag{7-23}$$

拉伸破坏
$$g = -\sigma_3 \tag{7-24}$$

式中　　ψ——材料膨胀角；参数 $N_\psi = (1+\sin\psi)/(1-\sin\psi)$。特别地，$\lambda^*$ 是用以表征塑性流动的重要参数，且仅当材料发生流动时 λ 不为 0，取值方法详见 FLAC3D 本构模型手册中 MOHR-COULOM 模型章节论述。

以上论述介绍了 BURGERS 黏弹塑性模型所遵循的基本原理，其中式（7-16）～式（7-20）构成该模型的核心理论，在实际 FLAC3D 蠕变计算环节，程序将以上各式转换为增量关系：

$$\varepsilon_{ij} = \varepsilon_{ij}^K + \varepsilon_{ij}^M + \varepsilon_{ij}^P \tag{7-25}$$

$$\overline{S}_{ij} \Delta t = 2\eta^K \varepsilon_{ij}^K + 2G^K \varepsilon_{ij}^K \Delta t \tag{7-26}$$

$$\Delta \varepsilon_{ij}^M = \frac{S_{ij}}{2G^M} + \frac{\overline{S}_{ij}}{2\eta^M} \Delta t \tag{7-27}$$

$$\Delta \sigma_0 = K(\Delta \varepsilon_{vol} - \Delta \varepsilon_{vol}^P) \tag{7-28}$$

带上画线表示变量的平均值，即在一个蠕变迭代步时间增量 Δt 内的中心值（配合理解中心差分法的含义），具体地：

$$\overline{S}_{ij} = \frac{S_{ij}^N + S_{ij}^O}{2} \tag{7-29}$$

$$\overline{\varepsilon}_{ij} = \frac{\varepsilon_{ij}^N + \varepsilon_{ij}^O}{2} \tag{7-30}$$

式中 上标 $\cdot^N$、$\cdot^O$——分别表示近两次迭代的变量值。

将式（7-29）、式（7-30）代入式（7-26），继而求解出 Kelvin 体对总应变的贡献量，表达为如下形式：

$$\varepsilon_{ij}^{K,N} = \frac{1}{A}\left[B\varepsilon_{ij}^{K,O} + \frac{\Delta t}{4\eta^K}(S_{ij}^N + S_{ij}^O)\right] \quad (7-31)$$

式中：

$$A = 1 + \frac{G^K \Delta t}{2\eta^K} \qquad B = 1 - \frac{G^K \Delta t}{2\eta^K} \quad (7-32)$$

将式（7-27）、式（7-31）代入至式（7-25），得到更新后偏应力项：

$$S_{ij}^N = \frac{1}{a}\left[\Delta\varepsilon_{ij} - \Delta\varepsilon_{ij}^P + bS_{ij}^O - \left(\frac{B}{A} - 1\right)\varepsilon_{ij}^{K,O}\right] \quad (7-33)$$

其中：

$$a = \frac{1}{2G^M} + \frac{\Delta t}{4}\left(\frac{1}{\eta^M} + \frac{1}{A\eta^K}\right) \qquad b = \frac{1}{2G^M} - \frac{\Delta t}{4}\left(\frac{1}{\eta^M} + \frac{1}{A\eta^K}\right) \quad (7-34)$$

特别地，式（7-31）同样适用于式（7-33）中变量 $\varepsilon_{ij}^{K,O}$ 的求解。最后，将式（7-28）变换为如下形式：

$$\sigma_0^N = \sigma_0^O + K(\Delta\varepsilon_{vol} - \Delta\varepsilon_{vol}^P) \quad (7-35)$$

在 FLAC3D 求解过程中，式（7-33）、式（7-35）成为应力求解的核心算式，在任一迭代过程中，程序先假定材料服从黏弹性行为、采用这两个算式分别求解得到包括偏应力与球应力在内的试探性应力，即 $\hat{S}_i^N$，和 $\hat{\sigma}_0^N$ 继而转换为主应力并代入至强度准则方程 f。若 $f \geqslant 0$，上述试探性应力即为最终得到的应力更新值；相对地，如果 $f < 0$，意味着单元已出现塑性流动，此时需要引入流动法则对试探性应力进行修正以得到应力更新值，这一思路可表达为如下方式：

$$S_i^N = \hat{S}_i^N - \Delta\varepsilon_i^P/a$$
$$\sigma_i^N = \hat{\sigma}_i^N - K\Delta\varepsilon_{vol}^P \quad (7-36)$$

或采用主应力方式定义：

$$\sigma_1^N = \hat{\sigma}_1^N - [\alpha_1 \Delta\varepsilon_1^P + \alpha_2(\Delta\varepsilon_2^P + \Delta\varepsilon_3^P)]$$
$$\sigma_2^N = \hat{\sigma}_2^N - [\alpha_1 \Delta\varepsilon_2^P + \alpha_2(\Delta\varepsilon_1^P + \Delta\varepsilon_3^P)]$$
$$\sigma_3^N = \hat{\sigma}_3^N - [\alpha_1 \Delta\varepsilon_3^P + \alpha_2(\Delta\varepsilon_2^P + \Delta\varepsilon_3^P)] \quad (7-37)$$

式中 $\alpha_1 = K + 2/3a$，$\alpha_2 = K - 1/3a$。除参数 α_1、α_2 的定义存在差异外，上式所采用的表达方式与 MOHR-COULOMB 模型的推导算式近似一致（详见本构模型手册），因此塑性方程可转换为类似的形式，具体地，对于剪切屈服，塑性流动进行的应力更新调整为：

$$\sigma_1^N = \hat{\sigma}_1^N - \lambda(\alpha_1 - \alpha_2 N_\psi)$$
$$\sigma_2^N = \hat{\sigma}_2^N - \lambda\alpha_2(1 - N_\psi)$$
$$\sigma_3^N = \hat{\sigma}_3^N - \lambda(\alpha_2 - \alpha_1 N_\psi) \quad (7-38)$$

其中，参数 λ 满足下式定义：

$$\lambda = \frac{\hat{\sigma}_1^N - \hat{\sigma}_3^N N_\phi + 2C\sqrt{N_\phi}}{(\alpha_1 - \alpha_2 N_\psi) - (\alpha_2 - \alpha_1 N_\psi)N_\phi} \quad (7-39)$$

相应地，拉伸屈服应力更新所采用的塑性流动调整算式为：

$$\sigma_1^N = \hat{\sigma}_1^N + \lambda \alpha_2$$
$$\sigma_2^N = \hat{\sigma}_2^N + \lambda \alpha_2$$
$$\sigma_3^N = \hat{\sigma}_3^N + \lambda \alpha_1 \tag{7-40}$$

式中 $\lambda = (\sigma^t - \hat{\sigma}_3^N)/\alpha_1$。

在最后环节，假定主应力方向不受到发生塑性流动的影响，单元应力得到有效调整与更新。

在 FLAC3D 模型应用中，Maxwell 及 Kelvin 体的黏性参数 η^M、η^K 默认为无穷大（尽管模型属性矩阵中以值为 0 的方式进行存储）。应注意到，如果 η^K 采用了默认的参数，模型则自动严格假定 $G^K = 0$，即便人为对该参数进行了具体的属性定义。此外，参数 G^K、G^M 的默认值分别为 0 和 10^{-20}，且上述参数的默认取值不受模型所采用单位制系统的影响。

需要特别强调的是，蠕变计算分析的迭代时间增量默认为 $\Delta t = 0$，在这种前提下，即便单元材料定义为 BURGERS 黏弹塑性模型，但其中的黏性行为未得到有效触发，此时单元服从弹塑性应力应变关系，且弹性行为取决于 Maxwell 体中的弹性元件。

应注意到，如果模型应用中使用了 INITIAL 命令对单元应力进行了初始化操作，此时 BURGERS 黏弹塑性模型中的 Kelvin 体的应变 ε_{ij}^K 显然无法与初始应力平衡匹配，因此需要一定的迭代计算来协调应力应变关系。另一处理途径是在应力初始化后，同时进行模型应变的初始干预，干预方法包括 PROPERTY 命令和 FISH 编程两种方式，具体操作与 BURGERS 黏弹性模型相同，其中，FISH 编程干预方法如例 7-1 所示。

7.2.5 二元 POWER-LAW 黏弹性模型（Model Mechanical POWER）

诺顿幂定律（Norton 1929 年）被广泛用于描述盐岩的蠕变力学特征，该定律的标准形式可写为：

$$\dot{\varepsilon}_{cr} = A\bar{\sigma}^n \tag{7-41}$$

式中 $\dot{\varepsilon}_{cr}$——蠕变速率；

$\bar{\sigma}$——Von-Mises 应力；

A, n——蠕变材料参数。

依据塑性理论中的定义，Von-Mises 应力可由应力张量得到即 $\bar{\sigma} = \sqrt{3J_2}$，式中，$J_2$ 为有效偏应力张量 σ_{ij}^d 的第二不变量，例如可写为 $J_2 = \sigma_{ij}^d \sigma_{ij}^d / 2$。

以上论述中的偏应力增量可由下式得到：

$$\Delta \sigma_{ij}^d = 2G(\dot{\varepsilon}_{ij}^d - \dot{\varepsilon}_{ij}^c)\Delta t \tag{7-42}$$

式中 G——材料的剪切模量；

$\dot{\varepsilon}_{ij}^d$——应变速率张量中的偏应变率分量；

$\dot{\varepsilon}_{ij}^c$——蠕变应变率张量，由下式进行定义：

$$\dot{\varepsilon}_{ij}^c = \left(\frac{3}{2}\right)\dot{\varepsilon}_{cr}\left(\frac{\sigma_{ij}^d}{\bar{\sigma}}\right) \tag{7-43}$$

需要注意的是，在诺顿幂定律中，材料的体积应变被假定为服从弹性定律，因此在各向同性的均质材料中，球应力增量服从下式定义：

$$\Delta\sigma_{kk} = 3K\Delta\varepsilon_v \tag{7-44}$$

式中 K——材料体积模型；

$\Delta\varepsilon_v = \Delta\varepsilon_{11} + \Delta\varepsilon_{22} + \Delta\varepsilon_{33}$ 体积应变。

通常，由于现实中可利用的资料有限，特别是缺乏用于进行模型参数校核的基本数据依据，因此，蠕变定律模型中不宜引入过多的参数。基于上述考虑，FLAC3D 采用下式所定义的二元（两部分）构成的幂律形式来描述蠕变应变率，即：

$$\dot{\varepsilon}_{cr} = \dot{\varepsilon}_1 + \dot{\varepsilon}_2 \tag{7-45}$$

式中 $\dot{\varepsilon}_1$、$\dot{\varepsilon}_2$ 分别服从以下定义：

$$\dot{\varepsilon}_1 = \begin{cases} A_1\bar{\sigma}^{n1} & \bar{\sigma} \geqslant \sigma_1^{ref} \\ 0 & \bar{\sigma} < \sigma_1^{ref} \end{cases}$$

$$\dot{\varepsilon}_2 = \begin{cases} A_2\bar{\sigma}^{n2} & \bar{\sigma} \geqslant \sigma_2^{ref} \\ 0 & \bar{\sigma} < \sigma_2^{ref} \end{cases}$$

上式定义可具有多种变换形式：

1) 默认形式：$\sigma_1^{ref} = \sigma_2^{ref} = 0$，因 $\bar{\sigma}$ 总是为正值，因此式（7-41）变换为：

$$\dot{\varepsilon}_{cr} = A_1\bar{\sigma}^{n1} \quad \bar{\sigma} \geqslant \sigma_1^{ref}$$

2) 二元（两部分）构成均得到激活的情形：即当 $\sigma_1^{ref} = 0$，$\sigma_2^{ref} =$ 无限大值时，有：

$$\dot{\varepsilon}_{cr} = A_1\bar{\sigma}^{n1} + A_2\bar{\sigma}^{n2} \quad \sigma_1^{ref} < \bar{\sigma} < \sigma_2^{ref}$$

3) 当 σ_1^{ref}、σ_2^{ref} 在一定有限范围内取值时，岩体蠕变行为在不同应力区间的表现形式不同：

① $\sigma_1^{ref} = \sigma_2^{ref} = \sigma^{ref} > 0$：

$$\dot{\varepsilon}_{cr} = \begin{cases} A_2\bar{\sigma}^{n2} & \bar{\sigma} < \sigma^{ref} \\ A_1\bar{\sigma}^{n1} & \bar{\sigma} > \sigma^{ref} \end{cases}$$

② $\sigma_1^{ref} < \sigma_2^{ref}$：

$$\dot{\varepsilon}_{cr} = \begin{cases} A_2\bar{\sigma}^{n2} & \bar{\sigma} < \sigma_1^{ref} \\ A_1\bar{\sigma}^{n1} + A_2\bar{\sigma}^{n2} & \sigma_1^{ref} < \bar{\sigma} < \sigma_2^{ref} \\ A_1\bar{\sigma}^{n1} & \bar{\sigma} > \sigma_2^{ref} \end{cases}$$

③ $\sigma_1^{ref} > \sigma_2^{ref}$：注意避免采用该组不合理的参数定义，简单地，该设置意味着当 $\bar{\sigma} < \sigma_2^{ref}$ 或 $\bar{\sigma} > \sigma_1^{ref}$ 出现蠕变现象，而在应力区间 $\sigma_2^{ref} < \bar{\sigma} < \sigma_1^{ref}$ 内蠕变中断，违背基本物理现实。

在迭代过程中，二元律 POWER 模型求解总体遵循如下步骤：

1) 假定 t 时刻的单元应力为 $\sigma_{ij}^{(t)}$，相应的应变率张量为 $\dot{\varepsilon}_{ij} = \dot{\varepsilon}_{ij}^e + \dot{\varepsilon}_{ij}^c$，其中 $\dot{\varepsilon}_{ij}^e$、$\dot{\varepsilon}_{ij}^c$ 分别表示应变率中的弹性和蠕变构成分量；

2) 则当时间为 $t + \Delta t$ 时刻单元应力为 $\sigma_{ij}^{(t+\Delta t)}$ 依据如下算式进行求解：

球应力： $\sigma_{kk}^{(t+\Delta t)} = \sigma_{kk}^{(t)} + 3K\dot{\varepsilon}_{kk}\Delta t$

偏应力： $\sigma_{ij}^{d(t+\Delta t)} = \sigma_{ij}^{d(t)} + 2G(\dot{\varepsilon}_{ij} - \dot{\varepsilon}_{ij}^c)\Delta t$

式中 $\dot{\varepsilon}_{ij}^c$——由式（7-43）获得；

K、G——分别为材料的体积模量与剪切模量。

7.2.6 POWER-LAW 律黏弹塑性模型（Model Mechanical CPOWER）

黏弹塑性模型 CPOWER 综合考虑了前述由二元应变构成的诺顿幂定律所表达的黏弹性行为及其由 MOHR-COULOMB 模型所描述的弹塑性行为。因此，CPOWER 模型尝试将单元总应变率 $\dot{\varepsilon}_{ij}$ 分解由三部分构成，包含弹性应变率 $\dot{\varepsilon}_{ij}^{e}$、黏性应变率 $\dot{\varepsilon}_{ij}^{c}$ 和塑性应变率 $\dot{\varepsilon}_{ij}^{p}$，即总应变率服从下式：

$$\dot{\varepsilon}_{ij} = \dot{\varepsilon}_{ij}^{e} + \dot{\varepsilon}_{ij}^{c} + \dot{\varepsilon}_{ij}^{p} \tag{7-46}$$

特别地，模型假定单元应力增量或应力变化直接取决于应变量中的弹性构成部分即 $\dot{\varepsilon}_{ij}^{e}$，由此得到总应力中偏应力构成的定义：

$$\dot{S}_{ij} = 2G(\dot{\varepsilon}_{ij} - \dot{\varepsilon}_{ij}^{c} - \dot{\varepsilon}_{ij}^{p}) \tag{7-47}$$

式中 $\dot{S}_{ij}$、$\dot{\varepsilon}_{ij}$ ——分别为总应力 $\dot{\sigma}_{ij}$、总应变张量 $\dot{\varepsilon}_{ij}$ 的偏量部分；

G ——材料的剪切模量。相应地，单元球应力由下式得到：

$$\dot{\sigma}_{kk} = K(\dot{\varepsilon}_{vol} - \dot{\varepsilon}_{vol}^{p}) \tag{7-48}$$

式中 $\dot{\sigma}_{kk} = (\dot{\sigma}_{11} + \dot{\sigma}_{22} + \dot{\sigma}_{33})/3$，$\dot{\varepsilon}_{vol} = \dot{\varepsilon}_{11} + \dot{\varepsilon}_{22} + \dot{\varepsilon}_{33}$；

K ——材料体积模量。

依据前述二元构成的 POWER 黏弹性模量机制，蠕变行为的激活与否取决于 Von-Mises 应力 $\bar{\sigma} = \sqrt{3J_2}$ 与参考应力水平之间的关系，且在 CPOWER 模型中，蠕变应变率表现为：

$$\dot{\varepsilon}_{ij}^{c} = \dot{\varepsilon}_{cr} \frac{\partial \bar{\sigma}}{\partial S_{ij}} \tag{7-49}$$

蠕变流动方向由对 Von-Mises 应力做偏微分得到：

$$\frac{\partial \bar{\sigma}}{\partial S_{ij}} = \frac{3}{2} \frac{S_{ij}}{\bar{\sigma}} \tag{7-50}$$

综合上述定义，CPOWER 模型的蠕变应变率写为二元构成表达形式：

$$\dot{\varepsilon}_{cr} = \dot{\varepsilon}_{cr}^{1} + \dot{\varepsilon}_{cr}^{2} \tag{7-51}$$

其中构成分量为：

$$\dot{\varepsilon}_{cr}^{1} = \begin{cases} A_1 \bar{\sigma}^{n1} & \bar{\sigma} \geqslant \sigma_1^{ref} \\ 0 & \bar{\sigma} < \sigma_1^{ref} \end{cases}$$

$$\dot{\varepsilon}_{cr}^{2} = \begin{cases} A_2 \bar{\sigma}^{n2} & \bar{\sigma} \leqslant \sigma_1^{ref} \\ 0 & \bar{\sigma} > \sigma_2^{ref} \end{cases}$$

式中 σ_1^{ref}、σ_2^{ref} ——模型参数。

塑性应变率的定义方法采用 MOHR-COULOMB 流动法则，即：

$$\dot{\varepsilon}_{ij}^{p} = \dot{\varepsilon}_{p} \frac{\partial g}{\partial \sigma_{ij}} - \frac{1}{3} \dot{\varepsilon}_{vol}^{p} \delta_{ij}$$

$$\dot{\varepsilon}_{vol}^{p} = \dot{\varepsilon}_{p} \left[\frac{\partial g}{\partial \sigma_{11}} + \frac{\partial g}{\partial \sigma_{22}} + \frac{\partial g}{\partial \sigma_{33}} \right] \tag{7-52}$$

由上式可知，塑性流动方向由 MOHR-COULOMB 模型的势函数 g 确定，且强度准则方

程 $f=0$ 决定了塑性流动强度 $\dot{\varepsilon}_p$ 的水平。在主应力空间内，MOHR-COULOMB 模型剪切屈服的强度准则及势函数分别为：

$$f = \sigma_1 - \sigma_3 N_\phi + 2C\sqrt{N_\phi} \tag{7-53}$$

$$g = \sigma_1 - \sigma_3 N_\psi \tag{7-54}$$

相应地，张拉屈服的对应函数为：

$$f = \sigma^t - \sigma_3 \tag{7-55}$$

$$g = -\sigma_3 \tag{7-56}$$

式中　σ_1、σ_3——分别为单元的最小、最大主应力（约定压应力为负）；

　　　σ^t——抗拉强度；

　　　C——材料的粘结强度；

　　　ϕ——摩擦角；

　　　ψ——膨胀角；

其余参数定义为 $N_\phi = (1+\sin\phi)/(1-\sin\phi)$，$N_\psi = (1+\sin\psi)/(1-\sin\psi)$。

在迭代过程中，模型应用大致遵从与二元律 POWER 模型及其 MOHR-COULOMB 模型类似的求解方法，区别仅在于应力更新过程中所采用的应力应变即本构方程服从黏弹性关系，而非静力求解中所引入的弹性假定。概括地，在任意时间步 Δt 内，程序先采用黏弹性假设求得主应力大小及其方向，继而采用强度准则进行屈服判断且所采用的流动法则与 MOHR-COULOMB 一致。

7.2.7　参考蠕变律 WIPP 黏弹性模型（Model Mechanical WIPP）

参考蠕变律 WIPP 模型是一款经验性模型，模型的开发初衷是用于解决自然界中盐岩所具有的与温度相关的蠕变行为，因此也特别适用于核废料处置岩石力学研究。该模型于 1980 年由 Herrmann 提出，Senseny 在 1985 年给出了变体表达。

FLAC3D 程序中引入了参考蠕变律 WIPP 模型，模型将偏应变速率 $\dot{\varepsilon}_{ij}^d$ 分解为弹性和黏性两部分，分别表示为 $\dot{\varepsilon}_{ij}^{de}$、$\dot{\varepsilon}_{ij}^{dv}$，即偏应变速率满足表达式：

$$\dot{\varepsilon}_{ij}^d = \dot{\varepsilon}_{ij}^{de} + \dot{\varepsilon}_{ij}^{dv} \tag{7-57}$$

特别地，偏应变速率也可以表现为如下形式：

$$\dot{\varepsilon}_{ij}^d = \dot{\varepsilon}_{ij} - \frac{\dot{\varepsilon}_{kk}\delta_{ij}}{3} \tag{7-58}$$

其基本含义是偏应变为总应变与球应变之差。依据弹性理论，弹性应变率可将偏应力速率 $\dot{\sigma}_{ij}^d$ 代入下式得到：

$$\dot{\varepsilon}_{ij}^{de} = \frac{\dot{\sigma}_{ij}^d}{2G} \tag{7-59}$$

式中　G——材料的剪切模量，而偏应力状态通常可体现为主应力与球应力的数学运算形式，即：

$$\dot{\sigma}_{ij}^d = \dot{\sigma}_{ij} - \frac{\dot{\sigma}_{kk}\delta_{ij}}{3} \tag{7-60}$$

模型认为偏应变率 $\dot{\varepsilon}_{ij}^d$ 中的黏性部分 $\dot{\varepsilon}_{ij}^{dv}$ 与偏应力张量共轴，通过对偏应力进行正则化处理后，黏性应变率表达为：

$$\dot{\varepsilon}_{ij}^{\mathrm{dv}} = \frac{3}{2}\left\{\frac{\dot{\sigma}_{ij}^{\mathrm{d}}}{\bar{\sigma}}\right\}\dot{\varepsilon} \tag{7-61}$$

式中 $\bar{\sigma}$——Von-Mises 应力，且 $\bar{\sigma} = \sqrt{3\dot{\sigma}_{ij}^{\mathrm{d}}\dot{\sigma}_{ij}^{\mathrm{d}}/2}$；

$\dot{\varepsilon}$——标量化应变率，由主蠕变分量 $\dot{\varepsilon}_{\mathrm{p}}$ 和次蠕变分量 $\dot{\varepsilon}_{\mathrm{s}}$ 复合构成，即：

$$\dot{\varepsilon} = \dot{\varepsilon}_{\mathrm{p}} + \dot{\varepsilon}_{\mathrm{s}} \tag{7-62}$$

上式中，次蠕变率按下式求解：

$$\dot{\varepsilon}_{\mathrm{s}} = D\bar{\sigma}^{n} e^{(-Q/RT)} \tag{7-63}$$

而主蠕变率与次蠕变率密切相关，服从下式定义：

$$\dot{\varepsilon}_{\mathrm{p}} = \begin{cases} (A - B\varepsilon_{\mathrm{p}})\dot{\varepsilon}_{\mathrm{s}} & if \quad \dot{\varepsilon}_{\mathrm{s}} \geqslant \dot{\varepsilon}_{\mathrm{ss}}^{*} \\ (A - B(\dot{\varepsilon}_{\mathrm{ss}}^{*}/\dot{\varepsilon}_{\mathrm{s}})\varepsilon_{\mathrm{p}})\dot{\varepsilon}_{\mathrm{s}} & if \quad \dot{\varepsilon}_{\mathrm{s}} < \dot{\varepsilon}_{\mathrm{ss}}^{*} \end{cases} \tag{7-64}$$

式中 D、n、B、$\dot{\varepsilon}_{\mathrm{ss}}^{*}$——均为模型参数；

R——通用气体常数；

Q——活化能；

T——模型中 Kelvin 体的温度（单位：℃）。

参考蠕变律 WIPP 模型中的体应变是纯弹性的，按下式求解：

$$\dot{\varepsilon}_{\mathrm{kk}} = \frac{\dot{\sigma}_{\mathrm{kk}}}{3K} \tag{7-65}$$

式中 K——材料体积模量。

FLAC3D 中将应变量如应变率视为独立变量，因此与静力分析类似地，采用迭代算法完成蠕变分析的求解。求解的基本思路是假定在单个迭代时间步内应变增量为恒定值，该应变成为新的应力张量的计算依据。具体地，在迭代初始环节首先将当前偏应力 $\dot{\sigma}_{ij}^{\mathrm{d}}$ 代入式（7-61）得到蠕变应变率，从而新的偏应力张量 $\dot{\sigma}_{ij}^{\mathrm{d'}}$ 由下式得到：

$$\dot{\sigma}_{ij}^{\mathrm{d'}} = \dot{\sigma}_{ij}^{\mathrm{d0}} + 2G\Delta t(\dot{\varepsilon}_{ij}^{\mathrm{d}} - \dot{\varepsilon}_{ij}^{\mathrm{dv}}) \tag{7-66}$$

式中 $\dot{\sigma}_{ij}^{\mathrm{d0}}(\dot{\sigma}_{ij}^{\mathrm{d}})$——上一迭代得到（或采用）的偏应力计算结果；

Δt——蠕变求解单个迭代步内时间增量。

在下一迭代或后续迭代过程中，蠕变计算即式（7-61）所采用的偏应力使用历史过程中近两次迭代结果的平均值：

$$\dot{\sigma}_{ij}^{\mathrm{d}} = (\dot{\sigma}_{ij}^{\mathrm{d'}} + \dot{\sigma}_{ij}^{\mathrm{d0}})/2 \tag{7-67}$$

进而每一迭代中当前的平均主蠕变总量 ε_{p}（请配合中心差分法含义进行理解）服从定义：

$$\varepsilon_{\mathrm{p}} = \varepsilon_{\mathrm{p}}^{\mathrm{o}} + \dot{\varepsilon}_{\mathrm{p}}\Delta t/2$$

$$\varepsilon_{\mathrm{p}}^{\mathrm{o}} = \varepsilon_{\mathrm{p}}^{\mathrm{o}} + \dot{\varepsilon}_{\mathrm{p}}\Delta t \tag{7-68}$$

式中 $\dot{\varepsilon}_{\mathrm{p}}$——上一迭代步得到的主蠕变率计算结果。将上式代入至式（7-64）即可实现当前迭代步所对应的主蠕变率的求解。

表 7-3 汇总给出了参考蠕变律 WIPP 模型参数及其代表性取值供应用参考。

参考蠕变律 WIPP 模型参数及代表性取值　　　　　表 7-3

WIPP 模型参数	单位	代表值
A	—	4.56
B	—	127
D	$Pa^{-n}s^{-1}$	5.79×10^{-36}
n	—	4.9
Q	cal/mol	12,000
R	Cal/mol K	1.987
$\dot{\varepsilon}_{ss}^*$	s^{-1}	5.39×10^{-8}

7.2.8　WIPP 黏弹塑性模型（Model Mechanical PWIPP）

FLAC3D 中 WIPP 黏弹塑性模型由前述参考蠕变律 WIPP 模型及 DRUCKER-PRAGER 模型构成。作为 FLAC3D 的内置模型，DRUCKER-PRAGER 模型本构方程中含有偏应力张量的第二不变量，因此可以较好地与参考蠕变律 WIPP 模型兼容，特别表现为在 π 平面内应力点与屈服面等距离，与此不同地，MOHR-COULOMB 模型由于忽略了中间主应力的作用，屈服面具有奇异性，因而不具有上述应力点与屈服面的等距特征。

DRUCKER-PRAGER 模型的剪切屈服方程为：

$$f^s = \tau + q_\phi \sigma_o - k_\phi \tag{7-69}$$

当 $f^s = 0$ 时单元处于屈服状态，其中球应力 $\sigma_o = \sigma_{kk}/3$，剪应力 $\tau = \sqrt{J_2}$，J_2 即为偏应力张量的第二不变量。参数 q_ϕ、k_ϕ 是材料的力学特性。引入 $J_2 = \sigma_{ij}^d \sigma_{ij}^d /2$，剪应力 τ 可与 Von-Mises 应力取得关联，即：

$$\bar{\sigma} = \sqrt{3}\tau \tag{7-70}$$

剪切塑性势方程 g^s 与屈服方程具有相似的格式，区别在于参数 q_ϕ、k_ϕ 由膨胀角 ψ 得到，即演变为 q_ψ、k_ψ：

$$g^s = \tau + q_\psi \sigma_o \tag{7-71}$$

在模型迭代计算过程中，一旦单元达到屈服状态即 $f^s = 0$，则引入流动法则分别求解塑性偏应变 $\dot{\varepsilon}_{ij}^{dp}$ 和球应变 $\dot{\varepsilon}_o^p$ 速率：

$$\dot{\varepsilon}_{ij}^{dp} = \lambda \frac{\partial g^s}{\partial \sigma_{ij}^d} \tag{7-72}$$

$$\dot{\varepsilon}_o^p = \lambda \frac{\partial g^s}{\partial \sigma_o} \tag{7-73}$$

式中　λ——当单元屈服时由应力张量求解得到的一个算数因子，引入前述定义 $J_2 = \sigma_{ij}^d \sigma_{ij}^d /2$ 及 $\dot{\sigma}_{ij}^d = \dot{\sigma}_{ij} - \dot{\sigma}_{kk}\delta_{ij}/3$，代入上式，得到：

$$\dot{\varepsilon}_{ij}^{dp} = \lambda \frac{\partial \sigma_{ij}^d}{2\tau} \tag{7-74}$$

$$\dot{\varepsilon}_o^p = \lambda q_\psi \tag{7-75}$$

DRUCKER-PRAGER 模型的屈服面同样由剪切与拉伸屈服准则共同构成。当采用拉伸准则进行塑性流动修正时，程序还引入辅助方程以判断剪切、拉伸屈服面相交的情形。具体地，拉伸屈服面表达为：

$$f^t = \sigma_o - \sigma^t \tag{7-76}$$

式中 σ^t——材料抗拉强度，相应的关联塑性势函数定义为：
$$g^t = \sigma_o \tag{7-77}$$
利用与剪切屈服类似的解决方式，可以得到拉伸屈服的应变率：
$$\dot{\varepsilon}_{ij}^{dp} = 0 \tag{7-78}$$
$$\dot{\varepsilon}_o^p = \lambda \tag{7-79}$$
式中 λ——当单元屈服 $f^t = 0$ 时由应力张量决定的因子。应注意到抗拉强度不应大于当 $f^s = 0$ 时的平均应力，如剪切强度包络线与坐标横轴的截距或保证 $\sigma^t < k_\phi/q_\phi$。

当蠕变与塑性流动同时发生时，WIPP 黏弹塑性模型假定各应变构成满足串联关系，即：
$$\dot{\varepsilon}_{ij}^d = \dot{\varepsilon}_{ij}^{de} + \dot{\varepsilon}_{ij}^{dv} + \dot{\varepsilon}_{ij}^{dp} \tag{7-80}$$
式中 $\dot{\varepsilon}_{ij}^{de}$、$\dot{\varepsilon}_{ij}^{dv}$、$\dot{\varepsilon}_{ij}^{dp}$——分别表示弹性、黏性和塑性应变率。

由此，对应剪切屈服情形即 $f^s > 0$ 而言，综合式（7-59）、式（7-61）和（7-74）得到：
$$\dot{\varepsilon}_{ij}^d = \frac{\dot{\sigma}_{ij}^d}{2G} + \frac{\sigma_{ij}^d}{2\bar{\sigma}}\{3\dot{\varepsilon} + \sqrt{3}\lambda\} \tag{7-81}$$

较之仅描述蠕变的力学模型，WIPP 黏弹塑性模型的体应变响应与偏应力状态存在相关性，除非参数 $q_\psi = 0$。综合式（7-65）、式（7-73），得到球应变速率的定义：
$$\dot{\varepsilon}_{kk} = 3\dot{\varepsilon}_0 = \frac{\dot{\sigma}_{kk}}{3K} + \lambda q_\psi \tag{7-82}$$

在完成式（7-81）定义的基础上，WIPP 黏弹性模型所采用的蠕变计算应力更新核心算式即可扩展至适应于塑性应变的情形，具体地，转换式（7-66）得到更为普适性应用的偏应力更新形式：
$$\dot{\sigma}_{ij}^{d'} = \dot{\sigma}_{ij}^{do} + 2G\Delta t\left\{\dot{\varepsilon}_{ij}^d - \frac{\sigma_{ij}^d}{2\bar{\sigma}}(3\dot{\varepsilon} + \sqrt{3}\lambda)\right\} \tag{7-83}$$
相应地，球应力更新可依据式（7-82）进一步写为：
$$\dot{\sigma}_o' = \dot{\sigma}_o^o + (\dot{\varepsilon}_{kk} - \lambda q_\psi)K\Delta t \tag{7-84}$$
以上各式中，参数 λ 可依据屈服定义即 $f^s = 0$ 在迭代过程中作动态调整更新。使用牛顿根式算法，得到：
$$\lambda' = \lambda^o - f^s / \left(\frac{\partial f^s}{\partial \lambda}\right) \tag{7-85}$$
注意，f^s 的计算应采用更新后应力状态即 $\sigma_{ij}^{d'}$，上式中的偏微分分量可进一步表达为：
$$\frac{\partial f^s}{\partial \lambda} = \frac{\partial f^s}{\partial \sigma_{ij}^{d'}} \frac{\partial \sigma_{ij}^{d'}}{\partial \lambda} + \frac{\partial f^s}{\partial \sigma_o'} \frac{\partial \sigma_o'}{\partial \lambda} \tag{7-86}$$
引入屈服方程并假定平均应力分量 σ_{ij}^d、$\bar{\sigma}$ 在单一迭代过程中为常量，因此：
$$\frac{\partial f^s}{\partial \lambda} = -G\Delta t - Kq_\phi q_\psi \Delta t \tag{7-87}$$

对于拉伸屈服即 $\sigma_o > \sigma^t$，且剪切应力不为零，利用下式来判断单元是否发生剪切或拉伸屈服：

$$h = \tau - \tau_p - \alpha_p(\sigma_o - \sigma^t) \tag{7-88}$$

其中，$\tau_p = k_\phi - q_\phi \sigma^t$、$\alpha_p = \sqrt{1+q_\phi^2} - q_\phi$。当 $h < 0$ 时，单元拉伸屈服，否则对应于剪切屈服状态。特别地，当单元拉伸屈服时，式（7-80）中的塑性应变分量为零，则式（7-53）退化为：

$$\sigma'_o = \sigma^t \tag{7-89}$$

为进一步考虑材料的软化行为，蠕变计算迭代过程中同时基于偏应变增量张量的第二部变量对累计塑性应变进行了求解和更新：

$$\varepsilon^{dp} := \varepsilon^{dp} + \Delta t \sqrt{\dot{\varepsilon}_{ij}^{dp} \dot{\varepsilon}_{ij}^{dp}/2} \tag{7-90}$$

应注意到，与应力软化/硬化静力分析模型不同，WIPP 黏弹塑性模型虽然为软化行为分析提供描述途径，但未提供类似静力模型的数据表单接口（即使用 TABLE 来定义力学参数与累计塑性应变的关系），因此力学性质或参数的软化应通过 FISH 方法来实现，具体地，可在迭代过程中遍历网格的累计塑性应变 ε^{dp}，并据此对单元的力学参数作动态调整。

7.3 FLAC3D 蠕变分析关键概念及命令浅析

与静力分析模型最大的不同在于，蠕变模型将时间作为重要参数构成，即蠕变分析中的物理时间或时间迭代增量代表了真实的时间，而静力分析中的时间仅体现为一种虚拟参量，是由有限差分方法所决定的模型能够进行迭代计算的一种计算分析手段。

7.3.1 时间步长

对于与时间相关问题如蠕变分析，FLAC3D 允许用户进行迭代时间步长的自定义。特别地，默认的时间步长为 0，此时，蠕变计算等同于处于关闭状态，表现为蠕变材料中的黏性元件构成实际无法有效体现材料力学行为的时间效应，如黏弹性模型将被视为弹性材料，而黏弹塑性模型同样表现为与弹塑性材料相一致的性质，因此，时间步长是否为 0 的直接作用等效于蠕变计算功能的关闭或开启状态。除此之外，FLAC3D 为蠕变计算的切换提供更为直观便捷的命令干预手段即 SET CREEP ON/OFF，关键字 ON/OFF 是蠕变分析启闭开关。

尽管程序运行用户可对时间步长进行人为干预，但时间步长的边界或限值并非完全任意。FLAC3D 所采用的有限差分核心算法决定了蠕变分析过程中发生的与时间相关的应力变化不应明显大于基于应变换算得到的应力变化，否则，由此产生的过量不平衡力冲击会导致模型无法满足数值意义上的收敛条件。

材料蠕变行为和过程由偏应力状态所主导，经验地，采用材料黏性与剪切模量的比值作为确定蠕变计算最大时间步长的基本依据，即：

$$\Delta t_{\max}^{cr} = \frac{\eta}{G} \tag{7-91}$$

式中 η、G——分别为材料黏性常数和剪切模量。

对于 POWER 类模型，黏性常数可经验估算为 Von-Mises 应力 $\bar{\sigma}$ 与蠕变应变率 $\dot{\varepsilon}_{cr}$ 的比值，由此得到最大时间步长的定义：

$$\Delta t_{\max}^{\mathrm{cr}} = \frac{\bar{\sigma}^{1-n}}{AG} \tag{7-92}$$

式中 A、n——POWER 模型参数。

对于 WIPP 类模型，黏性常数则表达为 Von-Mises 应力 $\bar{\sigma}$ 与次蠕变应变率 $\dot{\varepsilon}_{\mathrm{cr}}$（含义请参考前述模型介绍）的比值，定义最大时间步长为：

$$\Delta t_{\max}^{\mathrm{cr}} = \frac{e^{Q/RT}}{GD\bar{\sigma}^{n-1}} \tag{7-93}$$

式中 G、n——WIPP 模型参数；
R——通用气体常数；
Q——激活能；
T——温度。

相应地，BURGERS 黏弹塑性模型的最大时间步长或临界步长可定义为：

$$\Delta t_{\max}^{\mathrm{cr}} = \min\left(\frac{\eta^{\mathrm{K}}}{G^{\mathrm{K}}}, \frac{\eta^{\mathrm{M}}}{G^{\mathrm{M}}}\right) \tag{7-94}$$

式中 上标 .^{K}、.^{M} 指相应参数分别为 Kelvin、Maxwell 体的材料属性。

对于由压缩作用作为主导受力特性的蠕变行为而言，模型系统的时间步长可经验估算为黏性常数与体积模量的比值，特别地，黏性常数通过 Von-Mises 应力 $\bar{\sigma}$ 与体蠕变应变率 $\dot{\varepsilon}_{\mathrm{v}}^{\mathrm{c}}$ 的比值进行表征，进而获得最大时间步长的定义：

$$\Delta t_{\max}^{\mathrm{cr}} = \frac{|\sigma|\rho}{KB_0[e^{B_1|\sigma|}-1]e^{B_2\rho}} \tag{7-95}$$

式中 B_0、B_1、B_2——模型参数；
K——材料体积模量。

在 FLAC3D 蠕变分析中，通常建议在迭代之初采用比前述由材料或模型参数所获得临界时间步长小 2~3 个数量级的值进行计算。特别地，FLAC3D 置入时间步长动态调整功能（详见下一小节内容），可灵活控制并保证模型的数值稳定性，命令 SET CREEP DT AUTO ON 用于激活这一功能，其中功能设置参数 MAXDT（命令 SET CREEP MAX-DT）不应超过前述各公式所列的经验定义。

临界步长 $\Delta t_{\max}^{\mathrm{cr}}$ 的经验定义中使用了 Von-Mises 应力 $\bar{\sigma}$，该应力参数可通过编制 FISH 函数在蠕变计算尚未启动前的应力状态进行确定，例 7-2 给出了应用示例。

例 7-2 Von-Mises 应力不变量的 FISH 确定方法

```
config zextra 1
define mises
; - - - calculate and store Von Mises stress in zone extension 1 - - -
    local p_z = zone_head
    global max_mises = 0.0
    loop while p_z # null
        local mstr = (z_sxx(p_z) + z_syy(p_z) + z_szz(p_z))/3.    ;单元球应力
        local dsxx = z_sxx(p_z) - mstr                            ;X 方向偏应力
        local dsyy = z_syy(p_z) - mstr                            ;Y 方向偏应力
        local dszz = z_szz(p_z) - mstr                            ;Z 方向偏应力
```

```
            local dsxy = z_sxy(p_z)                              ; 剪应力 $\sigma_{xy}$
            local dsxz = z_sxz(p_z)                              ; 剪应力 $\sigma_{xz}$
            local dsyz = z_syz(p_z)                              ; 剪应力 $\sigma_{yz}$
            ;以下完成对 Von-Mises 应力的定义,
            local vmstr2 = 1.5 * (dsxx*dsxx + dsyy*dsyy + dszz*dszz)
            vmstr2 = vmstr2 + 3. * (dsxy*dsxy + dsxz*dsxz + dsyz*dsyz)
            if vmstr2 > 0.0 then
                z_extra(p_z, 1) = sqrt(vmstr2)
            else
                z_extra(p_z, 1) = 0.0
            endif
            max_mises = max(max_mises, z_extra(p_z, 1))
        p_z = z_next(p_z)
        end_loop
end
@mises
plot zonecontour zextra extra 1 alias 'Von Mises Stress' average
list @max_mises
```

7.3.2 时间步长的自动调整

如前所述,FLAC3D 蠕变计算的时间步长可由用户直接干预,如设定为一个恒定不变的常值,另一处理方式是采用程序提供的时间步长自动更新调整的功能。后一技术手段的大致方法是选择系统最大不平衡力比率作为指标,当不平衡力比率指标超过某一阈值时,时间步长自动减小,相对地,若不平衡力比率指标小于阈值时,时间步长则作相应放大处理。上述阈值定义为系统最大不平衡力与平均节点力的比值。

关于给定问题的典型不平衡力获取,可以通过观察对初始平衡状态进行扰动之初的不平衡力曲线得到,此时弹性响应通常是模型的主导作用。在后续蠕变计算中,引入动态且恰当的时间步调整手段可以使得模型具有较好的收敛条件,具体干预方法是通过参数 LMUL 或 UMUL 作为乘子直接减少或增加时间步长(默认条件下,LMUL=1.01,UMUL=0.9,具体含义参考后续关键命令浅析小节)。

显然,时间步长自动调整技术可能存在的问题是由于步长的连续性变化可能导致模型响应出现"噪声",如典型部位变形曲线产生局部的细微振荡。为避免这不利因素,蠕变分析引入"延迟周期"(LATENCY PERIOD)的概念及其参数定义,用于时间步长动态调整的进一步干预。其基本含义是允许用户自定义某一间隔迭代步数量,在这些间隔迭代步内,程序自动关闭时间步长的动态调整功能,因此在间隔迭代步内时间步长实际为恒定值,一旦系统完成该间隔迭代步的运算,程序则再次开启调整功能确定新的时间步长并进入下一迭代周期,如此循环直至完成蠕变分析。

需注意,对于瞬态冲击作用如洞室开挖,蠕变分析应采用一个较小的初始时间步长,并随迭代运算的进行即系统不平衡力比率降低进而由系统自动完成步长的增加调整,若中间过程存在额外的瞬态冲击,建议用户人为降低步长以满足收敛条件,继而再次执行后续蠕变分析由系统自动形成步长增加的调整趋势。

在耦合分析模式中，如温度或流体模块与蠕变分析同时进行时，FLAC3D 模型的时间步长由这些模式自动得到的时间步长的最小值决定，此时若人为干预的时步（命令 SET CREEP DT 设置的时间步）小于该最小值则干预值被覆盖，即人为干预不发生实际作用。

当激活时间步长自动调整功能时（SET CREEP DT AUTO ON），初始迭代步长 t 采用由命令 SET CREEP DT 所指定的人为干预值，且在迭代过程中一旦时步超过由命令 SET CREEP MINDT 设定的最小步长，后续分析时步将介于由 MINDT 和 MAXDT 所限定的区间范围内。

7.3.3 温度相关性蠕变行为

对于 WIPP 模型而言，可考虑蠕变应变率具有的温度相关性。当蠕变分析采用 WIPP 模型时，温度条件的引入可考虑两种方式，首先是将温度作为模型参数直接输入，其实是使用 FLAC3D 内置的温度模块计算获得，两种方法中的温度分布均可具有梯度化特征。前一方式的具体实现方法是利用 PROPERTY 来命令完成对温度属性的定义，且温度在分析的整个阶段维持为恒定值；在第二种方法中，需首先采用命令 CONFIG THERMAL 激活温度模块，依据温度模块的分析的要求获得系统温度的分布特征，并以此状态作为后续蠕变分析的输入条件，该方法的基本特点是温度属性由计算自动获得。

7.3.4 蠕变分析流程及关键命令浅析

图 7-5 给出了实际工程应用中蠕变分析建议采用的标准流程，但并非要求严格遵守，现实中可依据使用者对蠕变模型的性质与理解做灵活调整。图示流程所表达的一般性步骤为：

1）启动 FLAC3D，利用命令 CONFIG CREEP 调用蠕变分析模块。

2）利用 GENERATE 命令组装软件内置网格模板或使用模型接口功能完成分析网格的创建。

3）依据岩土体静力、蠕变力学特性进行模型选择，并同时完成模型参数赋值，参数的合理性应具有充分的室内试验或现场测试成果作为依据。

4）静力分析是围岩长期稳定性评价的首要环节，目的是捕捉岩土体在工程扰动如开挖条件下的瞬态响应，此时蠕变模型中用以描述时效变形的黏性元件（黏壶）应不发

图 7-5 蠕变计算标准流程

生作用，瞬时变形仅由模型中的弹性或塑性元件来体现，因此岩土体变形完全为弹性或同时含有塑性构成。上述瞬态变形性质的本质是真实时间参数未参与计算或蠕变分析功能处于关闭状态时的作用结果，即蠕变模型的时效作用可通过两种方法来进行屏蔽，对应的命令分别为 SET CREEP DT 0、SET CREEP OFF，前者间接利用时间步长的累计性质即当时步为 0 时，时效作用自动被忽略；后者则直接关闭了蠕变分析模式，方式相对直接。

5）静力分析结果是后续开展蠕变分析的输入条件或初始状态，而蠕变分析处理过程也相对简单，主要包括开启蠕变分析（SET CREEP ON）并进行时间步长的一定操作设定后即可展开计算分析。

表 7-4 对蠕变分析主要命令和关键字进行了汇总说明，其中侧重体现了时间步长的人为干预设置。此外，FISH 变量 CRDT、CRTIME 为用户提供了与模型时间设定进行交互访问的通道，分别表示时步及蠕变分析总历时。

蠕变分析关键命令说明 表 7-4

命令	关键字设置	说　　明
CONFIG	CREEP	调用蠕变分析模块
MODEL	MECHANICAL 模型名称，如 BURGERS、CPOWER、CVISC 等	蠕变模型设置
SET		
	AGE T	设定蠕变分析总时间
	DT T	设定蠕变时间步，默认为 $T=10^{-20}$
	MINDT V	设定蠕变分析最小时间步，默认 $V=10^{-20}$
	MAXDT V	设定蠕变分析最大时间步，默认 $V=10^{-20}$
	AUTO ON/OFF	开启/关闭时间步自动调整
	CREEP ON/OFF	开启/关闭蠕变计算模式
	LATENCY V	在 V 迭代步间隔内，时间步维持不变，V 默认为 1
	LFOB V	时步自动调整的不平衡力准则，即当系统最大不平衡力比率小于 V 时，时步通过关键字 LMUL 所设定的乘子进行放大，V 默认值为 $V=10^{-3}$
	LMUL V	时步放大乘子，默认为 1.01
	UFOB V	时步自动调整的不平衡力准则，即当系统最大不平衡力比率大于 V 时，时步通过关键字 UMUL 所设定的乘子进行缩小，V 默认值为 $V=5\times10^{-3}$
	UMUL V	时步缩小乘子，默认为 0.90
	TIME T	设定蠕变计算起始时间，默认 $T=0$
SOLVE	AGE T	开展蠕变计算，蠕变计算总历时为 T

7.4 应用案例

7.4.1 概述

深埋条件下软岩大变形和变形控制是一个世界性难题，强度低、孔隙率高、重度小、渗水、吸水性强、易风化崩解均构成软岩的基本特性，明显的膨胀性和时效性对修建于软岩地段的隧道所具有的施工期和长期稳定性提出较为苛刻的要求。开挖方式、初支强度等是保证施工期安全的重点要素；相较之施工期而言，隧洞运营期所面临的地质条件会相对复杂一些，如水工隧洞运营充水后围岩软化及其自身蠕变特性等因素对衬砌安全性的重要影响，在确保安全运营的同时要求兼顾经济性。

依据软岩支护技术理论，隧洞衬砌在运营期可以与围岩同时作为承载主体。软岩强度相对不高往往不是导致衬砌破坏的直接因素，结构失稳更多是由于岩石还未达到强度极限就因蠕变而产生过量变形所致。西部某大型水电站1号、2号引水隧洞西端在建设过程中即遇到了较为严重的软岩大变形问题，如图7-6所示，这两条引水隧洞揭露有绿泥石片岩的三叠系下统 T_1 地层。软岩段内隧洞长度约为5km，埋深位于1340~1500m之间，属于典型高地应力条件下软弱岩体大变形问题。

隧洞直径约为13.8m，设计为典型马蹄形断面，开挖工艺选择为上下台阶法开挖。隧洞施工过程及其对应大变形迹象可归纳为：

- 2008年下半年进行上台阶开挖，隧洞围岩变形即侵占衬砌净空厚度普遍都在20cm以上，大部分即代表性洞段为20~40cm之间，局部超过1m，最大为1.24m；最大侵空大于40cm的洞段主要集中在引（1）1+656~730m、引（1）1+758~784m、引（2）1+644~688m段。隧洞围岩变形较大部位一般发生在掌子面左侧（面向东端）10°~100°之间；
- 2010年7月，引（1）1+536桩号开始进行落底开挖，开挖过程中监测到了上部围岩出现变形现象，且在到2010年10月底的这段时间内，变形仍然在缓慢增长。在这种条件下，利用现场落底开挖获得的资料对以前的研究工作进行深化分析，深入评价落底开挖期间围岩变形状态和稳定性，成为工程中关心的问题之一。

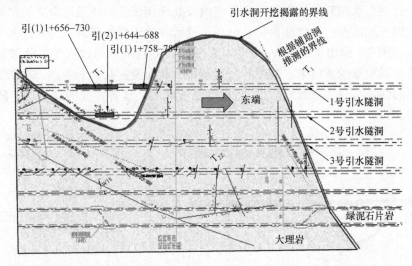

图7-6 引水隧洞平面地质图

由于该隧洞工程规模较大、施工历时长的特点，上述大变形迹象指示着围岩在不同阶段所呈现的稳定性差别，特别地，体现出变形演变、构成的机制性不同。依据岩体力学基本理论，在开挖瞬间由于人为扰动导致的应力重分布是大变形孕育的初期诱发因素，该部分变形决定了施工工艺的选择及其初期支护设计，是施工期所关心的变形构成，在硬质岩石工程实践中，已支护部分岩体变形随着掌子面的推进将逐渐趋于稳定，但软岩洞段围岩所呈现的变形规律似乎有异于既往基于硬质围岩所获得的认识，体现在已支护洞段在上台阶开挖完成后很长一段时间内仍有变形不收敛的迹象，变形速率可达到约为 0.05mm/d 的量级，即绿泥石片岩变形具有一定的时效性特征，总变形由开挖导致的瞬时弹塑性变形和蠕变变形共同构成。

上述软岩段围岩变形特征决定了隧洞稳定性评价应依据工程阶段而特别展开相关研究，即施工阶段为控制弹塑性大变形所进行的短期稳定性及其运营期长期稳定性评价，特别是运营期水工隧洞充水导致的围岩软化及其蠕变特征对衬砌的安全性（即衬砌厚度的设计）提出较高要求。总体上，深埋条件下软岩大变形和变形控制是一个世界性难题，本应用将从这两个方面分别开展相关研究并给出指导性建议，为施工方案、支护设计提供基本依据，涵盖的内容包括如下三个方面的内容：

- 大变形洞段围岩基本条件分析；
- 施工期围岩稳定性与施工建议；
- 运营期围岩稳定性特别是衬砌厚度设计。

7.4.2 基本地质条件

岩体初始条件的把握就成为围岩稳定性评价工作需要解决的首要问题，这涉及岩体地应力场条件和岩体力学特性等一些基础性资料。通常，这些资料可以通过两种途径获得，即直接的试验测试和监测反分析，前者包括应力测量和岩体力学试验，后者则利用具有代表性的监测成果进行分析，现实中这两个途径往往都存在一些困难，依据经验认识在既有测试资料的基础上进行去伪存真实把握研究的一项基础性环节。

现实中针对引水洞软岩段进行了大量室内及其现场试验但缺乏地应力测试成果，因此将绿片岩室内三轴试验、典型断面钻孔电视、变形收敛监测等成果视为岩体基本条件分析的直接依据。图 7-7 给出了引（1）1+760 典型断面上台阶开挖过程变形收敛监测点布置方式和测点相对变形示意成果，其中右图表示每个断面设置有 5 个测点，左图为测点间相对收敛变形曲线，与现实一致地，BC 间相对变形最大，显著大变形部位位于隧洞北侧拱肩部位一带。

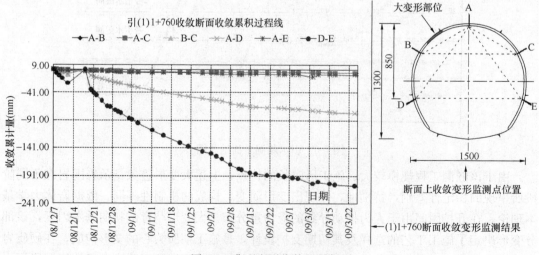

图 7-7 典型变形收敛监测断面

隧洞围岩分级满足中国水电工程围岩分类标准，软岩段以Ⅲ类为主，局部较差地段标定为Ⅳ类围岩。本次稳定性评价工作采用国际岩石力学界经验方法即 Hoek-Brown 系进行岩体力学参数标定，该系统需要的参数为岩石单轴抗压强度 UCS、表征岩体质量的无量纲参数 mi、地质强度指标 GSI 和反映施工扰动的无量纲参数 D，结合绿泥石片岩室内三轴试验成果，采用 UCS＝35MPa、mi＝9、D＝0，GSI 设定为变量以考察不同围岩质量条件下围岩变形特征（GSI＝35～60 之间），特别地，大部分洞段典型 GSI＝45，为Ⅲ类围岩质量条件。

以上述力学参数标定方法作为依据，结合上台阶开挖典型断面变形收敛监测成果，采用数值分析的方法再现开挖过程进行地应力分布参数调试，调试结果的合理性立足于前述约束条件，即：(a) 大变形部位出现在北侧拱肩部位；(b) 大部分典型洞段的围岩变形约为 20～40cm 之间，对应收敛应变率为 5％左右。根据对绿片岩段所处的地质构造条件（背斜核部）、现场围岩变形分布特征以及大量计算分析结果的综合分析，绿泥石片段洞段围岩初始地应力分布特征总结为：

- 最大主应力与隧洞轴线平行，中间和最小主应力位于隧洞断面上，中间主应力以 20°倾角倾 NE 方向；
- 最小主应力大小为上覆岩体重量的 0.7 倍，最大、中间主应力与最小主应力的比值分别为 1.10 倍和 1.05 倍。

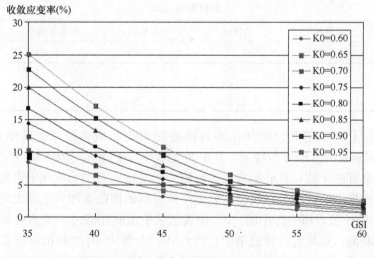

图 7-8　不同初始条件下隧洞顶板收敛应变

图 7-8 综合给出了计算分析结果，其中 K0 表示最小主应力与上覆岩体重量的比值。显然地，对应于典型洞段地质强度指标 GSI＝45 条件下，K0＝0.7 时隧洞收敛应变率与围岩现实变形特征能够获得较好的一致性。以上的地应力场和围岩特性反映了现场的一般性情形，这一点还得到后续落底开挖获得的变形监测结果得到进一步验证。

上述岩体基本条件分析特别是岩体力学参数获取方法更多地侧重于以施工期变形特征作为依据，以满足施工期围岩稳定相关评价，由于欠考虑软岩变形的时效性，不足以成为运营期围岩稳定及其衬砌厚度论证的依据。表 7-5 汇总了上台阶开挖完成后已支护洞段典型、合理断面围岩收敛变形监测成果，并将作为后续开展运营期稳定性评价长期岩体力学参数校核的现实条件。

绿片岩蠕变变形数据汇总表 表 7-5

断面	总变形量 (mm)	一年增量 (mm)	速率 (mm/d)	监测连线
引（1）1+675	232	15	0.039	BC
引（1）1+765	220	5	0.028	BC
引（2）1+648	118	24	0.067	BC
引（2）1+653	123	35	0.097	BC
引（2）1+665	175	8	0.044	BC

7.4.3 施工期稳定性评价

上一节就岩体基本分析构成隧洞稳定性评价的基础，并为成果的合理性提供坚实保障。

在施工阶段，软岩段初期支护主要由喷层、锚杆和加强支护构成，在局部软弱段辅以钢拱架以强化支护结构承载能力。具体地，喷层厚30cm，锚杆采用6×9m组合式锚杆，落底开挖时对隧洞拱腰、拱角部位进行局部加强，以保证隧洞顶板不至于受到下台阶开挖的过分扰动而引起围岩失稳，表7-6给出了本次分析所采用支护参数汇总，其中灰浆指锚杆钻孔内注浆层。

支护参数汇总 表 7-6

支护类型	弹性模量 E (GPa)	泊松比 ν	灰浆粘结力 C (MPa)	灰浆摩擦角 Fric (°)	抗拉强度 T (t)
喷层	20	0.25	—	—	—
锚杆	210	0.20	1.12	25	30
加强支护	210	0.20	1.12	25	100

图7-9给出了施工期上台阶开挖围岩稳定性评价一般性成果。其中左图为对应于GSI=40时隧洞断面内变形分布特征，其中大变形孕育于隧洞左侧拱肩一带，与围岩现实变形规律取得良好的一致，且底板有较强鼓胀变形迹象；右图为不同围岩质量条件下，隧洞变形随掌子面推进演变特征，横坐标表示了所考察的横断面和掌子面之间的距离与隧洞半径（6.9m）的比值，横坐标中的"0"即表示掌子面所在部位，负值表示位于掌子面前方尚未开挖的断面。在所有计算成果中，当GSI=35和40时性质相对较差的围岩开挖后最终变形分别达到628mm和409mm，均超过5‰收敛应变对应的控制标准，即便如此，这两种条件下初期支护系统足已抵抗围岩大变形的发生（变形收敛），且这两种条件下上台阶开挖以后围岩变形主要出现在距离掌子面2倍隧洞半径的范围内，这一结果为确定支护时机提供了依据，然而大变形过量侵占了净空，扩挖是保证过水断面的有效方式。此外，大部分洞段（GSI=45）大变形收敛值约为260mm水平。

图7-10给出了GSI=45普遍条件下隧洞开挖稳定性分析成果，其中左、右图分别对应于上、下台阶开挖，且叠加有断面变形分布特征、典型部位变形收敛曲线和支护受力等分析要素。从变形分布上看，与软岩段地应力方位特征一致地，上台阶开挖过程围岩显著变形主要分布于左侧拱肩和顶板一带，底板缺乏足够约束、卸荷作用对应有较大回弹变形，左图粗线条表征顶板变形收敛过程，最大变形量达到260mm左右水平；落底开挖伴

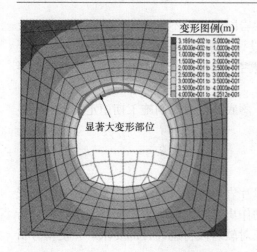 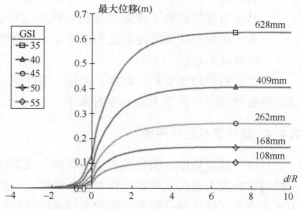

图 7-9 不同岩体质量条件下围岩变形特征

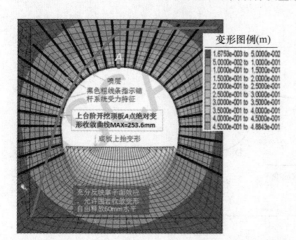 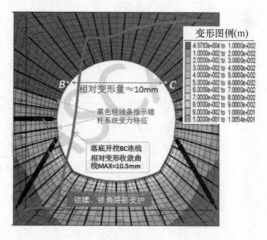

图 7-10 GSI=45 时不同开挖阶段隧洞变形和支护结构受力特征

随的应力扰动及其引起的变形增量主要分布于拱腰以下部位,且以两侧拱角处更为明显,最大变形增量达到 100mm 水平,缘于上台阶开挖时下台阶待开挖部分围岩应力已经得以充分释放,且辅以特殊补强措施,即锁角、锁腰加强支护条件下,后续落底开挖对拱腰以上部位扰动相对不显著,右图粗曲线条表示与现实监测断面一致的 BC 连线相对变形收敛演变趋势,即落底开挖导致的 BC 连线收敛变形增量约为 10.5mm,该变形增量足够小且与实测值 10mm 充分接近。

依据钻孔电视围岩质量成像结果,岩体发生结构破坏的深度基本位于 2m 深度范围以内,围岩结构破坏必然对应于锚杆系统需要承受更高的围岩不平衡力,图 7-10 所示支护结构受力图表明,普遍以浅层围岩锚杆受力较高,并随深度增加作较小幅度递减趋势,且 2m 深范围内锚杆系统受力最为显著,浅层围岩锚杆几乎已达到承载极限。

针对软岩段引水隧洞工程,本节以静力学方法开展了施工期即短期围岩稳定性评价,概括地,依据分析成果所能获得的指导性认识可综述为:

- 水文地质条件构成影响软岩施工期稳定性的首要因素,而施工工艺及其临时支护设计是控制大变形的现实途径;

- 在高应力、围岩质量较差的现实条件下，软岩段大变形不可避免，隧洞北侧拱肩及其顶板部位成为工程关键部位，既有支护设计方案能够满足控制大变形破坏的要求，在局部薄弱段隧洞过水截面受到过量侵占，建议进行扩挖施工，扩挖后隧洞半径建议不超过 7.4m；

在引入局部加强支护（锁角、锁腰）条件下，落底开挖对隧洞施工期稳定性影响不显著，顶板收敛应变限于 10mm 左右水平。

7.4.4 运行期稳定性评价

在隧洞运营阶段，围岩遇水后性状软化及其绿片岩现实中所呈现的蠕变特征对衬砌安全性的影响成为永久支护设计需要分析研究、帮助作出工程评价的重要问题，本小节分析中不考虑遇水软化这一因素而倾向于评价蠕变特征对软岩段衬砌设计的要求，并使得分析成果服务于现实衬砌厚度选择。

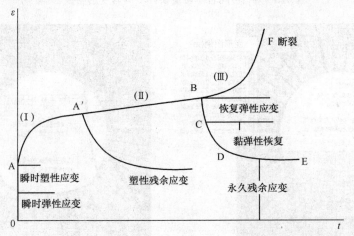

图 7-11 典型蠕变曲线图

软岩段蠕变特征对衬砌结构稳定性影响的首要环节是选择适当的力学定律来描述应力、应变及其与时间的关系（图 7-11）。如前所述，围岩长期变形由三部分构成，即弹性、塑性和蠕变变形构成，本次分析中采用深埋工程常用的 CPOWER 蠕变模型对上述变量加以描述，该模型由虎克体、牛顿体及其圣维南体三元件串联构成，显然岩体总应变率即可定义为：

$$\dot{\varepsilon} = \dot{\varepsilon}_{ij}^{e} + \dot{\varepsilon}_{ij}^{p} + \dot{\varepsilon}_{ij}^{c}$$

式中　$\dot{\varepsilon}$ ——总应变张量；

$\dot{\varepsilon}_{ij}^{e}$、$\dot{\varepsilon}_{ij}^{p}$、$\dot{\varepsilon}_{ij}^{c}$——分别为弹性、塑性、蠕变应变率张量，且 $\dot{\varepsilon}_{ij}^{e}$、$\dot{\varepsilon}_{ij}^{p}$ 仅取决于应力状态，与时间无关。蠕变应变率可进一步分解为：

$$\dot{\varepsilon}_{cr} = \dot{\varepsilon}_{cr}^{1} + \dot{\varepsilon}_{cr}^{2}$$

且 $\dot{\varepsilon}_{cr}^{1}$ 和 $\dot{\varepsilon}_{cr}^{2}$ 由下式表达：

$$\dot{\varepsilon}_{cr}^{1} = \begin{cases} A_1 q^{n1} & q \geqslant \sigma_1^{ref} \\ 0 & q \leqslant \sigma_1^{ref} \end{cases}$$

$$\dot{\varepsilon}_{\mathrm{cr}}^2 = \begin{cases} A_2 q^{n_2} & q \leqslant \sigma_2^{\mathrm{ref}} \\ 0 & q \geqslant \sigma_2^{\mathrm{ref}} \end{cases}$$

式中　A_1、A_2、n_1、n_2——蠕变模型参数；

　　　　q——偏应力状态相关量；

　　　　σ_1^{ref}、σ_2^{ref}——蠕变参考应力，因参考应力取值方法的差异，CPOW 模型可以有几种变体，本次分析取 $\sigma_1^{\mathrm{ref}} = \sigma_2^{\mathrm{ref}} = 0$，即蠕变应变率最终演变为 $\dot{\varepsilon}_{\mathrm{cr}} = \dot{\varepsilon}_{\mathrm{cr}}^1 = A_1 q^{n_1}, q \geqslant 0$，需要待定的模型参数仅为 A_1 和 n_1。

由于缺乏绿片岩室内蠕变试验基础数据及其岩体力学尺寸效应特征的约束，原位典型断面变形收敛成果成为蠕变参数校核的基本依据，表 7-5 即为上台阶施工过程典型断面收敛变形监测成果汇总，考虑到现实监测变形由开挖变形和蠕变变形同时构成，而两者间过渡点即图 7-1 中指示的 A 点难于准确判断，因此蠕变参数校核时需对 A 点做合理假定，具体地，本次分析中针对引（1）1+675 监测断面选择两套计算方案，即分别认为蠕变发生时间滞后于数据采集起始时间 3、6 个月，断面内 BC 连线收敛变形增量分别为 36.96mm、和 19.16mm，对应速率为 0.079mm/d、和 0.049mm/d，参考表 7-5，其余断面围岩变形速率多介于这两者之间，表征分析采用的假定满足一定意义上的现实合理性。

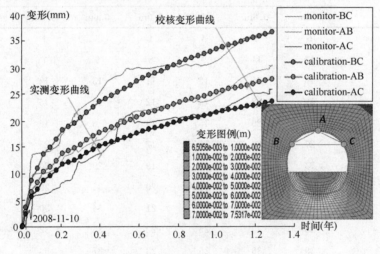

图 7-12　蠕变模型参数校核

图 7-12 给出了假定蠕变发生时间滞后于数据采集时间起点 6 个月的参数标定成果，对应绿片岩蠕变参数 $A_1 = 1.8\mathrm{e}^{-21}$、$n_1 = 9.0$。坐标横轴表示以年为单位的变形收敛时间，纵轴表示收敛变形，以 mm 为单位。上、中和下线条分别表示监测断面 BC、AB、AC 连线相对变形收敛曲线，与此对应的数值分析成果如上、中、下点画线所示，结果所呈现的典型软岩力学特征为：

● 监测断面各测点相对收敛变形呈非线性特征。蠕变本质受岩体偏应力状态主导控制，变形初期伴随开挖的应力调整导致总体偏应力较大，与之对应的蠕变速率也较为显著；随着变形收敛和应力的进一步调整，变形速率逐渐放缓。

● BC、AB、AC 收敛变形相对大小关系符合总体认识规律。

- 从变形演变趋势和量级上看,数值校核成果与实测变形曲线具有较好的吻合关系,为后续衬砌长期稳定性分析提供可靠性依据。

除水文地质条件外,隧洞长期稳定性还受到衬砌安装时间的影响。在获得了上述两种假设条件下的蠕变参数后,即可以进行软岩蠕变条件下衬砌长期安全性评价,其中考虑衬砌厚度为 0.6m、0.8m、1.5m 和 2.0m 四种形式,并假定衬砌安装时间分别滞后于落底开挖施工时间 0.5 年、1.5 年、2.0 年,总计算时间为 80 年。衬砌压应力多作为厚度设计的重要依据,软岩段衬砌混凝土设计标号为 $C30_{90}W_8$,其抗压强度为 20.1MPa,表 7-7 列出了上述条件下衬砌北拱肩的压应力值大小。依据汇总结果,如果流变滞后 6 个月出现且保持引(1)1+675 断面北拱肩一带出现的变形速率,若需要把运行期衬砌外表面一带衬砌压应力控制在 30MPa 以内的水平,设计厚度需要达到 1.5m 及以上。比较衬砌滞后 1.5 年和 2.0 年施工时间对运行期衬砌受力大小影响并不很突出,80 年后的压应力大小仅相差 2MPa,因此,就本软岩工程而言,适当滞后衬砌的施工时机有利于控制衬砌运行期的应力量值,但总体效果并不显著。

衬砌最大压应力汇总表　　　　　　　　　　表 7-7

时间（年）	衬砌滞后时间（年）							
	1.5				2.0			
	0.6m	0.8m	1.5m	2.0m	0.6m	0.8m	1.5m	2.0m
2	6	6	4	4	2	1	2	1
4	12	11	9	8	9	7	6	6
6	16	15	12	11	13	12	10	9
8	19	18	14	12	16	15	11	10
10	21	20	15	13	18	16	13	12
20	27	25	19	17	25	23	17	15
30	31	29	21	19	29	26	20	17
40	34	31	23	20	31	29	21	19
50	36	33	24	21	34	30	23	20
60	38	35	25	22	35	32	24	21
70	39	36	26	23	37	33	25	21
80	40	37	27	24	38	34	25	22

本次参数校核依据引(1)1+675 断面收敛变形量达到了超过 200mm 的量级水平,属于变形最大的典型断面,对其余监测断面变形变化的统计显示,除变形总量相对不大外,不论开挖后变形量值大小,隧洞变形稳定时间一般在 8~12 个月的时间范围,这段时间内可能并没有产生明显的蠕变变形,从这个角度讲,围岩蠕变形滞后 6 个月发生的假设条件可能仍然偏向高估围岩蠕变特性,即存在高估衬砌受力大小的可能性。综合地看,1.5m 厚度的衬砌应可以保证隧洞在运营期的稳定性条件。

7.4.5 数据文件

例 7-3　隧洞模型应力初始化（文件名 1_INI.dat）

```
new
impgrid model.FLAC3D    ;---调入由 FLAC 拉伸操作得到的 FLAC3D 模型
attach face
;-----------------参数预定义,拟采用 HOEK-BRWON 模型。应力初始化过程先采
;-----------------用 MOHR-COULOMB 模型,并采用 solve elastic 命令,以避免数
;-----------------值计算过程的虚拟冲击导致单元屈服
def _setup
    ;;;; rock mass
    md_den =  2700e-6   ;密度,注意计算采用的应力单位为 MPa

    ;---HOEK-BRWON 模型峰值强度
    md_ucs = 35.        ;单轴抗压强度
    md_gsi = 45.        ;地质强度指标 gsi
    md_mi = 9.          ;岩石材质参数 mi
    md_d = 0.           ;开挖扰动系数 d

    ;---HOEK-BRWON 模型残余强度
    md_ucs_r = 35.
    md_mb_r = 1.262
    md_s_r = 0.0022
    md_a_r = 0.508

    ;;;; bdp mode
    _sig3cv = md_ucs
    epscrit_1 = 0.06675    ;参考塑性应变

end
_setup
;cons.fis 文件可自动通过预定义参数依据 HOEK-BROWN 方法自动获得所有模
;型参数,包括 MOHR-COULOMB 强度参数
call cons\cons.fis

model mohr
prop density = md_den bulk = md_bulk shear = md_shear fric 50 coh 1.e3 ten 1.e3

;-----------------边界条件,insitu.fis 用于通过输入主应力大小和方位计算应力分量
call insitu.fis
ini sxx _sxx grad 0 0 _gzxx
ini syy _syy grad 0 0 _gzyy
ini szz _szz grad 0 0 _gzzz
ini sxy 0
ini syz 0
```

```
ini sxz _ sxz

; ----------------先采用应力边界
apply sxx _ sxx grad 0 0 _ gzxx rang x -40.1 -39.9 any x 39.9 40.1 any
apply syy _ syy grad 0 0 _ gzyy rang y -0.1 0.1 any y 0.4 0.6 any
apply szz _ szz _ top rang z 39.9 40.1
apply szz _ szz _ bot rang z -40.1 -39.9
apply sxz _ sxz rang x -40.1 -39.9 any x 39.9 40.1 any
apply sxz _ sxz rang z -40.1 -39.9 any z 39.9 40.1 any
fix z rang z -40.1 -39.9

; ----------------迭代 MOHR-COULOMB 模型至初始状态
set grav _ gaccel
solve elastic

; ----------------分别将边界和材料模型修改为固定边界和 HOEK-BROWN 模型并
; ----------------迭代至初始平衡
ini xd 0 yd 0 zd 0
ini xv 0 yv 0 zv 0
fix x y z rang x -40.1 -39.9 any x 39.9 40.1 any
fix y rang y -0.1 0.1 any y 0.4 0.6 any
fix x y z rang z -40.1 -39.9 any z 39.9 40.1 any
solve

ini xd 0 yd 0 zd 0
ini xv 0 yv 0 zv 0
ini state 0
model hoekbrown
prop density = md _ den bulk = md _ bulk shear = md _ shear &
    hbs = md _ s hbmb = md _ mb hba = md _ a hbsigci = md _ ucs hbs3cv = _ sig3cv &
    citable 101 mtable = 102 stable = 103 atable = 104
tab 101 0   md _ ucs    epscrit _ 1   md _ ucs _ r   100.   md _ ucs _ r
tab 102 0   md _ mb     epscrit _ 1   md _ mb _ r    100.   md _ mb _ r
tab 103 0   md _ s      epscrit _ 1   md _ s _ r     100.   md _ s _ r
tab 104 0   md _ a      epscrit _ 1   md _ a _ r     100.   md _ a _ r

solve
ini xd 0 yd 0 zd 0
ini xv 0 yv 0 zv 0
ini state 0

save 1 _ ini. sav
```

例 7-4　上台阶开挖支护（文件名 2_EXCAV_UPPERBENCH.dat）

```
res ..\1_ini\1_ini.sav
set echo off
call _coord.fis      ；大变形条件下，网格形态调整
set echo on

model null rang group upper_bench
apply nstress -1.0 rang group bot_bench z -2.65 -2.55 ；上台阶底板压力
set large
plot cont disp out on
plot reset
plot set magni 4

hist id 1 gp disp id 3111
plot add his 1
def _relax

    _ref_gpid = 3111 ; 3065;
    _disp_crit = 0.10

    ;;;
    _pg = find_gp(_ref_gpid)
    loop while 1 # 0
        _disp_monitor = sqrt((gp_xdisp(_pg))^2 + (gp_ydisp(_pg))^2 + (gp_zdisp(_pg))^2)
        if _disp_monitor < _disp_crit then
            command
                cyc 20
    endcommand
        else
            exit
        endif
    endloop
end
_relax


; -----------------喷锚支护参数及安装
def _support_prop

    ;; cable
    _gden = 7800.e-6
    _gxcarea = 8.042e-4
    _gemod = 240.e3
```

```
    _grper = 0.132
    _grc = 1.122
    _grfric = 25
    _grk = 0.693e3
    _gyten = 0.3
    _gycomp = 100.

    ; shotc
    _emod = 30.e3
    _pois = 0.2
    _bulk_shotc = _emod/(3. * (1. - 2. * _pois))
    _shear_shotc = _emod/(2. * (1. + _pois))

end
_support_prop
call _support_install.fis   ; _support_install.fis 文件用于支护安装
set  _y_loc = 0.25  _offset = 0.45  _scale = 0.1
set  _n1 = 1 _n2 = 28
_pre_cable
_support_install

plot add sel cable force
cyc 1600
save 2_excav_cable.sav

model null rang group shotc z -2.5 100
model e rang group shotc z -2.5 100
prop bulk _bulk_shotc shear _shear_shotc density 2500.e-6 &
    rang group shotc z -2.5 100
;; coordinates adjustment
set  _zmin = -2.5  _zmax = 10.
_coord_adjust            ; 因变形过大所采用的网格形态调整
solve ratio 1.e-5
save 2_excav_botbench.sav
```

例 7-5 下台阶开挖支护（文件名 2_EXCAV_BOTBENCH.dat）

```
res 2_excav_botbench.sav
ini xd 0 yd 0 zd 0
def _hist

    _id1 = 6685
```

```
        _id2 = 2853
        _horizontal_disp = abs(gp_xdisp(find_gp(_id1)) - gp_xdisp(find_gp(_id2)))

end
hist reset
hist id 1 _hist
hist id 2 _horizontal_disp
plot sub 2
plot add hist 2
plot show


model null rang group bot_bench
;----------------喷锚支护参数及安装
call _support_install.fis
set   _y_loc = 0.25   _offset = 0.45  _scale = 0.05
set   _n1 = 29   _n2 = 43
_support_install


cyc 1200
save 2_excav_cable_bot.sav


model null rang group shotc z -100 -2.5
model e rang group shotc z -100 -2.5
prop bulk _bulk_shotc shear _shear_shotc density 2500.e-6 &
rang group &shotc z -100 -2.5
;; coordinates adjustment
set _zmin = -100.  _zmax = -2.5
_coord_adjust             ;因变形过大所采用的网格形态调整


solve
save 2_excav_shotc_bot.sav
```

例7-6 衬砌安装及蠕变计算（文件名3_CREEP.dat）

```
res ..\2_excav\2_excav_shotc_bot.sav
;---------------------------------安装二衬及计算分析(衬砌厚度=0.8m)
dele rang gr upper_bench
dele rang gr bot_bench
ini xd 0 yd 0 zd 0
ini xvel 0 yvel 0 zvel 0


call _liner_gene.fis ; _liner_gene.fis文件用于安装衬砌
```

```
gen merge 0.01 rang gr shotc any gr concrete_liner any
model e rang gr concrete_liner
prop density 2500.e-6 bulk 16.67e3 shear 12.5e3 rang gr concrete_liner

plot clear
plot add cont smin out on reve on ave
plot show

solve

config creep
set creep off
model cpow rang gr rock_in any gr rock_out any gr bot_bench any
prop density = md_den bulk = md_bulk shear = md_shear &
        a_1 = 1.0e-20 n_1 = 9.0 &
   cohesion 2.27 fric 23.66    tension 0.06  &
   rang gr rock_in any gr rock_out any
solve

save liner_install.sav
;---------------------------------蠕变计算
def _setup

        _nstep = 0
        _a1 = 1.8e-21
        _n1 = 9.0

end
_setup
model cpow rang gr rock_in any gr rock_out any gr bot_bench any
prop density = md_den bulk = md_bulk shear = md_shear a_1 = _a1 &
n_1 = _n1 cohesion 2.27 fric 23.66 tension 0.06 &
     rang gr rock_in any gr rock_out any gr bot_bench any
solve
ini xd 0 yd 0 zd 0
ini xv 0 yv 0 zv 0

set creep on
set creep dt 1.e4        ;时间步设置
set creep mindt 1.e4     ;最小时间步
set creep maxdt 2.5e4    ;最大时间步
set creep dt auto on     ;时间步动态调整
```

```
call _hist.fis              ;_hist.fis 文件用于结果监测
def _solve

    ;每 4year 存贮一个文件
    loop _index (1, 20)

        _stime = float(_index * 4. * 31536000.)
        _filename = 'ctime_' + string(_index * 4) + '.sav'

        command
            solve age _stime
            save _filename
        endcommand

    endloop

end
_solve
```

例 7-7 附属文件 Cons.fis —— 利用 HOEK-BROWN 方法进行参数换算

```
;;; Function to draw Stength Envelope of Hoek-Brown
;;; table 400 ---Peak Strength
;;; table 401 ---Residual Strength
table 400 erase
table 401 erase
def Cons_Setup_
;;;;;;; Input Parameters;;;;
;;;; Hoek-Brown;;;;
; ----- md_ucs, md_gsi, md_m, md_D —峰值强度参数
; ----- md_mb_r, md_s_r, md_a_r —残余强度参数

    ; -------------------------------- Rock Mass Parameters
    if md_ucs <= 100.0 then
        md_emod = (1-md_D/2.) * sqrt(md_ucs/100.) * 10^((md_gsi-10.)/40.) * 1.0e3
    else
        md_emod = (1-md_D/2.) * 10^((md_gsi-10.)/40.) * 1.0e3
    endif
    md_poison = 0.32 - 0.0015 * md_gsi
    md_bulk = md_emod/(3 * (1 - 2 * md_poison))
    md_shear = md_emod/(2 * (1 + md_poison))
```

```
;;; Rock Mass Strength Parameters
md_mb = md_mi * exp((md_gsi-100)/(28.-14.*md_D))
md_s = exp((md_gsi-100)/(9.-3.*md_D))
md_a = 1./2. + (exp(-md_gsi/15.) - exp(-20./3.))/6.

;;; ======================Determine the Extend of Sigma3
;; Peak Strength
Sig3_Peak = - md_s * md_ucs/(md_mb * 1.0) + 1e-6
;; Residual Strength
Sig3_Resid = - md_s_r * md_ucs/(md_mb_r * 1.0)

end
Cons_Setup_
```

第八章　FLAC3D 动力分析

8.1　概述

FLAC3D 动力分析模块可以进行三维的完全动力分析，动力计算基于显示有限差分法。不同于采用虚拟质量进行静态求解，进行动力计算时，通过由周围真实网格密度所得到的集中节点质量来求解运动方程。这个方程可以与结构单元模型进行耦合计算，因而可以分析由于地面震动带来的土壤结构相互作用。动力分析也可与地下水流体计算模型进行耦合计算，例如与液化相关的孔隙水压力的时间效应分析。动力模型同样可以与可选的热力模型进行耦合，以计算热和动力荷载的综合效应。动态模块使得 FLAC3D 软件的分析功能扩展到包括地震工程、地震学和矿井冲击等广泛学科的动力问题。

在岩土地震工程中，等效线性方法较之于 FLAC3D 的完全非线性分析得到工程师们更加广泛的应用。强烈建议读者在尝试解决包括动力荷载在内的动力问题时先熟悉 FLAC3D 简单的静力学问题操作。由于动力分析常常非常复杂，往往需要大量深刻的理解才能正确解释。

8.2　与等效线性方法的相关性

在地震工程中，等效线性方法被广泛应用于模拟具有成层分布特性地区的地震波传播以及土壤结构的动态相互作用。而 FLAC3D 所采用的完全非线性方法并没有得到广泛应用，所以非常有必要指出这两个种方法的差异所在。

1969 年 Seed 和 Idriss 通过在模型各个区域假定不同的阻尼比以及剪切模量的方式进行了等效线性分析。计算时记录每个单元的最大循环剪切应变，通过参考实验室得到的阻尼比、割线模量与循环剪应变幅值的关系曲线，对每个单元的阻尼及模量进行重新赋值，不断重复上述过程直至这些特性不再发生变化为止。然后从这一点说明已经找到应变相关的阻尼及模量数值，采用这些数值模拟实际地区的动力响应是具有代表性的。

相比之下，完全非线性方法只需要进行参数研究，因为随着计算的进行每个单元直接继承非线性应力－应变关系，如果使用恰当的非线性关系，那么阻尼与模量与剪应变相关的特性就会得到自动模拟。

两种方法都有其各自的优缺点，等效线性方法具有较大的随意性，但是使用容易并且能够直接采用实验室循环试验的结果。完全非线性方法具有明确的物理意义，但是需要更多用户参与并且需要一个综合的应力-应变模型来精确地重现特定的动力响应现象。下面将对这两种方法的特点进行详细的介绍。

8.2.1　等效线性方法的特点

等效线性方法主要有以下一些特点：

（1）采用动力荷载的平均水平来估算每个单元的线性属性并且在振动过程中保持为定值。采用这种方式计算时，在弱震阶段单元会显得阻尼过大而刚度太小，而在强震阶段会显得阻尼过小而刚度过大。而且，不同部位对应于不同的运动水平，其特性存在空间上的差异性。

（2）等效线性方法不能够考虑发生在非线性材料中不同频率组成部分的地震波的相互干涉与混合现象。

（3）伴随液化现象会出现不可逆的永久变形，等效线性方法不能够直接提供这些相关的信息，因为该方法只能模拟振动运动，这些效应只能够经验性地估测。

（4）在塑性流动阶段，普遍认为应变增量张量是应力张量的函数，并成为塑性理论中的"流动法则"，然而，等效线性方法所使用的弹性理论中，应变张量（而不是应变增量张量）是应力张量的函数。因此，塑性屈服的模拟会有些不当。

（5）等效线性方法带有椭圆形式的应力－应变本构模型，虽然这种预设减免了使用者对曲线形式的选择，但是，同时也丧失了选择曲线形式的自由性。尽管等效线性方法在迭代程序中允许部分考虑不同曲线形式的影响，但是，需要指出的是椭圆形的曲线是不能够反映与频率无关的滞回圈。同时，该模型不能够获得率相关的信息，因为该模型是率无关的。

（6）在剪切波与压缩波同时传播的地区，采用等效线性方法时通常将它们视为两种相互独立的运动。因此，不能够考虑这两种地震波的相互作用。

（7）等效线性方法不能按照有效应力的形式来表述，不能模拟在地震过程中孔隙水压力的产生及其消散。

8.2.2 完全非线性方法的特点

完全非线性方法主要有以下一些特点：

（1）完全非线性方法能够遵循任何指定形式的非线性本构模型。如果使用能够反映滞回性的模型，则在计算中无需另外指定阻尼，并且在时间、空间上阻尼、切线模量能够适合于相应的动力水平。如果使用瑞利阻尼或局部阻尼，则在动力计算过程中所有节点的阻尼参数保持不变，阻尼空间上的变化可以指定。

（2）采用非线性材料定律，不同频率的地震波可以自然地出现干涉及混合现象。

（3）采用完全非线性方法可以自动模拟出不可逆位移以及其他永久变形。

（4）完全非线性方法中由于采用了合理的塑性方程，因而使得塑性应变增量与应力相关。

（5）采用完全非线性方法能够容易地研究使用不同本构模型的影响。

（6）采用完全非线性方法可以同时模拟剪切波与压缩波的传播，同时可以模拟二者耦合作用对材料的影响。对于强震而言，耦合作用非常重要，例如在摩擦性材料中，法向应力可能会动态性地不断减小，因而会造成剪切强度不断减小。

（7）完全非线性方法中的方程可以写成有效应力的形式，所以能够模拟在地震过程中孔隙水压力的产生及消散。

虽然完全非线性方法能够采用任何应力－应变关系，但是结果显示其对采用的本构模型中看上去很小的细节因素却有很敏感的反应。FLAC3D中一些自带的非线性本构模型主要是用于准静态或是具有单调性的动态响应情况（例如动荷载激励所产生的大量塑性流动）。一个能够模拟土壤结构动态作用的好模型应该能够获得滞回曲线以及真实土壤的能量吸收特性，尤其是能够吸收包含不同频率组成部分的复杂波形的每一部分。在已有的FLAC3D的本构模型中可以加一些额外的阻尼来模拟非弹性循环行为。而且，使用者可以编写自定义本构模型的C++程序在使用时调用其DLL（动态数据库）文件。

8.2.3 完全非线性方法在动力分析上的应用

土工建筑物的动力分析，尤其是处理地震液化的传统动力分析方法主要是基于等效线性方法。完全非线性分析方法在实际工程设计中还没有广泛应用。然而，人们对准确预测永久变形以及地震液化所导致土工建筑物破坏的重视程度的不断提高，相关的非线性数值计算程序在不断出现。Byrne等人综述了评价地震液化的不同方法，并且讨论了在实际应用中采用完全非线性方法比使用等效线性方法的优势所在。目前有一些著作介绍了非线性模型在土工建筑物的动力分析与设计方面的应用，许多都论述了利用非线性本构模型对有关地表永久大变形以及土石坝失效的岩土工程案例进行反分析研究。

8.3 动力方程

8.3.1 动态时步

动力分析中采用真实的节点质量，而在静力分析中采用虚拟的节点质量以达到快速收敛的目的。动力分析中临界计算时步按照式（8-1）所示进行计算，

$$\Delta t_{\text{crit}} = \min\left\{\frac{V}{C_p A_{\max}^f}\right\} \tag{8-1}$$

式中　V——四面体子单元的体积；

　　　C_p——p 波波速；

$A_{\max}^f$——与四面体子单元相关的最大表面积。

min｛　｝表示遍历所有的单元，包括结构单元及接触面单元。由于式（8-1）只是临界时间步的一个估算值，所以在实际使用过程中需要乘以一个安全系数（取为0.5）。因此，当使用无刚度比例的阻尼时动力分析的时间步为：

$$\Delta t_d = \Delta t_{\text{crit}}/2 \tag{8-2}$$

如果使用了刚度比例的阻尼，那么为了满足计算的稳定性，计算时步需要相应进行折减。Belytschko在1983年提出了一个能够考虑刚度比例阻尼影响的临界时间步计算公式如下：

$$\Delta t_\beta = \left\{\frac{2}{\omega_{\max}}\right\}(\sqrt{1+\lambda^2}-\lambda) \tag{8-3}$$

式中　$\omega_{\max}$——系统的最高特征频率；

　　　λ——该频率下的临界阻尼比。在 FLAC3D 中 $\omega_{\max}$ 和 λ 可以估算出来：

$$\omega_{\max} = \frac{2}{\Delta t_d} \tag{8-4}$$

$$\lambda = \frac{0.4\beta}{\Delta t_d} \tag{8-5}$$

$$\beta = \xi_{\min}/\omega_{\min} \tag{8-6}$$

式中 $\xi_{\min}$、$\omega_{\min}$——分别为瑞利阻尼的最小临界阻尼比和最小中心频率。

8.3.2 动态多步

根据式（8-1）可知动力分析计算稳定的最大时间步取决于模型中材料的最大刚度以及最小单元尺寸。通常，模型中的刚度及单元尺寸有一个较大的变化范围，例如位于软土中的网格较密的混凝土结构。尽管模型大部分可以按照较大的时步进行计算，但是少数尺寸较小单元的存在最终决定动力分析的临界时间步。

在FLAC3D可以采用"动态多步"来有效减少动力计算所需的计算时间，在这个过程中，模型中的单元以及节点按照相近的最大时间步进行分类。然后每一组按照其特定的时间步进行计算，信息在适当的时候在单元之间进行交换。

动态多步计算时每个特定的单元及节点使用局部时间步，在开始分析时，将遍历所有节点计算并存储每个节点的局部时间步 Δt_{gp}，如式（8-1）所示 Δt_{gp} 的大小与相邻单元的网格大小、刚度、质量、结构单元以及接触面有关，整体时间步 Δt_{G} 取的是所有局部时间步 Δt_{gp} 中的最小值。

每一个节点的时步乘子 M_{gp} 按照如图8-1所示的流程进行计算确定，该算法保证了时步乘子取值为2的幂次倍，在现有程序中，对于那些被指定了空模型、与结构单元相连接、其他节点相连接，或是安静边界的一部分的那些节点，其时步乘子 M_{gp} 均被设置为1。计算过程中遍历所有单元，选取每个单元周围四个节点的时步乘子 M_{gp} 中的最小值作为该单元的时步乘子 M_z。这样一来，单元的计算每 M_z 倍时步执行一次，涉及与时步相关的公式中总体时步均用 $\Delta t_{\mathrm{G}} M_z$ 代替，与之相类似，节点的计算中总体时步均用 $\Delta t_{\mathrm{G}} M_{\mathrm{gp}}$ 代替。

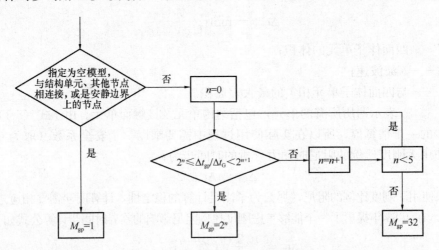

图8-1 节点时步乘子计算流程图

动态通过命令 SET dynamic multistep on 进行调用，在计算循环开始时，不同单元所属类别的时步乘子信息会显示出来。动态多步在计算速度上的效率是跟模型相关的（拥有时步乘子越大的单元数量越多，相应的计算速度提高就会越多）。

例8-1所示为一个设置动态多步的计算效率实例，计算模型及其尺寸如图8-2所示。模型由土体及挡土墙所组成，其中土体的体积模量及剪切模量分别为0.2GPa及0.1GPa，

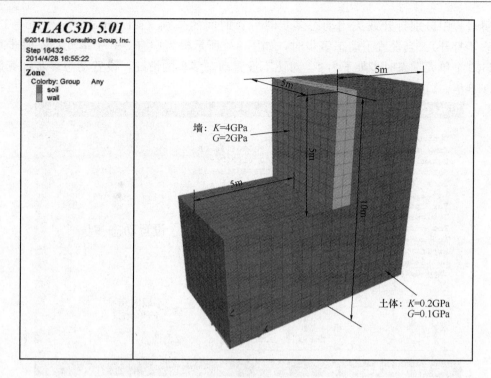

图 8-2 计算模型示意图

相应挡土墙的参数取为土体参数的 20 倍。在模型底部施加持时为 1s 的剪切正弦波，在动力计算的过程中分别监测模型底部及挡土墙顶部的水平方向速度变化情况如图 8-3 所示。

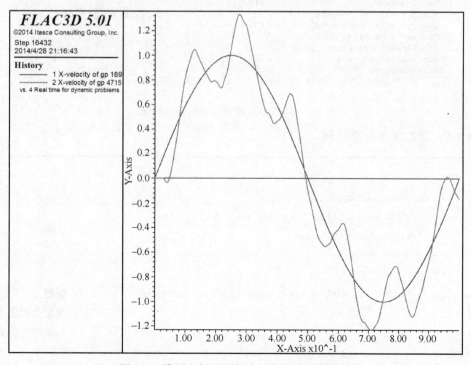

图 8-3 模型底部及顶部水平加速度时程曲线

在计算过程中分别打开或关闭动态多步时计算时间的差别（set＿multistep＿on＝1 时，动态多步打开）。当设置了动态多步时，如图 8-4 所示模型中有 340 个单元动态时步乘子为 12660 个单元动态时步乘子为 4，对比不设置动态多步的情况，设置动态多步计算速度是其 1.8 倍。

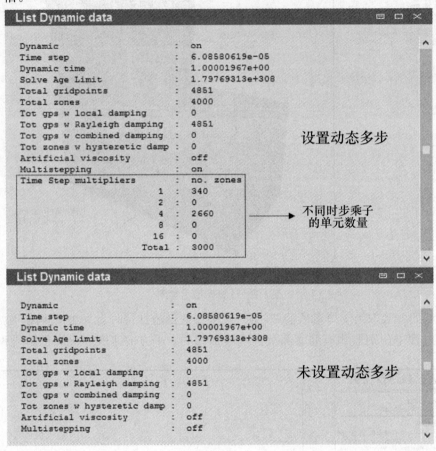

图 8-4　动态多步设置与否的输出信息

例 8-1　动态多步计算实例

```
;------------------------------------------------------------------
;           Dynamic Example
;           Shear wave applied to a stiff wall in a soft soil
;           With dymanic multistep
;------------------------------------------------------------------
title
Shear wave applied to a stiff wall in a soft soil with dyn. Multistep    ;标题
set proc 1                                                                ;指定处理器个数
conf dyn                                                                  ;加载动力模式
;创建模型
gen zone brick size 20 10 20 p1 (10, 0, 0) p2 (0, 5, 0) p3 (0, 0, 10)
```

```
mod mech elas
mod mech null range x = 0, 5 z = 5, 10
;施加边界条件
fix z range x = -.1 1 z = .1 10.1
fix z range x = 9.9, 10.1 z = .1 10.1
fix y range y = -.1 1
fix y range y = 4.9 5.1
;模型材料赋参
prop bulk 2e8 shear 1e8
prop bulk 4e9 shear 2e9 range x = 5, 6 z = 5, 10
ini dens 2000
;动力波波形及参数设定
def setup
    local freq = 1.0
    global omega = 2.0 * pi * freq
    global old_time = clock
end
def wave
    wave = sin(omega * dytime)
end
;模型底部施加速度时程
apply xvel = 1 hist @wave range z = -.1 1
apply zvel = 0              range z = -.1 1
;设置监测变量
hist add gp xvel 5, 2, 0
hist add gp xvel 5, 2, 10
hist add gp zvel 5, 2, 10
hist add dytime
;计时
def tim
    global elapsed_time = 0.01 * (clock - old_time)
    tim = elaspsed_time
end
;动态多步设置与否
def set_multistep
    if set_multistep_on = 1 then
        command
            set dyn multi on
        end_command
    else
    end_if
end
@set_multistep
```

```
@setup
solve age 1.0
list @tim
list dyn              ;罗列动力计算的相关信息
return
```

8.4 动力分析建模需注意的问题

在使用FLAC3D进行动力分析时，使用者应该注意以下三个主要问题：（1）动力荷载以及边界条件；（2）模型中地震波的传播；（3）力学阻尼。本部分内容将主要围绕这三部分内容对FLAC3D的动力分析进行讲解。

8.4.1 动力荷载及边界条件

FLAC3D通过在模型边界或内部节点施加动态边界条件的形式来模拟材料所承受的外部或内部动力荷载。通过指定安静边界（黏性边界）或是自由场边界条件可以减小模型边界处地震波的反射，图8-5所示为动力荷载及边界条件的类型，每一部分的具体内容将分述如下。

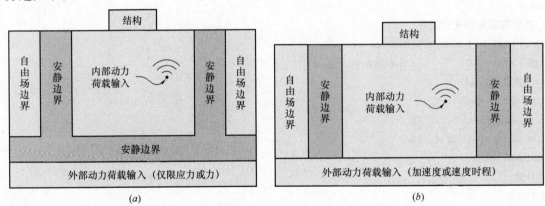

图8-5 FLAC3D中动力荷载及边界条件类型示意图
(a) 柔性基础；(b) 刚性基础

8.4.1.1 动力输入的应用

在FLAC3D中，动力荷载按照以下几种方式输入：
①加速度时程；
②速度时程；
③应力（或压力）时程；
④力时程

动力荷载的输入通常在模型边界采用APPLY命令。通过APPLY interior命令加速度、速度及力可以直接施加到模型内部节点上。注意到如果唯一的动力荷载位于模型内部，那么无需施加自由场边界条件。利用history函数输入的动力荷载被视为APPLY命令所指定值的乘子，history 乘子通过 history 关键字来指定，可以采用以下两种方式：

(1) 通过 TABLE 命令定义的一个表；

(2) 一个 FISH 函数。

采用 TABLE 输入时，乘子数值及其对应的时间在特定的表中成对出现，每对数值中第一个数字是动力时间，表中连续的数据对时间间隔不一定相同，可以通过 TABLE read 命令将包含时程（例如地震记录数据）的文件导入到 FLAC3D 特有的表中。如果利用 FISH 函数来提供乘子，那么在该函数中必须能够通过标量变量 dytime 来存取动态时间并计算相应动态时间的乘子数值。例 8-2 是一个利用 FISH 函数进行动力加载的实例。动力荷载可以沿着模型的 x，y，z 方向或者沿着模型边界的法向、切向进行施加。

在施加动力荷载时有一个限制：安静边界条件不能直接施加速度或加速度时程，因为对于安静边界条件来说这样会是无效的。要在安静边界上输入动力时程，应该将加速度、速度时程转化为应力时程而后施加于安静边界。速度时程按照下式转化为应力时程：

$$\sigma_n = 2(\rho C_p) v_n \tag{8-7}$$

$$\sigma_s = 2(\rho C_s) v_s \tag{8-8}$$

式中 σ_n、σ_s——边界上施加的法向与切向应力；

ρ——密度；

C_p、C_s——介质中压缩波及剪切波的传播速度；

v_n、v_s——输入的法向与切向速度时程。压缩波及剪切波的传播速度按照下式进行计算：

$$C_p = \sqrt{\frac{K + 4G/3}{\rho}} \tag{8-9}$$

$$C_s = \sqrt{G/\rho} \tag{8-10}$$

式中 K——介质的体积模量；

G——介质的剪切模量。

上述方程适用于面波条件，式（8-7）及式（8-8）中的系数"2"代表在无限介质中所施加的应力应为双倍，因为一半能量将由黏性边界吸收。例 8-2 说明了在安静边界的动力波输入，在一个铅直的高度为 50 m 的杆状模型的底部以应力时程的形式施加脉冲。模型的底部两个方向均施加安静边界条件，模型的顶部自由。其中特性参数选为剪切波波速为 100m/s，材料密度为 1000kg/m³，因而二者乘积 $\rho C_s = 10^5$，因而为了在杆状模型底部产生 1m/s 的速度，根据式（8-7）所示相应的应力脉冲数值应该设置为 2×10^5。图 8-6 所示为模型底部、中部及顶部的 x 方向速度时程，图中所示的前三个脉冲分别对应于模型底部、中部及顶部的透射波。最后的两个脉冲为模型顶部自由面反射波传播所带来的模型中部及底部的运动。可以看出在自由面上的速度加倍效应，而且可以看出在大约 1.3s 以后模型各个部位均已停止振动，这也说明了模型底部静态边界设置的合理性。

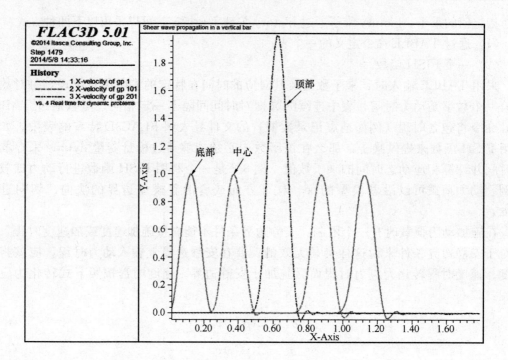

图 8-6 杆状模型安静边界施加应力时程时的动力波传播

例 8-2 铅直杆状模型中剪切波的传播

```
;------------------------------------------------------------
;           Script file for Dynamic Problem
;           Shear wave propagation in a vertical bar
;------------------------------------------------------------
new
set fish autocreate off
title "Shear wave propagation in a vertical bar"
config dyn
gen zone brick size 1, 1, 50
model mech elas
prop shear 1e7 bulk 2e7
ini dens 1000
def setup
  local  freq = 4.0
  global omega = 2.0 * pi * freq
  global pulse = 1.0 / freq
end
@setup
def wave
  if dytime > pulse
    wave = 0.0            ;动力波仅在一个周期内作用
```

```
    else
        wave = 0.5 * (1.0 - cos(omega * dytime))
    endif
end
range name bottom z = -.1 .1
fix z range z = .5 55
apply dquiet squiet range nrange bottom                    ；模型底部施加安静边界条件
apply sxz -2e5 hist @wave syz 0.0 szz 0.0 range nrange bottom   ；施加动力荷载
apply nvel 0 plane norm 0, 0, 1 range nrange bottom
hist add gp xvel 0, 0, 0
hist add gp xvel 0, 0, 25
hist add gp xvel 0, 0, 50
hist add dytime
solve age 1.8
```

8.4.1.2 基线校正

如果将某地区记录的加速度或速度时程直接应用于 FLAC3D 的动力分析，在动力计算完成之后模型可能会出现速度或位移非零的现象，这主要是由于加速度或速度时程积分后得到的时程最后没有归零。如图 8-7（a）所示，理想的加速度时程经过积分所得到的速度时程（图 8-7b）具有残余速度，没有归零。所以，在进行动力计算之前应该先进行基线校正。如图 8-7（c）所示，基线校正的办法是在原有时程的基础上加入一个低频的波形（多项式或周期函数），进而可以使得积分得到的时程最终位移归零，如图 8-7（d）所示。

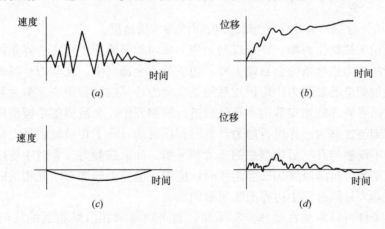

图 8-7 基线修正过程
（a）速度时程；（b）位移时程；（c）低频速度波；（d）修正后的位移时程

基线校正通常应用于诸如现场实测得到的复杂地震波波形。当选用合成波进行动力分析时，可以合理调整不同波的合成过程以确保最终的位移归零。通常情况下在地震分析中，所输入的一般为加速度时程，进行基线校正可以使得最终的速度及位移时程都能够归零。另外一种基线校正的方法是：如果发现整个模型都有残余位移，那么在计算结束时可以通过变换位移的方法实现，具体做法是在模型网格上施加一个固定的速度条件以使最终的残余位移减为零，这种做法不会影响模型的变形机理。

8.4.1.3 安静边界

在对岩土工程问题进行数值模拟时，所分析问题的模型范围最好设置为无限范围。深埋地下开挖工程通常认为是被无限介质所环绕，地面及近地面建筑物也被视为坐落于半无限空间之上。数值模拟时需要在人工边界上施加适当的边界条件。在静态分析中，可以在距模型核心区域一定范围的地方施加固定或弹性边界。然而，在动力问题的分析中，这种边界会使得出射波在边界上形成反射波进而在模型中继续传播。采用较大的模型可以在一定程度上降低这种效应，因为材料的阻尼可以吸收绝大部分从模型边界反射传播而来的能量，但是模型尺寸的增加另一方面却带来了巨大的计算负担。设置安静（黏性）边界条件是一个很好的解决办法。安静（黏性）边界是由 Lysmer 和 Kuhlemeyer 在 1969 年提出的，其基本做法是在模型边界的法向及切向分别设置阻尼器以吸收入射波，安静边界基本上能够全部吸收边界上入射角大于 30°的体波，对于那些入射角较小的波比如面波，仍然有一定的吸收能力，但是吸收不完全。安静边界的有效性已经在有限元及有限差分模型中得到验证。

在安静边界中，沿法向及切向的阻尼器独立作用于模型边界，其提供的法向及切向的黏性力按照下式进行计算

$$t_n = -\rho C_p v_n \tag{8-11}$$

$$t_s = -\rho C_s v_s \tag{8-12}$$

式中 v_n、v_s——分别为模型边界法向与切向的运动速度分量；

ρ——密度；

C_p、C_s——分别为介质中压缩波及剪切波的传播速度。

动力分析始于初始应力场，在形成初始应力场时如果使用了固定边界条件，施加了安静边界后原来的静力边界条件会自动去掉，边界节点全部自由，在动力计算的整个阶段将自动计算并施加相应的黏性力。应该注意的是在动力计算的过程中应该避免静力荷载的变化，例如，在边界底部施加安静边界条件后进行隧洞开挖，会造成整个模型向上运动，主要是由于在前期施加静力边界进行静力计算时程序自动计算了在模型边界上所应施加的反力，这些反力不能够与开挖后模型总的重力相平衡。如果在静力计算时中使用了应力边界条件，那么在动力分析阶段施加安静边界时，应该在边界上施加与原先相反的应力边界条件，这使得在动力计算过程中边界出现正确的反力。

安静边界条件可以施加在整体坐标系中，也可以施加在沿倾斜面的法向及切向方向上。当施加在倾斜面上时，nquiet，dquiet 及 squiet 必须同时使用。当使用 APPLY 命令赋予安静边界条件时，要记住式（8-11）及式（8-12）中的材料特性参数是取自于临近于模型边界单元的材料性质。所以，在使用 APPLY 命令时，模型边界单元上的材料属性应该是合适、真实的，以便正确存储安静边界的特性。

8.4.1.4 自由场边界

对诸如大坝之类的地面建筑物进行地震效应数值分析时，需要对临近于地基的区域进行离散。地震波输入通常采用面波的形式从地基材料向上进行传播。模型的边界条件必须能够解释地面结构不存在时的自由场运动。某些情况下基本的侧向边界就已经足够，如图

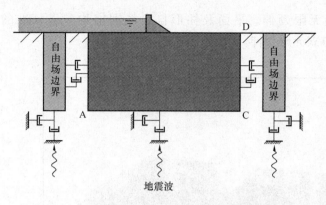

图 8-8 地面结构动力分析模型及自由场网格

8-8 所示，如果只是在模型水平边界 AC 上施加剪切波，那么只需要沿着 AB 及 CD 方向施加竖直方向的固定边界即可。这些边界需要设置有足够远的距离以减少波的反射，从而获得自由场边界条件。对于那些具有较高材料阻尼特性的材料，这个距离可以取的相对较小，然而，对于那些低阻尼材料来说，这个距离需要取的足够大，那么所得到的模型将是不实用的。为此，FLAC3D 软件开发了涉及与主体网格分析并行的自由场计算的技术。主体网格的侧向边界通过阻尼器与自由场网格进行耦合，从而实现安静边界的模拟，自由场网格的不平衡力施加到主体网格的边界上。所施加的力按照下式进行计算：

$$F_x = -\rho C_p (v_x^m - v_x^{ff}) A + F_x^{ff} \tag{8-13}$$

$$F_y = -\rho C_s (v_y^m - v_y^{ff}) A + F_y^{ff} \tag{8-14}$$

$$F_z = -\rho C_s (v_z^m - v_z^{ff}) A + F_z^{ff} \tag{8-15}$$

式中 ρ——沿着模型竖直方向的边界材料密度；

C_p、C_s——分别为侧面边界的压缩波及剪切波的传播速度；

A——自由场网格的影响面积；

v_x^m、v_y^m、v_z^m——分别为主体网格在侧面边界上的 x 方向、y 方向及 z 方向的速度；

v_x^{ff}、v_y^{ff}、v_z^{ff}——分别为侧面自由场网格在的 x 方向、y 方向及 z 方向的速度；

F_x^{ff}、F_y^{ff}、F_z^{ff}——分别为自由场网格单元应力 σ_{xx}^{ff}、σ_{xy}^{ff}、σ_{xz}^{ff} 所带来的自由场网格的节点力。

这样一来，由于自由场网格提供了类似于无限场模型的效果，因而向上传播的面波在边界上不会出现扭曲。如果主体网格均匀且没有地面建筑物，那么侧向的阻尼器将不会起作用，因为自由场网格将与主体网格一起进行相同的运动。但是，如果主体网格与自由场网格运动不一致（比如由于地面建筑物所传播的二次波的影响），那么自由场的阻尼器将会发挥类似于安静边界那样的效果，很好地吸收入射波能量，减少波的反射。

在 FLAC3D 中，为了给模型施加自由场边界，模型要求底部是水平的，其法向沿 z 轴方向；四个侧面是铅直方向的，其法向分别为 x 轴及 y 轴；如果地震波的传播方向不是竖直的，那么需要对坐标系进行相应的旋转，以使得地震波沿 z 轴方向传播，而此时重力方向与 z 轴将存在一定的夹角，模型边界也会与水平自由面产生一定的倾斜。

自由场模型包括四个侧面的自由场网格以及四个角点处的自由场网格，如图 8-9 所示，平面自由场网格在主体网格侧面边界形成，所以自由场网格及主体网格节点之间存在一一对应关系，角点处的四个柱形自由场网格相当于四个侧面自由场网格的自由场边界。平面自由场网格采用二维计算，并假设沿着平面的法向方向无限延伸，柱形自由场网格采用一维计算,并假设在柱体的两端无限延伸。平面及柱形自由场网格均包含标准的 FLAC3D 单元,单元节点按照上述方式无限延伸。

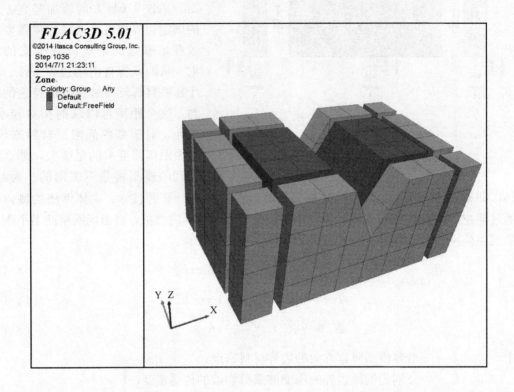

图 8-9　FLAC3D 模型中侧面及角点处的自由场网格

模型在施加自由场边界条件之前首先要先达到静力平衡。当执行 APPLY ff 命令进行动力分析时静力平衡条件将自动转成自由场边界条件。自由场边界条件施加于侧向边界节点上。靠近自由场的模型边界单元的所有信息（包括单元属性、变量）将被复制到自由场网格单元上。取临近于自由场的模型单元的平均应力作为自由场单元的应力。在施加自由场边界时首先需要指定模型底部的动态边界条件。需要注意的是,自由场边界是连续的,如果主体网格中包含接触面并且延伸至模型边界,那么接触面将不能延续至自由场。

APPLY ff 命令执行后,自由场的网格会自动显示出来,而不管主体网格是否显示,自由场的信息可以通过 LIST apply 命令输出来。自由场内可以存在任意模型或非线性行为,也可以进行水力耦合及流体计算。自由场支持小变形及大变形计算。例 8-3 所示为一个应用自由场边界进行动力计算的实例,在模型的底部施加剪切应力波,图 8-9 所示为自由场边界及其主体部分的网格图,图 8-10 所示为模型中自由场及主体网格不同部位 x 方向的速度时程图。

GP 102：主体网格；GP 380：自由场柱形网格；GP 176：自由场 y 侧面；GP 274：自由场 x 侧面。

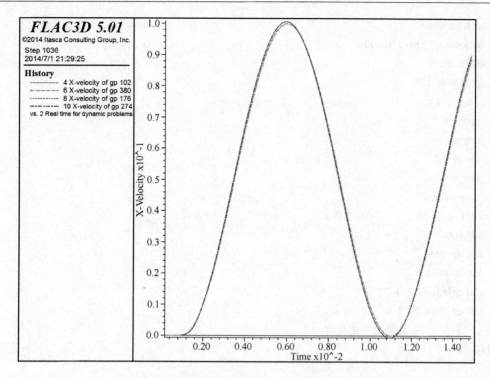

图 8-10　模型各个部分的 x 方向速度时程图

例 8-3　设置自由场边界条件的动力分析

```
;----------------------------------------------------------------
;                 Script file for Dynamic Problem
;                 Shear wave loading of a model with free-field boundaries
;----------------------------------------------------------------
new
set fish autocreate off
title "Shear wave loading of a model mech with free-field boundaries"
config dyn
def wave
  local per = 0.01
  wave = 0.5 * (1.0 - cos(2*pi*dytime/per))
end
;建模
gen zone brick size 6 3 2
gen zone brick size 2 3 2 p0 0 0 2
gen zone brick size 2 3 2 p0 4 0 2
gen zone wedge size 1 3 2 p0 2 0 2
gen zone wedge size 1 3 2 p0 4 3 2 p1 3 3 2 p2 4 0 2 p3 4 3 4 ...
                            p4 3 0 2 p5 4 0 4
;模型指定并赋参
```

```
model mech elastic
prop   bulk 66667 shear 40000
ini    dens 0.0025
;初始静力平衡计算
set grav 0 0 -10
fix x    range x 0
fix x    range x 6
fix y    range y 0
fix y    range y 3
fix z    range z 0
set dyn off          ;关闭动力模式
hist   add unbal
hist   add dytime
hist   add gp zdis 2 1 0
hist   add gp zdis 2 1 2.0
hist   add gp zdis 2 1 5.0
solve                ;静力平衡求解
save ff0
;
;动力计算
set dyn on
;模型底部施加安静边界条件并施加应力时程
free x y z   ran z -0.1 0.1
apply nquiet squiet dquiet ran z 0.0
apply dstress 1.0 hist @wave ran z 0.0
;施加自由场边界条件
apply ff
set dyn time = 0
hist reset           ;重置监测变量
hist   add unbal
hist   add dytime
;主体网格
hist   add gp xvel 2 1 0
hist   add gp xvel 2 1 5.0
;自由场柱网格
hist   add gp xvel -1 -1 0
hist   add gp xvel -1 -1 5.0
;与 y 轴平行的自由场面网格
hist   add gp xvel -1 0 0
hist   add gp xvel -1 0 5.0
;与 x 轴平行的自由场面网格
hist   add gp xvel 2 -1 0
hist   add gp xvel 2 -1 5.0
```

```
solve age 0.015
save ff1
return
```

8.4.1.5 反褶积以及动力边界条件的选取

在进行动力分析时，设计地震运动通常采用地表或是基岩露头的运动作为参考部位。但是，如图 8-11 所示，在 FLAC3D 中动力荷载必须施加于模型底部而不是地表。所以，应该采用一定的方法将地表设计震动转化为所需的模型底部荷载输入，以确保 FLAC3D 中输入的动力荷载能够准确反映地表震动响应。

利用一维波动程序（例如等效线性程序 SHAKE）可以进行反褶积分析，进而可以计算出某一深度处所需输入的动力荷载。下面内容将主要论述怎样利用 SHAKE 程序获得 FLAC3D 动力分析的荷载输入。在 FLAC3D 中动力荷载的输入主要采用以下两种方式：

（1）对于刚性基础，在 FLAC3D 模型底部网格，直接施加加速度时程；

（2）对于柔性基础，在 FLAC3D 模型底部施加安静边界，同时将加速度时程转化为应力时程后施加。

SHAKE（Schnabel et al. 1972）是一个广泛应用于地震反应分析的一维波动传播程序。SHAKE 程序能够计算沿成层土断面剪切波在竖直方向上的传播。在每一层上波动方程的求解可表述为上行波列与下行波列运动的叠加求解，如图 8-12 所示。Kolsky 在 1963 年所提出的关于两种弹性材料之间，交界面上反射波与透射波的关系可以采用递推格式进行表述，这个关系主要是根据交界面上的应力与位移连续条件进行求解。在自由表面处为了满足剪应力为零的边界条件，在模型最顶部的上行波与下行波运动必须一致。所以，从顶层开始不断进行迭代求解直至满足条件为止。

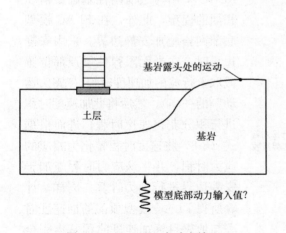

图 8-11　FLAC3D 中动力输入

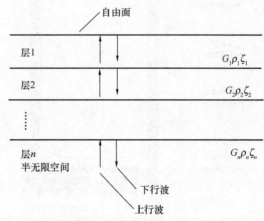

图 8-12　SHAKE 程序计算模型示意图

SHAKE 程序中地震波的输入与输出采用的不是上行波列及下行波列的形式，而是按照以下方式来划分：(1) 位于两层结构交界面上的运动称之为"内部运动"；(2) 自由表面上的运动称之为"露头运动"。内部运动是上行波列及下行波列的叠加结果。露头运动是发生在自由表面上的运动，所以露头运动是上行波列运动的两倍。上行波运动通过取一半的露头运动获得，而后在任意一点处，内部运动减去上行波运动即可获得下行波运动。

1. 刚性基础的反褶积计算

如图 8-13 所示为在利用二维 FLAC 程序计算时刚性基础反褶积计算过程示意图，对于 FLAC3D 程序方法是一样的。FLAC 模型的剖面图中包含了三个 20 m 厚的成层结构，图中标明了各层的剪切波速及其密度参数。SHAKE 模型同样包含三个成层结构，同时包括一个半无限弹性层，该层材料特性与最底层材料特性一致。首先在 SHAKE 模型顶部以"露头运动"的形式输入地表震动的加速度时程目标值，经过迭代计算以"内部运动"的

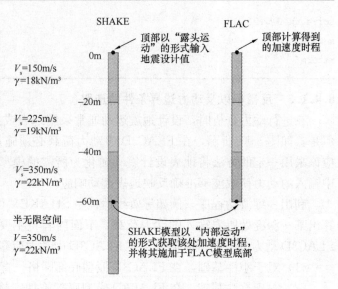

图 8-13　刚性基础的反褶积计算过程示意图

形式获取半无限弹性层顶部位置的加速度时程，然后将该时程直接施加于在 FLAC 模型底部进行计算。Mejia 和 Dawson 的计算结果表明：FLAC 模型顶部所得到的计算速度时程曲线与目标曲线几乎完全一致，说明了采用该方法进行刚性基础反褶积计算的可行性与正确性。

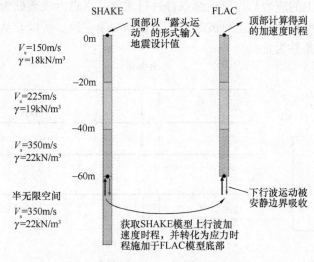

图 8-14　柔性基础的反褶积计算过程示意图

2. 柔性基础的反褶积计算

如图 8-14 所示，SHAKE 及 FLAC 采用与之前刚性基础反褶积相同的模型，此外，在 FLAC 模型底部网格施加安静边界。采用安静边界时，在半无限弹性层顶部位置截取上行波的加速度时程（"露头运动"的一半），然后将此加速度时程进行积分获得速度时程，进而根据式（8-8）将速度时程转化为相应的应力时程，并将该应力时程施加于安静边界进行动力计算。同样，计算所得 FLAC 模型顶部的加速度时程与地表目标加速度时程基本完全一致。Mejia 和 Dawson 的研究成果同时也表明采用该方法所得的刚性、柔性基础的反应谱与目标反应谱同样非常靠近。

前面的两个例子都是反褶积分析中较为理想的，而在实际中更为普遍的情形是如图 8-15 所示的结构，基岩之上覆盖有一层或多层沉积土，沉积土视为非线性，基岩视为线弹性。为了计算此种情况下 FLAC 模型底部的荷载输入，首先构造与 FLAC 模型相同的 SHAKE 模型，SHAKE 模型的下部为与基岩材料性质相同的半无限空间。在 SHAKE 模

型基岩部分的顶部（图中的点 A）以"露头运动"的形式输入地震加速度时程的目标值，经过计算选取 SHAKE 模型 B 点处的上行波的加速度时程（"露头运动"的一半），而后通过式（8-8）转化为应力时程施加于 FLAC 模型的底部。另外一种典型形式如图 8-16 所示，SHAKE 模型中包含非线性土层、线性土层、基岩，FLAC 模型只包含非线性土层及线性土层。同样，在 SHAKE 模型的基岩顶部（图中点 A 所示）以"露头运动"的形式输入目标值，并且在 B 点选取上行波加速度时程，转化为应力时程后施加于 FLAC 模型的底部进行计算。

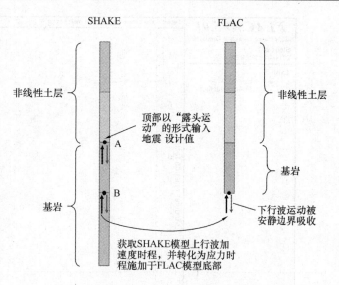

图 8-15　典型的柔性基础反褶积计算过程示意图

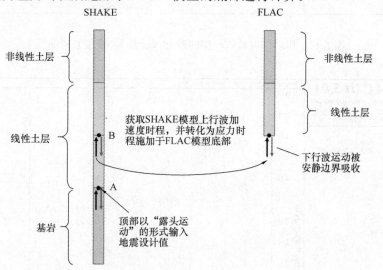

图 8-16　另一典型的柔性基础反褶积计算过程示意图

3. FLAC3D 与 SHAKE 的成层非线性弹性沉积土动力分析对比

在本例子中我们将分别采用 FLAC3D 及 SHAKE-91 对一个地质断面的波动传播进行数值模拟并对计算结果加以对比。所研究的问题是：在某个基岩之上有水平成层沉积土覆盖物，该基岩承受水平方向的加速运动。沉积土层厚度为 150 英尺（45.72m）且包含 10 种不同的土层类型。土层被认为是非线性的（假定剪切模量及阻尼是与应变相关的），沉积土层各层的性质及位置如表 8-1 所示。这些土层采用两种不同的动力特性设置（对应两种不同的剪切模量衰减因子 G/G_{max} 及阻尼比 λ 曲线），其中，设置 1 代表黏土的动力特性，设置 2 代表砂土的动力特性。这些动力特性曲线如图 8-17～图 8-20 所示。

该例子采用 SHAKE-91 程序代码示例中所提供的数据，本例的 SHAKE-91 计算文件

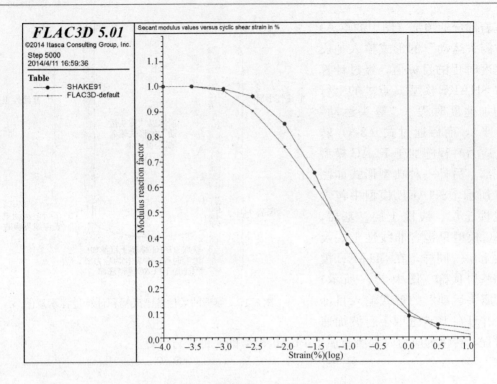

图 8-17　FLAC3D 默认模型的砂土（设置 2）模量衰减曲线

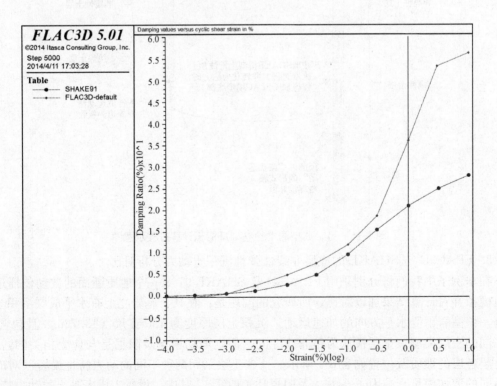

图 8-18　FLAC3D 默认模型的砂土（设置 2）阻尼比曲线

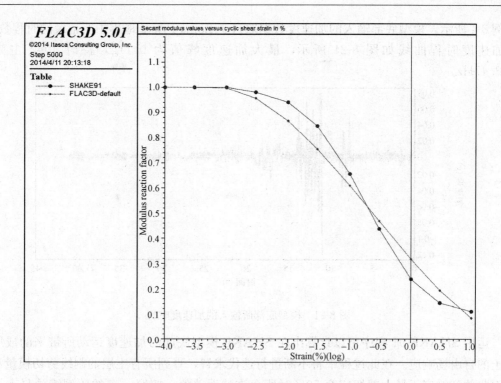

图 8-19　FLAC3D 默认模型的黏土（设置 1）模量衰减曲线

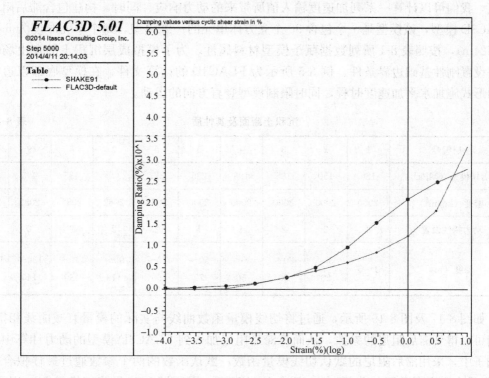

图 8-20　FLAC3D 默认模型的黏土（设置 1）阻尼比曲线

如例 8-4 所示。模型底部输入的加速度数据取自于 Loma Prieta 地震中所记录的时程数据，其加速度时程曲线如图 8-21 所示，最大加速度峰值为 0.11g，持时 40s，主频率为 2.47Hz。

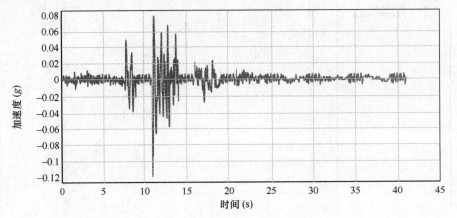

图 8-21 模型底部所输入的加速度时程

运用 SHAKE-91 程序可以计算出在 SHAKE 模型底部的加速度运动所带来的成层沉积土的自由场响应。在此过程中将不断进行迭代求解，直到所有土层的割线剪切模量和阻尼率收敛到对应于最大剪切应变 50% 时所允许的误差值。按照一定的比例缩放最大加速度值，我们可以计算一系列加速度输入值所带来的动力响应。同时，构建包含滞后阻尼的 FLAC3D 模型，该模型是一个包含 30 个立方体单元的一维模型，每个单元厚度为 5 英尺 (1.524m)，按照表 8-1 所列数据赋予模型材料属性。为了模拟成层沉积土的自由场响应模型设置刚性基础边界条件。例 8-5 所示为 FLAC3D 的计算文件，在模型底部以边界条件的形式施加水平加速度时程，同时限制模型竖直方向的运动。

沉积土断面及其性质　　　　　　　　　　表 8-1

土层编号	1	2	3	4	5	6	7	8	9	10
剪切模量（MPa）	186	150	168	186	225	327	379	435	495	627
密度（kg/m³）	2000	2000	2000	2000	2000	2082	2082	2082	2082	2082
动力特性设置	2	2	2	1	1	2	2	2	2	2
深度（m）	1~5	5~20	20~30	30~50	50~70	70~90	90~110	110~130	130~140	140~150

如图 8-17 及图 8-19 所示，通过将切线模量函数曲线与实际的模量衰减曲线相拟合，我们可以得到滞后阻尼的参数，从而将滞后阻尼加入到 FLAC3D 模型的动力计算中。在该例子中，采用滞后阻尼的默认切线模量函数，默认函数的两个参数通过最佳拟合得到（例如最小平方误差回归分析）。在拟合的过程中，需要同时监测剪切模量衰减因子 G/G_{max} 与剪应变以及阻尼比 λ 与剪应变的关系曲线，调整参数值使得两条曲线在指定的剪应变范围内均有合理的拟合效果。砂土和黏土的最佳拟合参数如表 8-2 所示。

砂土与黏土的最佳拟合参数　　　表 8-2

	参数 L1	参数 L2
砂土	−3.325	0.823
黏土	−3.156	1.904

如图 8-17~图 8-20 所示，可以看出当采用表 8-2 所示参数时，剪应变值在 0.0001%~0.1%范围时砂土和黏土的剪切模量衰减曲线以及阻尼比曲线均有较好的拟合效果。同时，可以看到：当剪应变较小时（对应于较小的加速度输入时程），其力学行为基本上是线性的（FLAC3D 与 SHAKE-91 计算所得到的剪切模量与阻尼比均保持为定值）。所以，在这种情况下两个程序应该会得到相类似的结果，因而，在这里我们将对比这两个程序在较小加速度输入时程下的模型顶部的加速度响应以及反应谱计算结果。图 8-22 所示为当输入的加速度幅值为 0.0001g 时，模型顶部的水平加速度（FLAC3D 中的节点 121 以及 SHAKE-91 模型中的第一亚层），可以看出：两个程序所计算的结果非常接近，两者的最大加速度误差小于 0.1%。

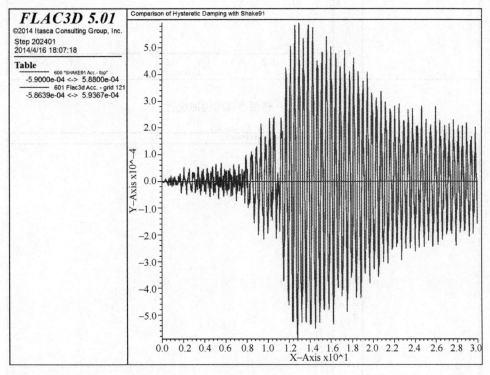

图 8-22　模型顶部加速度时程

图 8-23 和图 8-24 所示为当计算输入加速度时程很小时（0.0001g）时，FLAC3D 与 SHAKE-91 计算所得到的伪加速度与伪速度对比结果，在 SHAKE-91 中用"选项 9"计算反应谱，而在 FLAC3D 中，反应谱的计算通过调用文件"SPEC.FIS"中 FISH 函数"spectra"来实现。此时，阻尼比、最小与最大周期分别为：5%、0.01s 和 10s。从这些图可以看出：在加速度幅值较小的输入时程情况下，FLAC3D 与 SHAKE-91 的计算结果非常接近。最后，本例比较了 FLAC3D 与 SHAKE-91 的模型顶部的加速度放大系数（模

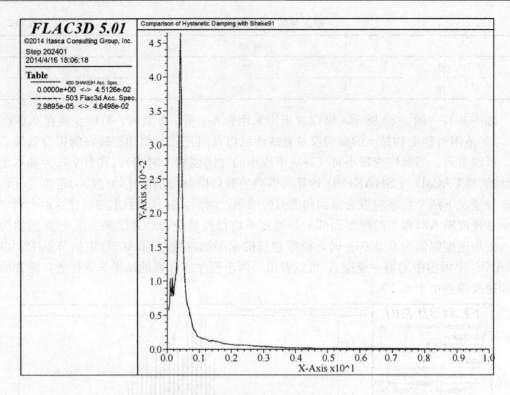

图 8-23 模型顶部的伪加速度

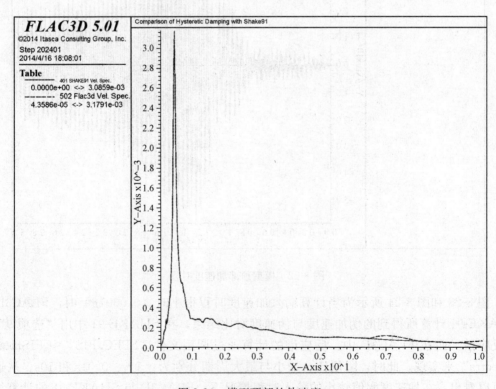

图 8-24 模型顶部的伪速度

型顶部最大加速度与模型底部输入的加速度幅值之比），测量了输入加速度幅值分别为 0.0001g、0.0005g、0.001g、0.005g、0.01g、0.05g、0.1g、0.5g 和 1g（其中 g 为重力加速度，取值为 9.81m/s²）时所得的加速度放大系数，计算结果如图 8-25 所示，FLAC3D 与 SHAKE-91 计算结果相类似。

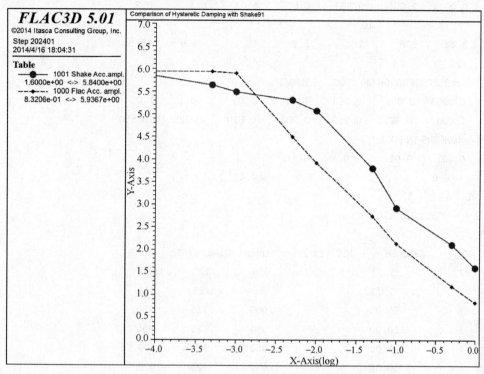

图 8-25 不同加速度输入时程下的模型顶部加速度放大系数

例 8-4 非线性成层土的 SHAKE-91 模型

```
option 1 - - dynamic soil properties - - (max is thirteen):
   1
   3
  11     #1 modulus for clay (Seed & Sun 1989) upper range
0.0001   0.0003   0.001    0.003   0.01    0.03    0.1    0.3
1.         3.       10.
1.000    1.000    1.000    0.981   0.941   0.847   0.656  0.438
0.238    0.144    0.110
  11     damping for clay (Idriss 1990) - -
0.0001   0.0003   0.001    0.003   0.01    0.03    0.1    0.3
1.         3.16     10.
0.24     0.42     0.8      1.4     2.8     5.1     9.8    15.5
21.        25.      28.
  11     #2 modulus for sand (Seed & Idriss 1970) - - upper range
0.0001   0.0003   0.001    0.003   0.01    0.03    0.1    0.3
```

```
 1.           3.          10.
 1.000     1.000      0.990    0.960    0.850    0.640    0.370    0.180
 0.080     0.050      0.035
    11        damping for sand (Idriss 1990) - - (about LRng from SI 1970)
 0.0001    0.0003     0.001    0.003    0.01     0.03     0.1      0.3
 1.           3.         10.
 0.24      0.42       0.8      1.4      2.8      5.1      9.8      15.5
 21.       25.        28.
     8        #3 ATTENUATION OF ROCK AVERAGE
 .0001     0.0003     0.001    0.003    0.01     0.03     0.1      1.0
 1.000     1.000      0.9875   0.9525   0.900    0.810    0.725    0.550
     5        DAMPING IN ROCK
 .0001     0.001      0.01     0.1      1.
 0.4       0.8        1.5      3.0      4.6
     3     1    2    3
Option 2 - - Soil Profile
     2
     1    17        Example - - 150 - ft layer; input: Diam @ .1g
     1     2          5.00              .050     .125     1000.
     2     2          5.00              .050     .125      900.
     3     2         10.00              .050     .125      900.
     4     2         10.00              .050     .125      950.
     5     1         10.00              .050     .125     1000.
     6     1         10.00              .050     .125     1000.
     7     1         10.00              .050     .125     1100.
     8     1         10.00              .050     .125     1100.
     9     2         10.00              .050     .130     1300.
    10     2         10.00              .050     .130     1300.
    11     2         10.00              .050     .130     1400.
    12     2         10.00              .050     .130     1400.
    13     2         10.00              .050     .130     1500.
    14     2         10.00              .050     .130     1500.
    15     2         10.00              .050     .130     1600.
    16     2         10.00              .050     .130     1800.
    17     3                            .010     .140     100000.
Option 3 - - input motion:
     3
 1900 4096  .02    diam.acc              (8f10.6)
          .0001    25.       3     8
Option 4 - - sublayer for input motion within (1) or outcropping (0):
     4
    17     0
Option 5 - - number of iterations & ratio of avg strain to max strain
```

```
                  5
    0       8       0.50
Option 6 - - sublayers for which accn time histories are computed & saved:
    6
    1   2   3   4   5   6   7   8   9   10  11  12  13  14  15
    0   1   1   1   1   1   1   1   1   1   1   1   1   1   1
    1   0   0   0   0   1   0   0   0   1   0   0   0   1   0
Option 6 - - sublayers for which accn time histories are computed & saved:
    6
    16  17  17
    1   1   0
    0   1   0
option 7 - - sublayer for which shear stress or strain are computed & saved:
    7
    4   1   1   0 1800         - - stress in level 4
    4   0   1   0 1800         - - strain in level 4
option 7 - - sublayer for which shear stress or strain are computed & saved:
    7
    8   1   1   0 1800         - - stress in level 8
    8   0   1   0 1800         - - strain in level 8
option 9 - - compute & save response spectrum:
    9
    1   0
    1   0       981.0
    0.05
option 10 - - compute & save amplification spectrum:
    10
    17  0   1   0   0.125      - - surface/rock outcrop
execution will stop when program encounters 0
0
```

例 8-5 非线性成层土的 FLAC3D 模型

```
; ----------------------------------------------------------------
; Comparison of Hysteretic Damping with Shake91
; ----------------------------------------------------------------
title
Comparison of Hysteretic Damping with Shake91
call spec.fis suppress                 ; 调用内置 FISH 函数以进行反应谱计算
config dynamic
; 生成计算模型并根据不同土层的特性赋予相应力学参数
gen zone brick size 1 1 30
model mech elastic
prop bulk 300e6 she 186e6 den 2000   ; 1-5 ft
```

```
prop bulk 200e6 she 150e6 den 2000 range id 27 29    ; 5-20 ft
prop bulk 200e6 she 168e6 den 2000 range id 25 26    ; 20-30 ft
prop bulk 270e6 she 186e6 den 2000 range id 21 24    ; 30-50 ft
prop bulk 350e6 she 225e6 den 2000 range id 17 20    ; 50-70 ft
prop bulk 480e6 she 327e6 den 2082 range id 13 16    ; 70-90 ft
prop bulk 550e6 she 379e6 den 2082 range id 9 12     ; 90-110 ft
prop bulk 600e6 she 435e6 den 2082 range id 5  8     ; 110-130 ft
prop bulk 750e6 she 495e6 den 2082 range id 3  4     ; 130-140 ft
prop bulk 900e6 she 627e6 den 2082 range id 1  2     ; 140-150 ft
ini xpos mul 1.524            ; mul：模型的尺寸系数
ini ypos mul 1.524
ini zpos mul 1.524
; 监测变量设置
hist add id 1 unbal                ; 不平衡力
his add id 2 dytime                ; 动力计算时间
his add id 231 gp xacc id = 121    ; 模型顶部 x 向加速度
his add id 224 gp xacc id = 89     ; 模型中部 x 向加速度
his add id 201 gp xacc id = 1      ; 模型底部 x 向加速度
fix y z
table 100 read Diam-flac-0001.acc   ; 读取加速度时程并存于 ID = 100 的 table 中
; Diam-flac-0001.acc 时程以"g"为单位, 将其转化为实际加速度大小
def xacc_val
  xacc_val = acc_mult * 9.81
end
apply xacc @xacc_val his table 100 dynamic range z = 0   ; 模型底部沿 x 方向施加加速度时程
; 根据成层土各层特性赋予相应的滞后阻尼参数
ini damp hyst default -3.325 0.823 range id 1  16
ini damp hyst default -3.156 1.904 range id 17 24
ini damp hyst default -3.325 0.823 range id 25 30
set dynamic on
set dynamic dt 0.0002         ; 设置动力计算时步
hist nstep 100
solve age 40.48
; 将模型顶部监测的加速度时程存于 table 231 中
his write 231 vs 2 table 231
; 将不同加速度大小情况下的模型顶部加速度放大系数存至指定文件中
def store_accel
  local IO_APPEND = 2
  local IO_ASCII = 1
  local filenametext = 'flac_acceleration_amplification.txt'
  array a_out(1)
  ; write acceleration to file
  local status = open(filenametext, IO_APPEND, IO_ASCII)
```

```
    if status # 0 then
      local str = 'Failed to open file'
      error = str + filenametext + '. Error code = ' + string(status)
    endif
    local base_accel = acc_mult × 0.0001
    local accel_ampl = max_accel / base_accel
    a_out(1) = string(base_accel) + ' ' + string(accel_ampl)
    status = write(a_out, 1)
    if status # 0 then
      str = 'Failed to write file'
      error = str + filenametext + '. Error code = ' + string(status)
    endif
    status = close
end
; 转换模型顶部节点的加速度的单位,以"g"为单位
def fix_acc
    local g = 9.81
    local tbl_pnt = get_table(601)
    local n = table_size(tbl_pnt)
    local i = 0
    loop i (1, n)
      local accel = ytable(tbl_pnt, i)
      accel = accel / g
      if accel > max_accel then
        max_accel = accel
      end_if
      if acc_mult = 1
        if abs(accel) > 0.000594 then
          local str = 'Maximum acceleration calculated by FLAC3D'
          error = str + ' should not exceed 0.000588'
        endif
      endif
      ytable(tbl_pnt, i) = accel
    end_loop
end
; 利用 spec.fis 函数进行反应谱的计算
@spectra(0.05, 0.01, 10.0, 231, 501, 502, 503, 500)
his write 231 vs 2 table 601
table 601 name 'Flac3d Acc. - grid 121'
@fix_acc
Return
```

8.4.2 波的传播

8.4.2.1 波的准确传播

在动力分析中,模型的条件不同可能会导致数值模拟过程中波的传播失真,输入地震波的频率及系统的波速特征均会对波传播的精度产生影响。Kuhlemeyer 和 Lysmer (1973) 的研究表明,为了准确描述模型中波的传播,则模型单元的尺寸 Δl 必须小于输入波中最高频率所对应波长的 $1/10 \sim 1/8$,即:

$$\Delta l \leqslant \left(\frac{\lambda}{10} \sim \frac{\lambda}{8}\right) \tag{8-16}$$

式中 λ——最高频率对应的波长。

8.4.2.2 滤波

从式 (8-16) 可以看出,输入波中的高频部分对模型网格的划分有着非常重要的影响,而模型网格的大小又直接制约着动力计算的效率。所以,在施加动力荷载进行动力分析之前有必要对输入的地震波进行适当调整,以使得输入波的大部分能量落在低频部分。通过滤除输入波中的高频部分,可以增大模型的单元尺寸,减少模型网格数量,同时又不会对计算结果产生显著影响。

8.4.3 力学阻尼与材料响应

在动力系统中包含一定程度的阻尼振动能量,阻尼的产生主要源于完整材料的内部摩擦以及可能存在的接触面的滑动所产生的能量损失。FLAC3D 通过求解动力方程来解决两类力学问题:准静力问题及动力问题。在这两类问题的求解过程中都会用到阻尼,只不过准静力问题需要更多的阻尼来达到快速收敛至平衡状态。在动力分析中,阻尼要能够重现自然系统中在动力荷载作用下的阻尼大小。在岩土类材料中,自然阻尼主要表现出滞后性。在数值模拟中较难模拟出这种特性,主要有以下两个问题:首先,当存在多种波形的叠加时,许多简单的滞后方程不能均等地控制各个部分。其次,滞后方程导致了路径相关效应,这使得许多计算结果难以解释。然而,如果有一个本构方程能够足够表征发生在只是材料中的滞后性,那么也就不需要额外的阻尼了。

8.4.3.1 瑞利阻尼

瑞利阻尼最早是应用于结构及弹性连续介质的动力分析,以减弱系统的自然振动状态。通常将瑞利阻尼的方程表达成矩阵的形式,阻尼矩阵 C 与质量矩阵 M 及刚度矩阵 K 有关:

$$C = \alpha M + \beta K \tag{8-17}$$

式中 α、β——分别为与质量及刚度部分成比例的阻尼常数。

瑞利阻尼中质量相关的部分相当于连接 FLAC3D 网格与地面的阻尼,刚度相关的部分相当于连接单元与单元之间的阻尼。尽管这两部分阻尼均与频率相关,但是当阻尼常数选取合适时,如图 8-26 所示,在一个有限的频率范围内可以获得与频率无关的响应。对一个多自由度系统来说,其任意角频率 ω_i 下的临界阻尼比 ξ_i 可以根据式 (8-18) 或式 (8-19) 计算获得:

$$\alpha + \beta\omega_i^2 = 2\omega_i\xi_i \tag{8-18}$$

$$\xi_i = \frac{1}{2}\left(\frac{\alpha}{\omega_i} + \beta\omega_i\right) \tag{8-19}$$

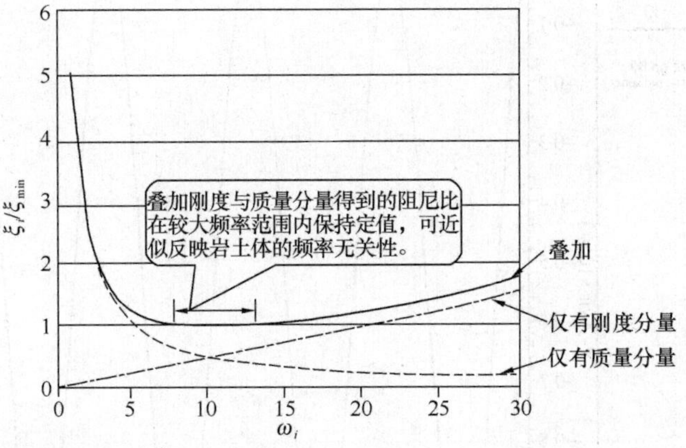

图 8-26　归一化的临界阻尼比与圆频率的关系曲线

从图 8-26 所示的曲线可以看出，虚线所示为仅有质量分量时的曲线，点画线所示为仅有刚度分量作用时的关系曲线，实线所示为二者叠加的结果。在低频时质量分量起控制作用，而在高频时则为刚度分量。叠加后曲线取得极值时，其对应的最小临界阻尼比及最小角频率分别为：

$$\xi_{\min} = (\alpha\beta)^{1/2}$$
$$\omega_{\min} = (\alpha/\beta)^{1/2} \tag{8-20}$$

或者

$$\alpha = \xi_{\min}\omega_{\min}$$
$$\beta = \xi_{\min}/\omega_{\min} \tag{8-21}$$

根据最小角频率，最小中心频率定义为：

$$f_{\min} = \omega_{\min}/2\pi \tag{8-22}$$

在 FLAC3D 中，通过 SET dynamic damping rayleigh 或者 INITIAL damping rayleigh 命令设置瑞利阻尼，设置瑞利阻尼时所需指定的两个参数为：中心频率 $freq$ 以及该频率下所对应的临界阻尼比 ξ_i。对于图 8-26 所示的情况，最小角频率为 $\omega_{\min}=10\text{rad/s}$，可以明显看出临界阻尼比在频率大致为 5～15rad/s 范围内基本上保持为常数，其频率范围比例约为 3∶1。由于岩土类材料通常被认为是频率无关的，所以在数值模拟中通常选取位于中心频率范围内的频率作为最小角频率。

8.4.3.2　瑞利阻尼的应用实例

为了说明瑞利阻尼在 FLAC3D 中的作用，下面选取四种不同的阻尼方案进行计算并将结果予以对比。四种方案分别为：(1) 无阻尼；(2) 瑞利阻尼（包含质量及刚度分量）；(3) 瑞利阻尼（仅有质量分量）；(4) 瑞利阻尼（仅有刚度分量）。在模型中施加重力使其产生自振。计算文件如例 8-6 所示，计算过程中不同方案的监测点竖直向位移时程曲线如图 8-27～图 8-30 所示。当未设置阻尼时，从图 8-27 中可以看出系统的自振频率约为22.8Hz。本问题中不同方案均设置为临界阻尼状态，因而临界阻尼比参数取为 1，当瑞利阻尼仅含质量分量或刚度分量时，临界阻尼比取为 2，因为阻尼中的两部分分量分别有一

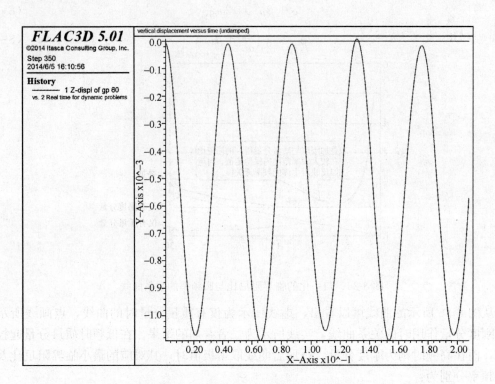

图 8-27　竖直向位移时程曲线（无阻尼）

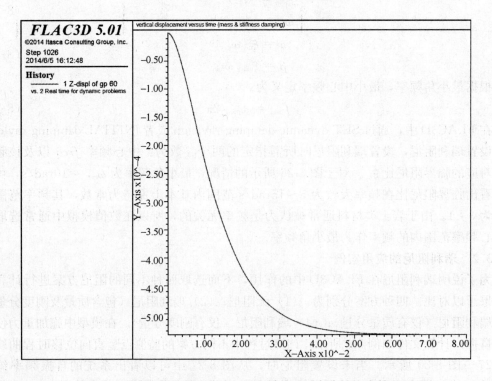

图 8-28　竖直向位移时程曲线（包含质量及刚度分量的瑞利阻尼）

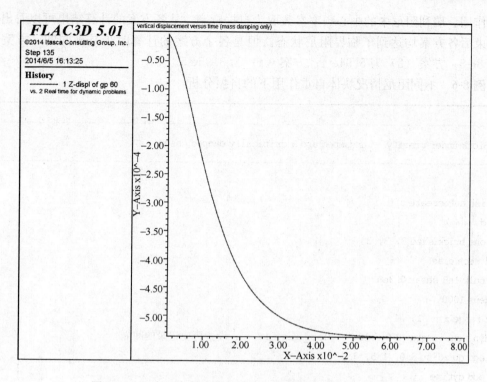

图 8-29　竖直向位移时程曲线（仅含质量分量的瑞利阻尼）

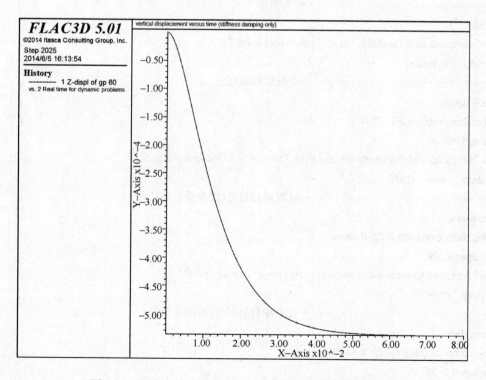

图 8-30　竖直向位移时程曲线（仅含刚度分量的瑞利阻尼）

半的作用。瑞利阻尼中的中心频率参数取为自振频率。从各方案的计算结果可以看出，计算结束后各方案均达到了临界阻尼状态。但是各个方案的计算时步是不同的，方案（2）为 7.8e-5；方案（3）为 5.94e-4；方案（4）为 3.95e-5。

例 8-6 不同阻尼情况块体自重作用下的自振分析

```
; ----------------------------------------------------------------
;    Block under gravity - undamped and 3 critically damped cases
; ----------------------------------------------------------------
new
set fish autocreate off
conf dy
gen zone brick size 3, 3, 3
model mech elas
prop bulk 1e8 shear 0.3e8
ini dens 1000
fix z range z -.1, .1
set dyn = on,    grav 0 0 -10,   hist_rep = 1    ; 设置历史记录的间隔
hist add gp zdisp 3.0, 1.5, 3.0
hist add dytime
save damp
; ----------------------------无阻尼
cyc 350
title "vertical displacement versus time (undamped)"
save damp_undamped
; ----------------------------设置瑞利阻尼
restore damp
set dyn damp rayleigh 1 22.8
solve age = 0.08
title "vertical displacement versus time (mass & stiffness damping)"
save damp_mass_stiff
; ----------------------------设置瑞利阻尼(仅含质量分量)
restore damp
set dyn damp rayleigh 2 22.8 mass
solve age = 0.08
title "vertical displacement versus time (mass damping only)"
save damp_mass
; ----------------------------设置瑞利阻尼(仅含刚度分量)
restore damp
set dyn damp rayleigh 2 22.8 stiffness
solve age = 0.08
title "vertical displacement versus time (stiffness damping only)"
save damp_stiff
```

8.4.3.3 瑞利阻尼参数选取方针

1. 临界阻尼比 ξ_i

对于岩土类材料来说，临界阻尼比一般在2%～5%的范围内，而对于结构系统来说，一般在2%～10%左右。在动力分析中如果采用诸如Mohr-Coulomb之类的塑性本构模型，在塑性流动阶段大量能量能够得以消散。所以，对于许多牵涉大变形的动力分析来说，只需要设置一个很小的阻尼比（例如0.5%）就足够了。而且，在塑性流动阶段随着应力-应变滞回圈的不断扩大，能量会持续消散。

可以利用等效线性程序SHAKE来估测表征岩土类材料非线性行为的临界阻尼。具体做法是对包含不同材料特性的成层沉积土进行循环剪切试验，从而可以测得不同应变条件下的临界阻尼比以及剪切模量衰减系数。通过此方法估测FLAC3D中瑞利阻尼临界阻尼比参数的设置。

2. 中心频率 f_{min}

瑞利阻尼是与频率相关的，但是在大约3∶1的频率范围内阻尼基本上保持水平（图8-26）。对于任何动力问题，可以对典型的速度时程进行谱分析而得到如图8-31所示的速度谱与频率的关系曲线。如果谱曲线中的高频的主要部分是低频主要部分频率值的三倍，那么在这个3∶1频率范围内的部分就包含了动力能量的主要部分。基于这个思想，可以不断调整 f_{min}，从而使频率范围在 $f_{min} \sim 3f_{min}$ 内包含能量的主要部分，那么此时的 f_{min} 便是瑞利阻尼的中心频率。

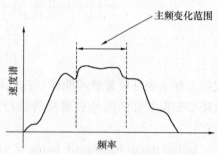

图8-31 速度谱与频率关系曲线

8.4.3.4 滞后阻尼

1. 方程

滞后阻尼是FLAC3D动力分析中的另外一种常见阻尼形式，滞后阻尼可以反映岩土材料的滞后特性（图8-32）。在这里假设材料为理想岩土体，即应力仅与应变相关，而与循环剪切次数及时间无关。根据模量衰减曲线可以推导出增量本构关系：

$$\bar{\tau} = M_s \gamma \tag{8-23}$$

$$M_t = \frac{d\bar{\tau}}{d\gamma} = M_s + \gamma \frac{dM_s}{d\gamma} \tag{8-24}$$

式中　$\bar{\tau}$——归一化的剪应力；

　　　γ——剪应变；

　　　M_s——归一化的割线模量；

　　　M_t——归一化的切线模量。根据式（8-24）可以获得非线性剪切模量增量为 $G_0 M_t$，其中 G_0 为初始剪切模量。

2. 应用

在地震工程中模量衰减曲线通常是采用如图8-32所示的形式给出的，由于该曲线是由有限个数的数据点连接而成的，如果根据式（8-24）进行求导运算，那么求导算得的结果可能会存在较大的误差。所以，FLAC3D中内置的滞后阻尼采用以下几种连续函数形

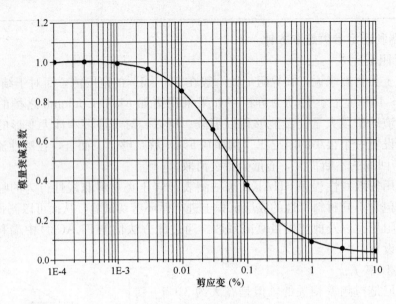

图 8-32 模量衰减曲线

式的方程来表征模量衰减曲线。这几种形式的模量衰减曲线模型包含不同的参数，这些参数需要根据实际的模量衰减曲线进行曲线拟合而确定。滞后阻尼采用以下命令格式进行设置：

Initial damp hysteretic name ＜v1 v2 v3 …＞ ＜range＞

其中，name 为衰减曲线模型的名字（包括 default，sig3，sig4 以及 hardin 模型），v1，v2，v3 为相应模型的特定参数。

(1) 默认模型—default

默认模型是根据模量衰减曲线所具有的 S 形曲线形式发展而来的，该模型由一个三次方程来表征，在小剪应变及大剪应变时其曲线斜率几乎为零，割线模量的数值按照下式进行计算：

$$M_s = s^2(3-2s) \tag{8-25}$$

其中

$$s = \frac{L_2 - L}{L_2 - L_1} \tag{8-26}$$

$$L = \log_{10}(\gamma) \tag{8-27}$$

L_1 和 L_2 是默认模型的两个参数，代表模量衰减曲线剪应变变化范围的对数值，因而当 $L_1 = -3$，$L_2 = 1$ 时，模量衰减曲线中剪应变变化范围即为 0.001%～10%。

(2) S 形模型—Sig3，Sig4

S 形模型在指定的范围内具有单调函数的性质，并且有渐近线，因而这种形式的曲线函数特别适合用来表征模量衰减曲线。S 形模型包含两种形式：三参数模型（Sig3 模型）及四参数模型（Sig4 模型）。

①Sig3 模型：

$$M_s = \frac{a}{1 + \exp(-(L-x_0)/b)} \tag{8-28}$$

式中 a, b, x_0——参数。

②Sig4 模型：

$$M_s = y_0 + \frac{a}{1+\exp(-(L-x_0)/b)} \quad (8\text{-}29)$$

式中 a, b, x_0, y_0——参数。

(3) 哈丁模型——Hardin

1972 年 Hardin 和 Drnevich 提出了以下方程来拟合模量衰减曲线：

$$M_s = \frac{1}{1+\gamma/\gamma_{\text{ref}}} \quad (8\text{-}30)$$

其中，当 $\gamma = \gamma_{\text{ref}}$ 时，$M_s = 0.5$，所以此唯一变量 γ_{ref}，可以从模量衰减曲线获得，即当 $G/G_{\max} = 0.5$ 时的剪应变即为 γ_{ref}。

采用以上各种模量衰减曲线模型针对 Seed 及 Idriss 在 1970 年所测的砂土与黏土的模量衰减曲线进行曲线拟合，可以得到各种模型的参数值（表 8-3）。

Seed 及 Idriss 模量衰减曲线拟合结果 表 8-3

材 料	默认模型	Sig3	Sig4	Hardin
砂土	$L_1 = -3.325$ $L_2 = 0.823$	$a = 1.014$ $b = -0.4792$ $x_0 = -1.249$	$a = 0.9762$ $b = -0.4393$ $x_0 = -1.285$ $y_0 = 0.03154$	$\gamma_{\text{ref}} = 0.06$
黏土	$L_1 = -3.156$ $L_2 = 1.904$	$a = 1.017$ $b = -0.587$ $x_0 = -0.633$	$a = 0.922$ $b = -0.481$ $x_0 = -0.745$ $y_0 = 0.0823$	$\gamma_{\text{ref}} = 0.234$

8.4.3.5 局部阻尼

局部阻尼最初是用于静力平衡计算所采用的阻尼形式，然而，它也存在许多可以用于动力计算的特点。局部阻尼的作用原理是：在振动循环过程中，通过增加或减少节点或结构单元节点的质量的方式来尽快达到收敛。计算过程中由于增加的质量与减少的质量在数值上是相等的，所以，从总体上来说，整个系统的质量是保持守恒的。当节点的速度符号发生改变时增加质量，当速度达到最大值或是最小值时减少节点质量。在过程中损失的能量 ΔW 与最大瞬时应变能 W 存在一定的比例关系，二者的比值 $\Delta W/W$ 与频率无关且是率无关的。由于 $\Delta W/W$ 与临界阻尼比 D 相关，因而可以得到如下方程：

$$\alpha_L = \pi D \quad (8\text{-}31)$$

式中 α_L——局部阻尼系数。

所以，局部阻尼在使用上要比瑞利阻尼简单一些，因为它不需要指定频率参数。为了比较不同阻尼对计算结果的影响，现在沿用例 8-6 中所用的计算模型，使用临界阻尼比为 5% 的瑞利阻尼以及局部阻尼系数为 0.1571（$=0.05\pi$）。具体命令文件见例 8-7，计算过程中分别记录二者的竖向位移过程曲线以作对比分析（图 8-33），可见二者的计算结果是比较接近的。

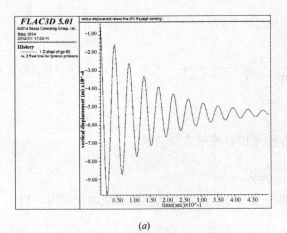
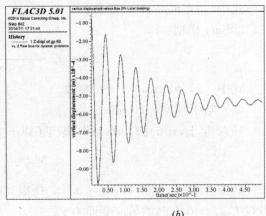

图 8-33 瑞利阻尼与局部阻尼的计算比较
(a) 瑞利阻尼；(b) 局部阻尼

利用局部阻尼进行简单问题的求解往往可以获得较好的结果，主要是因为局部阻尼与频率无关，而且也不需要估计所模拟系统的自振频率。但是实践也证明，对于那些复杂的波形来说，局部阻尼无法有效衰减波形中的高频部分，而且计算中可能会产生一些高频"噪声"。所以，在使用局部阻尼时应当谨慎，最好能够将局部阻尼以及瑞利阻尼的结果进行对比分析。除此之外，还应注意的是局部阻尼是与时步相关的，减少时步会造成系统中耗散的能量相应减少。

例 8-7 局部阻尼的使用

```
;------------------------------------------------------------
restore damp
set dyn damp rayleigh 0.05 22.8            ;设置瑞利阻尼及其参数
set hist_rep = 5
solve age = 0.5
title "vertical displacement versus time (5% Rayleigh damping)"
save damp_rayleigh
;------------------------------------------------------------
restore damp
set dyn damp local 0.1571    ; = pi * 0.05    ;设置局部阻尼及其参数
set hist_rep = 5
solve age = 0.5
title "vertical displacement versus time (5% Local damping)"
save damp_local
```

8.4.4 动态孔隙水压力的生成及土体液化

地震引起的振动使饱和砂土或粉土趋于密实，导致孔隙水压力急剧增加。在地震作用的短暂时间内，这种急剧上升的孔隙水压力来不及消散，使有效应力减小，当有效应力完全消失时,砂土颗粒局部或全部处于悬浮状态。此时,土体抗剪强度等于零,形成"液体"现象。FLAC3D能够进行动态的水力耦合计算,能够模拟动态孔隙水压力的上升直至液化的过程。

1. Martin et al. 方程

1975年Martin等人很好地阐述了与液化相关的机理性问题,指出了塑性体积应变与循环剪切应变幅值之间的关系是与围压无关的。同时提出了单位剪切应变循环下的塑性体积应变增量 $\Delta\varepsilon_{vd}$ 与循环剪切应变 γ 的经验方程:

$$\Delta\varepsilon_{vd} = C_1^c(\gamma - C_2^c\varepsilon_{vd}) + \frac{C_3^c\varepsilon_{vd}^2}{\gamma + C_4^c\varepsilon_{vd}} \tag{8-32}$$

式中 $C_1^c, C_2^c, C_3^c, C_4^c$ ——常数。可以看出:塑性体积应变增量 $\Delta\varepsilon_{vd}$ 是累积塑性体积应变 ε_{vd} 的函数。可以推测当剪切应变 γ 为零时,塑性体积应变增量 $\Delta\varepsilon_{vd}$ 应该为零,从而可以得到:$C_1^c C_2^c C_4^c = C_3^c$。

2. Byrne 方程

1991年Byrne提出了另外一种形式更为简单的方程:

$$\frac{\Delta\varepsilon_{vd}}{\gamma} = C_1^c \exp\left(-C_2^c\left(\frac{\varepsilon_{vd}}{\gamma}\right)\right) \tag{8-33}$$

式中 C_1^c, C_2^c 均为常数。此外,还有一个参数 C_3^c,代表剪切应变阈值,低于该阈值时将不会产生体积应变。Byrne提出可以利用相对密度 D_r 来计算 C_1^c,然后根据所算得的 C_1^c 来计算 C_2^c:

$$C_1^c = 7600(D_r)^{-2.5} \tag{8-34}$$

同时,相对密度 D_r 与标准贯入击数 $(N_1)_{60}$ 存在一定的经验关系:

$$D_r = 15(N_1)_{60}^{1/2} \tag{8-35}$$

式(8-35)代入式(8-34)可得:

$$C_1^c = 8.7(N_1)_{60}^{-1.25} \tag{8-36}$$

进而可算得:

$$C_2^c = \frac{0.4}{C_1^c} \tag{8-37}$$

3. FLAC3D中的Finn模型

对于任意形式的剪切应变循环,最好是每半个循环进行一次体积应变的计算。FLAC3D中内置的Finn模型通过上述Martin或是Byrne方程的形式嵌入摩尔-库伦塑性本构模型中。在FLAC3D中Finn模型采用MODEL命令进行调用,调用的前提是已经打开动力分析模块(即CONFIG dynamic)。与其他内置的本构模型类似的是,模型的特性参数采用PROPERTY命令进行设定。如表8-4所示为Finn模型所需指定的参数符号及其意义。

Finn 模型参数　　　　　　　　　　　表 8-4

参数符号	参数意义	参数符号	参数意义
bulk	体积模量	ff_c1	式(8-32)及式(8-33)中的参数 C_1^c
cohesion	黏聚力	ff_c2	式(8-32)及式(8-33)中的参数 C_2^c
dilation	膨胀角,以角度的形式表示	ff_c3	式(8-32)及式(8-33)中的参数 C_3^c

续表

参数符号	参数意义	参数符号	参数意义
ff_c4	式（8-32）中的参数 C_4	friction	内摩擦角，以角度的形式表示
ff_latency	最小时步数	shear	剪切模量
ff_switch	=0 时为 Martin et al. 模式，=1 时为 Byrne 模式	tension	抗拉强度

8.5 动力问题的求解

本节内容主要以一个简单的实例展开说明，详细介绍动力问题的求解过程及其应该注意的环节。其中内容包括仅考虑动力荷载的力学计算，以及包含动力荷载、地下水相互作用的动力响应及土体地震液化现象的介绍。

8.5.1 动力力学计算模拟步骤

大体上，动力问题的模拟主要包含以下几个主要部分内容：

（1）构建计算模型，保证动力计算的网格尺寸满足动力波的准确传播要求，如式（8-16）所示。网格尺寸的检查在静力计算之前就要完成，因为计算一旦开始后，模型的网格节点就无法在进行调整了。

（2）设置合适的阻尼及其对应的阻尼参数，以正确表征材料的力学行为。

（3）施加动力荷载及动力边界条件。动力荷载的时程曲线在施加之前，需要进行相应的滤波及基线校正工作，以保证计算的准确性。

（4）在动力问题求解之前需要设置一些监测变量，以观察动力计算过程中模型的动力响应情况。

8.5.1.1 网格生成

下面以一个简单的模型为例介绍一下动力力学计算分析的主要特点。如图 8-34 所示，

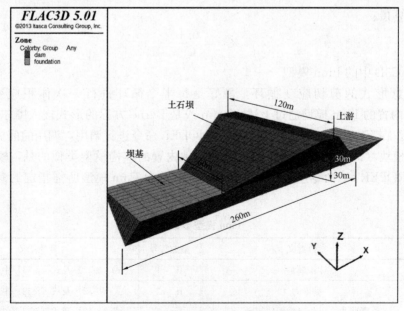

图 8-34 计算模型及其尺寸示意图

一个简易的土石坝坐落于陡峭的河谷中，坝体高30m，坝顶长度120m，坝底长60m，坝顶宽20m，上下游坝坡坡比均为2:1，坝基厚度为30m，坝基沿上下游方向总长为260m。模型的河谷理想化为对称型，且河谷坡度为45°，为了减少计算及建模的工作量，未构建河谷部分的模型网格，且假设河谷比土石坝坝体及坝基的刚度要高出很多，所以最终可以认为整个模型的边界为刚性边界。由于整个模型较为简单、规则，所以，主要采用"brick"及"uwedge"的网格生成方法分别构建部分坝体以及坝基部分的网格，然后辅之以镜像命令，可最终生成如图所示的模型网格。具体的建模命令如例8-8所示，模型生成后，最大网格单元的尺寸为10m，坝体网格比坝基网格划分得细一些，其中利用AT-TACH命令来保证坝基与坝体交界面上粗网格与细网格的准确粘合。

例8-8 坝体与坝基的网格生成

```
; ------------------------------------------------------------
; Dam and Foundation
; Generate grid
; ------------------------------------------------------------
new
config dyn                              ;打开动力计算模块
set dyn off                             ;初始静力平衡计算时先暂时关闭动力计算功能
gen zone brick p0(0, 0, 0) p1(70, 0, 0) p2(0, 30, 0) p3(0, 0, 30) &
p4(70, 30, 0) p5(0, 60, 30) p6(10, 0, 30) p7(10, 60, 30) &
size 8, 12, 12                          ;生成上游处1/4坝体部分
gen zone reflect dd 0 dip 90            ;镜像生成上游处的坝体部分
gen zone uwedge p0(70.0, 0.0, -30.0) p1(70.0, 30.0, 0.0) &    ;生成坝体下部的坝基网格
p2(0.0, 0.0, -30.0) p3(70.0, -30.0, 0.0) size 12 8 12
gen zone uwedge p0(130.0, 0.0, -30.0) p1(130.0, 30.0, 0.0) &  ;生成上游坝基延伸部分的网格
p2(70.0, 0.0, -30.0) p3(130.0, -30.0, 0.0) size 12 6 12
gen zone reflect dd 90 dip 90           ;生成模型下游部分的网格
attach face                             ;粘合坝体及坝基的网格
;
fix x y z
ini xv 0 yv 0 zv 0 xdisp 0 ydisp 0 zdisp 0
free x y z
;范围指定、材料分组及赋参
range name dam z = 0.1, 30
range name foundation z = -30, 0
group zone dam range nrange dam
group zone foundation range nrange foundation
model mech mohr range = nrange dam
prop shea 1e8 bulk 2e8 cohes = 1e10 range = nrange dam
prop tens 1e10 range = nrange dam
ini dens 1700 range = nrange dam
model mech elas range = nrange foundation
```

```
prop shea 5e8 bulk 1e9 range = nrange foundation
ini dens 2100 range = nrange foundation
save dam0
return
```

8.5.1.2 初始静力平衡计算

例8-9所示为生成初始应力状态的命令文件,模型在河谷面上施加法向约束,在模型上下游端面上施加顺河向位移约束,模型最底部施加沿y及z轴方向的约束。坝基部分的材料采用弹性模型,坝体部分的材料采用摩尔-库仑模型,在求解之前为了防止屈服区的出现,将黏聚力及抗拉强度设置为大值。初始平衡计算仅考虑自重的作用,即初始应力场主要由岩、土体在自重作用下产生的。初始应力场生成后的竖直向应力等值线云图如图8-35所示。等到计算至平衡后将黏聚力和抗拉强度改为分析所应采用的值,其中黏聚力为40kPa,内摩擦角为40°,抗拉强度为4kPa,命令文件如例8-10所示,简单起见,直接将水压力等效为静力荷载施加于坝体上游面上。

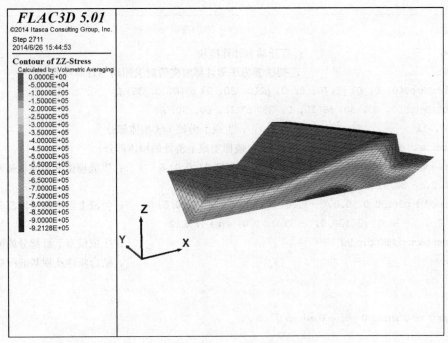

图8-35 竖直向应力等值线云图

例8-9 边界条件的施加及初始应力状态生成

```
;-------------------------------------
;       Dam and Foundation
;       Apply gravity loading
;-------------------------------------
restore dam0
;设定模型左面、右面范围
```

```
range name left         plane dd 0 dip -45 orig (0, 60, 30) dist 0.5
range name right        plane dd 0 dip  45 orig (0, -60, 30) dist 0.5
; 模型左面、右面范围合并为"河谷"
range name valley       union nrange left nrange right
; 设定模型上下游面的范围
range name east_end     plane dd 90 dip 90  orig ( 130, 0, 0)  dist 0.5
range name west_end     plane dd 90 dip 90  orig (-130, 0, 0)  dist 0.5
; 模型上下游面范围合并为"末端"
range name ends         union nrange east_end nrange west_end
; 设定模型底线的范围
range name bottom_line z = -35.0 -29.5
; 模型左右面施加法向约束
apply nvel = 0.0 plane dd 0 dip -45   range nrange left  ...
                                      nrange bottom_line not
apply nvel = 0.0 plane dd 0 dip  45   range nrange right ...
                                      nrange bottom_line not
; 模型上下游"末端"施加顺河向约束
apply xvel = 0.0                      range nrange ends  ...
                                      nrange bottom_line not  ...
                                      nrange valley not
; 模型底线施加垂直于顺河向及竖直向的约束
fix y z                               range nrange bottom_line
; 仅考虑自重应力场
set grav = 0, 0, -10 small
his add unbal
solve
save dam1
return
```

例 8-10 设置模型真实力学参数并施加水荷载

```
;------------------------------------------------------------
;       Dam and Foundation
;       Apply realistic properties and water load
;------------------------------------------------------------
restore dam1
ini xdis = 0 ydis = 0 zdis = 0           ; 位移清零
apply remove gp
free x y z
apply xvel = 0 yvel = 0 zvel = 0 range union nrange valley nrange ends
; 坝体上游面上施加静水压力
apply nstress = -3e5 grad 0, 0, 1e4 &
range plane norm 1, 0, 2 orig 10, 0, 30 dist 0.5
```

```
prop tens = 4000 fric = 40 cohes = 40000 range = dam
his add gp xdisp 40, 0, 15          ;设置监测点,监测 x 向位移变化过程
his add gp zdisp 40, 0, 15
solve
save dam2
return
```

8.5.1.3 动力计算的条件设置及数值模拟

在进行 FLAC3D 动力计算之前首先要按照以下四个方面的内容进行操作,以保证模拟计算的准确性。

1. 校核动力波传播的准确性

在本次计算中,动力荷载简化为施加于模型底部水平方向上的正弦波形式的荷载。次正弦波的频率为 2Hz。动力荷载包含两个部分:第一部分沿着模型 x 方向(顺河向)施加,峰值加速度为 $2m/s^2$;另一部分沿着 y 方向(坝轴线方向)施加,峰值加速度为 $1m/s^2$。动力波持时 6s 且满足 $\{1-\cos\omega t\}/2$ 的函数形式。动力波的加速度方程及其时程曲线如式(8-38)及图 8-36 所示。

$$a(t) = \frac{1}{2}\left(1 - \cos\left(\frac{\pi}{3}t\right)\right)A\sin(2\pi ft) \tag{8-38}$$

式中 A——幅值;
      f——频率。

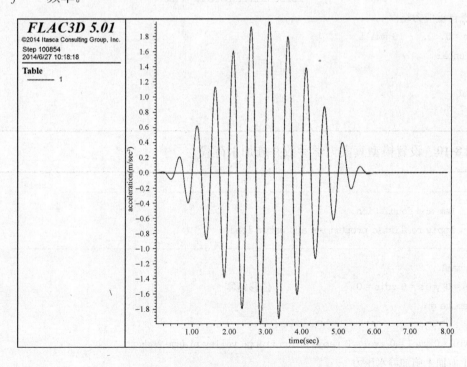

图 8-36 x 方向上的加速度输入时程

在 FLAC3D 中地震加速度时程通常采用 "table read" 的形式输入模型中，根据式（8-38）以 FISH 函数的形式创建加速度时程，以 0.002s 作为时间间隔将其存储在 table1 中。根据式（8-9）及式（8-10）可以求得压缩波与剪切波的传播速度：

$$C_p = 443 \text{m/s}$$

$$C_s = 243 \text{m/s}$$

根据前面内容所述，网格单元的最大尺寸 Δl 为 10m，根据式（8-16）可知，为了满足动力波在模型中的准确传播，所允许的动力波的最大频率为：

$$f = \frac{C_s}{\lambda} = \frac{C_s}{10\Delta l} \approx 2.4 \text{Hz}$$

本次计算所采用的动力波的频率为 2Hz，所以满足波准确传播要求。

2. 指定阻尼形式及其参数

对于摩尔-库仑材料而言，塑性流动的存在可以耗散掉大量的能量。所以，相较于弹性模型，额外的阻尼及其参数的选取对计算结果的分析显得不是那么至关重要。如果使用瑞利阻尼，那么必须指定能够反映与整个系统及输入波有关的中心频率。对于本问题来说，输入波为简单的正弦波，其频率 2Hz 即可作为瑞利阻尼的中心频率。如果使用滞后阻尼，对于本问题而言，坝体及坝基材料可视为黏性土材料，可发现剪切模量随剪应变不断衰减的滞后效应。由于前面滞后阻尼部分的内容详细讲解了有关滞后阻尼默认模型的参数拟合过程，在此可直接使用滞后阻尼及其相关参数：$L_1 = -3.156, L_2 = 1.904$。在使用滞后阻尼的同时加入瑞利阻尼的刚度部分（通常小于 0.2%），可以去除那些可能存在的高频噪声。

3. 施加动力荷载及边界条件

采用 APPLY 命令进行动力荷载的施加，假定由式（8-38）计算得到的加速度时程以 "apply hist table" 的形式直接施加于模型两侧边界上，且认为模型边界为刚性，在模型上下游端面上施加安静边界。在施加动力荷载之前，需要对输入荷载进行一定的校核，即进行滤波及基线校正。本次计算所采用的是简单的正弦波，主频为 2Hz，而实际波形可能包含许多频率范围的波段，所以进行滤波处理可以有效去除对波传播产生不利影响的高频部分。此外，通过 FLAC3D 中内置的 FISH 函数——"BASELINE.FIS"，可以对输入波形进行基线校正，即在原波形的基础上加入低频正弦波使得速度时程及位移时程在终了时刻均能归零。加速度时程、速度时程、位移时程均可通过 FISH 函数——"INT.FIS" 来实现转换。基线校正后的结果如图 8-37 所示。

4. 动态响应的监测设置

在动力计算之前设置一定的监测变量，记录动力荷载作用下的相应响应过程以供结果分析，本例中在坝顶及以下一定深度设置监测变量，分别监测顺河向坝体的速度及加速度响应。同时记录特定点处的剪应力及剪应变监测变量。动力计算的命令文件如例 8-11 所示，注意在动力计算之前要将动力模式打开，即 "SET dynamic on"，同时打开大变形计算模式："SET large"。最终的计算结果如图 8-38～图 8-41 所示。

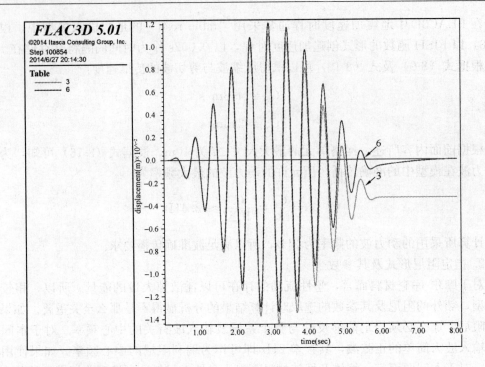

图 8-37　未校正及校正后的位移时程

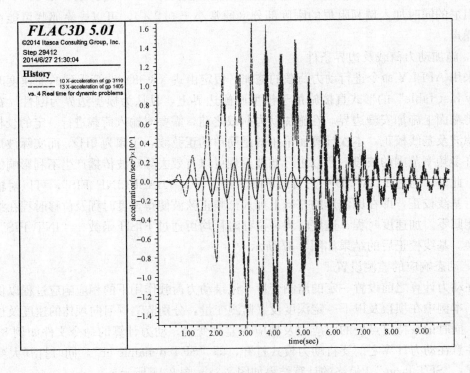

图 8-38　模型底部及坝顶加速度时程

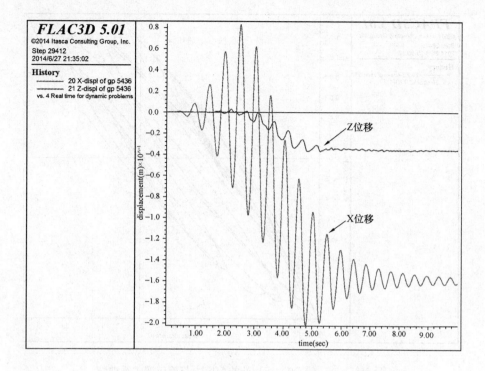

图 8-39 坝顶顺河向及竖直向位移

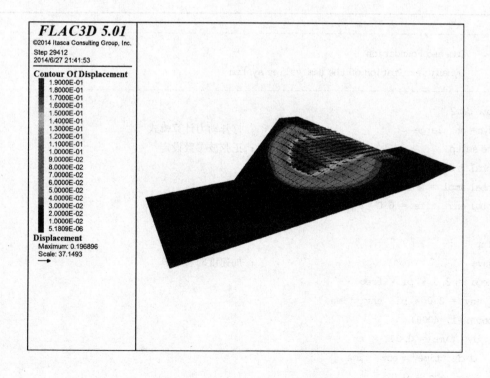

图 8-40 模型位移云图及其矢量图

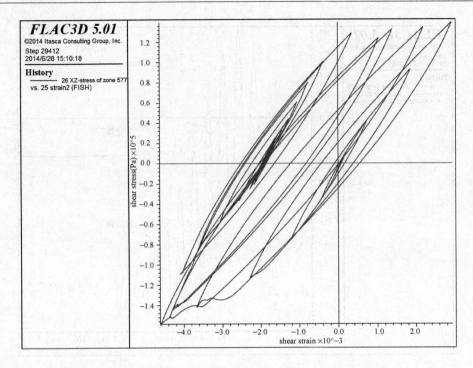

图 8-41　点 (0, 0, 15) 处的剪应力与剪应变关系曲线

例 8-11　坝体及坝基动力计算

```
;-------------------------------------------------------------
;     Dam and Foundation
;     Dynamic excitation of the dam/valley system
;-------------------------------------------------------------
restore dam2
set dyn = on   large                    ;打开动力计算模式
define setup                            ;正弦波参数设定
  global freq = 2.0
  global ampl = 2.0        ; (0.2 g)
  global env_time = 6.0    ; (6 sec attack & decay)
end
@setup
def wave                                ;加速度时程计算
  omega = 2.0 * pi * freq
  o_env = 2.0 * pi / env_time
  loop n (1, 4000)
    dy_time = 0.002 * n
    if dy_time > env_time
      w_acc = 0.0
    else
      w_acc = 0.5 * (1.0 - cos(o_env * dy_time)) * ampl * sin(omega * dy_time)
```

```
            endif
        xtable(1, n) = dy_time              ; 将加速度时程置于 table1 中
        ytable(1, n) = w_acc
    endloop
end
@wave
call INT.FIS                                ; 内置函数，积分函数
@integrate(1, 2)                            ; table2 为未校正的速度时程
@integrate(2, 3)                            ; table3 为未校正的位移时程
call baseline.fis                           ; 进行基线校正
set @itab_unc = 2 @itab_corr = 10 @drift = -.00335 @ttime = 8 @itab_cvel = 5
@baseline                                   ; 校正后的速度时程置于 table5 中
@integrate(5, 6)                            ; table6 为校正后的位移时程
;
apply xvel = 1.0 hist = table 5 range nrange left  ; 河谷左侧施加 1.0 倍的顺河向加速度时程
apply xvel = 1.0 hist = table 5 range nrange right
apply yvel = 0.5 hist = table 5 range nrange left  ; 河谷左侧施加 0.5 倍的沿坝轴线的加速度时程
apply yvel = 0.5 hist = table 5 range nrange right
;
apply zvel 0    range nrange left
apply zvel 0    range nrange right
;
apply dquiet squiet nquiet    range nrange ends    ; 模型上下游端面施加安静边界
;
ini xv = 0 yv = 0 zv = 0 xdis = 0 ydis = 0 zdis = 0  ; 速度、位移清零
;
def _get_zone_ad
    ad1 = z_near(0, 0, 10)
    ad2 = z_near(0, 0, 15)
    ad3 = z_near(-60, 0, 10)
    ad4 = z_near(60, 0, 10)
end
@_get_zone_ad                               ; 获得单元地址信息
def hist_stress_strain                      ; 记录单元剪应变信息
    array arr1(6) arr2(6) arr3(6) arr4(6)
    dum1 = z_fsi(ad1, arr1)
    dum2 = z_fsi(ad2, arr2)
    dum3 = z_fsi(ad3, arr3)
    dum4 = z_fsi(ad4, arr4)
    strain1 = 2.0 * arr1(6)
    strain2 = 2.0 * arr2(6)
    strain3 = 2.0 * arr3(6)
    strain4 = 2.0 * arr4(6)
```

```
end
; 监测变量设置
hist add dytime
hist add fish @wave
hist add gp xvel 0, 0, -30
hist add gp xvel 0, 0, 0
hist add gp xvel 0, 0, 15
hist add gp xvel 0, 0, 30
hist add gp xacc 0, 0, -30
hist add gp xacc 0, 0, 0
hist add gp xacc 0, 0, 15
hist add gp xacc 0, 0, 30
hist add zone szz -40, 0, 10
hist add zone szz  40, 0, 10
hist add zone szz -60, 0, 10
hist add zone szz  60, 0, 10
hist add zone szz 0, 0, 10
hist add zone szz 0, 0, 15
hist add gp xdisp -10, 0, 30
hist add gp zdisp -10, 0, 30
hist add fish @hist_stress_strain
hist add fish @strain1
hist add zone sxz 0, 0, 10
hist add fish @strain2
hist add zone sxz 0, 0, 15
hist add fish @strain3
hist add zone sxz -60, 0, 10
hist add fish @strain4
hist add zone sxz 60, 0, 10
;
initial damp hyst default -3.156 1.904      ; 采用滞后阻尼的默认模式
initial damp rayleigh 0.0005 2.0 stiff      ; 设置瑞利阻尼的刚度部分
;
solve age 10.0                              ; 动力计算时间为10s
save dam3
return
```

8.5.2 考虑水力耦合作用的动力计算

8.5.2.1 坝体初始稳定渗流场的计算

考虑到土石坝蓄水后，在一定时间内会形成稳定的渗流场，浸润面以下的区域在动力荷载的作用下可能会造成孔隙水压力的骤升，进而可能发生液化。所以在进行动力计算之前首先应模拟出稳定渗流场,然后在此基础上进行动力分析。稳定渗流场平衡状态的计算首先关闭力学进程(SET mech off),打开流体进程(SET flow on)进行单渗流计算,建立初始孔压场。而后关闭流体进程,打开力学进程,算至最终平衡状态。具体的命令文件见例 8-12,计算过程中设置监测变量以监测计算是否达到平衡如图 8-42 所示,计算结束后的孔压分布如图 8-43 所示。

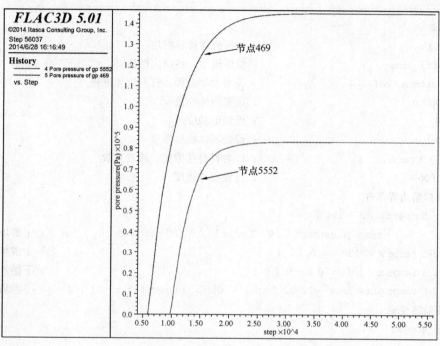

图 8-42 坝趾附近及坝体中部孔压变化过程曲线

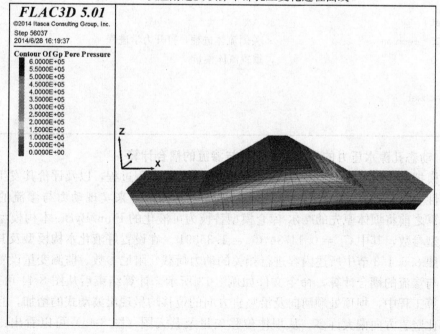

图 8-43 稳定渗流场孔压分布云图

例 8-12 初始渗流场的计算

```
;---------------------------------------------------------------
;       Dam and Foundation
;       Develop Phreatic Surface
;---------------------------------------------------------------
restore dam2
config fluid                              ; 打开流体计算模块
model fluid fl_iso                        ; 流体模型：各向同性流动
set flow = on mech = off                  ; 关闭力学进程，打开流体进程
ini fmod 1000.0                           ; 设置流体模量
ini sat 1.0                               ; 设置饱和度
ini ftens 0                               ; 设置流体抗拉强度
prop poros 0.3 perm 1e-8                  ; 设置材料孔隙度、渗透系数
ini fdens 1000                            ; 设置流体密度
; 施加流体初始边界条件
apply pp = 3e5 grad 0, 0, -1e4 &
              range plane norm 1, 0, 2 orig 10, 0, 30 dist 0.5    ; 上游坡面
apply pp = 3e5 range x 70 130 z -0.1 0.1                          ; 上游坝基面
apply pp = 0.1 range x -130 -70 z -0.1 0.1                        ; 下游坝基面
apply pp = 0.0 range plane norm -1, 0, 2 orig -10, 0, 30 dist 0.5 z -.1 100   ; 下游坡面
; 设置孔压监测变量
hist add gp pp  -50 -5 0
hist add gp pp    0  0 10
solve
save dam2wet
set flow off   mech on                    ; 关闭流体进程，打开力学进程
ini fmod 0.0                              ; 重置流体模量
solve
save dam2mechwet
return
```

8.5.2.2 动态孔隙水压力的生成以及动力与渗流的耦合计算

为了模拟砂土材料在动力荷载作用下孔隙水压力的累积过程，以及评价其发生地震液化的可能性，在 FLAC3D 中通常采用 Finn/Byrne 本构模型来实现动力与渗流的耦合计算。在计算之前将坝体原先的摩尔-库仑模型替换为可液化的 Finn/Byrne 本构模型并赋予相应的模型参数，其中 $C_1 = 0.14736, C_2 = 1.35391$。在设置好液化本构模型及其对应参数后，按照 8.5.1.3 节中所述内容进行相关的动力荷载、阻尼参数、监测变量设置，最终进行动力与渗流的耦合计算，命令文件如例 8-13 所示。计算结束后从图 8-44 可以看出，在动力计算工程中，坝顶处顺河向及沿竖直方向的位移均呈现出波动式的增加，且水平方向的位移比竖直方向偏大许多。从坝体位移矢量及其云图（图 8-45）可以看出：主要位移出现在下游坝坡中部且量值较大。图 8-46 所示记录了高程分别为 10m 以及 15m 处的特

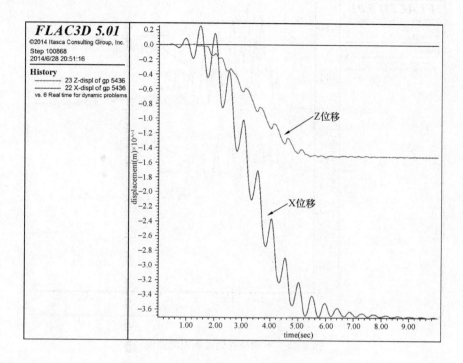

图 8-44　坝顶沿顺河向及坝轴线方向位移

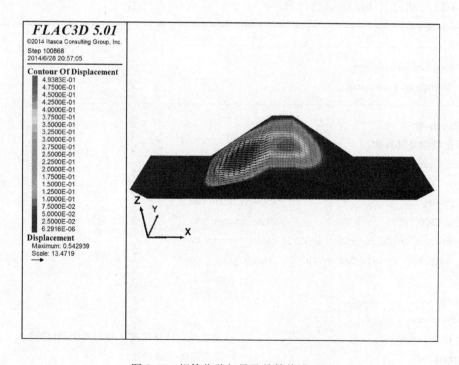

图 8-45　坝体位移矢量及其等值线云图

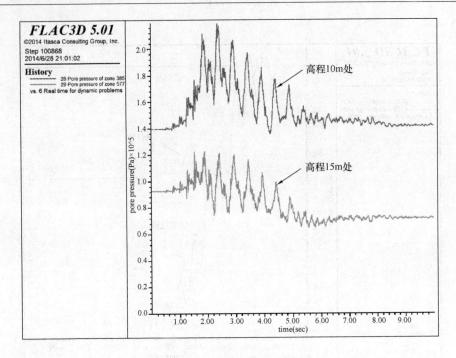

图 8-46 不同高程处孔压监测曲线

定点处孔压的变化过程曲线，可以清楚地看出动力荷载作用下孔隙水压力从不断增加到逐渐消散的整个过程。

例 8-13 动力与渗流的耦合计算

```
;-----------------------------------------------------------
;        Dam and Foundation
;        Change to Finn model
;-----------------------------------------------------------
rest dam2mechwet
;设置液化模型及其参数
model mech finn range group dam
prop    shea 1e8 bulk 2e8 cohes = 40000 tension 4000   range = nrange dam
prop    fric 40                            range = nrange dam
ini    dens 1700                           range = nrange dam
prop ff_c1 = 0.14736 ff_c2 = 1.35391 range = nrange dam
prop ff_switch = 1   ff_lat = 1000000 range = nrange dam
solve
prop ff_lat 50
save dam2wetfinn
set dyn = on   large                       ;设置动力计算模式，开启大变形计算
initial fmod 2e8                           ;设置流体模量参数
;加速度时程参数设置
define setup
```

```
    global freq = 2.0
    global ampl = 2.0      ; (0.2 g)
    global env_time = 6.0  ; (6 sec attack & decay)
end
@setup
def wave
    omega = 2.0 * pi * freq
    o_env = 2.0 * pi / env_time
    loop n (1, 4000)
        dy_time = 0.002 * n
        if dy_time > env_time
            w_acc = 0.0
        else
            w_acc = 0.5 * (1.0 - cos(o_env * dy_time)) * ampl * sin(omega * dy_time)
        endif
        xtable(1, n) = dy_time
        ytable(1, n) = w_acc
    endloop
end
@wave
call INT.FIS
@integrate(1, 2)
@integrate(2, 3)
call baseline.fis
set @itab_unc = 2 @itab_corr = 10 @drift = -.00335 @ttime = 8 @itab_cvel = 5
@baseline
@integrate(5, 6)
; 施加动力荷载
apply xvel = 1.0 hist = table 5 range nrange left
apply xvel = 1.0 hist = table 5 range nrange right
apply yvel = 0.5 hist = table 5 range nrange left
apply yvel = 0.5 hist = table 5 range nrange right
;
apply zvel 0    range nrange left
apply zvel 0    range nrange right
; 施加安静边界条件
apply dquiet squiet nquiet   range nrange ends
;
ini xv = 0 yv = 0 zv = 0 xdis = 0 ydis = 0 zdis = 0
; 获取特定点单元地址
def _get_zone_ad
    global effstr1
    global effstr2
```

```
    global totstr1
    global ppress1
    ad1 = z_near(0, 0, 10)
    ad2 = z_near(0, 0, 15)
    ad3 = z_near(-60, 0, 10)
    ad4 = z_near(60, 0, 10)
end
@_get_zone_ad
def hist_eff_stress
    array arr1(6) arr2(6) arr3(6) arr4(6)
    effstr1 = z_szz(ad1) + z_pp(ad1)
    effstr2 = z_szz(ad2) + z_pp(ad2)
    totstr1 = z_szz(ad1)
    ppress1 = z_pp(ad1)
    totstr2 = z_szz(ad2)
    ppress2 = z_pp(ad2)
    dum1 = z_fsi(ad1, arr1)
    dun2 = z_fsi(ad2, arr2)
    dum3 = z_fsi(ad3, arr3)
    dum4 = z_fsi(ad4, arr4)
    strain1 =   2.0 * arr1(6)
    strain2 =   2.0 * arr2(6)
    strain3 =   2.0 * arr3(6)
    strain4 =   2.0 * arr4(6)
end
;监测变量设置
hist add dytime
hist add fish @wave
hist add gp xvel 0, 0, -30
hist add gp xvel 0, 0, 0
hist add gp xvel 0, 0, 15
hist add gp xvel 0, 0, 30
hist add gp xacc 0, 0, -30
hist add gp xacc 0, 0, 0
hist add gp xacc 0, 0, 15
hist add gp xacc 0, 0, 30
hist add zone szz -40, 0, 10
hist add zone szz  40, 0, 10
hist add zone szz -60, 0, 10
hist add zone szz  60, 0, 10
hist add zone szz 0, 0, 10
hist add zone szz 0, 0, 15
hist add gp xdisp -10, 0, 30
```

```
hist add gp zdisp -10, 0, 30
hist add zone pp  -40, 0, 10
hist add zone pp   40, 0, 10
hist add zone pp  -60, 0, 10
hist add zone pp   60, 0, 10
hist add zone pp    0, 0, 10
hist add zone pp    0, 0, 15
hist add fish @hist_eff_stress
hist add fish @effstr1
hist add fish @effstr2
hist add fish @ppress1
hist add fish @ppress2
hist add fish @totstr1
hist add fish @totstr2
hist add zone vsi 0, 0, -30
hist add zone vsi 0, 0, 0
hist add zone vsi 0, 0, 15
hist add zone vsi 0, 0, 30
hist add fish @strain1
hist add zone sxz 0, 0, 10
hist add fish @strain2
hist add zone sxz 0, 0, 15
hist add fish @strain3
hist add zone sxz -60, 0, 10
hist add fish @strain4
hist add zone sxz 60, 0, 10
; 阻尼设置
initial damp hyst default -3.156 1.904
initial damp rayleigh 0.0005 2.0 stiff
;
solve age 10.0
save dam3wetfinn
return
```

第九章　FLAC3D 在边坡中的应用

在工程建设的过程中往往由于不同的工程需求，需要对天然存在的边坡进行开挖、削坡、支护等一系列改造。对边坡进行稳定性分析，可以清楚了解边坡是否处于稳定状态，或者在边坡开挖的过程中，岩土体所产生的岩土压力是否会影响边坡的整体稳定，这不仅关系到边坡支护方案的选取，同时也为支护结构的设计提供了科学的依据。FLAC3D 程序能够较好地模拟岩土体材料在达到强度极限或屈服极限时发生的破坏或塑性流动特性，因而特别适用于分析边坡的渐进破坏直至失稳的过程。

9.1　强度折减法

随着计算机性能的不断提高，采用强度折减技术进行边坡的稳定性分析逐渐成为数值模拟及实际工程研究的重点。结合有限差分法的强度折减法较传统的方法具有以下优点：
(1) 能够对具有复杂地形、地质的边坡进行计算；
(2) 考虑了岩土体的本构关系，以及变形对应力的影响；
(3) 能够模拟边坡的破坏过程及其滑移面形状（通常由剪应变增量或者位移增量确定滑移面的形状和位置）；
(4) 能够模拟岩土体与支护结构（超前支护、锚杆、锚索、土钉等）的共同作用；
(5) 求解安全系数时，不需要假定滑移面的形状，也无需进行条分。

9.1.1　边坡安全系数

强度折减法中边坡稳定的安全系数定义为：使边坡刚好达到临界破坏状态时，对岩、土体的抗剪强度进行折减的程度，即定义安全系数为岩土体的实际抗剪强度与临界破坏时的折减后剪切强度的比值。

9.1.2　强度折减法的基本原理

强度折减法通常应用于安全系数的计算，它是通过逐步减小材料的强度使边坡达到极限平衡状态来实现的。对于 Mohr-Coulomb 破坏准则来说，安全系数 F 根据下面的方程来定义：

$$c^{\text{trial}} = \frac{1}{F^{\text{trial}}} c \tag{9-1}$$

$$\phi^{\text{trial}} = \arctan\left(\frac{1}{F^{\text{trial}}} \tan\phi\right) \tag{9-2}$$

式中　c_{trial}——折减后的黏聚力；
　　　ϕ_{trial}——折减后的内摩擦角；

F_trial——折减系数。调整岩土体强度指标黏聚力 c 和内摩擦角 ϕ，然后对边坡稳定性进行数值分析，通过不断增加折减系数，进行一系列的计算直至边坡达到临界破坏状态，这时候得到的折减系数即为安全系数 F。

9.1.3 FLAC3D 中的强度折减法

1. 实现

强度折减方法基本上可以应用于任何材料以求解安全系数。该方法已被广泛地应用于 Mohr-Coulomb 材料。而且，在 FLAC3D 5.0 版本中，如果给出 SOLVE fos 命令，除了 Mohr-Coulomb 强度特性，该方法也自动适用于遍布节理强度特性和 Hoek-Brown 强度特性的折减。

在 FLAC3D 中，通过 SOLVE fos 命令执行强度折减的程序如下：

(1) 将黏聚力 c 设置成大值，使内部应力发生变化，找到体系达到平衡的典型步数（记作 Nr）。Nr 默认的最大值设定为 50000。

(2) 确定 Nr 后，对于一个给定的强度折减系数 F，执行 Nr 步。在运行 Nr 步后，如果体系不平衡力比率 R 小于 10^{-5}，说明系统处于平衡状态。如果不平衡力比率 R 大于 10^{-5}，那么继续执行 Nr 步，直到不平衡力比率 R 小于 10^{-5}。

(3) 除了以不平衡力比率 R 小于 10^{-5} 作为终止条件外，还可以采用其他的终止条件。如果前后两个典型步运算结束时的平均力比率 R 差值小于 10%，那么系统被认为是不平衡的，并且以新的不平衡态退出循环。如果差值大于 10%，Nr 步数块继续运行，直到满足以下任一条件：差值小于 10%，这个块已经执行 6 次，力比率小于 10^{-5}。

在使用 SOLVE fos 命令时应注意以下一些事项：

1) 在执行 SOLVE fos 计算之前，模型状态必须保存。

2) 对于 SOLVE fos 计算，初始应力状态可以是零应力状态或者应力平衡状态。如果模型是处于零应力状态，那么在确定 Nr 时仅施加重力。

3) 当执行 SOLVE fos 命令时，是在小应变计算模式下计算安全系数。

4) 当执行 SOLVE fos 命令时，如果是对包含流固耦合的问题（即 CONFIG fluid）进行安全系数的计算，流体计算将被关闭，并且，流体的体积模量将会设置为零。

5) 在 SOLVE fos 命令下，安全系数的计算假定采用非关联塑性流动法则，若采用关联流动法则需添加关键字 associated。

2. FLAC3D 内置模型的强度折减方法

(1) Mohr-Coulomb 模型

如果采用摩尔-库伦破坏准则，那么当执行 SOLVE fos 命令时，将会默认选取黏聚力 c 和内摩擦角 ϕ 进行安全系数的计算。强度参数按照如下方程进行折减：

$$c^\text{trial} = \frac{1}{F^\text{trial}} c \tag{9-3}$$

$$\phi^\text{trial} = \arctan\left(\frac{1}{F^\text{trial}} \tan\phi\right) \tag{9-4}$$

(2) 遍布节理模型

如果使用遍布节理模型，执行 SOLVE fos 命令时，完整部分的强度值 c 及 ϕ，节理

部分的强度值 c_j 及 ϕ_j 将会默认包含其中进行计算。同样的，可以通过 include tension 及 include jtension 命令来分别对完整部分的抗拉强度 σ^t 和节理部分的 σ_j^t 进行折减计算。完整部分的强度折减方程与式（9-3）及式（9-4）一样，节理部分的折减方程为

$$c_j^{\text{trial}} = \frac{1}{F^{\text{trial}}} c_j \tag{9-5}$$

$$\phi_j^{\text{trial}} = \arctan\left(\frac{1}{F^{\text{trial}}}\tan\phi_j\right) \tag{9-6}$$

$$\sigma_j^{\text{t(trial)}} = \frac{1}{F^{\text{trial}}} \sigma_j^t \tag{9-7}$$

（3）Hoek-Brown 模型

FLAC3D 中修正的 Hoek-Brown 本构模型（MODEL mechanical mhoekbrown）可以利用 SOLVE fos 命令求解安全系数。通过对抗剪强度进行折减来实现安全系数的求解（PROPERTY hb_soption=0）。

Hoek-Brown 强度准则的局部基本上与摩尔-库伦准则相同：

$$\tau = \sigma' \tan\phi_c + c_c \tag{9-8}$$

其中，表观黏聚力和内摩擦角根据 σ_3 给出：

$$\phi_c = 2\tan^{-1}\sqrt{N_{\phi_c}} - 90° \tag{9-9}$$

$$c_c = \frac{\sigma_c^{\text{ucs}}}{2\sqrt{N_{\phi_c}}} \tag{9-10}$$

其中，当 σ_3 为压应力即 $\sigma_3 \geqslant 0$ 时：

$$N_{\phi_c} = 1 + am_b\left(m_b\frac{\sigma_3}{\sigma_{ci}} + s\right)^{a-1} \tag{9-11}$$

$$\sigma_c^{\text{ucs}} = \sigma_3(1 - N_{\phi_c}) + \sigma_{ci}\left(m_b\frac{\sigma_3}{\sigma_{ci}} + s\right)^a \tag{9-12}$$

当 $\sigma_3 < 0$ 时：

$$N_{\phi_c} = 1 + am_b(s)^{a-1} \tag{9-13}$$

$$\sigma_c^{\text{ucs}} = \sigma_{ci}(s)^a \tag{9-14}$$

这是一种实用的、基于强度折减法估测边坡安全系数的方法，即分段不断折减局部的黏聚力 c_c，摩擦系数 $\tan\phi_c$ 直至边坡发生临界破坏，这种基于局部强度折减法算得的折减系数即为边坡的安全系数。根据得出的安全系数及式（9-8）可计算出最大允许剪切应力值 $\tau_{\max}$。

（4）接触面模型

在 SOLVE fos 命令中增加 include interface 命令，可以将接触面的强度参数 c_i 和 ϕ_i 包含在强度折减求解安全系数的计算之中。接触面的强度折减方程为：

$$c_i^{\text{trial}} = \frac{1}{F^{\text{trial}}} c_i \tag{9-15}$$

$$\phi_i^{\text{trial}} = \arctan\left(\frac{1}{F^{\text{trial}}}\tan\phi_i\right) \tag{9-16}$$

9.1.4 边坡失稳的判据

1. 数值计算不收敛判据

采用强度折减法进行边坡稳定性分析时，可通过判断计算是否收敛来作为边坡是否发生失稳的判据。数值方法通过强度折减使边坡达到极限破坏状态，滑动面上的位移和塑性应变将产生突变，且此位移和塑性应变的大小不再是一个定值，程序无法从数值方程组中找到一个既能满足静力平衡又能满足应力-应变关系和强度准则的解。此时，不管是从力的收敛标准，还是从位移的收敛标准来判断数值计算都不收敛。此判据认为，在边坡破坏之前计算收敛，破坏之后计算不收敛，这表征滑动面上岩土体无限流动，因此可把静力平衡方程组是否有解，数值计算是否收敛作为边坡失稳破坏的判据。

2. 坡面位移突变判据

边坡的变形破坏总具有一定的位移特性，因此计算的位移结果是边坡失稳最直观的表达。目前以位移作为失稳判据的方法，是在计算过程中建立某个部位的位移或者最大位移与折减系数的关系曲线，以曲线上的拐点作为边坡处于临界破坏状态的临界点。也就是说，当折减系数增大到某一特定值时，某一部位的位移突然增大，则认为边坡发生失稳。

3. 塑性区贯通判据

由于岩土体是弹塑性的，当应力达到一定程度时，岩土体便会发生塑性破坏，岩土体的塑性破坏与塑性区出现扩展及其分布紧密相关。边坡破坏时，其塑性应变区域必然是贯通的。因此，采用强度折减法进行边坡稳定性分析时，随着折减系数的不断增大，边坡各个部位必然会逐步发生不同程度的塑性变形，所以，如果发生塑性变形的区域相互贯通，那么说明边坡已经发生整体失稳。

塑性区贯通判据在实际应用中可作为位移拐点判据（尤其当位移-折减系数曲线只有一个拐点时）的补充判据，结合位移场及塑性区变化进行对比分析，在位移曲线出现拐点时，对应塑性区全部贯通，此时对应的折减系数即为安全系数。

9.2 羊曲水电站泄洪洞出口边坡稳定性分析

水电工程中的泄洪洞边坡的稳定性受边坡空间分布形态、坡体地质构造、泄洪洞内水作用、天然降雨等诸多因素的复合影响，各因素的综合作用造成了该类边坡工程的复杂性和不确定性。对于泄洪洞边坡中水工隧洞受高水压作用的情况，其内水作用明显，会较大程度地改变边坡内部的岩体力学条件，分析此类边坡稳定性时宜重点考虑水工隧洞的内水作用对边坡稳定性的影响。

下面内容将以羊曲水电站泄洪洞边坡为研究对象，对其整体稳定性进行计算和评价。构建复杂数值计算模型，采用强度折减法进行边坡稳定性计算。分别进行天然情况、泄洪洞及其出口边坡开挖情况、泄洪洞运行期内水外渗情况下的边坡稳定性计算及分析。

9.2.1 工程概况及地质条件

1. 工程概况

黄河羊曲水电站位于青海省海南州兴海县与贵南县交界处，是一座以发电为主的大型水利水电枢纽工程。泄洪洞布置于左岸，位于溢洪道左侧。泄洪洞由引渠段、有压洞身段、闸室段、泄槽以及挑流鼻坎等组成。泄洪洞校核泄量为 1364 m³/s，泄洪洞泄槽最大单宽流量为 182 m³/s。泄洪洞采用挑流消能方式。引渠段底板由原始地形开挖形成，泄洪洞引渠右侧与溢洪道引渠相接。进水塔为三向收缩型岸塔式进水口。塔顶布置有交通桥与坝顶交通路相连接。有压洞身段长度为 467.060 m，出口与工作闸门段相接，工作闸门段顺水流方向长度 26.0 m，工作闸室下接泄槽及挑流鼻坎段。泄槽及挑流鼻坎段长 300.0m，鼻坎齿槽基础高程为 2600.00m。

2. 泄洪洞出口边坡地质条件

羊曲水电站左岸泄洪洞出口边坡位于 3 号冲沟下游侧，地形坡度较缓，自然坡度为 25°～30°。自然坡高大约 120m，开挖工程边坡高最大约 80 m。上部为砂砾岩，厚度约 50 m。隧洞出口段上覆基岩为薄层状砂质板岩，厚度约 10～15m，岩体中层理及层面裂隙发育，不利于边坡的稳定，岩体风化较强，完整性差。如图 9-1 所示泄洪洞出口边坡地段出露地层主要

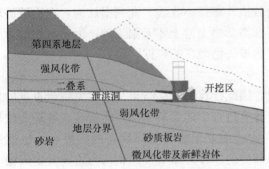

图 9-1 沿泄洪洞纵剖面计算区域地层的划分

为二叠系下统砂质板岩和第四系早更新统河湖相砂砾岩夹粉砂质泥岩。泄洪洞出口段边坡左侧与导流洞出口边坡相接，右侧与溢洪道下游边坡相接。开挖坡比基岩为 1∶0.4，半成岩砂砾岩为 1∶1，泄槽两侧第四系松散覆盖层为 1∶1.5。每 20 m 高设一层 2m 宽的马道。

9.2.2 天然边坡及开挖施工条件下的稳定性计算分析

9.2.2.1 模型建立及参数的选取

1. 模型建立

在建立泄洪洞出口边坡几何模型时，边坡地表形态及内部岩层分布特性等均是严格遵照地质勘测相关图集资料；开挖后坡体形态、泄洪洞及相关构筑物的空间分布形态的关键点直接从相关设计图中读取，然后再进行相应的模型构建。泄洪洞出口边坡数值计算模型的坐标系为：X 轴与泄洪洞轴线重合，指向下游方向为正；Z 轴为铅直方向，向上为正；Y 轴与泄洪洞轴线垂直，偏北方向为正方向；将泄洪洞出口处的中心点位置取为 X、Y 轴坐标零点，模型中各点 Z 坐标取各点真实高程。模型沿 X 向长 258m，沿 Y 向长 238m，底部高程为 2532m，最高点高程约为 2740m。边坡计算区域主要包含了泄洪洞出口边坡、部分进厂公路、溢洪道及导流洞出口边坡等。

计算模型共划分有 141 370 个单元，142 928 个节点，模型中单元多为六面体单元。根据计算区域工程地质条件，未发现有明显断层出露，因此三维模型模拟中将不单独考虑断层的影响。此外由于泄洪洞出口端部空间形态的复杂性，为了建模的方便采用了 FLAC3D 中接触面（Interface）进行特别的连接处理（在计算中通过对该接触面进行相关参数及模式的设定，仅起到对相邻网格的连接作用），并通过对比分析计算结果，表明了该处理方式是十分合适的。

计算模型的边界条件为：除顶面外各面均为法向约束，顶面为自由。计算模型的几何形态及单元划分如图 9-2 所示。

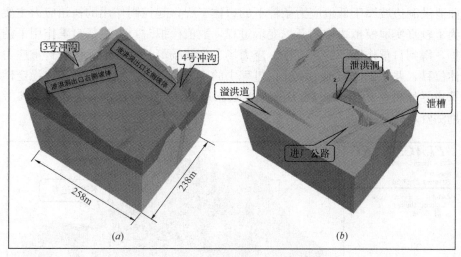

图 9-2 天然及开挖后的边坡模型
(a) 天然边坡；(b) 开挖后的边坡

2. 参数选取

图 9-1 所示计算模型中出露的地层主要为二叠系下统砂质板岩、砂岩和第四系早更新统河湖相砂砾岩夹粉砂质泥岩。工程实践表明，不同风化程度的风化岩石具有不同的工程地质性质。风化岩石工程地质研究的主要内容就是要对岩体按风化程度进行分带，研究各带岩体的工程地质性质，确定物理力学指标。我国目前水利水电各工程勘察部门都划分为 4 带，即全风化带、强风化带、弱风化带和微风化带。不同材料的物理力学参数如表 9-1 所示。

数值计算区域岩体物理力学参数　　　　　表 9-1

岩石类型	分区情况	自然密度 (kg/m³)	弹性模量 (GPa)	泊松比	抗拉强度 (MPa)	黏聚力 (MPa)	内摩擦角度	渗透系数 (m/s)
砂岩	微风化、新鲜	2710	16	0.27	0.95	1	42	3E-7
	弱风化	2700	8	0.29	0.5	0.56	37	6E-7
	强风化	2690	3	0.32	0.25	0.27	33	1E-6
砂质板岩	微风化、新鲜	2710	12	0.26	0.9	0.95	40	5E-7
	弱风化	2700	5	0.28	0.42	0.45	35.5	8E-7
	强风化	2680	2	0.31	0.21	0.24	31.5	2E-6
第四系地层		2550	0.06	0.32	0.01	0.04	29.5	5E-6
混凝土衬砌		2550	30	0.18	2	3.2	54.9	2E-8

注：FLAC3D 计算时采用的渗透系数 K 为国际单位 $m^2/Pa \cdot s$，与表中所列的渗透系数 k 之间的转换关系为 $K (m^2/Pa \cdot s) \equiv k (m/s) \times 1.02 \times 10^{-4}$。

9.2.2.2 天然边坡稳定性分析

1. 初始应力场的生成

羊曲泄洪洞边坡属于低地应力条件下的岩体工程，起控制作用的初始应力主要是自重应力。为了较真实地模拟边坡的开挖变形过程，数值模拟时，先进行自重作用下的边坡稳定性计算，得到自重作用下的渗流场、应力场、位移场等，然后清除由于自重应力计算产生的岩体位移，并基于此模拟边坡开挖过程中的应力及变形情况。天然边坡稳定性计算的渗流计算边界如图 9-3 所示，顶面底面均为透水边界、上下游定水头边界则为参考相关工程地质勘测资料后选定。

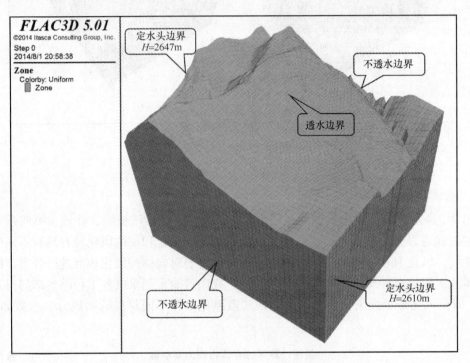

图 9-3　天然边坡稳定性分析中渗流计算边界示意图

边坡深部基本上为压应力区，此模型中最大主压应力为 5.4MPa 左右（图 9-4）。越往表层压应力逐渐减小，在表层局部区域和坡脚浅层处出现较小的拉应力区，但拉应力值非常小（图 9-5）。由于坡体起伏，并受到岩层岩性空间分布不均匀的影响，坡体的应力分布存在一定的不均匀性。边坡深部的主压应力方向基本上与重力方向一致，而靠近边坡坡面的主压应力矢量则基本上与坡面基本平行。

图 9-6 及图 9-7 所示的计算结果可知，由于初始地下水埋藏较深，在施加地下水边界条件后，形成了地下水位面相对较低的稳定渗流场。模型上游段地下水位面基本与泄洪洞开挖轴线齐平，距地表层约 80m，下游段地下水位面距地表约 28m，模型底部最大孔隙水压力约为 1.1MPa。

2. 天然情况下边坡的稳定性计算

由图 9-8 所示的泄洪洞出口天然边坡在强度折减条件下的剪切应变率分布可知，天然边坡的潜在滑移区域主要分布于两大块区域，且均为岩体质量较差的上覆盖层岩体，各潜

第九章 FLAC3D 在边坡中的应用

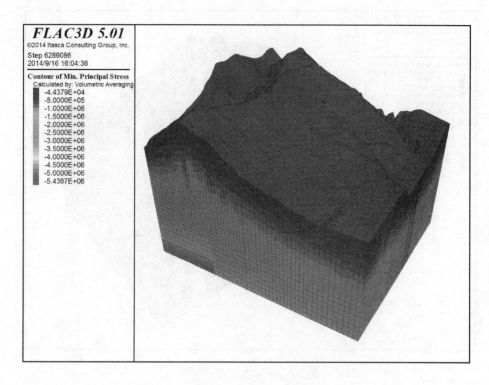

图 9-4 第一主应力分布

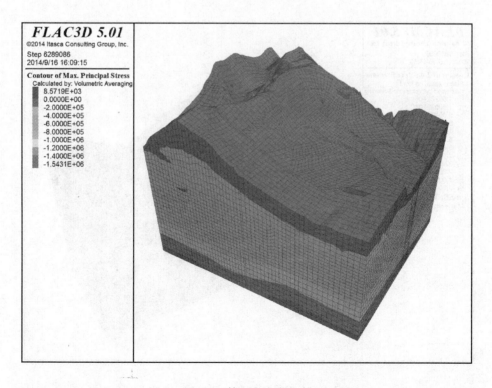

图 9-5 第三主应力分布

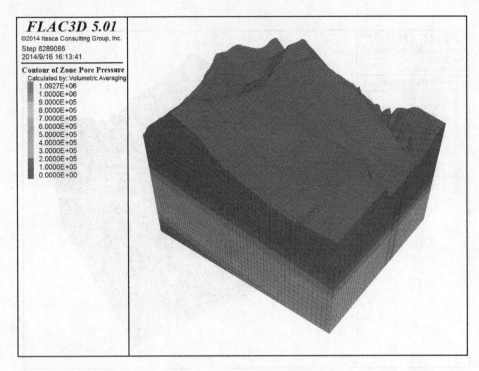

图 9-6 孔隙水压力分布图

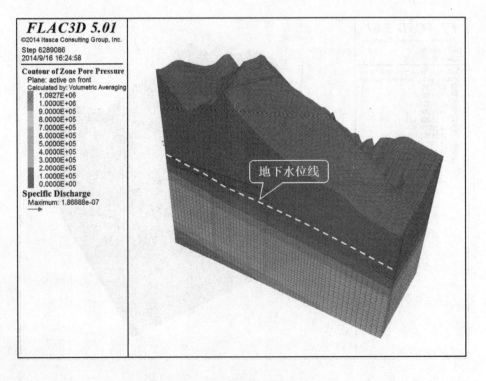

图 9-7 地下水位线、地下水流速矢量分布、孔隙水压力分布

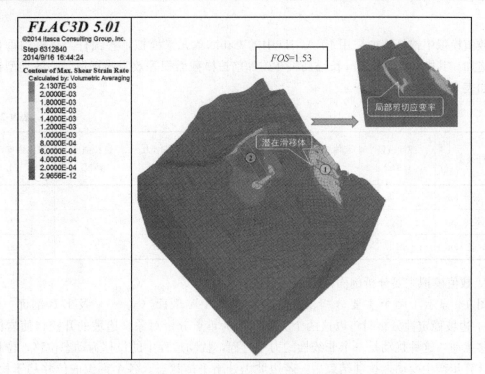

图 9-8 泄洪洞出口天然边坡强度折减后的剪切应变率分布

在滑移体最大垂直厚度约为 20～40m 不等，其中 1 号潜在滑移体的剪切应变率最大，速度矢量也最大，为最危险滑移体，得到的整体安全系数为 1.53，可作为该局部区域的稳定现状评价指标。

对天然边坡的稳定性分析可知，由于潜在滑移面位于地下水位线以上，且二者相距较远，故当浸润线位置相对较低时，地下水作用对泄洪洞出口边坡的整体安全系数影响十分有限。

9.2.2.3 泄洪洞及出口边坡开挖稳定性分析

1. 泄洪洞及出口边坡开挖支护方案

采用基于三维有限差分方法的 FLAC3D 数值计算软件对泄洪洞及出口边坡进行开挖支护过程模拟，整个过程共分如下 4 个阶段进行：

第 1 阶段：从顶部至 2696.00m 高程；

第 2 阶段：从 2696.00m 至 2656.00m 高程，并对基岩区域采用锚杆支护；

第 3 阶段：2656.00m 高程以下坡体开挖，泄洪槽第一步开挖，并对基岩区域采用锚杆支护；

第 4 阶段：泄洪洞、泄洪槽第二步开挖支护，混凝土衬砌施工，泄洪洞出口闸门区域按竖直向下作用的均布荷载 0.6MPa 考虑（根据出口闸门重量估算）。

泄洪洞出口边坡开挖支护主要采用以下措施：泄洪洞出口闸门附近基岩范围采用 $3\phi32$，间排距为 2m×2m，入岩 15m 的锚筋桩支护；边坡其他区域基岩范围采用 $\phi32$，长度为 9m，间、排距为 2m×2m 的锁口锚杆与 $\phi25$，长度为 4.5m，间、排距为 2m×2m 的系统锚杆结合的形式加固，辅以随机锚杆与锚筋桩的加固措施。局部破碎岩体进行挂网喷护。

数值模拟中锚杆施加采用 FLAC3D 中的 Cable 单元来模拟，各锚杆、锚桩均垂直于坡面施加。其中 3ϕ32 的 15m 长锚筋桩在施加前按横截面积等效为锚杆单元，各类型锚杆参数如表 9-2 所示。

锚杆材料力学参数表 表 9-2

锚杆类型	弹性模量（GPa）	浆体剪切刚度（MPa）	锚杆截面积（m²）	浆体黏结力（N/m）	抗拉强度（kN）	浆体内摩擦角（°）
ϕ25，长 4.5m	210	100	4.91e-4	1.75e6	60	32
ϕ32，长 9.0m	210	100	8.04e-4	1.75e6	80	32
3ϕ32，长 15m	210	100	2.41e-3	1.75e6	240	32

2. 数值模拟主要分析剖面及监测点布置

图 9-9 显示了两个主要分析剖面，分别为：A-A 剖面（$y=0$）及 B-B 剖面（$x=-40$），边坡稳定性分析时将以这两个关键剖面为重点分析对象。边坡的开挖将使岩体产生位移扰动，这种扰动是一个非线性的力学过程，扰动过程中的位移为动态位移，位移值会随计算步产生变动。扰动结束后，若边坡仍处于平衡状态，各个部位的位移趋于稳定，此时的位移可以称为最终静态位移。为了揭示各个部位静态位移的变化情况，设置相应监测点，如图 9-9 所示：共设置有 2 组监测线，分别为 l_1 及 l_2，各监测线上布置有 5 个监测点；另在泄洪槽两侧布置有 4 个监测点用来分析泄槽边坡的稳定性。

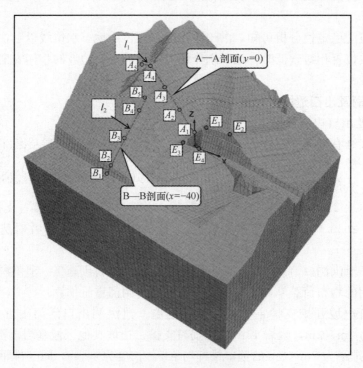

图 9-9 关键剖面及主要监测点布置

3. 数值计算结果及分析

(1) 开挖变形场分析

为了较真实地模拟边坡的开挖变形过程，边坡开挖模拟清除了天然边坡自重条件下产生的岩体位移。采用之前计算所得的初始地应力场为边坡开挖的初始条件，按照预定的开挖方案进行边坡开挖过程数值模拟。图 9-10 显示了四个开挖阶段的最终静态位移分布情况。

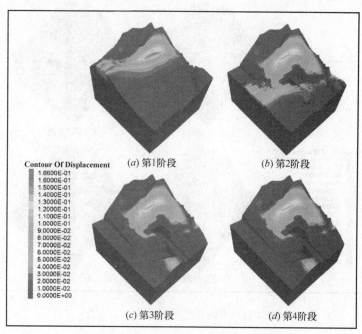

图 9-10　不同开挖步产生的位移分布

第一阶段开挖完成后，坡体开挖界面产生回弹变形，由于此阶段开挖主要在上覆盖层（全风化层）中进行，其变形模量很低（60MPa 左右），导致开挖回弹变形量较大，坡面最大位移量约 16.6cm 左右。

第二阶段开挖完成后，泄洪洞出口坡体形态基本显露出来，开挖区涉及对边坡下部基岩，包括上覆盖层、大部分强风化岩体及部分弱风化区的开挖。这些区域的变形相对很小，基岩开挖面中大部分区域的位移量不超过 1.5cm，位移增量较大的区域仍为上覆盖层开挖界面处，由于上步开挖引起的最大累积位移分布区域已经开挖，本阶段产生的最大累积位移量约为 14cm 左右。

第三阶段开挖区域基本是对边坡下部基岩及泄洪槽上部的开挖，由于下部基岩的岩体质量较好，其整体变形增加量十分有限，基本上以弹性变形为主。此阶段该边坡的最大累积位移为 14.2cm，仍然位于上覆盖层开挖面中部区域。

第四阶段为泄洪洞、泄洪槽的开挖施工阶段。由于泄洪洞及泄洪槽的开挖在岩体强度较高的基岩中进行，且采取了适当的衬砌、锚杆等支护措施，整个阶段对泄洪洞出口处上部坡体未产生较明显的影响。此阶段该边坡的最大累积位移为 14.2cm，仍然位于上覆盖层开挖面中部区域。

总的来说，泄洪洞出口边坡开挖形成稳定后，边坡岩土体变形主要以开挖卸荷反弹为主，主要表现为竖直位移的增加，其中上覆盖区岩体因变形模量很小，相应变形最大，而坡脚附近原本岩体质量较好，变形不明显。

（2）边坡开挖应力场及塑性破坏区等分析

如图 9-11 及图 9-12 所示各阶段开挖后，整个计算区域的应力场将进行调整，由于开

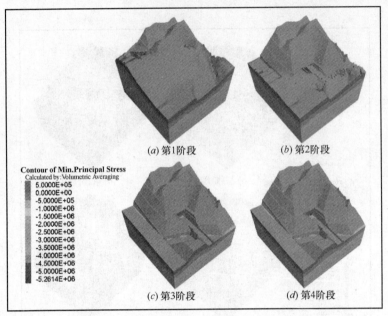

图 9-11　不同开挖步下的第一主应力

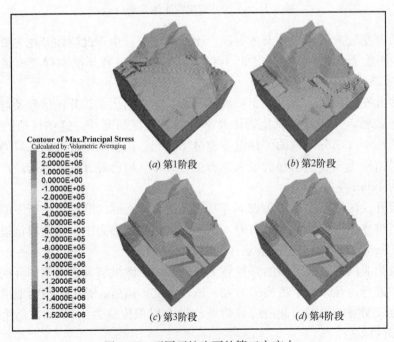

图 9-12　不同开挖步下的第三主应力

挖面上部岩体被挖除，开挖面上的岩体应力得到释放，在边坡表面形成了较明显的应力松弛区，总体应力水平将随之减小，使得开挖面处及附近区域岩体的应力场受到的扰动最大。坡体开挖后，开挖面上分布有少量拉应力区域，且拉应力量值较小。

图 9-13 显示了边坡各开挖阶段相应塑性破坏区的分布情况，从图中可以明显看出，四个开挖阶段的塑性破坏区主要集中于上覆盖层的局部区域，这主要是由于边坡开挖以后，上覆盖层受到扰动最大，且该区域岩体质量较差所致。塑性破坏区的破坏形式主要以剪切破坏为主，并伴随有少量拉伸破坏。

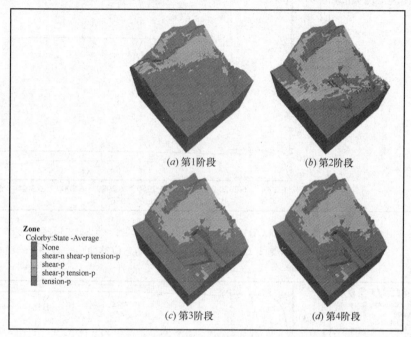

图 9-13　塑性破坏区分布

(3) 监测点位移分析

边坡共分四个阶段开挖，从位移监测图（图 9-14～图 9-16）可以看出，各监测点位移值逐渐增大，变化过程基本上都存在 3 个明显的台阶，说明每次开挖都引起岩体的扰动，产生系统不平衡力，使边坡从平衡状态转为不平衡状态，而最后一次开挖主要为泄洪洞及最下层岩体开挖，此时由于开挖面已经远离监测点，故这些监测点的位移变化已不明显。随着时间的推移，不平衡力逐渐消散均化到岩体中，岩体的扰动逐渐减小，最终位移趋于一定值，说明开挖扰动结束边坡处于平衡状态。各监测点位移图显示，各个位移值均为正，说明坡体的变形主要受重力控制，上部岩体开挖后，由重力产生的应力被解除，边坡的变形以向上的卸荷回弹变形为主，坡体上覆盖层表现的尤为突出。

(4) 泄洪洞出口边坡开挖后的稳定性评价

泄洪洞及出口边坡开挖支护完成后，边坡能够保持稳定。图 9-17 及图 9-18 分别显示了该人工边坡形成后的累积位移及其方向、孔隙水压力分布情况，上覆盖层累积位移偏大，最大值为 14.2cm 左右，位于上覆盖层开挖面中部区域，位移主要以卸荷回弹为主。同时由于开挖面基本位处地下水浸润线以上，开挖边坡后形成的稳定后渗流场与天然状态

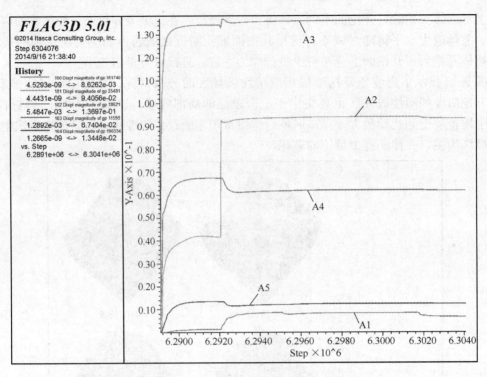

其中监测点对应关系为 100（A1）、101（A2）、102（A3）、103（A4）、104（A5）

图 9-14　监测线 l_1 上各监测点的开挖动态位移曲线

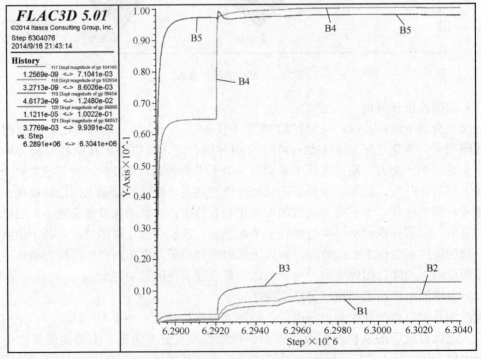

其中监测点对应关系为 117（B1）、118（B2）、119（B3）、120（B4）、121（B5）

图 9-15　监测线 l_2 上各监测点的开挖动态位移曲线

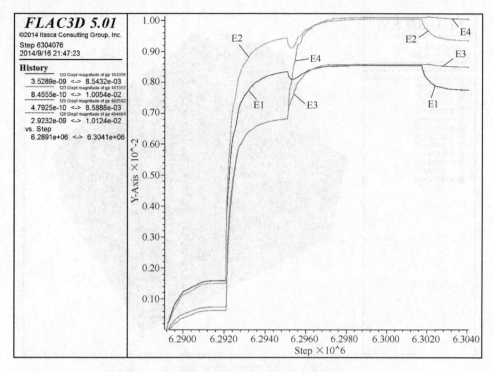

其中监测点对应关系为 122（E1）、123（E2）、125（E3）、126（E4）

图 9-16　泄洪槽边坡各监测点的开挖动态位移曲线

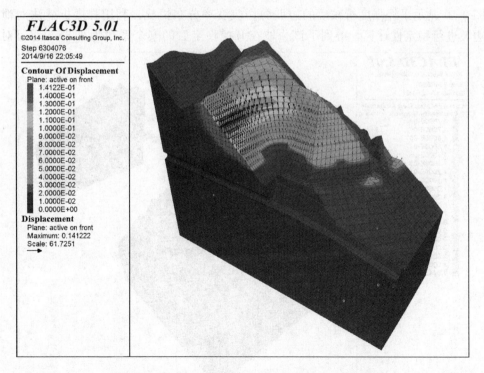

图 9-17　泄洪洞左侧边坡总位移及位移矢量分布图

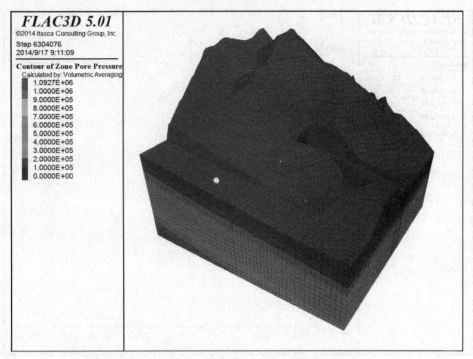

图 9-18　孔隙水压力分布图

下地下水形成的渗流场基本保持一致。

图 9-19 显示了经强度折减后的边坡剪切应变率分布情况，利用强度折减法对泄洪洞出口边坡进行稳定性计算，得到了该边坡在开挖稳定后的安全系数为 1.35。通过对剪切

图 9-19　开挖后边坡的剪切应变率及安全系数

应变率分布情况的分析,可知该边坡可能的潜在变形破坏模式为浅层滑坡特性,潜在滑移体位于边坡岩体质量较差的上覆盖层开挖面附近,最大垂直厚度约为25m左右。

9.2.3 泄洪洞内水外渗对边坡的稳定性影响

泄洪洞是在运行期间用于泄洪的有压水工隧洞,羊曲水电站左岸泄洪洞出口处的内压水头约为80m,在隧洞运行过程中,混凝土衬砌在高内水压力作用下会被拉裂,出现贯穿性裂缝,高压水流必然沿着混凝土裂缝向洞外流动,因此实际上由衬砌承担的水压力部分远小于围岩承担部分。渗流作用对洞脸出口边坡及泄槽两侧边坡的稳定性会产生一定的影响。因此,为校核泄洪洞衬砌结构在内水外渗作用下的受力特性和出口边坡的整体稳定及应力应变等问题,有必要进行相关计算分析。

9.2.3.1 计算方案

基于 FLAC3D 数值计算软件,模拟中通过对混凝土衬砌及围岩灌浆圈的渗透系数进行取值上的调整,分为以下三种方案(如表9-3所示)进行对比分析研究,以期探索出内水外渗作用对边坡及泄洪洞围岩稳定性的影响。计算中将混凝土衬砌和边坡岩土体均考虑成各向同性渗水介质。

各方案情况说明   表 9-3

条件 方案	隧洞衬砌		围 岩	
	运行条件	渗透系数(m/s)	施工条件	渗透系数(m/s)
方案一	开裂	5E-7	未固结灌浆	见表9-1
方案二	未开裂	2E-8	固结灌浆	5E-8
方案三	开裂	5E-7	固结灌浆	5E-8

下面将主要从内水外渗作用下形成的渗流场、应力场及塑性破坏区等几个方面分析其对出口边坡稳定性的影响。

9.2.3.2 泄洪洞内水外渗渗流特性

三种计算方案得到的渗流场存在较明显的差异,但各方案内水外渗影响区域主要集中于隧洞围岩及附近岩体,空间上表现为"壳形"分布,浸润面的最高点位于泄洪洞轴线正上方,其高度应与岩体渗透系数、内水压力密切相关。

图9-20~图9-22显示了三种方案下的模型B-B剖面($x=-40$)上内水外渗作用下浸润线的分布及流速矢量分布情况。三种方案渗流流速矢量场分布差异很大,基本规律为混凝土衬砌上的渗流流速较大,随着内水向外扩散,流速逐渐减小。其中方案1计算得到的混凝土衬砌上的流速明显要比后两种方案大很多。可见,方案1条件下内水将大量外渗,水体渗漏损失过大。而方案2和3条件下内水外渗相对较小,说明混凝土衬砌及围岩灌浆圈起到了较好的阻渗效果。可以预见若不进行围岩固结灌浆,当混凝土衬砌开裂后,水位抬升幅度很大,泄洪洞内水外渗对上覆岩体稳定性的影响相当明显,很可能影响泄洪洞出口边坡的整体稳定性。

9.2.3.3 泄洪洞出口边坡稳定性分析

1. 泄洪洞出口边坡的应力场分析

泄洪洞开挖后出现临空面,开挖边界应力释放明显,泄洪洞附近区域内初始应力场(地

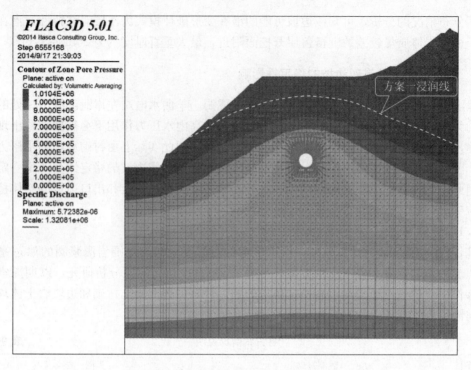

图 9-20　$x=-40$ 剖面孔隙水压力及流速矢量分布图（方案 1）

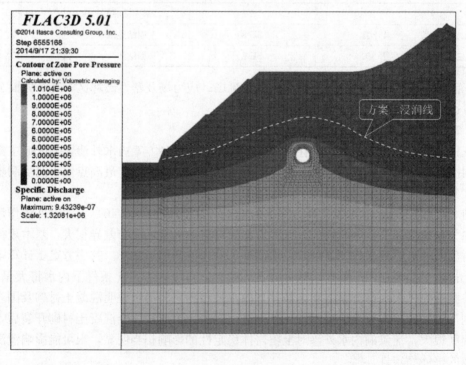

图 9-21　$x=-40$ 剖面孔隙水压力及流速矢量分布图（方案 2）

应力场）重分布并形成二次应力场，顶拱和底拱区域岩体应力有一定程度释放，而两侧墙附近围岩为主要应力集中区，考虑到隧洞的埋深较浅，整体应力水平不是很高，在施工条件下

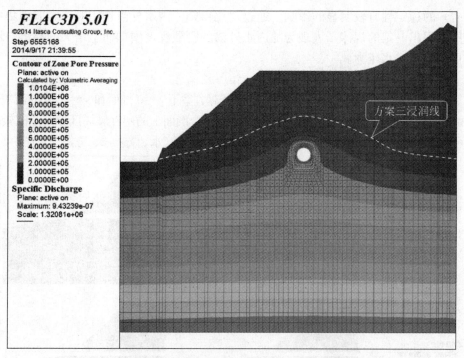

图 9-22　$x=-40$ 剖面孔隙水压力及流速矢量分布图（方案 3）

围岩稳定性应该较高。泄洪洞内水外渗作用后，应力集中区域最大主压应力有所上升。

图 9-23 显示，方案 1 条件下由于衬砌结构的开裂并且无围岩灌浆圈的存在，内水急剧外渗，导致两侧墙附近围岩的应力集中区明显扩大，内水外渗对泄洪洞围岩（尤其是最

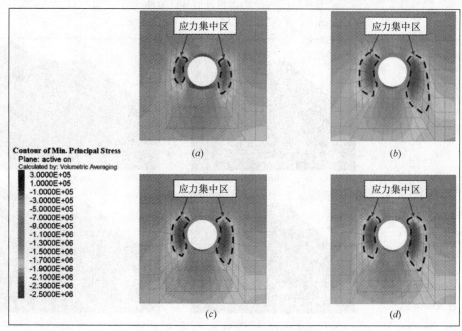

图 9-23　$x=-40$ 剖面局部应力分布情况
(a) 不充水；(b) 方案一；(c) 方案二；(d) 方案三

内侧围岩）的稳定性有较明显的影响。通过对比得知，内水外渗作用对围岩应力集中区的分布范围呈现出一定的规律，表现为随内水外渗的剧烈程度增加而呈增大的趋势，围岩也将承受更多的渗透水压力。

2. 泄洪洞出口边坡的塑性破坏区分析

图 9-24 及图 9-25 分别显示了三种内水外渗计算方案下 $y=0$ 剖面和 $x=-40$ 剖面塑性破坏区分布情况。图中明显可以得知，在隧洞不充水时两个剖面上的塑性破坏区分布范围较小，从总体上可以得出塑性破坏区范围从小到大依次为：隧洞不充水、方案2、方案3、方案1。

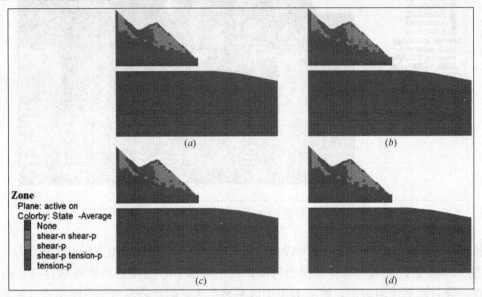

图 9-24　$y=0$ 剖面塑性破坏区分布
(a) 不充水；(b) 方案一；(c) 方案二；(d) 方案三

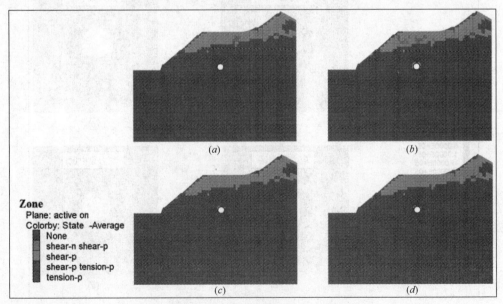

图 9-25　$x=-40$ 剖面塑性破坏区分布
(a) 不充水；(b) 方案一；(c) 方案二；(d) 方案三

3. 基于强度折减法的安全系数分析

基于强度折减法对边坡内水外渗作用下的稳定性进行数值计算,得到了三种不同方案下的强度折减安全系数。图 9-26～图 9-28 显示了三种计算方案下经强度折减后的边坡剪切应变率分布情况,三种计算方式对应的安全系数依次为:方案 1,$FOS=1.33$;方案 2,$FOS=1.35$;方案 3,$FOS=1.35$。

(方案 1,$FOS=1.33$)

图 9-26　边坡内水外渗作用下强度折减后的剪切应变率分布及安全系数

(方案 2,$FOS=1.35$)

图 9-27　边坡内水外渗作用下强度折减后的剪切应变率分布及安全系数

(方案 3，$FOS=1.35$)

图 9-28　边坡内水外渗作用下强度折减后的剪切应变率分布及安全系数

对比分析这三种计算方案下形成的潜在变形破坏模式，发现所得到的潜在滑移区域非常相似，三种方案的主要潜在破坏区均集中于泄洪洞出口洞脸边坡，该潜在滑移体平均垂直厚度约为 25m，为岩体质量较差的上覆堆积层，滑坡表现为浅层滑动的特点。方案 2 和方案 3 条件下的边坡安全系数相同，均为 1.35。方案 1 计算得到的浸润线位置较高，影响了该区域岩体的稳定性，从而导致边坡的整体稳定性有所下降。而方案 2 和方案 3 中的浸润线位置接近，因此这两种工况下的安全系数变化不大。

第十章 FLAC3D 在地铁工程中的应用

10.1 概述

随着城市地铁建设高潮的兴起，地铁工程施工引起的地层位移问题引起我国岩土工程领域的广泛关注。地层位移会进一步引起一系列环境问题，其中包括道路变形、管线断裂、地表建筑物或地下构筑物变形开裂、地铁轨道变形、精密仪器运行失常等问题。上述问题是目前城市地铁建设中所需要考虑的最主要的环境影响问题，也由此为我国岩土工程领域的科技工作者提出了一系列全新的研究课题。在对这个问题进行风险分析和预测评估时，由于问题本身的复杂性，往往需要借助三维数值模拟技术进行计算。近年来，国内外很多学者在这个领域进行了深入广泛的研究工作，取得了大量成果。

隧道施工常用的工法有明挖法、盾构法和矿山法（浅埋暗挖法）等。由于明挖的地铁车站基坑位移规律和数值模拟分析方法与一般的工民建基坑类似（可参见"FLAC3D 在基坑工程中的应用"一章），且这种方法受周边环境（交通、建筑、管线）的影响，在城市中应用渐少，因此本章重点介绍盾构法和矿山法隧道工程的建模和分析实例。

盾构法是一种全机械化施工方法，它是将盾构机械（图 10-1）在岩土体中推进，通过盾构外壳和管片支承四周围岩防止发生往隧道内的坍塌，同时在开挖面前方用切削装置进行土体开挖，通过出土机械运出洞外，靠千斤顶在后部加压顶进，并拼装预制混凝土管片，形成隧道结构的一种机械化施工方法（图 10-2）。

图 10-1 土压平衡盾构机

图 10-2 采用盾构法管片拼装完毕的隧道

矿山法的名称来源于矿山上采用钻眼爆破方法开挖断面而修筑隧道及地下工程的施工方法。用矿山法施工城市地铁隧道工程时，将整个断面分步开挖至设计轮廓，并随之修筑衬砌。当地层松软时，则可采用简便挖掘机具进行，并根据围岩稳定程度，在需要时应边开挖边支护。分步开挖时，断面上最先开挖导坑，再由导坑向断面设计轮廓进行扩大开挖。分步开挖主要是为了减少对围岩的扰动，分步的大小和多少视地质条件、隧道断面尺寸、支护类型而定。在坚实、整体的岩层中，对中、小断面的隧道，可不分步而将全断面一次开挖。如遇松软、破碎地层，需分步开挖，并配合开挖及时设置临时支撑，以防止土石坍塌。常用的方法包括台阶法、CD工法（跨度大）、CRD工法、双侧壁导坑法等（其特点对比见表10-1）。

几种典型的矿山方法对比表　　　　　　　　　　　表10-1

	工法名称	台阶法	双侧壁导坑法	CD工法	CRD工法
	示意图				
1	工法特点	环形开挖留核心土	变大跨为小跨	变中跨为小跨	步步封闭
2	施工难度	不复杂	最复杂	一般	复杂
3	技术条件	低	高	较高	最高
4	预测地表沉降	大	较小	小	最小
5	施工速度	快	最慢	一般	慢
6	工程造价	低	最高	中等	高
7	适用范围	跨度≤12m 地质较差	小跨度，连续使用可扩成大跨度	跨度≤18m 地质较差	跨度≤20m 地质较差

以CRD工法为例简要说明其具体施工步序。CRD一般分4步进行开挖，开挖每循环进尺一般为0.5m，上面两导洞采取预留核心土进行开挖，核心土和台阶留设类似台阶法。其施工工序如图10-3所示。

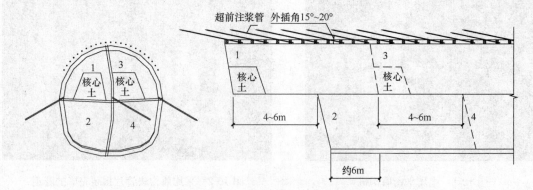

图10-3　CRD法施工工序示意图

北京地区地铁车站目前常用的施工方法除了明挖法以外，常采用洞桩法（PBA工法）施工，即由边桩、中桩（柱）、顶底梁、顶拱共同构成初期受力体系，承受施工过程的荷载；其主要思想是将盖挖及分步暗挖法有机结合起来，发挥各自的优势，在顶盖的保护下可以逐层向下开挖土体，施做二次衬砌，最终形成由初期支护＋二次衬砌组合而成的永久承载体系（图10-4）。洞桩法的施工步序非常复杂，在数值模拟中需要仔细分析其施工工序对变形、受力的影响。

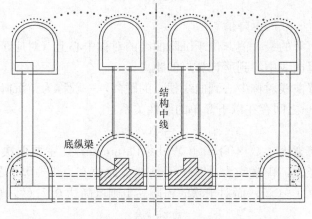

图 10-4　洞桩法施工地铁车站结构型式（双层三跨）

10.2　地铁隧道施工引起地层位移的基本规律

在对地铁工程进行数值模拟之前，首先应对隧道施工引起地层位移的基本规律有一个认识，在这个基础上，才能够正确的开展模拟工作，并对模拟结果有一个客观的认识。本书主要介绍美国的土力学大家 Peck 教授于 1969 年提出的目前广泛应用的 Peck 公式，然后介绍韩煊等人通过实测数据提出的一个分层沉降公式，从而简单归纳隧道施工引起的地表及地下位移规律。如果模拟的结果与上述规律偏差较大，往往是模拟中产生了问题，例如所采用的本构关系不合适，或所取的参数有误等。

10.2.1　隧道施工引起的地表沉降规律

（1）地表沉降槽横向沉降曲线（Peck 公式）

地下隧道的开挖所引起的地表的沉降曲线一般习惯称之为"沉降槽"（Settlement Trough）。图10-5 示意性地表示了一个隧道在开挖过程中引起地表位移的形态。在目前众多的预测地铁隧道开挖引起的地表位移的经验方法中，Peck 于 1969 年提出的方法无疑是其中最简便、也是目前应用最为广泛的方法。

在 Peck 提出隧道引起的地表横向沉降槽（即图 10-5 中的 x 方

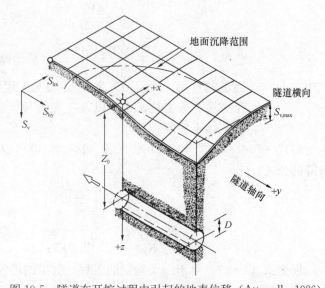

图 10-5　隧道在开挖过程中引起的地表位移（Attewell，1986）

向的地表变形）可以用高斯分布拟合的基础上，Attewell 等和 Rankin 总结了当时广泛应用的经验方法，并提出以下计算公式（图 10-6）：

$$s = s_{\max}\exp\left[\frac{-x^2}{2i^2}\right] \tag{10-1}$$

式中　s——地面任一点的沉降值；
　　$s_{\max}$——地面沉降的最大值，位于沉降曲线的对称中心上（对应于隧道轴线位置）；
　　x——从沉降曲线中心到所计算点的距离；
　　i——从沉降曲线对称中心到曲线拐点的距离，一般称为"沉降槽宽度"。i 和隧道深度 z_0 之间存在以下简单的线性关系：

$$i = Kz_0 \tag{10-2}$$

式中　K——沉降槽宽度参数（Trough Width Parameter），主要取决于土性。根据国内外的经验，普遍认为，对于无黏性土此值在 0.2～0.3 之间；对于硬黏土，约为 0.4～0.5；而对于软的粉质黏土则可高达 0.7（韩煊等人，2007）。

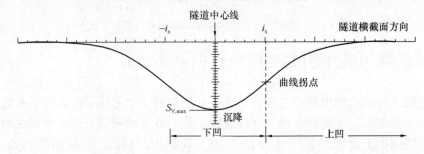

图 10-6　地表横向沉降曲线

定义地层损失率（Volume Loss）V_l 为单位长度的地表沉降槽的体积占隧道开挖的名义面积的百分比。对于不排水条件，地层损失 V_l 与最大位移之间的关系可以通过对式 (10-1) 的积分得到：

$$s_{\max} = \frac{AV_l}{\sqrt{2\pi}i} \qquad \text{（一般公式）} \tag{10-3a}$$

$$s_{\max} = \frac{0.313V_lD^2}{i} \qquad \text{（圆形断面隧道）} \tag{10-3b}$$

式中　D——隧道的直径。地层损失率 V_l 主要与工程地质情况、水文地质情况、隧道施工方法、施工技术水平以及工程管理经验等因素有关。因此这个参数的取值依赖于地区经验。

将式 (10-2) 和式 (10-3) 代入式 (10-1)，就可以得到一个工程实用的预估天然地面沉降的公式：

$$s = \frac{AV_l}{\sqrt{2\pi}i}\exp\left[\frac{-x^2}{2i^2}\right] \qquad \text{（一般公式）} \tag{10-4a}$$

$$s = \left[\frac{0.313V_lD^2}{Kz_0}\right]\exp\left[\frac{-x^2}{2K^2z_0^2}\right] \qquad \text{（圆形断面隧道）} \tag{10-4b}$$

根据式 (10-4)，对于一个确定的工程，隧道的埋深 z_0 和直径 D 都是确定的，因此地表的位移就取决于地层损失率 V_l 和沉降槽宽度参数 K。前者决定了沉降的大小，而后者则决定了沉降槽曲线的性状（例如宽而浅，或窄而深）。

韩煊等人（2007）搜集了我国大量实测地表横向沉降槽的数据，并进行了相关分析，发现90%以上的实测数据都可以很好或较好地采用高斯分布拟合，可以认为不论是黏性土还是砂砾石中的隧道开挖，不论是盾构法还是浅埋暗挖法，也不论是全断面法，还是分台阶开挖法，其地表沉降曲线都基本符合高斯分布规律。如图10-7所示的是其中的一个例子。

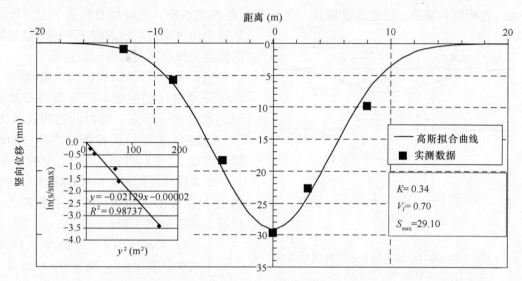

图10-7 北京复兴门折返线工程隧道施工引起的地表沉降（高斯分布与实测结果对比）

（2）关键计算参数的研究

韩煊通过研究归纳提出了对我国部分地区地铁开挖引起的沉降槽宽度参数的初步建议值，详见表10-2。

我国部分地区沉降槽宽度参数的初步建议值　　　　　表10-2

地区	基本地层特征	K的初步建议值
广州	黏性土，砂土，风化岩	0.60～0.80
深圳	黏性土，砂土，风化岩	0.60～0.80
上海	饱和软黏土，粉砂	0.40～0.60
柳州	硬塑状黏土	0.30～0.50
北京	砂土，黏性土互层	0.30～0.60
西北黄土地区	均匀致密黄土	(0.41)
台湾	砂砾石	(0.48)
香港	冲积层，崩积层	(0.34)

注：括号中的数值表示样本数较少，仅供参考。

对于地层损失率，总体来看，地层损失率的范围在0.22%～6.90%，其统计平均值则在1.0～1.5之间。如前所述，地层损失率不仅与工程地质、水文地质条件有关，还和施工方法、施工技术水平和管理水平等因素有关，因此，离散性很大。北京地区地层损失率的范围在0.20%～2.5%，离散性也较大。但是90%以上的数据都在0.20%～1.5%范围内，其统计平均值应在 0.70～0.80 之间。经过近些年的实践，北京地区采用盾构法施工，其地层损失率可以控制得很小，达到 0.20 左右。

10.2.2 不同深度地层位移规律研究

1. Mair 公式

隧道施工引起的地层位移不仅影响了地表的建筑物，还影响了地面以下的各种结构，例如：各种地下管线、已建地铁隧道，甚至包括各种建筑物（基础埋置均有一定深度）。从这个角度来说，地表以下不同深度地层的位移规律具有更普遍的工程意义。

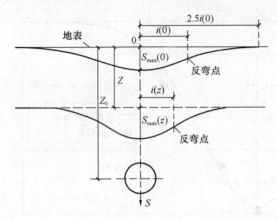

图 10-8　地表和地表以下沉降槽的形态
（Mair 等，1993）

Mair 等人（1993）认为，地表以下的沉降槽曲线仍然能够用高斯分布来近似，如图 10-8 所示，即以前述的式（10-1）来描述，但是应该重新考虑其中的沉降槽宽度 i。他们将式（10-2）中的 z_0 用 z_0-z 来代替，同时，由于沉降槽宽度参数 K 是深度 z 的函数，因此采用 $K(z)$ 代替上式中的 K，即：

$$i = K(z) \cdot (z_0 - z) \tag{10-5}$$

上式中，若 $z=0$，则 $K(z)$ 即等于式（10-2）中的 K。

根据在硬黏土和软黏土中的有限实测资料（包括部分采用软黏土进行的离心机试验成果），Mair 等人发现沉降槽宽度随观测深度的增加而减小（如图 10-8 所示），其中的沉降槽宽度参数可以用下式表达：

$$K(z) = \frac{0.50 - 0.325(z/z_0)}{1 - z/z_0} \tag{10-6}$$

$$i = 0.5z_0 - 0.325z \tag{10-7}$$

从上式可以看到，根据 Mair 公式，随着深度 z 的增加 i 线性减小，这一规律和实测数据相吻合。采用上述公式，即可以估算地表以下，隧道顶部以上任意深度 z 处的沉降槽曲线。

Mair 公式的局限性是仅适用于在地表处 $K=0.5$ 的情形，另外由于所有实测资料都是黏性土，因此一般不适用于非黏性土。

2. Mair 修正公式（韩煊等人，2007）

上述 Mair 公式仅适用于在地表处 $K=0.5$ 的情形，且仅适用于黏性土。因此韩煊等人（2007）基于部分国内外实测资料所反映的规律，提出不论是砂类土还是黏性土，沉降槽宽度 i 和相对埋深（z/z_0）的关系基本符合以下规律：

$$i = K(z) \cdot (z_0 - az) \tag{10-8}$$

$$K(z) = \eta^d K \tag{10-9}$$

$$\eta^d = \frac{1 - a(z/z_0)}{1 - z/z_0} \tag{10-10}$$

式中　　η^d——归一化的沉降槽宽度修正系数；
　　　　a——考虑地层土质情况的参数，取值范围为0～1。对于黏性土，当没有地区经验时，可采用0.65，对砂类土可取0.50。

图10-9所示为当参数 a 取不同值时式（10-10）对应的沉降槽宽度参数随深度分布的形态。图中绘出了两个极端情况，即系数 $a=0$ 和系数 $a=1$ 的情况。对于工程中的实际情况，都应该在这两条曲线之间。

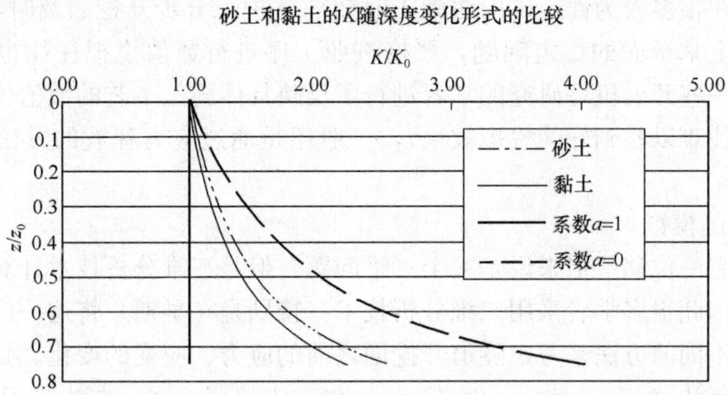

图10-9　系数 a 取不同值时式（10-9）所对应的形态

图10-10为北京地区某盾构地铁隧道工程施工引起的不同深度地层沉降情况。可以看到和上述规律比较吻合。

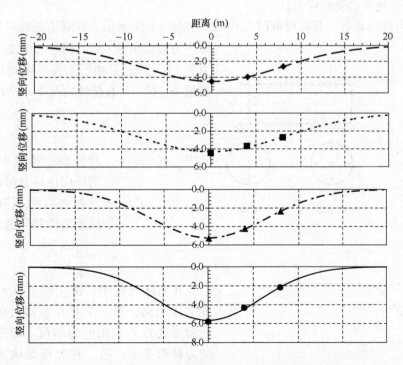

图10-10　北京地区某盾构地铁施工引起的不同深度地层沉降规律

10.3 隧道掘进的数值模拟的一般实现方法

目前盾构隧道施工模拟通常根据施工推进过程分别对开挖时土仓压力、千斤顶推力、管片、盾尾注浆等方面进行设定来模拟,该种方法虽然在一定程度上能够模拟隧道开挖的实际工况,但由于设定参数较多,诸多因素之间相互影响较大,数值模拟的实现较为复杂且参数选取上存在很多人为性。矿山法施工时超前支护、分步开挖、及时支护交错进行,工序复杂,再加上掌子面的稳定问题,严格按照工序进行数值模拟往往也比较困难。因此,除了极少数一些开展机理研究的学者进行了反映具体施工工艺的数值模拟方面的探索工作以外(也往往难以收到好的模拟效果),一般还是通过应力释放的方法模拟不同工法的施工效果。

1. 开挖卸荷的模拟

隧道开挖引起的位移严格来说是一个三维问题。但是三维分析技术计算量大、比较费时、建模复杂。因此很多学者采用二维分析技术(特别是在早期)将这一问题简化。在分析过程中,采用不同的方法来考虑隧道开挖面之前的应力、应变的变化。目前应用最为广泛的是"收敛限制法(convergence confinement method)",这一方法是 Panet 和 Guenot 1982 年提出的。通过在数值分析中将隧道周边一定比例的应力进行释放,这个方法可以模拟在开挖面前方土的前期变形,然后在衬砌施加后,再将剩余的应力施加在土和隧道的界面上。隧道边界上施加的径向应力 σ_r 可以表达为:

$$\sigma_r = (1-\lambda)\sigma_0 \tag{10-11}$$

式中 σ_0——地层的初始应力。

λ 为应力释放系数,其取值范围为 0~1,如图 10-11 所示。在隧道施加衬砌之前的实际应力释放量为 $\lambda\sigma_0$,相应的施加于衬砌的应力为 $(1-\lambda)\sigma_0$。地层损失率则直接与应力释放量 $\lambda\sigma_0$ 有关。在弹性情况下,λ 可以表达为:

$$\lambda = \frac{u_r(x)}{u_r^\infty} \tag{10-12}$$

式中 $u_r(x)$——开挖面后距离开挖面 x 处的径向位移分量;

u_r^∞——开挖面后距离开挖面无限远处的位移分量。

$$u_r^\infty = \frac{1+\nu}{E}\sigma^0 r \tag{10-13}$$

在实际分析中,常用的有两种方法以实现上述思路。第一个是在施加衬砌前,对开挖隧道进行某一比例的卸荷,即选定适当的应力释放率 λ;第二种方法是确定地层损失率,然后在数值模拟中变化应力释放率以达

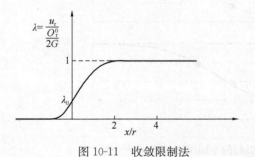

图 10-11 收敛限制法

到上述地层损失率。

2. 应力释放率

综上所述，在分析过程中，应力释放率和地层损失率可以看做是等效的参数。但是根据目前北京地区的实际工程情况，应力释放率的选用尚没有任何工程经验，也并不直观，因此建议采用地层损失率（Volume Losss）V_l来控制，即采用上述第二种方法。地层损失率是单位长度的地表沉降槽的体积占隧道开挖的名义面积 A 的百分比。在数值模拟中可以通过控制地应力的释放率来实现地层损失率的控制。地应力释放率的确定与工程地质情况、水文地质情况、隧道施工方法、施工技术水平以及工程管理经验等因素都有关系（图 10-12）。

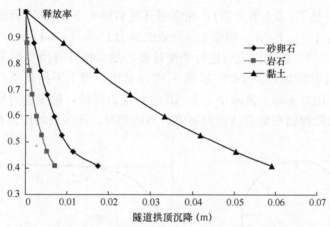

图 10-12　不同地层中隧道拱顶沉降与应力释放率的关系

10.4　FLAC3D在地铁盾构工程中的应用

10.4.1　体积损失控制法的原理

地层损失率作为隧道施工引起地层变形的一个重要的指标，其与施工参数、管片安装、盾尾注浆质量以及隧道周围土体的性质有关，它可根据这些施工参数直接获得。体积损失控制法是以基于地层损失率计算得到的地层体积损失作为控制指标，来分析隧道开挖引起的影响区域内土体应力场和位移场的变化，该方法能够方便、合理地模拟隧道开挖对周边土层的影响。

本节在FLAC3D中采用体积损失控制法对隧道施工引起沿线典型区域地层沉降进行了模拟，提出了不等比例应力释放方法和子区域沉降槽面积控制值方法，实现了对隧道开挖引起沿线不同地层损失的合理模拟，完善了体积损失控制法在隧道数值模拟中的应用。通过分析开挖断面不同位置处的土单元的应力路径，揭示了隧道开挖引起土单元应力状态的改变。分析了隧道开挖断面和地表的变形规律，并与实测数据进行了对比。

体积损失控制法是以根据地层损失率（详见本章第 2 节）得到的某断面沉降槽面积为控制指标，按照一定比例将地表沉降槽面积分为两部分，一部分沉降由释放部分应力形成

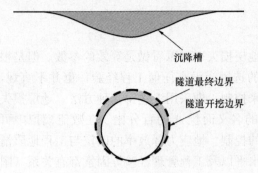

的，其用于模拟管片脱出盾尾后，土体迅速向盾尾空隙移动以及隧道周围土体受扰动引起的沉降，它与隧道埋深和盾构施工参数有关。另一部分沉降由安装管片以后应力全部释放形成，其主要用来模拟管片变形和注浆液强度不足导致的沉降（图 10-13）。

10.4.2 应力释放

图 10-13 体积损失

应力释放率的大小由第一部分地面沉降槽面积 S_1 来控制（详见 10.2.1 节介绍）。在隧道开挖后将不平衡力 F_0 分成 n 个增量步，即每步需释放的应力 $\Delta F = F_0/n$，将第 i 步释放的应力 $F_i = (n-i)/n \times \Delta F$ 反向施加于开挖边界上，见图 10-14，施加完成后进行平衡计算，然后将计算所得的某区段边界断面的地表槽面积 S_i 与相应的沉降槽面积控制值 S_1 进行对比，当小于控制值时，将该区段的应力在上一级反向作用力基础上再减小一个 ΔF 进行应力释放，每步应力释放完成后均需要判定边界断面的沉降槽面积是否达到控制值，当达到时，该区段的应力释放完成。

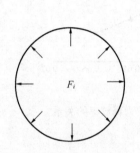

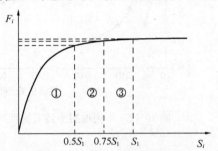

图 10-14 反向施加节点力　　　　图 10-15 不等比例应力释放

如图 10-15 所示，如按照相等比例进行应力释放，当累积的释放应力较小时，每增量步释放的应力对应的变形增量值也较小，随着累积的释放应力的增大，当计算区域边界断面的沉降槽面积接近于控制值时，每增量步释放的应力将产生很大的变形增量值，导致在该计算步的沉降槽面积可能远远超过控制值，见图 10-15。为了克服上述缺陷，本节采用不等比例应力释放的方法使应力释放引起的地表沉降以逐渐逼近沉降槽面积控制值，即：

① 当 $S_i \leqslant 0.5\,S_1$ 时：

应力释放设定步长 $=1/n$；应力释放率 $=t_1/n$

② 当 $0.5\,S_1 < S_i \leqslant 0.75\,S_1$ 时：

应力释放步长 $=1/an$；应力释放率 $=t_1/n + t_2/an$

③ 当 $0.75\,S_1 < S_i \leqslant S_1$ 时：

应力释放步长 $=1/6n$；应力释放率 $=t_1/n + t_2/an + t_3/bn$

④ 施加反向节点力 $F =$（1 − 应力释放率）$\times F_0$

其中，S_i 为计算所得的地表沉降槽面积；S_1 为地表沉降槽面积控制值；n 为设定常数；t_1、t_2 和 t_3 分别为第①、②和③区域的累积应力释放步数；F_0 为不平衡力。在本节的数值模拟中 a 和 b 分别等于 2 和 6。

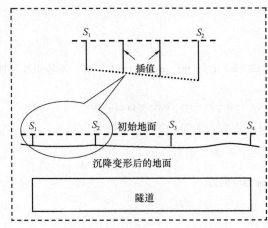

图 10-16 地层损失率插值

10.4.3 隧道沿线地层损失率插值

如前所述,地层损失率和施工条件密切相关,盾构在进洞(始发)和出洞(到达)时,往往地层损失率比较大。在数值模拟分析中,可以基于隧道沿线不同断面的地层损失率,将沿线分成不同区段。按照一定的长度将各区域分成诸多子区域。以基于地层损失率得到的断面处的地表沉降槽面积作为该区段的边界控制值,通过插值的方法得到每个子区域边界的控制值,见图 10-16,插值步长可以根据需要设定。

10.4.4 隧道沿线不同地层损失率的数值模拟实现

对隧道施工数值模拟的实现程序如图 10-17 所示。首先根据地层情况和隧道的实际工况建立模型并进行自重平衡,然后实施隧道开挖和读取不平衡力,依据不同区段的地层损失率计算各区域边界沉降槽面积控制值,在此基础上根据设定长度采用插值方法计算隧道沿线各子区域边界断面的控制值 S_{j1}。对每个子区域按照不等比例进行应力释放,每个子区域独立判定沉降槽面积 S_j 是否达到相应的沉降槽面积控制值 S_{j1},当大于 S_{j1} 时该子区域应力释放完成,不再进行应力释放,保持当前反向节点力不变。当所有子区域的沉降槽面积均达到相应的控制值时,标志着隧道沿线的应力释放全部完成,最后再施加管片结构单元。

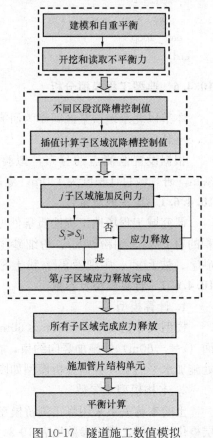

图 10-17 隧道施工数值模拟
实现程序框图

10.4.5 应力释放程序

```
def app_force_solve_tunnel
    pnt1 = gp_head
    loop while pnt1 # null
        x1 = gp_xpos(pnt1)
        y1 = gp_ypos(pnt1)
        z1 = gp_zpos(pnt1)
        if y1<(dyv(m5+1, 2) + 0.1) then
            if y1>(dyv(m5, 2) - 0.1) then
                dis = sqrt((cx-x1)^2 + (cy-z1)^2)  ;节点与
                隧道中心的距离
                if dis<(d/2. + 0.01) then  ;确定应力释放节点
                    if dis>(d/2. - 0.01) then
```

363

```
                t1 = kf(m5)    ;应力释放累积步长
                t2 = ks(m5)
                t3 = kt(m5)
                a_xforce = -(1-t1/n-t2/(2*n)-t3/(6*n))*gp_extra(pnt1,1) ;不等步长施加
                    的反向力
                a_yforce = -(1-t1/n-t2/(2*n)-t3/(6*n))*gp_extra(pnt1,2)
                a_zforce = -(1-t1/n-t2/(2*n)-t3/(6*n))*gp_extra(pnt1,3)
                iid = gp_extra(pnt1,4)
                command
                apply xf a_xforce range id iid    ;施加反向力
                    apply yf a_yforce range id iid
                    apply zf a_zforce range id iid
                end_command
            end_if
        end_if
    end_if
  end_if
  pnt1 = gp_next(pnt1)
  end_loop
end
```

10.4.6 典型工程模拟分析

本节以北京地铁某区间作为研究对象。该区间盾构段全长 882.722m，隧道覆土厚度 15.8～18.4m。

根据设置监测点的分布，拟验证的沿线区域长度为 90m，在该区域前、后各延伸 30m，研究域总计长度为 150m，隧道中心线埋深 20.73m。盾构直径为 6m。

10.4.6.1 工程地质条件

研究域工程场地工程地质条件见图 10-18，表层为人工堆积层①层，以下为第四纪沉积的粉土③$_2$、细粉砂③$_1$、粉细砂④$_4$、卵石⑤$_8$、粉土⑥$_2$、黏土⑥$_1$、粉质黏土⑥、粉细砂⑦、黏土⑧$_1$、中细砂⑧$_4$、粉土⑧$_2$、卵石⑩$_9$。

10.4.6.2 计算模型及参数

1. 计算模型

模型大小为 100m×150m×60m，共计 319200 个单元，322924 个节点。在模型的底面（$z=-60$m）处施加竖向约束，在模型的侧面（$x=-50$，$x=50$m；$y=0$，$y=150$m）处施加水平约束，数值分析模型如图 10-19 所示。

2. 本构模型及参数

土的本构关系采用修正剑桥模型。根据勘察报告提供的岩土资料，将工程场地内的地层概化为 8 层，模型参数见表 10-3。其中，密度 ρ 和泊松比 ν 分别根据试验资料和经验获得；临界状态应力比 M 由摩擦角和黏聚力计算得到；参考比容 N_r 由初始孔隙比和自重应力计算获得。等向压缩线的斜率 λ、等向回弹线的斜率 κ 分别根据压缩指数 C_c、回弹指数 C_s 得到。

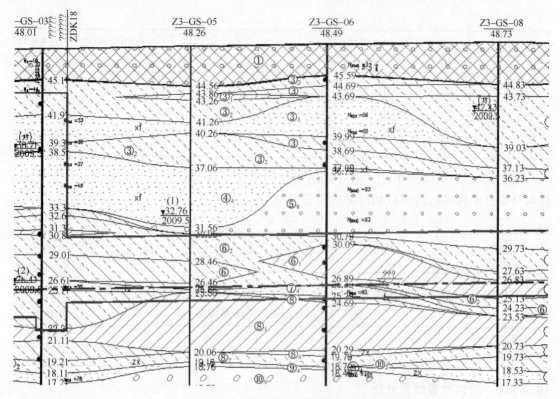

图 10-18 施工场地工程地质条件

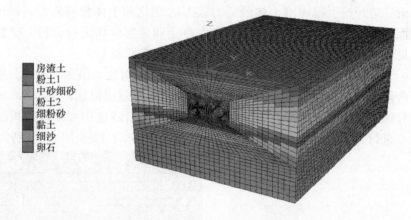

图 10-19 FLAC3D 数值分析模型

修正剑桥模型的地层参数 表 10-3

地层编号	土层名称	厚度 (m)	密度 ρ (g/cm³)	临界状态应力比 M	泊松比 ν	等向压缩线斜率 λ	等向回弹线斜率 κ	参考比容 N_r
①	房渣土	6.5	1.90	0.37	0.40	0.137	0.009	2.49
③$_2$	粉土	6	1.98	1.04	0.34	0.075	0.004	1.97
④$_4$	中细砂	7	2.00	1.20	0.36	0.049	0.002	1.75
⑥$_2$	粉土	2	2.00	1.14	0.34	0.075	0.004	2.03

续表

地层编号	土层名称	厚度(m)	密度 ρ (g/cm³)	临界状态应力比 M	泊松比 ν	等向压缩线斜率 λ	等向回弹线斜率 κ	参考比容 N_r
⑦₄	细粉砂	4	2.00	1.42	0.33	0.038	0.001	1.66
⑧₁	黏土	5	2.00	1.20	0.34	0.094	0.006	2.34
⑧₄	细砂	4	2.02	1.55	0.29	0.029	0.0006	1.57
⑩₉	卵石	20.5	2.10	1.85	0.27	0.009	0.0007	1.35

管片采用 shell 结构单元,由于隧道管片之间接头拼装对管片的刚度产生一定影响,故对其弹性模量进行适当折减,参数见表 10-4。

管 片 参 数　　　　　　　　　　表 10-4

名称	厚度(mm)	弹性模量(GPa)	泊松比	密度(g/cm³)
管片	150	3.0	0.17	2.50

根据研究域地表沉降实测数据,得到隧道沿线控制断面的地层损失率见表 10-5。

隧道沿线控制断面的地层损失率　　　　　　　　表 10-5

距离(y 坐标,m)	6	92	118	122	144
地层损失率(%)	1.08	0.59	0.48	0.53	0.29

10.4.6.3　数值计算结果分析

1. 应力状态的变化和土体位移

为了分析隧道开挖引起周围土体的应力状态的变化和土体位移特性,以模型中 $y=92$m 处的断面为例,对其隧道变形特点、应力路径和地层位移进行分析。模型参数和管片参数分别见表 10-3 和表 10-4,控制断面的地层损失率见表 10-5。

图 10-20 为隧道开挖初始断面形式和最终断面形式的对比,拱顶和拱底分别为下沉和回弹变形,两侧为侧向挤出变形。该断面的最大变形位于隧道拱顶,为 9.5mm。

为了研究隧道开挖对周围土体应力状态的影响,在沿隧道中心线及距离隧道中心线 10m 处选取点进行分析,分析点位置详见图 10-21。图 10-22 和图 10-23 分别为隧道中心

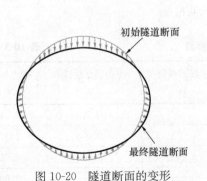

图 10-20　隧道断面的变形

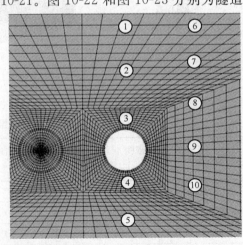

图 10-21　分析点位置

线以及距离隧道中心线 10m 处分析点在隧道开挖后进行部分应力释放、施加管片后应力全部释放两个过程所对应的应力路径。图中 K_0 线为分析点在完成自重平衡后所对应的应力状态。在 π 平面上应力路径中，对应力点除以相应的初始平均主应力 p_0 以进行归一化处理。

在图 10-22（a）和图 10-22（b）中，由于点①埋深较浅，距离隧道开挖面较远，隧道开挖对其应力状态影响较小，故应力点基本位于 K_0 线保持不变。点②距离隧道开挖面较近，隧道开挖使垂直应力 σ_v 减小，由于形成的沉降槽引起土体在水平方向相互挤压，进而使水平应力略有 σ_h 增加，该点为沿着剪应力 q 减小、主应力 p 变化略有增大的路径。点③紧邻隧道开挖面上方，隧道开挖引起拱顶下沉致使垂直应力 σ_v 显著减小，水平应力 σ_h 略有减小，该点沿着剪应力 q 和主应力 p 均减小的路径。点④位于隧道开挖面的下方，隧道开挖引起的拱底回弹导致该点处的垂直应力 σ_v 减小较多，土体松弛，水平应力 σ_h 随之相应减小，该点为剪应力 q 和主应力 p 均减小的路径，其路径基本沿着 K_0 线。点⑤位于隧道开挖面的下方较远处，隧道开挖引起该点处的垂直应力 σ_v 和水平应力 σ_h 均减小，该点的应力路径基本沿着 K_0 线的剪应力 q 和主应力 p 均减小的路径。

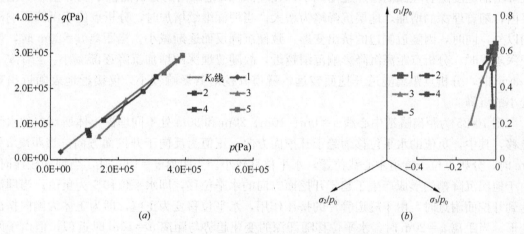

图 10-22 沿隧道中心线处分析点的应力路径
(a) p-q 坐标下的应力路径；(b) π 平面上的应力路径

在图 10-23（a）和图 10-23（b）中，由于点⑥埋深较浅，距离隧道开挖面较远，应力点位于 K_0 线上基本保持不变。点⑦和点⑧位于开挖面斜上方，隧道开挖引起的沉降槽使垂直应力 σ_v 略有减小，水平应力 σ_h 稍有增加，两点为剪应力 q 减小、平均主应力 p 变化不大的路径。点⑨位于开挖面一侧，当进行第一部分应力释放时，开挖面方向的水平应力 σ_h 显著减小，垂直应力 σ_v 变化不大，此时应力沿着剪应力 q 增加、平均主应力 p 变化不大的路径；当安装管片后，应力全部释放，由于管片结构具有一定的刚度，开挖面拱顶的沉降以及拱底的回弹变形致使开挖面侧边为侧向挤出变形，可参见图 10-20，此时，该处的水平应力 σ_h 显著增大，垂直应力 σ_v 略有增大，故该点为剪应力 q 减小、平均主应力 p 增大的路径。点⑩位于开挖面的斜下方，由于拱底回弹作用，垂直应力 σ_v 和水平应力 σ_h 均减小，路径为主应力 p 显著减小、剪应力 q 变化不大的路径。

图 10-24 为距离隧道中心线 $a=0$m、10m、20m 和 30m 处不同埋深土体所对应的沉降值。随着埋深的增加，隧道正上方（$a=0$m）土体的沉降逐渐增大。当距离 $a=10$m 时，

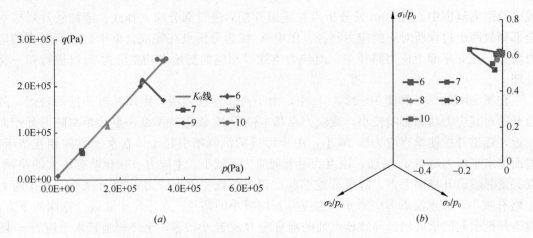

图 10-23 距离隧道中心线 10m 处分析点的应力路径
(a) p-q 坐标下的应力路径；(b) π 平面上的应力路径

沉降槽的宽度随着埋深的增加逐渐减小，在埋深 7m 范围内的分析点位于沉降槽影响范围以内，随着埋深的增加，地层沉降略为增大；当埋深继续增加时，分析点位于沉降影响范围以外，同时，因隧道侧边的挤出变形，致使沉降反而逐渐减小。当距离 $a=20$m 时，当埋深越浅时，分析点距离沉降影响范围越近，故随着埋深的增加沉降逐渐减小。当距离 $a=30$m 时，分析点距离隧道开挖面较远，隧道开挖对其影响较小，仅接近地表附近出现较小的沉降。

图 10-25 为距离隧道中心线 $a=0$m、10m、20m 和 30m 处不同埋深土体所对应的水平位移，其中，负值的水平位移为趋于开挖面方向，正值为反向于开挖面方向。当距离 $a=0$m 时，分析点位于隧道中心线位置，水平位移较小。当距离 $a=10$m 时，当埋深较浅时，由于地层沉降槽的形成产生了趋于开挖面方向的水平位移，即水平位移变为负值；当埋深达到开挖面附近时，由于隧道管片的挤压作用，水平位移变为正值，即为土体为侧向挤出变形。当距离 $a=20$m 时，水平位移随埋深的变化趋势与距离 $a=10$m 时近似，但由于距离开挖面相对较远，位移值也相对较小。当距离 $a=30$m 时，由于距离开挖面较远，仅在地表附近出现一定的水平位移。

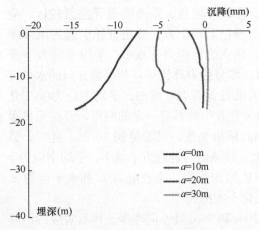

图 10-24 隧道上方土体沉降曲线

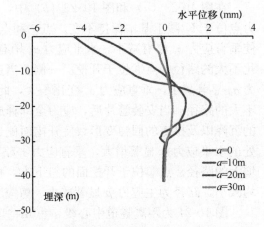

图 10-25 隧道周围土体水平位移曲线

2. 计算结果与实测数据对比

图 10-26 为隧道沿线不同断面的地面沉降计算结果和实测数据的对比。模型参数和管片参数分别见表 10-3 和表 10-4，隧道沿线控制断面的地层损失率见表 10-5。对于隧道沿线方向距离 $y=6\text{m}$ 对应的断面，由于地层损失率较大，地面沉降也较大；距离 $y=122\text{m}$ 所对应的断面的地层损失率较小，地面沉降也较小。由图可见，计算结果与实测数据基本吻合。图 10-27 为沿隧道纵向地面沉降的计算结果和实测数据的对比，由图可见，采用本节的模拟方法基本能够描述隧道沿线的地面沉降的变化趋势。

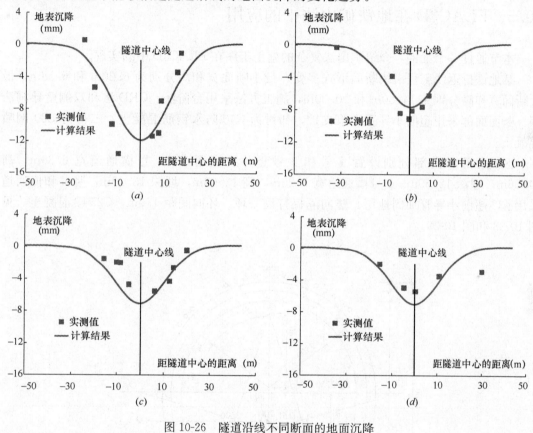

图 10-26 隧道沿线不同断面的地面沉降
(a) $y=6\text{m}$；(b) $y=92\text{m}$；(c) $y=118\text{m}$；(d) $y=122\text{m}$

10.4.7 小结

本节采用体积损失控制法对隧道施工引起沿线典型区域地层沉降进行了模拟，该模拟方法具有以下特点：

（1）采用不等比例应力释放方法能够逐渐逼近边界地表沉降槽面积控制值。

（2）以基于地层损失率得到的地表沉降槽面积作为区段的边界值，对子区域进行插值，可以得到隧道沿线纵向连续的沉

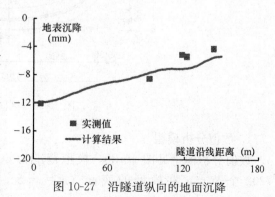

图 10-27 沿隧道纵向的地面沉降

降控制值。通过独立判定各子区域边界的地表沉降槽面积是否达到相应的控制值来进行应力释放，以获得隧道沿线纵向连续、渐变的沉降变形。

(3) 通过分析开挖断面不同位置处的土单元的应力路径，分析了隧道开挖引起土单元应力状态的改变，揭示隧道开挖断面和地表的变形规律。

(4) 对地铁典型断面由于隧道开挖引起的变形进行了模拟，并与实测数据进行了对比。

10.5　FLAC3D在地铁矿山法中的应用

本节通过一个案例，介绍矿山法复杂的施工工序在FLAC3D中的实现。

某地铁折返线工程沿线断面形式多变，最小断面宽和高分别为6.20m和6.58m，最大断面宽和高分别为14.30m和10.00m，施工方法采用台阶法、CRD法和双侧壁导洞法等。断面面部采用超前小导管注浆支护，初衬为C40防水钢筋混凝土，二衬为C20网喷混凝土。

区间北部和南部分别设置1号和2号竖井及横通道，1号横通道宽6.30m，高14.26m，埋深12.69m。2号横通道宽7.20m，高13.03m，埋深13.27m，竖井和横通道采用φ32超前小导管加固地层，竖向隔榀打设一环，环向间距1.0m，C25喷混凝土，见图10-28和图10-29。

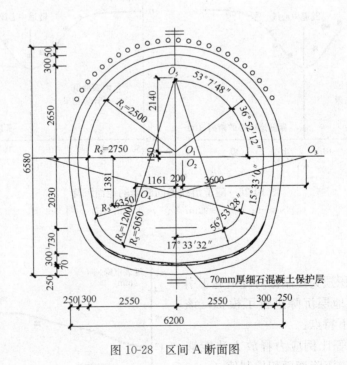

图10-28　区间A断面图

1. 数值分析模型

数值分析模型见图10-30，模拟范围为600m×300m×100m，共计447911个单元，77202个节点，在模型的底面（$z=-54.87$m）处施加竖向约束，在模型的侧面

第十章 FLAC3D 在地铁工程中的应用

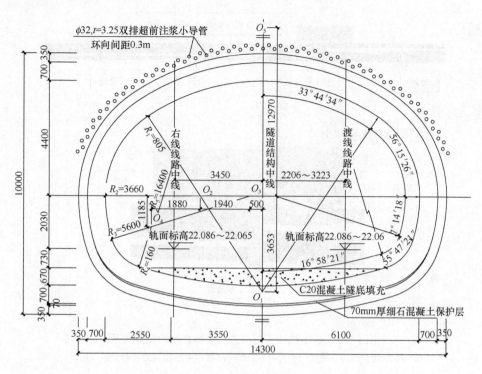

图 10-29 区间 B 断面图

($x=-80$，$x=520$m；$y=-125.75$，$y=174.25$m）处施加水平约束。

2. 8 号院及周边平房和隧道结构的模拟

8 号院及周边平房和隧道结构均采用 shell 单元模拟，单元模型和它们之间的位置关系见图 10-31。

3. 隧道开挖顺序模拟

根据设计方提供的施工方案，施工顺序模拟简化为①开挖 1 号通道和 2 号通道；②开挖左线 2 和右线 2；③开挖左线 3 和右线 3；④开挖左线 4 和右线 4，见图 10-32。

4. 不同开挖步骤期间通道开洞情况的模拟

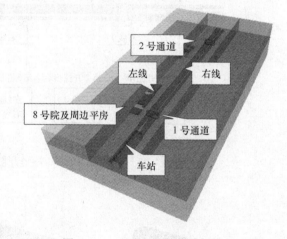

图 10-30 FLAC3D 数值分析模型

在不同开挖步骤期间，1 号横通道和 2 号横通道的开洞情况不同。在第 1 开挖步，1 号和 2 号横通道为全封闭；在第 2 开挖步，1 号横通道右侧和 2 号横通道左侧开洞；在第 3 开挖步，开挖 2 号横通道右侧，此时 1 号横通道右侧开洞，2 号横通道左右侧均开洞；在第 4 开挖步，1 号横通道左侧开洞，此时 1 号和 2 号横通道左右侧均开洞，见图 10-33 和图 10-34。

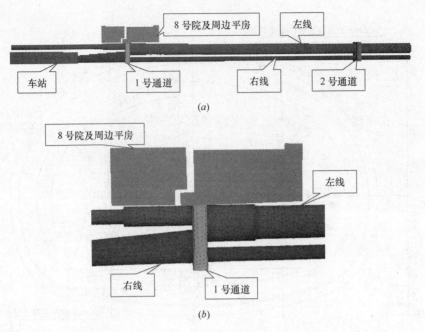

图 10-31 折返线隧道与周边建筑物之间的位置关系
(a) 折返线和周边建筑物的位置关系；(b) 隧道和周边建筑的位置关系（局部）

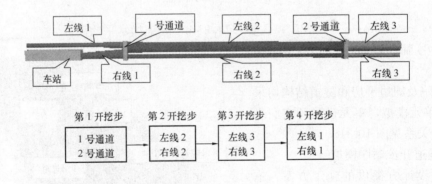

图 10-32 隧道开挖顺序

图 10-33 不同开挖步骤期间 1 号通道开洞情况

| 第 1 开挖步 | 第 2 开挖步 | 第 3、4 开挖步 |

图 10-34　不同开挖步骤期间 2 号通道开洞情况

10.6　FLAC3D 在基坑施工对既有地铁车站影响中的应用

本节介绍一个利用 FLAC3D 分析拟建项目基坑对既有地铁车站结构的影响，在车站结构中重点考虑了车站结构变形缝及抗拔桩的模拟情况。

本次分析模型见图 10-35，模型大小为 $1200m \times 800m \times 80m$，共计 2702737 个单元，502581 个节点。在模型的底面（$z=-56m$）处施加竖向约束，在模型的侧面（$x=0$，$x=1200m$；$y=0$，$y=800m$）处施加水平约束。模型中的土体本构关系采用 cap yield 模型。

图 10-35　FLAC3D 数值分析模型

双线盾构隧道外径为 6m，管片厚 0.3m，其数值模型见图 10-36。采用 shell 单元模拟隧道结构，并根据隧道结构设计情况，通过调整刚度取值来等效考虑管片间的连接情况。车站的梁板柱结构及变形缝采用实体单元模拟，如图 10-37～图 10-40 所示。U 形槽及隧道结构采用实体单元模拟，如图 10-41 所示。

数值分析过程中考虑了基坑开挖施工顺序，施工过程中地连墙、桩锚支护和土体之间的相互作用等因素影响。

按本次基坑支护设计方案对基坑进行开挖模拟（大部分采用了桩锚支护体系，局部采用"护坡桩＋内支撑"），基坑支护模拟过程如表 10-6 所示。

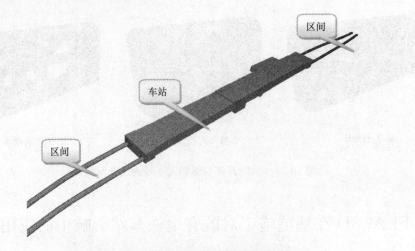

图 10-36　地铁车站与隧道数值模型

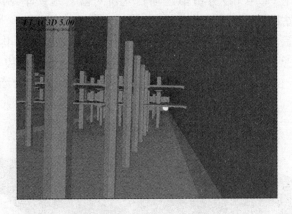

图 10-37　车站内部结构模型

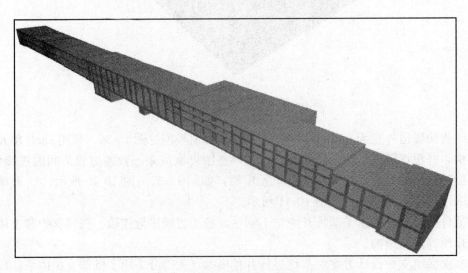

图 10-38　地铁车站模型纵剖图

第十章　FLAC3D在地铁工程中的应用

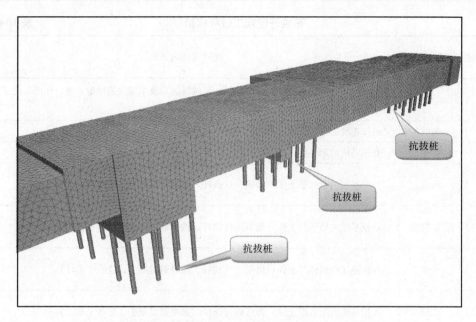

图 10-39　抗拔桩模型

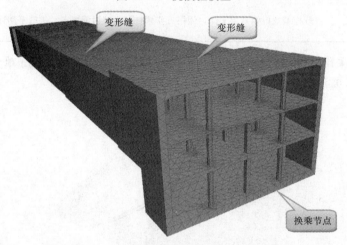

图 10-40　地铁车站换乘节点及变形缝设置

图 10-41　U形槽结构模型

基坑开挖施工过程模拟　　　　　　　　表 10-6

施工阶段	顺序	工况	模 拟 内 容
准备阶段	1	建立模型	模型初始化，生成新华大街车站（一站两区间）及东关大道模型，进行开挖前的平衡运算，形成基坑开挖前的初始应力场
基坑开挖	2	步骤一	进行连续墙施工，做好基坑的围护体，进行平衡计算
	3	步骤二	开挖基坑内第一层土体，进行挡土墙施工，进行平衡计算
	4	步骤三	开挖基坑内第二层土体，做第一排锚杆，做喷射混凝土，进行平衡计算
	5	步骤四	开挖基坑内第三层土体，做第二排锚杆，做喷射混凝土，进行平衡计算
	6	步骤五	开挖基坑内第四层土体，做第三排锚杆，做喷射混凝土，进行平衡计算
	7	步骤六	开挖基坑内第五层土体，做第四排锚杆，做喷射混凝土，进行平衡计算
	8	步骤七	开挖基坑内第六层土体，做第五排锚杆，做喷射混凝土，进行平衡计算

基坑连续墙采用 liner 单元；锚杆采用 cable 单元；连梁采用 beam 单元；喷射混凝土采用 shell 单元，基坑开挖后的模型如图 10-42 所示。

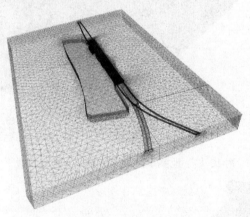

图 10-42　基坑开挖后模型

第十一章 FLAC3D 在基坑工程中的应用

11.1 概述

随着经济的发展,在用地不断趋于紧张的城市中心进行大规模的地下空间开发已成为必然趋势,例如高层建筑的多层地下室、地铁车站、地下道路、地下停车库、地下商场等。在地下空间开发中,基坑的规模和深度也不断加大,例如北京国家大剧院基坑达到 32.5m 深(图 11-1),北京 CBD 中国尊项目深基坑达到 38m 左右,上海世博 500kV 变电站基坑达到 34m。这些深大基坑往往都位于城市中心地区,其周边环境往往都非常复杂,分布既有的其他重要建筑、地下管线、地铁工程等,基坑工程施工引起的地层位移可能会对这些既有设施造成影响。因此,针对深基坑工程进行风险分析评价成为必要的工作。由于涉及复杂的围护结构、地基土、周边结构的相互作用问题,同时基坑工程的变形还存

图 11-1 国家大剧院深基坑现场照片
(张在明,2009)

在明显的时空效应,因此数值模拟技术成为分析计算中不可缺少的方法。

从工程施工方法来说,基坑工程支护体系的总体方案主要有顺作法和逆作法两类基本形式。在同一个基坑工程中,顺作法和逆作法也可以在不同的基坑区域组合使用,从而在特定条件下满足工程的技术经济性要求。基坑工程的总体支护方案分类如图 11-2 所示。

随着基坑工程的发展,基坑的支护形式也越来越多。如钢板桩支护、钻孔灌注桩、土钉墙支护、地下连续墙支护以及多种支护形式的组合支护等。下面就几种常用的支护形式做简单介绍。

钢板桩支护:钢板桩作为一种支护形式,具有施工简单、投资经济等优点,但是由于其施工噪声大,打、拔桩对周围土体变位影响较大,刚度小,如支撑或拉锚系统设置不当,其变形会很大。现在钢板桩在基坑工程中的应用逐渐减少。

钻孔灌注桩:钻孔灌注桩是直接在桩位上就地成孔,然后在孔内安放钢筋笼灌注混凝土而成。根据成孔工艺不同,分为螺旋钻孔灌注桩、人工挖孔灌注桩、泥浆护壁成孔的灌注桩等。灌注桩常与锚杆支护联合使用,形成桩锚支护形式(图 11-3),有时也与内支撑结构组成排桩内支撑体系(图 11-4)。

土钉墙支护:土钉墙是在新奥法的基础上基于物理加固土体的机制,于 20 世纪 70 年代在德国、法国和美国发展起来的一种主动支护形式。我国于 20 世纪 80 年代初应用于矿

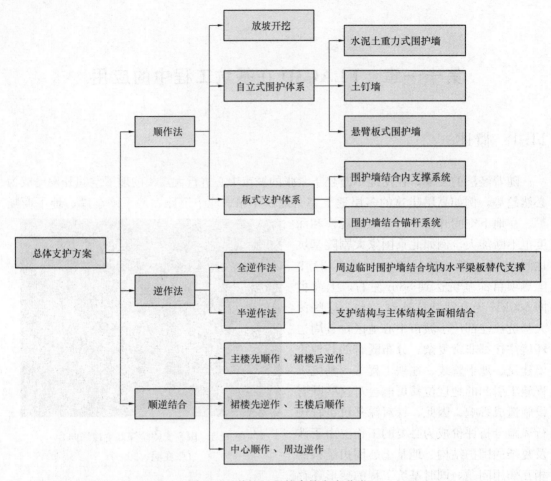

图 11-2 基坑工程的支护方案分类

图 11-3 北京通州某桩孔灌注桩+锚杆支护体系

山边坡支护,随后在基坑支护中迅速推广应用,主要应用于比较浅的基坑工程(图 11-5),目前已经积累了大量的工程经验。

地下连续墙:地下连续墙结构刚度大,适用于多种土质情况,具有挡土、防渗、截水、承重等多种功能,还特别适合在建筑物密集的地区采用(国外已能在距离建筑物基础约 20cm 处进行地下连续墙施工)。所以地下连续墙作基坑支护结构,加以适当撑锚,能有效地防止由于基坑开挖对邻近建筑物和地下管线造成的影响。但是地下连续墙因其造价高、施工工艺复杂等诸多因素,在同等条件下不如其他支护方式经济、便利,一般用作大深度基坑的挡土墙、防渗墙。图 11-6 所示为北京市勘察设计研究院设计的北京 CBD 中国尊 38m 深基坑工程。

第十一章 FLAC3D在基坑工程中的应用

图 11-4 武汉保利大厦内支撑支护体系

图 11-5 某基坑工程土钉墙支护体系

图 11-6 北京 CBD 中国尊 38m 深基坑工程（地下连续墙）

基坑工程事故一般表现为支护结构位移过大、基坑塌方或者滑坡、基坑周边的道路开裂或者塌陷、基坑周围的地下管线因位移过大而破坏。相邻的周边建筑因不均匀沉降等原因而开裂甚至倒塌等。为保障基坑支护体系的安全，国内外开展了大量相关研究。从研究的基本手段来分有理论分析方法、经验方法、数值分析、现场观测及室内模型试验等。其中，数值计算是一种解决基坑工程中问题的有效的通用方法，它可以考虑多种因素的综合影响。随着计算机技术与相关理论的发展，数值分析技术在岩土工程领域，特别是重大工程中的应用会越来越广泛。

11.2 基坑工程引起地层位移的基本规律

基坑工程随其支护形式、开挖深度、地质条件等的不同，其位移会呈现不同的规律。本节仅在国内外相关研究的基础上，概要介绍其基本规律，以指导数值模拟工作。

1. 围护结构变形规律

基坑围护结构的变形形状同围护结构的形式、刚度、施工方法、地层土性等都有着密切关系。内支撑和锚拉系统的开挖所引致的围护结构变形形式一般可归为三类，第一类为悬臂式位移；第二类为抛物线型位移；第三种为上述两种形态的组合（图11-7）。

当基坑开挖较浅时，墙顶的位移较大，表现为向基坑方向的水平位移，呈悬臂式位移分布。随着开挖深度的增加，刚性墙体为向基坑内的三角形水平位移或平行刚体位移，而设置支撑的柔性墙表现为墙顶位移不变或逐渐向基坑外的位移，墙体腹部向基坑内突出的抛物线形位移。当设置多道内支撑时，墙体位移为组合位移形式，最大位移位置一般位于开挖面附近。

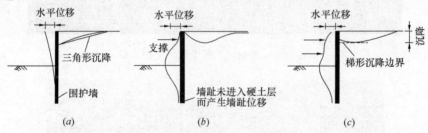

图 11-7 围护结构的变形形式
(a) 悬臂式位移；(b) 抛物线形位移；(c) 组合位移

由于基坑开挖土体自重应力释放，致使墙体有所上升，而当围护墙底下因清孔不净有沉渣时，围护墙和地面均会下沉，在实际工程中墙体隆起和下沉均有可能出现。

在开挖深度不大时，基坑底为中部隆起较大的弹性变形，当基坑较宽时，基坑底隆起表现为两边大中间小的塑性隆起变形。

2. 地表（坡顶）沉降

地表（坡顶）沉降的两种典型形式分别为三角形和凹槽形，前者主要发生在悬臂开挖或围护结构变形较大的情况下，后者主要发生在有较大的入土深度或桩（墙）底入土在刚性较大的地层内，墙体的变位类同于梁的变位，地表沉降的最大值不是在桩（墙）旁，而是位于离桩（墙）一定距离的位置上，曲线形状如图11-8所示。

地表沉降的范围取决于地层的性质、基坑开挖深度、墙体入土深度、施工方法等，影响范围一般为$(1\sim4)H$（H为开挖深度）。Peck 等(1969)发现砂土和硬黏土的沉降影响范围一般在 2 倍开挖深度内，对于软土，沉降影响范围达到 2.5～4 倍的开挖深度，见图 11-9。

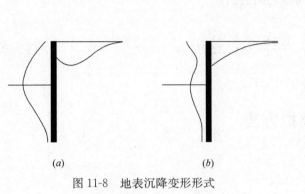
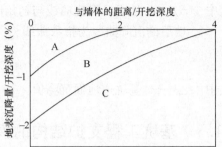

图 11-8 地表沉降变形形式
(a) 凹槽形沉降；(b) 三角形沉降

图 11-9 地表沉降规律
A：砂土、硬黏土、软黏土；B：软黏土、极软黏土；
C：较厚深度的软黏土或极软弱黏土

Clough 等提出了墙后地表沉降包络线，影响范围介于 2～3 倍的开挖深度，见图 11-10 所示。

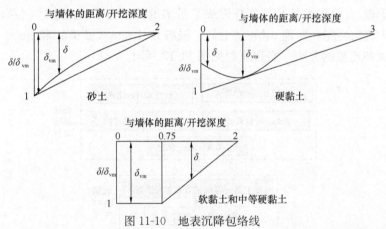

图 11-10 地表沉降包络线

Heish 等认为墙后的沉降为三角形或凹槽形沉降，初次开挖引起地表的沉降形式见图 11-11 (a)，当后期开挖引起沉降较大时，表现的地表沉降形式见图 11-11 (b)。

3. 墙后地表沉降经验计算方法

① 墙后的沉降曲线为三角形

地表沉降范围为：

$$x_0 = H_g \tan\left(45° - \frac{\varphi}{2}\right) \quad (11-1)$$

式中　H_g——围护墙的高度；
　　　φ——墙体穿越土层的平均内摩擦角。
假设沉降面积与墙体的侧移面积相等，可

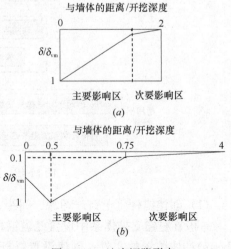

图 11-11 地表沉降形态

得地表沉降最大值：

$$\delta_{vmax} = \frac{2S_w}{x_0} \tag{11-2}$$

式中　　S_w——地面沉降挠曲线与初始曲线之间的面积。

② 墙后的沉降曲线为指数曲线

$$\delta_{vmax} = \frac{1.6S_w}{x_0} - 0.3\Delta\delta \tag{11-3}$$

式中　　$\Delta\delta$——基坑边地面沉降值。

11.3　基坑工程支护结构的模拟方法

11.3.1　土钉与锚杆的模拟

在基坑的支护方式中，土钉墙和桩锚支护是常用的支护形式。在FLAC3D中，这两种支护结构都采用Cable单元来模拟。

由于实际工程工况的复杂性，土钉和锚杆采用不同类型和间距，数量也较多（往往是几百根到数千根），这对数值模拟工作带来了很多困难。为了解决上述问题，本节介绍一种采用FISH语句功能，实现cable（土钉、锚杆）、beam（腰梁）和liner（桩）结构单元的自动施加和连接的方法。实现流程见图11-12所示。

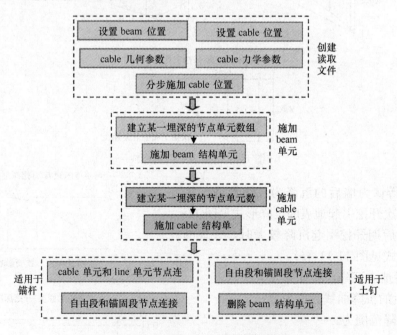

图11-12　锚杆单元自动建模流程

（1）创建锚杆（土钉）埋深、间距、锚杆（土钉）参数等读取文件

一般在桩锚支护体系中设置几道锚杆，同时，锚杆的间距、长度不同。创建设置腰梁（beam）具体位置的文件；创建设置锚杆或土钉（cable）具体位置的文件；默认锚杆间距为

1.5m 或 1.6m，对于锚杆间距发生变化的需要而创建锚杆间距的文件；创建锚杆（土钉）几何参数（包括锚固段、自由段、倾角）的文件；创建锚杆（土钉）力学参数（包括抗拉强度、横截面积、弹性模量、锚固段浆体外圈周长、单位长度上浆体的黏聚力、单位长度上浆体刚度、单位长度上浆体摩擦角、预应力）的文件；创建分步施加锚杆（土钉）具体位置的文件。

（2）实现自动施加腰梁和锚杆（土钉）

建立某一埋深的节点单元数组，顺序连接相邻节点单元建立腰梁结构单元，按照锚杆（土钉）间距在腰梁上布置节点单元。以相应位置处腰梁上的节点单元为起点，沿垂直于腰梁方向，根据锚杆（土钉）的几何和力学参数建立锚杆单元。

（3）实现相邻腰梁、锚杆（土钉）结构单元节点的自动连接

对于锚杆结构单元，查找腰梁和锚杆结构上相邻的节点单元进行连接；连接锚杆（土钉）自由段和锚固段相邻的节点单元。

（4）在完成土钉结构单元的施加后，删除腰梁结构单元。

（5）节点单元连接的部分程序

```
loop i(1, k1)                                          ; k1 为 beam 或 cable 上节点单元总数
   node2_id = cbliner(i, 2)                            ; beam 或 cable 上节点单元的 id 号
   node2_pnt = nd_find(node2_id)
   x2 = nd_pos(node2_pnt, 2, 1)                        ; 节点单元的 x 坐标
   y2 = nd_pos(node2_pnt, 2, 2)                        ; 节点单元的 y 坐标
   z2 = nd_pos(node2_pnt, 2, 3)                        ; 节点单元的 z 坐标
   if abs(node2_id - node1_id) > 0.5 then
     dis_x = sqrt((x1 - x2)^2 + (y1 - y2)^2 + (z1 - z2)^2)   ; 相邻节点单元的距离
     dist_tol = 0.05
     if dis_x < dist_tol then                          ; 判断需要连接的节点单元
       link_pnt2 = nd_link(node2_pnt)
       if link_pnt2 # null
         temp = lk_delete(link_pnt2)                   ; 删除节点单元的原有连接
       command
         sel set link node_tol = @dist_tol
         sel link id = @link_id @node2_id target node tgt_num @node1_id ; 节点单元连接
         sel link attach xdir = rigid ydir = rigid zdir = rigid range id = @link_id ; 节点刚性连接
       endcommand
       link_id = link_id + 1
     endif
   endif
  endif
endloop
```

11.3.2 地下连续墙与支护桩的模拟

地下连续墙一般采用 Liner 单元模拟。支护桩可以采用钻孔灌注桩、钢板桩、微型桩等不同的桩型。其中，钻孔灌注桩排桩是工程中经常采用的方式，它是由单个钻孔桩以一定的间距形成，但其竖向受力形式与地下连续墙是类似的，其与壁式地下连续墙的区别

是，由于分离式布置的排桩之间不能传递剪力和水平向的弯矩，所以在横向的整体性远不如地下连续墙。在设计中，一般可通过水平向的腰梁来加强桩墙的整体性。目前在FLAC3D对排桩的模拟中，虽然称其为"桩"，但一般并不采用Pile单元去模拟（Pile单元一般还是用于模拟基础桩），主要考虑由于围护桩密布，同时采用了腰梁、冠梁使其实际上是一个连续的整体，需要考虑其与桩间土之间的作用，因此采用考虑等效厚度的liner单元模拟排桩。

在设计计算时，Liner单元的厚度按照等刚度法确定，即将桩墙按抗弯刚度相等的原则等价为一定厚度的"地下连续墙"进行模拟，仅考虑桩体竖向受力与变形。具体方法为：设钻孔桩桩径为D，桩净距为t，则单根桩应等价为长$D+t$的壁式地下墙，令等价后的地下墙厚为h，按二者刚度相等的原则可得：

$$\frac{1}{12}(D+t)h^3 = \frac{1}{64}\pi D^4$$

$$h = 0.838D\sqrt[3]{\frac{1}{1+\frac{t}{D}}}$$

围护桩的生成一般在基坑开挖之前，而Liner单元的定义需要双结点的自由表面才行，因此在桩的位置要首先生成双结点形成自由表面，具体实现程序如下：

gro zone westln range union id 1112619 1120879；定义坑内土体单元

gro zone upsoil range id 1764478 1918106；定义坑外土体单元

gro face westLiner internal range group westIn gro upsoil；定义liner的生成面

gen separate face gro westFace range gro westLiner；在定义liner面上生成双结点

sel liner id 1 internal embedded 30 25 47 range gro westLiner；生成liner单元

sel liner id 1 pro side1 cs_ncut = 100e3 cs_nk = 7e8 cs_scoh = 10e3 cs_scohres = 5e3 cs_sfric = 30 cs_sk = 7e8 isotropic 30e9 0.15 thick = 0.63；定义liner属性

sel liner id 1 pro side2 cs_ncut = 100e3 cs_nk = 7e8 cs_scoh = 10e3 cs_scohres = 5e3 cs_sfric = 30 cs_sk = 7e8 isotropic 30e9 0.15 thick = 0.63；定义liner属性

11.3.3 内支撑的模拟

在没有条件使用锚索或者周边环境对基坑变形敏感的时候往往采用内支撑这种支护形式，基坑宽度过大时还需要使用立柱桩来保证横撑的稳定性。在FLAC3D中采用beam单元来模拟横撑和立柱桩。Beam和Cable单元同属杆件单元，可以采用前面11.3.1节中的自动施加技术来完成横撑和立柱桩的建模。

11.4 基坑工程中本构模型的选择

11.4.1 本构模型简介

众所周知，在岩土工程的数值模拟中，选取合理的本构模型是数值计算结果合理性的关键因素之一。由于基坑工程施工大量挖方卸载，土体所经历的应力历史和所处的应力状态非常复杂，坑侧、坑底等不同位置处土的变形也有不同的规律，因此在基坑工程的数值模拟分析中，本构模型的选择更加关键，否则会获得完全错误的结果。

在FLAC3d5.0版本中，提供了多种本构关系供选择，即弹性模型、D-P模型、莫尔—库伦模型、应变硬化/软化莫尔-库伦模型、双屈服模型、修正剑桥模型、CY模型等，现就在岩土工程中常用的本构关系介绍如下：

(1) 莫尔-库伦模型

莫尔-库仑模型是以莫尔-库仑强度包线作为屈服线，通过采用应力洛德角 θ 将模型应用于三维应力空间，其为理想弹塑性模型。模型仅包含一个屈服面（破坏面）。应力水平在屈服面以内表现为弹性变形；当应力点达到屈服面上时，应力水平保持不变，变形无限增大。模型参数包括弹性模量 E、泊松比 ν、黏聚力 c 和摩擦角 φ。

由于莫尔-库仑模型的参数较少，建模简单，在工程中得到了广泛的应用。莫尔-库仑模型中的弹性参数为弹性模量，而试验一般无法直接得到，工程上一般采用通过对压缩模量乘以一个调整系数来获得，调整系数的大小对计算结果至关重要。由于弹性模量为常数，与应力状态无关，它不能反映实际工程中随着应力的增加模量逐渐增大的性质，故导致了为了得到合理的计算结果可能选取异常大的调整系数。

(2) 修正剑桥模型

英国剑桥大学Roscoe等提出了经典的修正剑桥模型，它为土力学中里程碑式的成果，其建模思路合理，参数易于确定，能够合理描述土的基本特性。修正剑桥模型中的弹性模量为与应力状态有关的参量，作为一种变化的弹性参量，它的选取和确定相对比较合理。相对于莫尔-库仑模型，由于在修正剑桥模型的理解和参数的选取上存在一定的难度，同时，在数值计算中，有些计算软件不能直接使用该模型，需要编制程序实现部分参数的赋值。由于这些原因局限了它在工程中的推广运用。

修正剑桥模型是由英国剑桥大学Roscoe等人建立的适合正常固结土和弱超固结土的弹塑性模型。采用塑性体积应变作为硬化参数，模型简单，且具有明确的物理意义，因此在国内外已得到了广泛的应用。模型参数包括：等向压缩线的斜率 λ、等向回弹线的斜率 κ、临界状态应力比 M（它可由黏聚力 c 和摩擦角 φ 表示）、泊松比 ν 和初始孔隙比 e_0。

(3) CY模型

CY模型作为一种双屈服面模型也得到了特别关注。CY模型（Cysoil model）的盖帽屈服面为椭圆形，剪切屈服面由莫尔-库仑准则确定，采用非关联流动法则。模型参数包括：参考弹性体积模量 K_{ref}^{iso}、参考有效压力 p_{ref}、泊松比 ν、模型参数 m、屈服面形状参数 α、临界摩擦角 ϕ_f 和临界剪胀角 ψ_f。

11.4.2 模型参数

莫尔-库仑模型、修正剑桥模型和CY模型的参数汇总见表11-1所示。

模型参数汇总　　　　　表11-1

参数＼模型	莫尔-库仑模型	修正剑桥模型	CY模型
摩擦角 φ	√	√	√
黏聚力 c	√	√	√

续表

参数 \ 模型	莫尔-库仑模型	修正剑桥模型	CY模型
泊松比 ν	√	√	√
弹性模量 E	√	—	—
等向压缩线的斜率 λ	—	√	—
等向回弹线的斜率 κ	—	√	—
初始孔隙比 e_0	—	√	—
参考弹性体积模量 K_{ref}^{iso}	—	—	√
参考有效压力 p_{ref}	—	—	√
模型参数 m	—	—	√
屈服面形状参数 α	—	—	√
临界剪胀角 ψ_f	—	—	√

在表 11-1 中，摩擦角 φ、黏聚力 c、泊松比 ν、弹性模量 E 和初始孔隙比 e_0 可以根据室内试验或现场试验直接获得。

等向压缩线的斜率 λ、等向回弹线的斜率 κ 分别与压缩指数 C_c、回弹指数 C_s 的关系近似表示为：

$$\left.\begin{array}{l} C_c = 2.3\lambda \\ C_s = 2.3\kappa \end{array}\right\}$$

根据北京地区已有的经验，压缩指数 C_c 近似为回弹指数 C_s 的 11~15 倍。

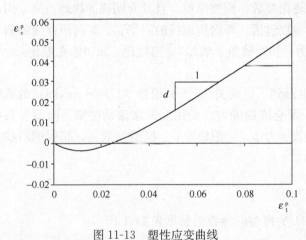

图 11-13 塑性应变曲线

参考有效压力 p_{ref} 通常取 100kPa；K_{ref}^{iso} 为对应于参考有效压力 p_{ref} 的参考弹性体积模量，可由在该压力下的弹性模量求得，即 $K_{ref}^{iso} = E_{ref}^{iso}/3(1-2\nu)$；屈服面形状参数 α 一般取为 1。

临界剪胀角 ψ_f 可根据常规三轴试验获得，如图 11-13 塑性应变曲线所示。临界剪胀角 ψ_f 可表示为：

$$\psi = \arcsin\left(\frac{d}{2+d}\right)$$

图 11-14（a）~图 11-17（a）为常规三轴试验中不同围压下的应力应变曲线，将根据不同围压下 1/2 最大偏应力所对应的模量整理到如图 11-14（b）~图 11-17（b）所示的坐标轴下，所得到的斜率即为模型参数 m。研究域内第③$_3$、④$_3$ 和第 5 层对应的 m 值介于 0.79~0.94 之间。

第十一章 FLAC3D 在基坑工程中的应用

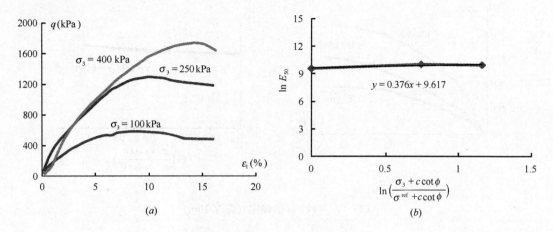

图 11-14 参数 m 的确定（埋深 4m）

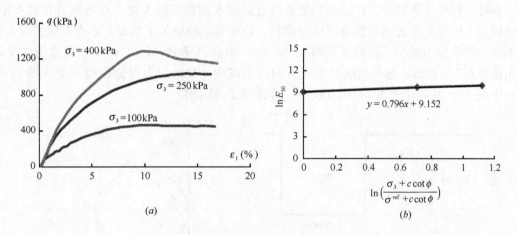

图 11-15 参数 m 的确定（埋深 5.5m）

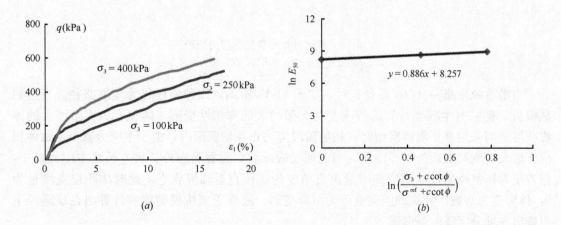

图 11-16 参数 m 的确定（埋深 7.0m）

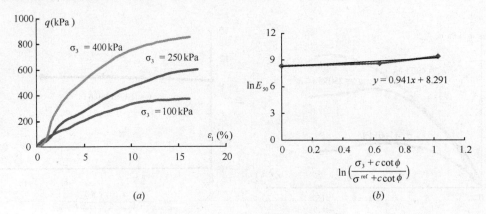

图 11-17 参数 m 的确定（埋深 10m）

11.4.3 两种典型的应力路径下土体的变形特性的模拟

基坑工程中土体的应力路径变化是选择合适的本构模型的关键。在基坑开挖过程中，基坑周边土体主要沿着两种典型的应力路径。位于基坑侧壁的土单元，垂直方向的应力保持不变，径向应力减少，其对应于图 11-18（a）中点 A 和图 11-18（b）中主应力减少的减压路径 OA。同时，基坑坑底的垂直方向应力减少，径向应力近似保持不变（图 11-18（a）中点 B），其对应于图 11-18（b）中三轴伸长路径 OB。

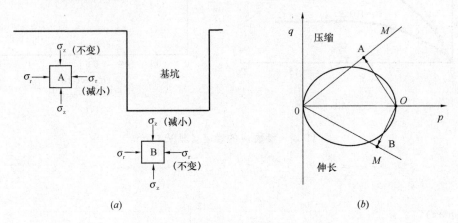

图 11-18 基坑开挖中典型的应力路径
（a）基坑开挖中土的应力状态；（b）应力路径

当沿着减压路径（OA 路径）时，如图 11-19 所示，该种路径仍为压缩路径。当达到屈服后，莫尔-库仑模型计算的剪应变为无限增大的弹塑性变形，体积变为无限增大的体胀变形。当采用修正剑桥模型时，初始阶段应力点在屈服面内，由于主应力减小导致体积应变增大，变形表现为回弹性质；当达到屈服面后，屈服面向外扩展，虽然主应力减小，但表现为压缩性质，体积应变增量由负值变为正值直至临界状态，此时体积应变增量为 0，体应变为常数，计算的竖向变形为沉降变形。故修正剑桥模型能够计算出在该路径下可能出现部分沉降的变形形式。

图 11-20 为三轴伸长路径下（OB 路径）的应力应变曲线。由图可见，当采用莫尔-库

仑模型时，体应变为负值，始终表现为体胀变形，计算的竖向变形始终为回弹变形。对于修正剑桥模型，初始阶段应力点在屈服面内，由于主应力减小，变形表现为弹性回弹性质；当达到屈服面后，此时体应变为剪缩变形，竖向变形增大，径向变形减小；当达到临界状态时，体应变保持不变，剪应变无限增大，计算的竖向变形始终为回弹变形。但在实际基坑的计算时，基坑坑底往往处于弹性阶段，应力状态尚未达到屈服，它的变形量主要由弹性参数的大小来决定。

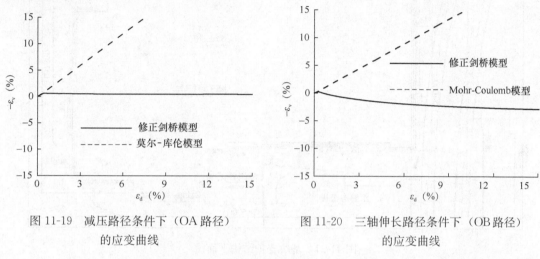

图 11-19 减压路径条件下（OA 路径）的应变曲线　　图 11-20 三轴伸长路径条件下（OB 路径）的应变曲线

11.5　工程案例一：钻孔灌注桩+锚杆支护体系

以下案例主要以一个深基坑工程对邻近地铁工程影响案例，对比分析了采用摩尔库伦模型和修正剑桥模型对计算结果的影响。

11.5.1　工程概况

拟建商业综合楼项目包括 D 座办公楼和 E 座办公楼、附属用房及纯地下车库，总用地面积 48035.5m²，拟建建筑由地上 3～24 层（地下 3 层地下室）高度不等的联体办公建筑群为主，建筑高度最大为 100m（图 11-21）。

建筑基坑长约 150m，宽约 110m，基底埋深约 15.0m，基坑支护设计图如图 11-21 所示，共划分为 AD、DE、EF、FG、GH、HJ、JA、BCD 共八个支护段。AD、HJ 和 JA 支护段的 5.0m 以上采用土钉墙支护，5.0m 以下采用"护坡桩+预应力锚杆"支护；DE 支护段采用"护坡桩+预应力锚杆"支护；EF 支护段的 4.0m 以上采用土钉墙支护，4.0m 以下采用"护坡桩+预应力锚杆"支护；BCD 支护段的支护形式为桩锚支护考虑。GH 段 4.0m 以上采用土钉墙支护，4.0m 以下采用"地下连续墙+预应力锚杆"支护，如图 11-22 所示；FG 段采用护坡桩+预应力锚索+土钉墙复合支护方案。

11.5.2　计算模型和地层参数

（1）计算模型

模型大小为 400m×250m×80m，共计 83138 个单元，90717 个节点。在模型的底面

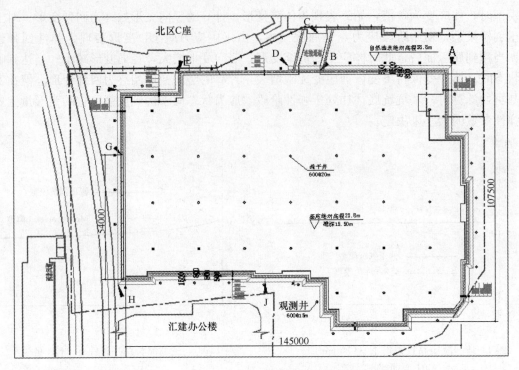

图 11-21 基坑支护结构平面图

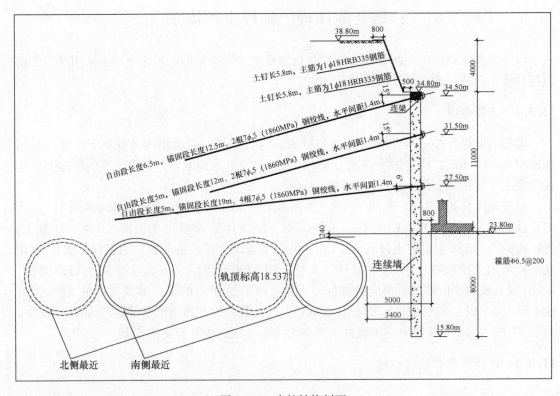

图 11-22 支护结构剖面

（$z=-80$m）处施加竖向约束，在模型的侧面（$x=0$，$x=400$m；$y=0$，$y=250$m）处施加水平约束，数值分析模型见图 11-23。在计算模拟中将开挖过程分为 4 个开挖步，开挖深度分别为 5.0m、7.8m、11.8m 和 15.0m。

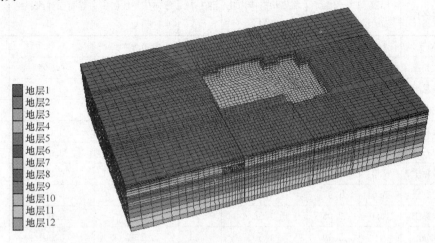

图 11-23　FLAC3D 数值分析模型

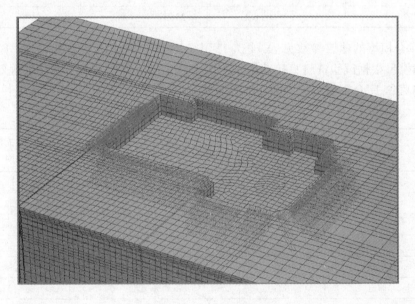

图 11-24　支护结构模型

(2) 地层参数

根据勘察报告提供的岩土资料，将工程场地内地层概化为 12 层，修正剑桥模型的模型参数见表 11-2。其中，密度和泊松比 ν 是根据试验资料直接获得；临界状态应力比 M 由摩擦角和黏聚力计算得到；参考比容 N_r 由初始孔隙比和自重应力计算获得；对于等向压缩线的斜率 λ，黏质粉土和粉质黏土是根据试验资料中的压缩指数 C_c 计算得到（$\lambda \approx C_c/2.3$），卵石和中细砂是根据经验选取；针对等向回弹线的斜率 κ（$\kappa \approx C_s/2.3$），根据北京市主要类型土的压缩指数 C_c 和回弹指数 C_s 关系的统计资料，一般满足 $C_c/C_s=10.0$ ~17.5，故可近似认为 $\kappa \approx 0.1\lambda$。同时，为了考虑开挖初期小应变状态下土的压缩性较小的特性，将反映弹性性质的参数 κ 减小 3.5 倍。

修正剑桥模型的地层参数　　　　　　　　　　　表 11-2

地层编号	土层名称	厚度 (m)	密度 (g/cm³)	临界状态应力比 M	泊松比 ν	等向压缩线斜率 λ	等向回弹线斜率 κ	参考比容 N_r
1	房渣土	1.8	1.75	0.40	0.3	0.09	0.003	1.95
2	黏质粉土	6.0	1.97	1.02	0.25	0.09	0.004	2.07
3	粉质黏土	4.0	2.07	0.82	0.25	0.07	0.003	1.92
4	粉质黏土	7.0	2.03	0.73	0.26	0.06	0.002	1.91
5	黏质粉土	4.5	2.02	1.24	0.25	0.09	0.004	2.33
6	卵石	6.5	2.05	1.42	0.23	0.01	0.001	1.67
7	粉质黏土	7.0	2.00	1.15	0.25	0.07	0.003	2.03
8	粉质黏土	5.0	1.97	1.23	0.31	0.07	0.006	2.00
9	粉质黏土	14.0	2.05	1.38	0.27	0.07	0.003	2.03
10	中细砂	7.0	2.10	1.50	0.25	0.02	0.001	1.71
11	中细砂	10.0	2.03	1.42	0.26	0.02	0.001	1.72
12	中细砂	2.1	2.10	1.41	0.26	0.02	0.001	1.72

莫尔-库仑模型的地层参数见表 11-3。其中，密度和泊松比 ν 见表 11-1；摩擦角、黏聚力和压缩模量根据试验资料直接获得；类似于修正剑桥模型，为了粗略地等效考虑小应变特性，将莫尔-库仑模型中的参数压缩模量提高 3.5 倍。

莫尔-库仑模型的地层参数　　　　　　　　　　　表 11-3

地层编号	土层名称	厚度 (m)	摩擦角	黏聚力 (kPa)	压缩模量 (MPa)
1	房渣土	1.8	10	8	24.5
2	黏质粉土	6.0	24	23	23.1
3	粉质黏土	4.0	20	26	34.2
4	粉质黏土	7.0	18	53	33.6
5	黏质粉土	4.5	30	35	65.5
6	卵石	6.5	35	0	192.5
7	粉质黏土	7.0	28	33	67.6
8	粉质黏土	5.0	30	35	51.8
9	粉质黏土	14.0	33	60	140.1
10	中细砂	7.0	37	0	315.0
11	中细砂	10.0	35	0	315.0
12	中细砂	2.1	35	0	350.0

11.5.3 计算结果对比分析

（1）基坑周边地表的沉降

图 11-25 和图 11-26 为开挖深度为 15m 时分别采用修正剑桥模型和莫尔-库仑模型计算的竖向位移云图。由图可见，两种模型计算的地表沉降特性差别较大，修正剑桥模型计算结果为紧邻基坑侧壁存在较小的回弹变形，当远离基坑侧壁时，主要表现为地表的沉降变形。莫尔-库仑模型计算的基坑周边均为较大的回弹变形，其变形机理可见 11.2 节中对 OA 路径的分析。

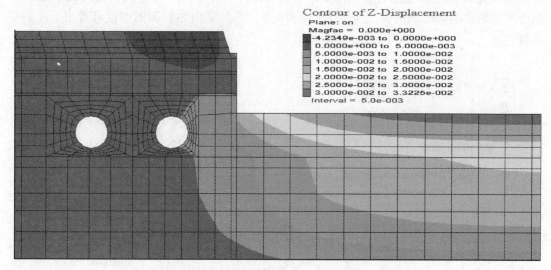

图 11-25　修正剑桥模型计算的竖向位移云图（开挖深度 15m）
(x：90~185m；y：141~143m；z：−48~0m)

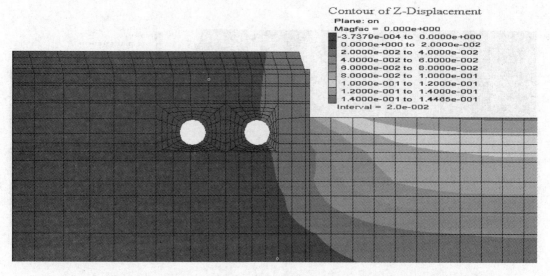

图 11-26　莫尔-库仑模型计算的竖向位移云图（开挖深度 15m）
(x：80~185m；y：141~143m；z：−48~0m)

图 11-27 为模型计算的不同开挖阶段中基坑周边地表的沉降量（负值为沉降；正值为回弹）。在修正剑桥模型的计算结果中，当开挖深度不大时变形为较小的回弹变形，距离基坑越近，回弹量越大。这是由于坑底土的回弹带动紧邻基坑壁桩结构单元向上位移，致使距离基坑壁近处出现相对较大的回弹量。由于开挖深度较浅，且地表的竖向位移为整个

计算模型的累积竖向位移，虽然有少部分土单元处于减压屈服状态（图 11-28），但大部分土体单元为回弹变形，故地表变形为较小的回弹变形。当开挖最终完成后，随着减压屈服状态土单元的增多（图 11-29），除了紧邻基坑边仍存在一定的回弹变形外，距离基坑 2m 以外开始出现沉降变形，距离基坑 20m 以外的地表沉降趋于 0，表明基坑开挖影响逐渐消失。莫尔-库仑模型的计算结果始终为较大的回弹变形，距离基坑 30m 以外由基坑开挖所产生的影响才逐渐消失。从图 11-25 和图 11-26 的竖向位移云图中也可看出上述的变形特性。

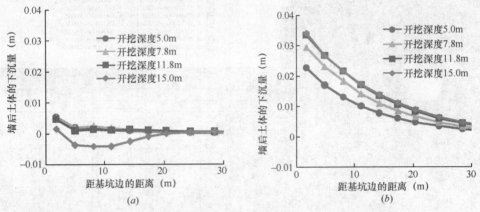

图 11-27 模型计算的基坑周边地表的沉降量
(a) 修正剑桥模型的计算结果；(b) 莫尔-库仑模型的计算结果
(x：20～148m；y：141～143m；z：-0.1～0m)

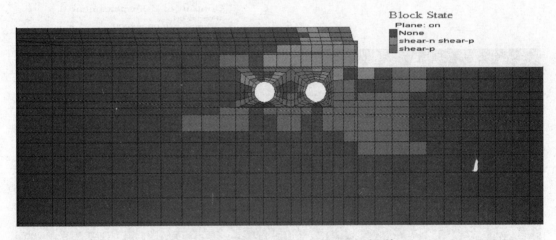

图 11-28 开挖深度为 11.8m 时屈服区划分

（2）基底回弹

图 11-30 为采用两种模型计算的基坑坑底的回弹变形，坑底的竖向位移云图分别见图 11-25 和图 11-26。由图可见，两者计算的变形趋势基本相似，随着开挖深度的增加，回弹量逐渐增大。在目前对弹性参数调整幅度的情况下，莫尔-库仑模型计算的回弹量远大于修正剑桥模型的计算结果。

（3）基坑侧壁的水平位移

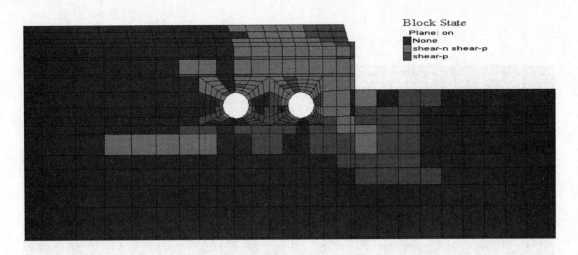

图 11-29　开挖深度为 15.0m 时屈服区划分

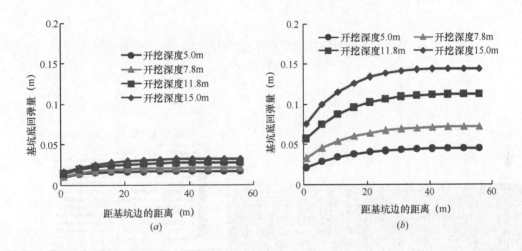

图 11-30　模型计算的基坑坑底的回弹量
(a) 修正剑桥模型计算结果；(b) 莫尔-库仑模型计算结果
(x：148～200m；y：141～143m)

图 11-31 和图 11-32 分别为采用两种模型计算的水平位移云图。两者的计算结果趋势基本相似，最大水平位移位于基坑壁的中部，莫尔-库仑模型的计算结果大于修正剑桥模型的计算值。图 11-33 为两种模型计算的在不同开挖阶段基坑外边土体的水平位移。随着开挖深度的增加，水平位移增大，且最大位移向深部发展，莫尔-库仑模型计算的每个开挖步的水平位移均大于修正剑桥模型的计算结果。

(4) 计算结果和实测结果对比

图 11-34 和图 11-35 分别为基坑西侧坡顶的沉降和侧壁的水平位移的实测值和两种模型的计算值的对比，由图可见，修正剑桥模型的计算结果和实测结果能够较好地吻合，莫尔-库仑模型的计算结果偏大。

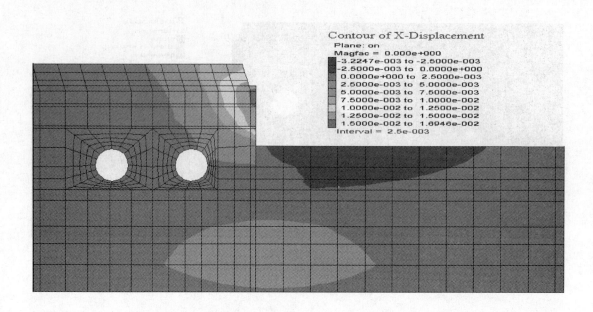

图 11-31　修正剑桥模型计算的开挖深度为 15m 的水平位移云图
(x：90～185m；y：141～143m；z：-48～0m)

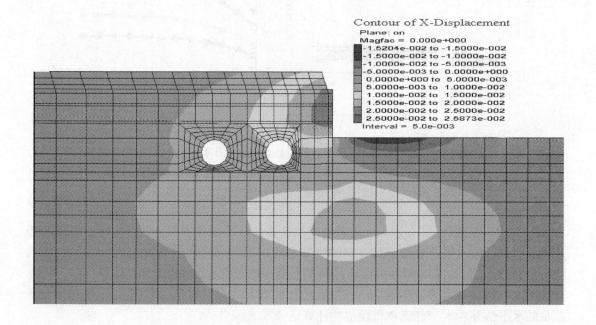

图 11-32　莫尔-库仑模型计算的开挖深度为 15m 的水平位移云图
(x：80～185m；y：141～143m；z：-48～0m)

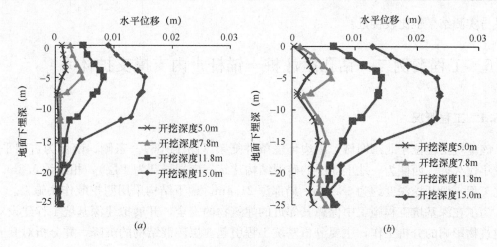

图 11-33 模型计算的基坑外边土体的水平位移
(a) 修正剑桥模型计算结果；(b) 莫尔-库仑模型计算结果
(x：146~148m；y：141~143m)

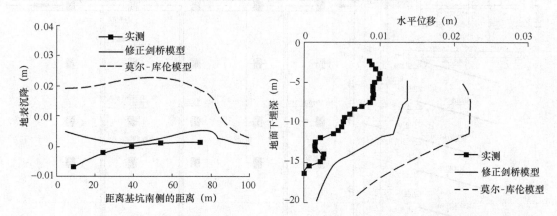

图 11-34 基坑西侧坡顶沉降实测值和计算值对比　图 11-35 基坑西侧水平位移实测值和计算值对比

11.5.4 小结

本节讨论了修正剑桥模型和莫尔-库仑模型模拟基坑工程中两种典型应力路径下土体变形特性的机理，然后采用这两种模型对北京市某综合楼基坑工程进行了模拟，并与实测结果进行了对比分析，得出以下结论：

(1) 基坑坑底的回弹变形：两种模型计算结果趋势基本相似，在采用类似的弹性参数调整幅度条件下莫尔-库仑模型计算的回弹量远大于修正剑桥模型的计算结果。

(2) 基坑外地表的沉降位移：两种模型计算结果差别较大，在开挖深度不大时，修正剑桥模型的计算变形为较小的回弹变形；在开挖完成后主要表现为沉降变形。莫尔-库仑模型的计算结果始终为较大的回弹变形。

(3) 基坑侧壁的水平位移：两种模型计算的变形趋势基本相似，但莫尔-库仑模型计算的水平位移大于修正剑桥模型的计算结果。

(4) 和莫尔-库仑模型相比，修正剑桥模型计算的基坑变形形式相对比较合理，计算结果与实测结果也比较接近。

11.6 工程案例二：钻孔灌注桩＋锚杆＋内支撑支护体系

11.6.1 工程概况

该基坑工程位于北京旧城，周边环境条件复杂（图 11-36）。东侧、南侧为古旧平房，建成年代久远。西侧为一地上 3 层的砖混结构建筑（南端局部为 4 层），相距约 5.8m。该基坑工程一般开挖深度约为 18.9m，局部深 21.4m。地下结构采用明挖顺作法施工。

为了在深基坑工程施工中保障其邻近的建筑物的安全，开展拟建深基坑工程建设对周边建筑物影响的分析工作，主要分析基坑工程引起 3 层砖混结构的沉降，并分析对其安全影响。

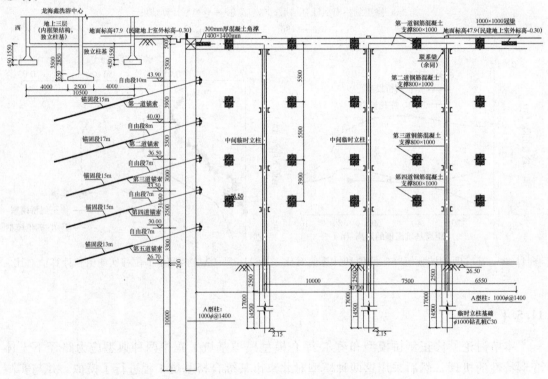

图 11-36 基坑与西侧建筑物剖面位置关系

11.6.2 计算模型的建立

（1）数值分析模型

本次分析采用数值分析软件 FLAC3D 进行拟建项目基坑施工对既有地铁结构影响的变形分析计算（暗挖通道段对周边建筑的影响不大，故本次模拟保留暗挖段），数值分析模型见图 11-37，模型大小为 380m×190m×80m，共计 1923099 个单元，329555 个节点，见图 11-37。在模型的底面处施加竖向约束，在模型的侧面处施加水平约束。

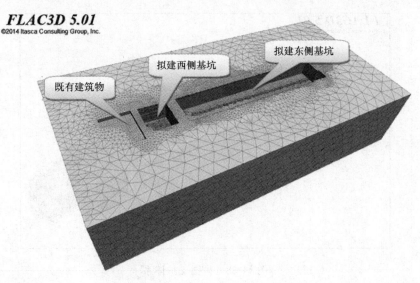

图 11-37 FLAC3D 数值分析模型

(2) 地层条件

根据勘察报告提供的岩土资料，对工程场地内地层划分为 12 个层，每层土质参数除按勘察报告给出的土试与现场测试指标确定外，砂层、卵石层的室内模量按《北京地区建筑地基基础勘察设计规范》DBJ 11—501—2009 及经验确定，其他所缺的非线性参数是根据北京地区的经验确定，如表 11-4 所示。模型中的土体本构关系采用 cap yield 模型。

数值模型的地层参数 表 11-4

地层编号	岩性	天然重度 (kN/m³)	压缩模量 E (MPa)	泊松比 ν	黏聚力 c (kPa)	摩擦角 φ (°)
1	杂填土	17.0	15.0	(0.35)	8.0	(10)
2	粉质黏土	20.4	20.4	(0.30)	28.0	30.8
3	粉质黏土	20.2	12.3	(0.33)	35.0	19.4
4	卵石、圆砾	21.0	50.0	(0.28)	(0)	38.0
5	粉质黏土	20.5	21.0	(0.29)	32.0	28.7
6	卵石、圆砾	21.5	70.0	(0.28)	(0)	40.0
7	粉质黏土	20.0	22.3	(0.31)	70.0	29.0
8	细中砂	19.5	60.0	(0.27)	(0)	34.0
9	粉质黏土	19.8	22.9	(0.30)	62.0	19.0
10	卵石、圆砾	21.0	120.0	(0.26)	(0)	44.0
11	粉质黏土	20.0	29.2	(0.28)	42.0	23.6
12	卵石、圆砾	21.0	140.0	(0.25)	(0)	44.0

(3) 基坑支护体系的模拟

本次分析采用 FLAC3D 中的 liner 单元模拟支护桩，锚索采用 cable 单元模拟，如图 11-38 所示。基坑的横支撑（图 11-39、图 11-40）采用 beam 单元模拟，如图 11-41 所示。

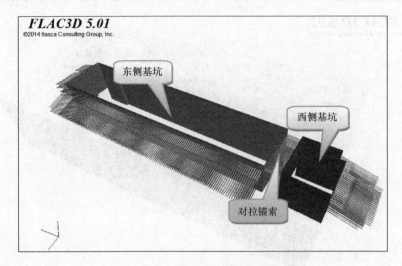

图 11-38　桩锚支护体系

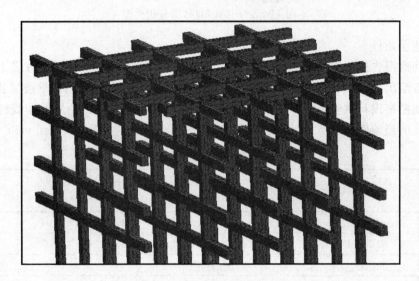

图 11-39　西侧基坑横撑支护体系

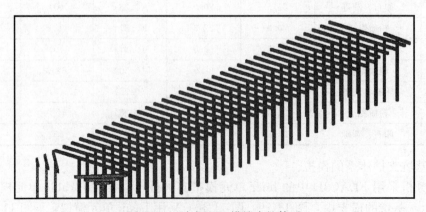

图 11-40　东侧基坑横撑支护体系

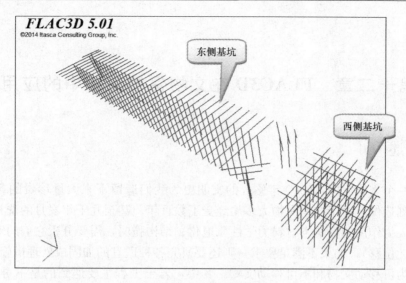

图 11-41　横撑结构模型

11.6.3　基坑施工引起邻近既有建筑物的变形分析

在正常施工条件下，基坑开挖施工引起的既有建筑物变形影响预测结果见图 11-42。

由图 11-42 可知，基坑施工引起的既有建筑物最大沉降 11.0mm，位于既有建筑物东侧墙中部偏北附近；

基坑施工引起的最大局部倾斜为 0.82‰，位于既有建筑物中部偏北的位置。

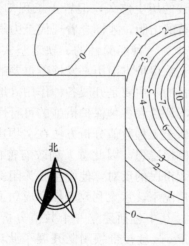

图 11-42　基坑开挖施工引起既有
建筑物竖向变形（mm）

第十二章 FLAC3D 在文物保护工程中的应用

12.1 概述

我国是一个文物大国，5000 年悠久的文明史为我们遗留下来大量珍贵的各类文物建筑、各类石刻造像。由于这些文物大多均经受了数百年、甚至几千年岁月的洗礼，在各种自然环境和人为作用的影响下材料力学性质退化、结构脆弱，需要分析它们的安全性（稳定性、沉降、位移），如果不满足要求，则还要研究各种适宜的加固或处理措施。

文物分为可移动文物和不可移动文物。其中，岩土工程主要遇到的是不可移动文物，主要是指古文化遗址、古墓葬、古建筑、石窟寺、石刻、壁画、近代现代重要史迹和代表性建筑等，是针对可移动文物（即历史上各时代重要实物、艺术品、文献、手稿、图书资料、代表性实物等）而言。其中，从工程分析的角度，可以大致划分为两类：

文物建筑类：一般为木质或砖石砌体结构，包括各类亭台楼阁建筑、宫廷、佛教庙宇宝塔等。这类文物往往面临地基沉降、倾斜、结构开裂等方面的问题。

石窟石刻类：一般为依山而开凿修建。这类文物往往面临风化、地表水、地下水的侵蚀、稳定性等方面的问题。

虽然人类开展岩土工程实践的历史悠久，但岩土工程却是一门年青的学科，1925 年伴随着太沙基的《土力学》专著的出版，才标志着现代土力学作为一门学科正式诞生。而在此之前，岩土工程领域都是作为一种经验性的、缺乏坚实的理论基础的实践。虽然如此，岩土工程的理论和方法在文物保护方面历来发挥着重要的作用。

数值分析用于文物方面的目的，主要是开展各种作用（地面沉降、列车、交通等动荷载、近接施工等）对文物的影响评价和各种保护措施的可行性分析研究。

意大利比萨斜塔的保护是岩土工程数值分析方法在文物建筑保护中最为著名的案例之一。由于比萨斜塔存在严重的倒塌隐患，因此意大利政府曾拟在 1990 年关闭斜塔，不对公众开放。但这个建议遭到广大市民的反对，他们担心关闭斜塔会对这个严重依赖旅游的城市发展带来巨大影响。在此情况下，意大利政府任命成立了一个委员会负责制定并实施相关的措施以保证塔的稳定性，其中包括建立一个数值分析模型。英国帝国理工学院教授、国际著名的数值分析专家 Potts 教授带领团队开展了此项工作，建立并校准了模型，并用其评价了临时铅块反压法和一些解决斜塔长期稳定性方法，对比萨斜塔保护方案的制定起到了关键的作用（Potts, 2003）。

具体到本书所介绍的 FLAC3D 方法，在文物保护方面的应用也屡见报道。例如，位于吉林省集安市的高句丽遗址——丸都山城，是国家重点文物保护单位，并被联合国教科文组织列入为世界文化遗产名录。其中瞭望台（亦称点将台）是丸都山城内作瞭望警戒用的高台建筑。中国地质大学的研究人员利用 FLAC3D 软件，模拟了瞭望台在自重应力场下固结沉降的变形破坏特征、雨水入渗条件下的位移场特征，以及在地震动荷载作用下的质点速度特征.对瞭望台变形破坏机理进行了分析（孙全，2006）。

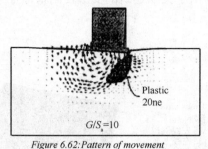 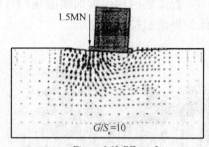

图 12-1　比萨斜塔地基土刚度较低时产生破坏的模式　　图 12-2　比萨斜塔施加反压荷载后的效果

何满潮教授等人在现场调研和工程地质勘察的基础上，还分析了高句丽将军坟变形破坏的特征，应用三维有限差分程序 FLAC3D，模拟研究了高句丽将军坟分别在自重、局部地基软化和地下水渗流 3 种工况下的应力场变化和变形破坏规律，揭示了高句丽将军坟渐进变形破坏的机制：以软弱地基的固结压密为先导，继而引起坟体倾斜沉陷，造成地基隆起、块石间位错张开，最终导致高句丽将军坟变形破坏的过程（何满潮，2005）。研究结果对将军坟进行稳定性评价和采取有效的防护对策有重要意义。

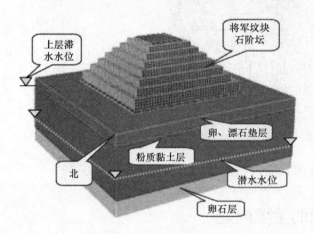 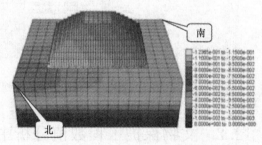

图 12-3　将军坟地质模型图　　　　　图 12-4　局部积水条件下的竖向
　　　　　　　　　　　　　　　　　　　　（z 方向）位移图（单位：m）

除了大自然的各种作用对各类文物会产生各种影响外，大规模的城市开发建设也往往会对文物造成各种潜在的威胁。例如，在历史文化名城开展地铁建设中，相关单位开展了系列文物保护的工作。北京市勘察设计研究院有限公司在北京地铁建设单位的组织下，开展了地铁下穿老旧核心城区的古旧平房及文物建筑的保护研究，采用 FLAC3D 数值分析方法，分析了古旧平房群在地铁下穿影响下的沉降特征和盾构施工振动特征。韩煊等人对地铁沿线的系列古旧建筑物进行了变形预测和风险评估，图 12-5 为位于王府井大街的具有近百年历史北京市近代重要的历史性建筑金帆音乐厅（原为救世军中央堂）建筑，在北京地铁下穿该建筑前,采用 FLAC3D 方法开展了分析评估工作,并研究了采用隔离桩和双层小导管注浆两种保护加固措施的有效性,提出了文物建筑的变形控制指标,为文物建筑的保护提供了技术依据。

图 12-5 救世军中央堂(现改称北京金帆音乐厅)建成时近景照片

图 12-6 地铁隧道对 FLAC3D 数值分析模型

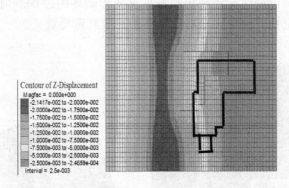

图 12-7 左线隧道开挖后救世军中央堂建筑变形云图

12.2 文物保护工程数值分析中的主要问题

文物保护数值分析中,主要有以下几个方面的问题需要着重考虑:

(1) 文物的相关信息往往比较缺乏。由于历史久远,同时处于保护文物的要求,文物建筑的工程地质、水文地质资料缺乏、设计资料缺失,甚至往往连文物建筑的地基基础方案都是未知的,这给数值分析模拟工作带来很大困难。可能的解决方案是在分析前,首先开展系统的文物调查、检测工作。通过上述工作,充分地搜集相关资料,有时甚至要研究历史文献;在调查的基础上,再采用各种无损检测方法进行探查,以尽可能多地获得文物的相关信息。

(2) 文物几何特征的合理模拟。区别于其他建筑、隧道、边坡等工程体,文物由于一般注重其艺术性,因此几何特征要比普通的工程体要复杂得多。因此,在数值分析建模过程中，如何合理地描述文物的几何特征是一个需要重点考虑的问题。

（3）文物材料性质的合理模拟。这主要体现在两个方面，一方面是文物所使用的材料本身往往具有多样性，其工程性质往往缺乏研究，例如各类砌体、木材等；另一方面是经过长期的岁月侵蚀，材料性质发生了变化，在模拟计算时，其材料参数的选择往往具有较大的难度。

本章以下主要以一个拟建的约 80m 高的岩体佛像的三维稳定性分析和优化设计为例（尚不是严格意义上的文物，但可以说明这类工程分析的特点），介绍采用 FLAC3D 数值模拟方法，通过精细的数值建模，研究岩体抗拉强度对佛像稳定性的影响，并且对佛像头部进行了 5 种优化设计方案比选分析。结果表明，与一般的岩质边坡、洞室工程不同，佛像作为一种特殊的岩体工程，其受力、变形机理更加复杂，特别是岩体抗拉强度对稳定性的影响较大，若不考虑岩体的抗拉强度，则整个佛像将大范围处于受拉状态。分析表明，当石刻佛像达到一定高度时，其自重会对佛像的造型，特别是面部造型有很大的制约作用，其艺术性和稳定性在设计中需要综合考虑。

12.3 岩体佛像稳定性影响分析与优化设计

佛教自两汉时期传入中国，在魏晋南北朝时期深入人心，大型的佛寺佛窟繁盛，著名的敦煌莫高窟、云冈石窟、龙门石窟等，并依山体雕刻大型佛像，例如最为著名的四川乐山大佛（高71m，为目前世界最高）、四川省荣县大佛（高 37m）、山西西山大佛（高 40m）等。近年来，为了打造佛教文化生态公园，延续历史文脉，曾拟以某废弃的水泥厂采石场边坡为基础建造摩崖石刻，工程将以高度 80m 左右的释迦牟尼佛像为核心，形成该地区的核心景观。

不论古今，在佛像的设计中，对雕刻方法和造型往往有以下基本要求（图 12-8）：

（1）采用天然岩体雕刻，过程中尽量不采用注浆或锚固等各种加固措施，以示对佛的尊崇；

（2）佛像的面部表情往往丰满端正，"宽额广颊，法相庄严"；

（3）佛像需低眉颔首，身体和头部微微前倾，以体现大佛"俯视芸芸众生"的庄严之态。

图 12-8 佛像概念模型示例

从岩体力学的角度，上述佛像的设计要求往往并非最优。本章即以该佛像的稳定性分析为背景，采用三维数值分析方法，研究在上述设计条件下大佛的稳定性问题，并从力学角度，探讨和分析岩体强度对佛像造型，特别是面部造型的影响。

12.3.1 工程概况

拟建佛像场址为 20 世纪 50 年代某水泥厂的采石场，该水泥厂于 1983 年停产，长期的人工采石削去半座山体，形成约 20000m² 的宕面和 42500m² 的宕底；目前边坡形态呈圈椅形，地势两侧低、中部高，边坡最大相对高度约80m（图12-9）。

边坡地层组成为石炭系中统黄龙组（C_{2h}）和上统船山组（C_{3c}）的微晶、泥晶生物屑灰岩。地质条件平面与剖面图如图12-10所示。其中黄龙组灰岩（③层）岩质均一，裂隙发育一般，岩体较完整～完整，岩质较坚硬～坚硬，除地表附近有少量强风化岩层较破碎外（一般厚度小于2m），以下均为微风化～中等风化，工程性质较好。

 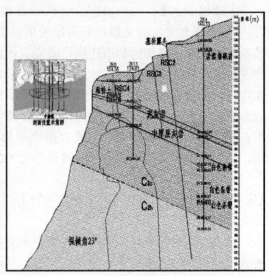

图12-9 拟建大佛祖雕刻区　　　　图12-10 经过拟建佛像中轴线的地质剖面

船山组灰岩（②层）裂隙较发育，岩体较完整，岩质较坚硬，表层有厚约2m的强风化层，岩体较破碎，往下为微风化～中等风化。层位中部有厚度1.4～2.7m的泥灰岩（②₂）夹层，遇水崩解，呈砂状，工程性质较差。以下为中厚层（②₃）的生物屑灰岩，层厚一般0.1～0.3m，总体厚度4.2～9.2m。船山组灰岩除泥灰岩以外，工程性质均好，但相对于黄龙组灰岩其工程性质稍差。

本工程岩体抗风化能力是四川乐山大佛砂岩、泥岩的2～5倍，具备雕刻摩崖造像的岩质条件。但是，受自然地质构造作用和人工采石爆破作用的综合影响，本边坡构造节理和风化卸荷裂隙较发育且分布不均，在崖壁顶部一带分布有多处小规模危岩体，并且区域岩溶发育。复杂的地质条件对摩崖石刻景观工程的设计和施工影响很大，尤其对主佛区的位置、规模等的确定具有重要影响。此外，山体地表分布有多条冲沟，季节性流水亦会对崖面岩土体造成一定的冲刷。

本工程中地质条件较为复杂，特别是发育有几条大的溶蚀槽，而摩崖石刻工程的建设是一项永久性历史文物工程，必须保证其整体的永久稳定。

12.3.2 复杂几何特征的文物建模在 FLAC3D 中的实现

几何特征的模拟是文物分析的一个重点，建立模型的工作约占整个分析60%～80%的工作量，因此选择一款合适的建模工具将事半功倍。

FLAC3D软件本身带有建模的前处理模块，通过命令行输入几何参数，生成控制模型的特征点，属于一种参数化建模方式，其最大的优点就是可以很方便地根据设计文件的调整对模型进行修改，但这种建模方式比较适用于处理较为规则的形状，对于复杂的文物模型往往需要借助于第三方软件，而 FLAC3D 提供了数据导入接口，可以非常便捷的将第三方建模软件建成的模型导入软件中进行剖分。目前此类第三方软件较多，例如 Patran、Hypermesh、Ansys、Abaqus 等，在第三方软件中剖分网格后，导出网格和结点信息，按照 FLAC3D 的格式组织文件，导入软件即可。

这里以有限元前处理程序 Patran 为例，将其作为建模工具，介绍一种实现复杂建模的思路。建模的重点是山体表面的生成以及溶蚀槽（断层）对山体的切割。主要步骤包括：

① CAD 包含高程点（如果没有高程点，只提供等高线，就需要把等高线用等间距网格离散化）的 dwg 文件另存为 dxf 文件；

② 编写 C 或 Fortran 程序读取 dxf 文件的高程点信息；

③ 在 CAD 中通过 VBA 编程，把所有高程点用三角形连接起来，使山体表面立体化；

④ 溶蚀槽（断层）切割山体表面；

⑤ 文件转存为 iges 格式，导入 Patran；

⑥ 在 Patran 中生成表面三角形化的山体，用四面体单元剖分网格；

⑦ 导出网格和结点信息，按格式组织文件，导入 FLAC3D。

至此，整个模型就完成了，接着施加边界条件，赋予材料本构模型，就可以计算不同工况下模型的响应。整个流程如图 12-11 所示。

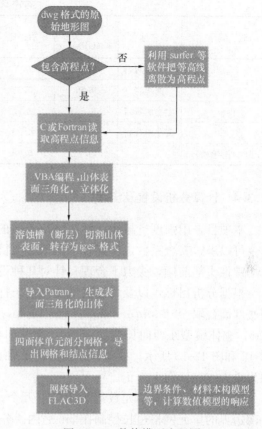

图 12-11　数值模型流程图

12.3.3　材料及其参数取值依据

岩体工程的数值分析中，选定本构模型后，最关键的就是确定岩体材料参数。工程中最常见的是岩块的试验数据，这和岩体参数还有相当差距，不能直接用于计算。国标《工程岩体分级标准》是一个定性与定量相结合、经验判断与测试计算相结合的方法。定性分级只需进行现场调查，定量分级也只需进行单轴抗压强度、岩体与岩块弹性波波速的测试。

本工程所采用的岩体参数的确定参考该项目的工程地质勘察报告，同时根据《工程岩体分级标准》GB 50218—2014 以及岩体的 RMR 值综合确定。最后确定分析所用的岩体参数如表 12-1 所示。

岩体参数表　　　　　　　　　　　　　表 12-1

地层编号	岩性	变形模量（GPa）	泊松比	黏聚力（MPa）	摩擦角（°）	抗拉强度	密度（g/cm³）
②	船山组灰岩	6.28	0.3	1.00	42	0	2.50
②₂	泥灰岩	3.66	0.32	0.7	42	0	2.25
②₃	生物屑灰岩	6.68	0.3	1.00	40	0	2.40
③、③₁	黄龙组灰岩	9.15	0.25	1.50	50	0	2.55
RSC（溶蚀槽）		0.1	0.38	0.1	20	0	2.10

12.3.4 计算分析设置及流程

本项目采用强度折减法计算边坡及佛像的安全系数，虽然 FLAC3D 软件本身有 FOS 命令可以求解安全系数，但其效率低下，项目中采用试算的方法确定安全系数。

佛像头部前倾，受力不合理，针对几种设计，给出优化方案。

根据分析目标，以及场区的地质环境条件，确定本次数值分析模型范围如下：数值模型底部高程取至−20m，顶部高程至 160m，左右边界分别以佛像中心线向东西各延伸 80m，整体模型东西向长度为 160m，南北向长度为 177m，模型最大高度为 180m。如图 12-12 和图 12-13 所示。模型以东西向为 x 轴，向东为正，南北方向为 y 轴，向北为正，z 轴为重力方向，向上为正。

模型网格剖分总单元数约为 162.1 万个，结点数约为 28 万个，全部为四面体单元。外部边界的单元网格边长控制在 5m 之内。分析采用理想弹塑性本构模型，屈服准则采用摩尔库伦屈服准则。

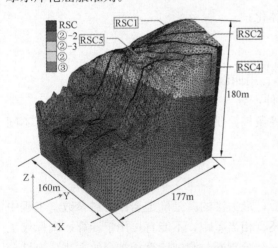

图 12-12　三维模型及岩体材料分区

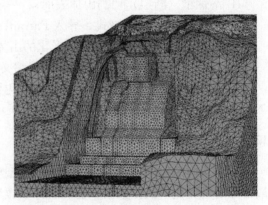

图 12-13　佛像与山体关系图

12.3.5 边坡及佛像的整体稳定性分析

12.3.5.1 边坡稳定性分析

本节考虑雕刻前的原始边坡在自重作用下的稳定性，采用强度折减法计算边坡的安全系数。在三维数值模型的建立中，除了尽可能真实地模拟边坡中纵横交错的溶蚀槽外，还对坡顶和坡面的地形也进行了较高精度的模拟，以准确反映现场实际情况。

边坡的折减系数取为 1.0~5.0，每次计算的调整值为 0.5。如图 12-14 所示，当折减系数大于 4.5 时，边坡的塑性屈服区急剧增加。从图 12-15 也可以看出，当折减系数大于 4.5 后，位移出现显著增大，位移曲线出现明显拐点。由此可确定边坡的整体稳定系数为 4.5 左右。

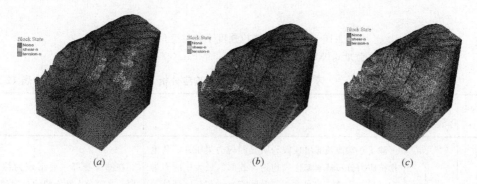

图 12-14 各折减系数下边坡屈服区分布
(a) 折减系数 3.0；(b) 折减系数 4.5；(c) 折减系数 5.0

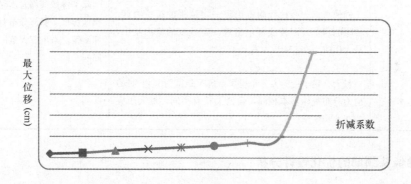

图 12-15 折减系数与边坡最大位移关系曲线

12.3.5.2 佛像稳定性分析

岩体的抗拉性能与完整岩石（岩块）的抗拉强度有关，但更明显受到各种不连续面（如岩体中分布的各种尺度的节理、裂隙）等的影响，目前还缺乏可靠的测试技术，相关研究也还很不成熟。通常抗拉强度在分析中是作为安全储备来考虑的。本节按照以下三种方案进行分析：(1) 首先按照通常的做法，不考虑抗拉强度；(2) 岩体抗拉强度为 0.06MPa；(3) 岩体抗拉强度为 0.10MPa。计算中不考虑佛像具体雕刻的过程，而是佛像一次性成型，由此模拟佛像建成后的长期稳定性。

由图 12-16 和表 12-2 可以看出，岩体的抗拉强度对佛像头部的稳定性起着显著的作用。当岩体的抗拉强度由 0 提高到 0.06MPa 后，佛像头部的位移明显减小，由原来的 21.4cm 降低到 4.6mm，说明佛像头部由不稳定变为稳定状态，塑性区也明显减小。

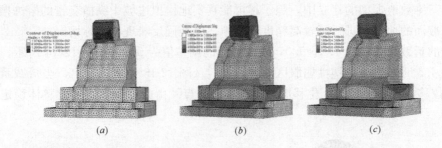

图 12-16 岩体不同抗拉强度下位移变形值（m）

(a) 抗拉强度 0.0MPa；(b) 抗拉强度 0.06MPa；(c) 抗拉强度 0.1MPa

不同抗拉强度下佛像的响应分析　　　　　　　　　　　　　表 12-2

抗拉强度 （MPa）	位移 （mm）	应　力 （MPa）	塑性区
0.0	214	除了在佛像颈部出现较为明显的应力集中外，其他部位应力分布基本都比较均匀，颈部的最大压应力为 6~8MPa 左右。另外在头部及胸部有大部分区域处于拉伸应力状态	在佛像身部主要出现为拉伸屈服，主要分布在佛像的头部和胸部
0.06	4.6	佛像头部和凸棱线附近出现一定范围的拉应力区。佛像的颈部及凹棱线部位出现一定程度的应力集中，最大压应力在 6MPa 左右	除了佛像顶部岩体局部外，仅在佛像腹部、腿部分布有零星的拉伸屈服区，未出现大范围的拉伸塑性屈服
0.1	4.4	最大、最小主应力分布规律与抗拉强度为 0.06 时的应力分布规律基本相同，量值上稍有不同，最大压应力在 6MPa 左右	同上

12.3.6　佛像头颈部的优化设计分析

经过前面的分析计算，可以明确的是，无论是否考虑岩体的抗拉强度，佛像的头颈部均大范围处于受拉状态。虽然岩体有一定的抗拉强度可以提供，但是考虑到佛像的长期安全性，应尽量减小佛像产生的拉应力，因此应对头颈部的造型进行优化设计。本次分析查阅了世界各地已经雕刻的较大规模的石佛资料，特别关注佛像头颈部的造型，由此提出几种优化设计方案进行分析，相关结果供初步设计参考。

为了提高分析效率，本节重点分析佛像的受力特征，并仅给出各种方案下头颈部的计算成果，假定岩体的抗拉强度为 60kPa。

12.3.6.1　模拟对比方案

在原模拟方案中，假定佛像头部宽 16.5m，高 15.4m，颈部向外悬空 7.3m，如图 12-17 所示。岩体材料分区与前面章节中的模型保持一致，如表 12-3 所示，头和肩部在 C_{3c} 地层（②层）中，头、肩部以下在 C_{2h} 地层（③层）中。

参考已有大佛的资料，考虑如下 6 种方案进行研究，

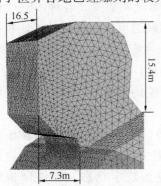

图 12-17　原模拟方案头部模型

以确定佛像受力优化的方案。

佛像头颈部对比分析方案 表 12-3

方案编号	方 案 描 述
原方案	头部宽约 16.5m，高约 15.4m，颈部悬空约 7.3m
对比方案 1	在原方案基础上，颈部下方保留 3.8m 的条块，以对颈部的悬空部分起到支撑作用（颈部变粗）
对比方案 2	在原方案基础上，佛像面部缩进 3.2m，以减小颈部的悬空尺寸和头部作用荷载（面部变平）
对比方案 3	同时考虑上述两种方案，即在面部缩进 3.2m 的基础上，在颈部下方保留 3.8m 的支撑体条块（颈部变粗、面部变平）
对比方案 4	在原方案基础上，头部尺寸有较大的减小（头部减小）
对比方案 5	在原方案基础上，佛像整体同比例降低高度至 40m

12.3.6.2 对比方案分析结果

图 12-18 所示为上述 6 种方案（1 种原方案、5 种对比方案）佛像头颈部的拉应力分布。

从图 12-18（a）可以看出，原模拟方案中头部区域的拉应力都将达到抗拉强度（图中深灰色表示最大拉应力）；从图 12-18（b）可以看出，颈部保留支撑条块后，头部深灰色区域明显减小，但支撑条块存在局部应力集中，这主要是因为上面头部载荷传递下来的缘故；从图 12-18（c）可以看出，面部缩进后，深灰色区域转移到头部偏后的位置，整个头部的拉应力分布有所改善；从图 12-18（d）可以看出，面部缩进而且保留支撑条块后，头部的拉应力量值明显减小，最大拉应力主要集中在支撑条块的局部位置，这是上述 4 种方案中相对最优的设计方案。从图 12-18（e）可以看出，虽然最新调整设计方案的模型头部宽度较小，但由于头部前倾，重心比较靠前，大部分区域仍处于受拉状态。不过与原模拟方案相比，应力接近受拉极限的区域范围有所减小；从图 12-18（f）可以看出，佛像同比例降低一半高度后，头部处于拉应力极限值的范围明显减小。

12.3.7 主要现存佛像与本工程的对比讨论

目前世界最高的十大石刻佛像中有八座在中国，其余两座分别为阿富汗巴米扬西大立佛（55m，第 2 高）、巴米扬东大立佛（35m，第 4 高），但均在 2001 年毁于塔利班战火。目前世界最高者为四川乐山大佛（71m），位列第 10 的为敦煌莫高窟第 130 窟倚坐弥勒像（26m）。

乐山大佛地处四川省乐山市，又名凌云大佛，为弥勒佛坐像，是唐代摩岩造像中的艺术精品之一，同时也是世界上最大的石刻弥勒佛坐像。佛像开凿于唐玄宗开元初年（公元713 年），历时 90 年完工。大佛通高 71m，头高 14.7m，头宽 10m，颈高 3m，肩宽 24m，见图 12-19。大佛以红砂岩雕刻而成。

荣县大佛位于四川荣县县城东郊，为唐代所刻，佛像通高 36.67m，头长 8.76m（图 12-20），肩宽 12.67m，是一尊代倚坐佛装弥勒摩崖石刻造像，有中国第二、世界第三大佛之称。

太原晋阳西山大佛（又称蒙山大佛）开凿于北齐（公元 551～576 年），迄今已有 1400 多年，大佛为坐像，原高约 63m，目前大佛从底座到颈部的实测高度近 30m，颈部直径 5m，肩宽 25m，是目前所知世界上最早的大型石刻佛像。但元末大佛头部脱落，佛

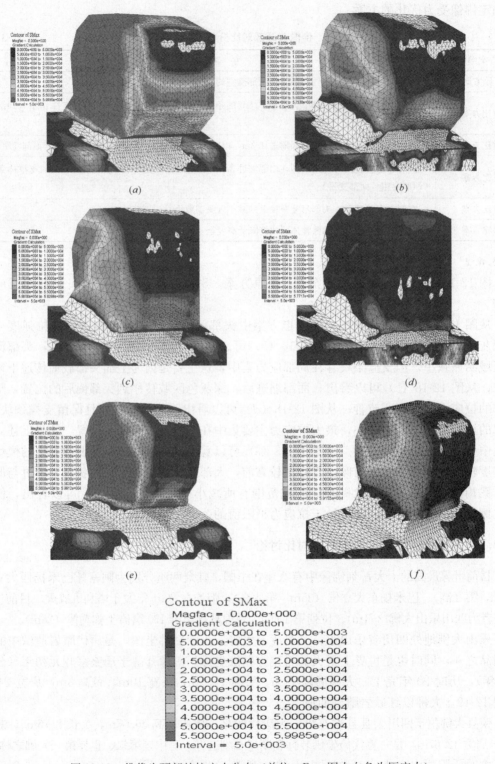

图 12-18 佛像头颈部的拉应力分布（单位：Pa，图中白色为压应力）

(a) 原方案；(b) 对比方案 1（颈部加粗）；(c) 对比方案 2（面部缩进）；(d) 对比方案 3（面部缩进且颈部加粗）；(e) 对比方案 4（头部减小）；(f) 对比方案 5（佛像高度降低为 40m）

像下部也被泥沙埋没，直至 1983 年经考古勘察才重闻于世。由于原佛像造型已经不可考，因此佛像头部的脱落是否与其造型设计不合理有关已经不得而知。2006 年开始对其进行头部复原工程。2007 年加固结束，其中新塑的佛头高 12m、直径 8m，造型采用北齐造像风格，丰满端正，但其为空心，重仅约 140 余吨，见图 12-21。

从现存的石刻佛像资料可以看到（表 12-4），佛像头部悬挑都比较小，而且相对于头部尺寸，颈部都比较粗大。根据前面的受力分析可知，悬挑小、颈部粗的设计符合力学原理，能减轻头部岩体的受拉状态。本次拟建大佛的初步设计，悬挑大，造成头部大范围处于受拉极值状态，不利于头部的稳定。

图 12-19　四川乐山大佛局部照片

主要已建石刻佛像头颈部资料与本工程的对比　　　　　　表 12-4

石刻佛像名称	佛像高度（m）	头部高度/宽度（m）	肩宽（m）	头部悬空距离（m）*	头部重量（1000kg，估算值）	主要岩层	备注
四川乐山大佛	71	14.7/10	24	1~2	4000	红砂岩	唐代，世界最大石刻佛坐像
四川荣县大佛	36.67	8.76/6	12.67	1~2	1000		唐代
太原西山大佛	40	12/8	25	约 3	140（空心钢混构）；修复前估算为 2000	砂岩	北齐，头部为后期修复
拟建大佛（按照原方案）	80	15.5/11	—	约 7.2	6400	灰岩	

* 头部悬空距离为估算值。

图 12-20　四川荣县大佛局部照片

图 12-21 修复前、后的太原西山大佛

12.3.8 小结

通过本章的计算、分析可得出以下结论：

(1) 佛像作为特殊的岩体工程，其受力条件与一般的边坡工程不同，局部直立甚至悬挑。当不考虑岩体的抗拉强度时，按照目前假定的佛像设计条件，佛像头颈部可能处于不稳定状态，这种不稳定主要是由于佛像很高，其头部自重荷载巨大，且悬挑较多造成其受拉屈服破坏引起的。根据计算，雕刻完成后佛像头部将发生较大的位移，最大位移21.4cm；同时，佛像的颈部出现明显的应力集中现象，最大压应力约6～8MPa左右。

(2) 岩体的抗拉强度对佛像头部的稳定性起着显著的作用。当岩体的抗拉强度由0提高到0.06MPa后，佛像头部的位移明显减小，由原来的21.4cm降低到4.6mm，说明佛像头部由不稳定变为稳定状态，塑性区也明显减小。岩体抗拉强度提高到0.1MPa后，佛像头部位移、应力状态与0.06MPa方案类似。

(3) 佛像头颈部的详细设计方案将对本工程有巨大的影响。本次分析初步考虑了佛像头部缩进、颈部加粗等受力优化设计方案。从分析结果来看，佛像头颈部设计优化，可以大大减小其拉应力，提高其安全度，但可能又与艺术性相悖。

(4) 针对本工程，建议在深入研究的基础上，必要时补充相关测试工作，以进一步明确本场区岩体的抗拉性能，从而对佛像的安全性进行更准确的分析。为了研究岩体佛像裂缝的发生和发展，也可以采用PFC做进一步的分析。

通过分析，可以看出，石刻佛像作为一种特殊的岩体工程，其受力、变形机理更加复杂，特别是岩体抗拉强度对稳定性的影响较大，若不考虑岩体的抗拉强度，则整个佛像将大范围处于受拉状态。分析表明，当佛像达到一定高度时，其自重会对佛像的造型，特别是面部造型有很大的制约作用，其艺术性和稳定性在设计中需要综合考虑。

第十三章 FLAC3D 在矿山工程中的应用

13.1 概述

21世纪是现代科学技术高速发展和现代工业生产高速增长的时期，对矿业产品资源的开发利用规模和强度也是人类历史上从来没有的，各种有色金属、黑色金属、煤炭、化工材料等得到了最大限度的开发利用，随着浅部资源的日益枯竭，世界各国已逐步进入深井开采。矿产资源是不可再生资源，可持续发展战略也日益为人类所重视，在现代科学技术条件下，人们一方面将最大限度地开采矿产资源以满足社会发展的需要，另一方面又要最大限度地节约和利用矿产资源，以维持长期的可持续发展战略目标。同时，矿产资源的大规模和高强度开采，对生态环境产生了严重的负面影响，导致地表下沉、塌陷，排放的"三废"污染环境；随着开采深度的加深，地压活动加剧，甚至发生岩爆，严重影响了矿山生产的安全和正常生产。进行采矿工程的科学问题的研究，就是为了弄清楚采矿活动引起的应力场重新分布、岩层移动变化规律及对矿井瓦斯造成的影响，以及可能导致的矿井灾害并制定预防矿井灾害发生的技术措施。

近些年来，随着计算机技术的发展，数值计算方法在矿山岩石力学问题中得到快速发展，出现了有限元法、有限差分法、边界元法、离散元法、非连续变形分析法等。数值力学分析解决了现场实测需要耗费大量的人力物力，而且耗时比较长的缺点，从而使其成为解决采矿工程及其他岩土问题的重要手段。现在常用与解决岩土工程和采矿工程的数值模拟软件主要有 FLAC/FLAC3D、UDEC、RFPA 等，而 FLAC3D 因为与图形及模型软件的无缝集成、自动建模功能、非线性求解能力和多场耦合功能而应用最为广泛。FLAC3D作通过对矿山地质力学条件的模拟，可以分析出矿产开采后可能引起的各种问题，避免了由于现场情况的复杂性而无法进行的原位测试，同时又可以在开采前进行模拟预测地表的破坏情况，提前预防使矿产开采在保证安全的前提下达到经济最大化。

13.2 FLAC3D 解决的矿山问题

数值方法在解决矿山问题中，起到了越来越重要的作用，数值模拟软件随着功能的完善，使研究采矿工程问题的手段等更加多样。FLAC3D 作为一种数值分析软件可以解决的矿山工程领域的科学问题主要包括：

1. 矿山开采围岩稳定问题。随着矿体的采出，在采场两侧和前后方围岩内均要形成采动应力集中，特别是垂直方向上的支承压力集中，都会引起围岩失稳问题。在深部开采时，如采场两侧巷道围岩受支承压力峰值影响，必将给巷道围岩控制造成严重困难。现场资料表明，有些巷道受一次采动影响即可全部毁坏，有时则使巷道围岩的变形呈流变状态，并且在一般的支护条件下难以克服。地下开采围岩的力学行为是一个涉及时间和空间的复杂问题，需要建立三维模型来反映采矿过程中的围岩稳定力学问题。

2. 应力路径对煤岩体性质影响研究方面的应用。地下煤岩体是处于一种静态三轴压应力平衡状态，当该部分岩层受地下采矿活动扰动时，其所受的应力状态可能被破坏，即其一向或两向应力状态被解除，会产生复杂的应力路径过程，使得该部分煤岩层的力学性质必将受到较大影响而发生变化，其孔隙、裂隙结构也将发生变化，而导致瓦斯解吸吸附动态平衡受到影响，成为导致矿井灾害的主要因素。因此，应用数值模拟软件进行该部分内容的数值模拟研究，对煤矿灾害的预防具有积极的意义。

3. 多场耦合作用。浅部地下岩层存在大量含水层，煤矿井下开采引起大量含水层失水，如底板突水等；此外井巷支护中的注浆加固、堵水等。这些问题可能会涉及流、固、气体的多场耦合作用，利用数值模拟软件的多场耦合研究功能可高效地解决复杂的多相介质耦合的科学问题。

4. 深部开采问题的研究。根据国际岩石力学学会的规定，当地下采掘活动在地下500m以下开展时，即认为是深部开采，深部开采的重要特点是高地应力、高瓦斯压力和高低温。在实验室条件下，目前对该复杂条件的模拟存在较大的困难。利用数值模拟进行研究，可有效地避免物理实验存在的危险等问题。

5. 尾矿库工程。包括尾矿库运行期的稳定性以及尾矿库加高扩容工程稳定性研究。尾矿库加高扩容后，库区内尾砂量增加，尾矿坝坝体升高，荷载的加大，对尾矿库周边及地下工程（覆采空区、老窿、巷道）岩体的应力、应变产生了一定的影响，采用数值模拟方法从加高扩容施工工序上分析因尾矿库加高扩容工程对地下工程岩体稳定性的影响，可探讨尾矿库加高扩容方案的合理性。

6. 新型开采工艺研究。随着环境保护意识和经济可持续发展理念的增强，提出了煤矿绿色开采技术，其内容主要包括：(1) 水资源保护，形成"保水开采"技术；(2) 土地与建筑物保护开采技术，如离层注浆、充填与条带开采技术；(3) 瓦斯抽放，形成"煤与瓦斯共采"技术；(4) 煤层巷道支护与减少矸石排放技术；(5) 地下气化技术。上述技术的许多方面属前沿性的研究课题，在缺乏试验设备和现场监测结果的情况下，需要采用数值模拟方法进行理论性和前瞻性的研究。

13.3 磷矿开采模拟方法

磷矿是一种重要的非金属矿产资源，可用于制作磷肥、精细磷化工及保障粮食安全，是不可再生和不可替代的战略资源。世界上几乎所有的国家都有磷矿资源分布，但有工业开采和商业开发价值的优质磷矿床，80%以上集中在4个国家，包括美国、摩洛哥（西撒哈拉）、南非及中国，其中我国已探明的磷矿床有578处，资源总量仅次于摩洛哥，位居世界第二位。我国表面上看具有丰富的磷矿资源，但是实际上已探明的磷矿资源有180亿t，而具有经济价值的磷矿石只有40.5亿t，总体上来说是富矿少、中低品位矿多，且正以每年1亿t的速度下降。我国磷矿大多是沉积岩矿床，成矿时间久远，埋藏较深，岩化作用强，构造胶结致密，且约有75%以上的矿层为倾斜至缓倾斜、薄至中厚层产出，因此在开采方面的主要特点是较难开采的矿体多，适宜大规模高强度开采的少。这些产出特征给磷矿层开采技术增加了难度，导致矿石损失率高、贫化率高和资源回收率低等问题。

13.3.1 我国磷矿的主要开采技术

就开采方式而言，目前我国矿山开采分为露天开采和地下开采。露天开采较适宜用于埋藏不深且易于挖掘的矿体，同时又会对地表造成显著破坏，从而影响到附近居民的生活。对于倾斜至缓倾、斜薄至中厚层的矿床，早期采用露天开采，具有投产快、初期建设投资少、贫损指标优等优点；但当露天开采不断加深后，深部的矿体开挖量较大，增大了开采难度和成本支出，这些矿山最终转向地下开采。国外露天转地下开采的矿山较多，如南非的科菲丰坦金刚石矿、瑞典的基鲁纳瓦拉矿、加拿大的基德格里克铜矿、苏联的阿巴岗斯基铁矿等；国内露天转地下开采的矿山有安徽的铜官山铜矿、江苏的凤凰山铁矿、湖北的红安萤石矿、江西的良山铁矿和山东的金岭铁矿等。结合我国磷矿体的产出特征，大部分磷矿床的开采早期都采用的是露天开采方式，随着生产需求的不断发展，磷矿开采的深度逐渐加大，开采方式由露天转为地下已成必然趋势。

针对非金属矿体地下开采，国内主要采矿方法有空场采矿法、充填采矿法、崩落采矿法、留矿采矿法等，根据矿块布置不同、矿柱留设、底柱留设以及充填方式和材料的不同，各种采矿方法又可细化分为：全面采矿法、房柱法、普通留矿法、选别留矿法、选别充填采矿法、干式充填采矿法、胶结充填采矿法、支柱与支柱充填采矿法、壁式崩落采矿法、分层崩落采矿法、分段崩落采矿法（其中又分为有无底柱的布置方式）、阶段崩落采矿法等。其中以空场采矿法中的房柱法居多，矿房布置简单，采矿工艺成熟，顶板管理较好。

13.3.2 湖北钟祥熊家湾磷矿层开采计算

房柱采矿法是开采水平和缓倾斜矿体最有效、应用最广泛的采矿方法，可分为浅孔崩矿房柱法及深孔崩矿房柱法。矿石和围岩（特别是顶板）均稳固，是这种采矿法应用的基本条件。由于锚喷支护技术的发展，采用锚杆或锚杆加金属网维护不够稳固的顶板，使房柱采矿法的使用范围得到进一步扩大。房柱采矿法是由矿柱和矿房互相交错布置的，分两步进行回采，先采矿房，后采矿柱。回采矿房时留下规则矿柱维护采空区顶板，所留矿柱可以是连续的或间断的，间断矿柱一般不进行回采。

房柱法开采时，在采区内设置较多的回采工作面，在已划分好的采区或者盘区内，按一定尺寸布置规则的矿房与矿柱，用留下的规则矿柱来维护顶板围岩，较适合矿石与围岩中等稳固以上，各种厚度的水平或缓倾斜非金属层状矿体。盘区内设置若干矿房，矿房一般沿倾斜布置，矿房高为矿体厚度，矿柱为连续矿柱，也可以留设间隔矿柱。采准巷道一般均布置在矿体中，沿矿体倾斜方向上布置采区运输巷道，布置在采区矿柱中，则在矿房最下端掘进切割平巷，使其贯穿采区内每个矿房，运输平巷与切割平巷采用联络巷连接，每个矿房对应一个联络巷，然后在矿房中间沿矿体底板从切割平巷开始往上掘进切割上山，并与采区回风平巷连通。

现以湖北钟祥熊家湾磷矿区 Ph_3 矿层地下开采为工程背景，运用 FLAC3D 数值模拟的研究方法，对 Ph_1 矿层采空区上 Ph_3 矿层缓倾斜磷矿体实施浅孔房柱法进行了可行性分析（Ph_1 矿层已经于 2008 年开采完），研究地下开采过程中引起的岩移规律、地下采场矿柱屈服规律和地表沉陷变形规律。

数值模拟技术实际上是对于不能完全采用解析解解出的问题的近似求解，与真实的情况有所误差，其实质上是考虑几何方程、物理本构方程、边界条件的数学模型解法。地下工程的岩层在人为施工的扰动下的力学行为是十分复杂的，对于该行为的数值模拟结果的质量主要取决于数学方法对于岩层应力分布及位移规律描述的准确性、可靠性和岩石力学本构模型及其参数等诸多因素。往往对于实际问题的求解，在数学方法上需要做简化处理，用简化的模型来更好地反映规律。本例数值模拟着重反映采矿方法及其施工过程中的围岩应力及位移变化规律。

1. 基本假设

(1) 对岩石岩性的假设

假设岩石为均质、各向同性的连续体，符合 Hoek-Brown 强度准则，其材料参数满足 Hoek-Brown 本构模型关系。

(2) 矿房尺寸简化处理

为简便起见，在数值模拟中对采准巷道布置进行简化处理，巷道、天井、斜井、联络巷道等简化为实体。Ph_1 矿层的矿房假定为规则分布，沿走向长度 12m，斜长 12m，矿柱取 3m，上下层矿房间隔 6m。Ph_3 矿层的矿房假定沿着断层分布，左右各取一个盘区，沿走向长度 12m，斜长 18m，矿柱取 3m，上下层矿房间隔 3m。

2. 几何模型的建立

熊家湾矿区属缓倾斜赋存的磷矿床，由深到浅赋存有 Ph_1、Ph_2、Ph_3、Ph_4 共四个磷矿层，其中具有工业价值的为 Ph_1 和 Ph_3 矿层，二者基本呈平行分布关系，Ph_1 磷矿层位于 Ph_3 矿层下部，层间垂直距离约为 40m。目前，Ph_1 矿层已基本采完并形成采空区。熊家湾矿业公司提供了该矿区的地形平面图及 W92 线、W96 线、W100 线的地质剖面图，且依据地形平面图，W92 勘探线正好位于 Ph_3 矿层左右两个采区之间，Ph_1 矿层平均厚度 8~10m，Ph_3 矿层平均厚度 6~8m，平均倾角 16°，矿层开采深度为+30m~260m。

(1) 模型尺寸

模型以 W92 线为 y 轴，以 W92 线的垂直方向为 x 轴，以高程为 z 轴，原点位置换算成大地坐标系为 X：3474865.29，Y：37624655.07，H：0。模型范围为 x 轴向−300~300m，y 轴向 0~1357.576m，z 轴向−350m~地表，整体大小约为 600×1358×500m³，共划分单元 916190 个。整个模型包含 5 种材料，其中顶板为白云岩，底板为页岩，并将 F99 断层用实体单元表示（图 13-1）。

(2) 矿房结构参数

采用房柱法开采，Ph_1 矿层的采空区矿房沿走向长度 12m，斜长 12m，矿柱取 3m，上下层矿房间隔 6m。Ph_3 矿层的矿房沿走向长度 12m，斜长 18m，矿柱取 3m，上下层矿房间隔 3m（图 13-2）。

3. 边界条件

由于计算模型是从实际地质体中取出的一块，其边界处依然要受到力或位移的约束。在 FLAC3D 中，有两种边界条件，分别是速度边界和应力边界。模型中的位移约束主要通过固定模型边界处节点的速度来实现，应力边界则是用来模拟模型边界处单元的应力。根据实际情况，在该项目中用 FIX 命令来施加模型的约束条件。沿模型的 x 轴方向施加 x 向约束，沿 y 轴方向施加 y 向约束，模型底部施加 z 向约束，模型顶部为地表，看作是自

第十三章 FLAC3D 在矿山工程中的应用

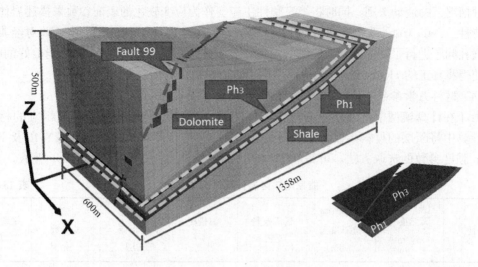

图 13-1 总体模型图

由面，无任何约束。

4. 材料模型及参数

FLAC3D 程序中提供了由空模型、弹性模型和塑性模型组成的十多种基本的本构关系模型，所有模型都能通过相同的迭代数值计算格式得到解决：给定当前一步的应力条件和当前步的整体应变增量，能够计算出对应的应变增量和新的应力条件。计算中用到的本构模型包括：

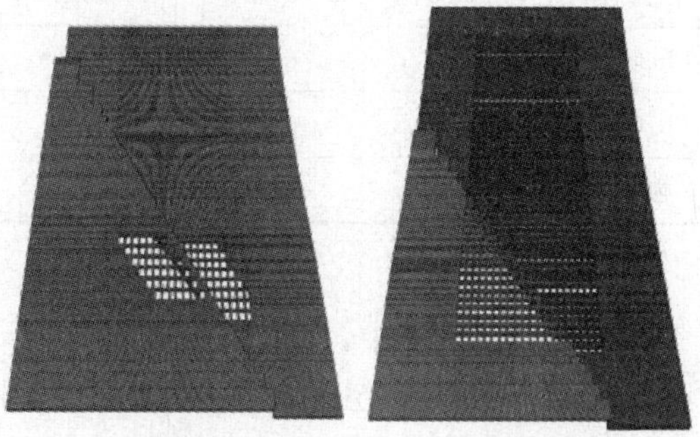

(1) 空单元模型

图 13-2 矿房结构示意图

空单元用来描述被剥落或开挖的材料，其中应力为 0，这些单元上没有质量力（重力）的作用。在模拟过程中，空单元可以在任何阶段转化成具有不同材料特性的单元，例如开挖后回填。

(2) 弹性本构模型

弹性模型主要用来模拟弹性材料，也可用于计算初始地应力场。弹性本构模型具有卸载后变形可恢复的特性，其应力应变规律是线性的，与应力路径无关。其应变增量与应力增量之间满足线性的 Hooke 定律。

(3) Hoek-Brown 塑性本构模型

Hoek-Brown 经验强度准则是基于岩体的固有特点，能够较好地反应岩体的非线性破坏特征，其目前已经十分成功用于极限平衡法的计算，然而并不能直接运用在数值模拟方法上。一些学者曾尝试用 Hoek-Brown 强度准则来构建本构模型，例如 Pan and Hudson (1988)，Carter et al. (1993) 以及 Shah (1992)。这些公式假设流动法则与强度准则有一些固定的关系，并且流动法则是各向同性的，但这并不符合 Hoek-Brown 强度准则的要求。Hoek-Brown 塑性本构模型中，流动法则并不存在固定的形式，而是依赖于应力水平，并且有可能出现损伤的行为。2003 年，Peter Cundall 在广义 Hoek-Brown 强度准则基础上，研究了三种情况下的流动法则，同时将第三塑性主应变作为应变软化的表征参数来描述岩体峰后力学特性。Peter Cundall 将得到的 Hoek-Brown 本构模型内置于 FLAC3D 中，并对经典无限空间圆孔问题进行了理论解和数值解的对比，发现采用数值方法与理论解法能很好的吻合。这样使得将真正的 Hoek-Brown 数值模型用于数值模拟成为了现实。

（4）材料力学参数

由于在计算模型中将断层也考虑为实体单元，所以对于断层也要确定相应的材料参数，计算中将断层的材料参数考虑为白云岩的 1/3。结合熊家湾矿区地质资料以及 Hoek-Brown 强度参数的选取方法，可得熊家湾矿区岩体的基本力学参数如表 13-1 所示。

熊家湾矿区岩体基本力学参数　　　　　　　　　　表 13-1

岩性	天然重度 (kN/m^3)	极限单轴抗压强度 (MPa)	杨氏模量 (GPa)	泊松比 v	地质强度指标 GSI	完整岩块参数 m_i	扰动参数 D
页岩	27.0	54.5	9.2	0.31	65	10	0
白云岩	25.6	49.6	5.0	0.24	60	12	0
Ph_1 矿层	27.2	61.6	6.2	0.13	65	9	0
Ph_3 矿层	27.2	61.6	3.4	0.13	52	9	0
断层	25	15	0.918	0.35	25	4	0

5. 监测剖面

在三维数值模拟中，由于模型的封闭性，不能很直观地观测到模型内部空间的应力、位移等情况，需要事先选定典型剖面。对于地表建筑，模型顶部并没有对其具体划分，但可以通过指定监测点的位置来监测该建筑的沉降情况。FLAC3D 计算模型是通过已给资料的地质剖面图建立的，所以选定该剖面图所在的位置为观测剖面，即 W92 线，选定垂直于 W92 线并穿过 Ph_3 矿层两个采区的截面 X＝295 作为第二个剖面，如图 13-3 所示。

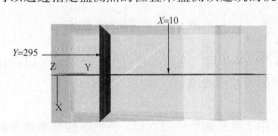

图 13-3　监测剖面位置

6. 数值计算结果及分析

熊家湾矿区现阶段 Ph_1 矿层已按设计方案开采完毕，Ph_1 矿层采空区进行稳定性分析是论证 Ph_3 矿层开采稳定性的初始阶段，两个矿层的相互影响则是研究的重点之一。开采后围岩稳定的分析仍然以应力、位移和屈服区为依据（图 13-4）。

（1）应力状态

Ph_3 矿层的开采对应力场造成扰动，应力状态重新分布。如图 13-5、图 13-6 所示，Ph_3 矿层开采形成采空区后，矿体采空部分形成应力释放，支撑矿柱出现了明显的应力集中；第一主应力达到 8~9MPa；整个模型的第三主应力也基本呈层状分布，应力扰动后采空区影响范围内应力值变化较大，但没有出现拉应力区域。

如图 13-7 所示，Ph_3 矿层采空区顶底板由于开采作用出现了明显的卸荷作用，而在矿

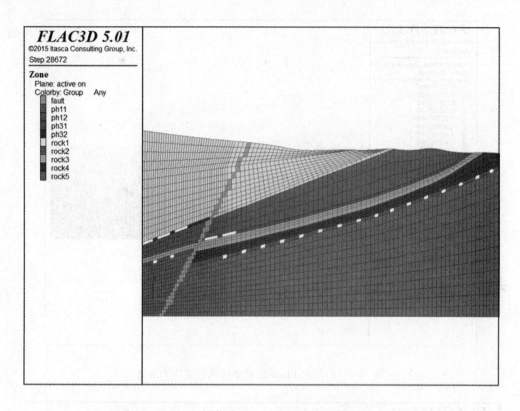

图 13-4　沿倾向 Ph_3 矿层矿房布置剖面图

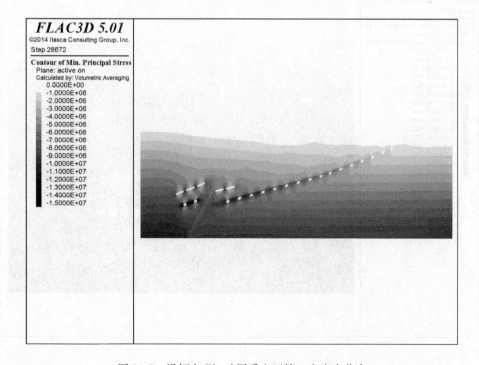

图 13-5　沿倾向 Ph_3 矿层采空区第一主应力分布

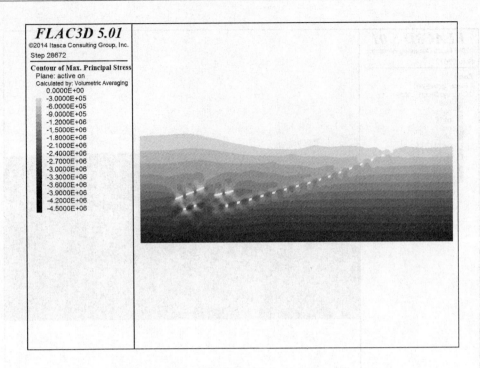

图 13-6 沿倾向 Ph_3 矿层采空区第三主应力分布

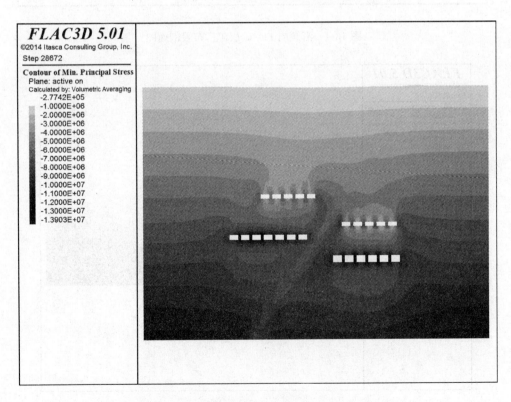

图 13-7 沿走向 Ph_3 矿层采空区第一主应力分布

柱处则出现了应力集中现象。在 Ph_3 矿层采空区上采区，矿柱处第一主应力达到了 8～9MPa，而在下采区矿柱处第一主应力更是高达 10～11MPa。相对而言，由于 Ph_3 矿层的开采，其下 Ph_1 矿层采空区矿柱应力集中有所削弱，由 12～13MPa 降至 11～12MPa，卸荷作用达到了 10%。

Ph_3 矿层与 Ph_1 矿层在竖直方向上相距 40m，两个矿层开采的应力场相互影响。Ph_1 矿层的开采扰动了原岩应力场，使得其上 Ph_3 矿层处的应力值有所降低；而 Ph_3 矿层的开采减少了 Ph_1 矿层顶板上覆岩层荷载，缓解了 Ph_1 矿层采空区矿柱的应力集中现象。在水平应力方面，各矿层的开采只对其附近区域造成卸荷作用，但是并未发生相互扰动。

（2）位移规律

Ph_3 矿层的开挖引起的卸荷作用同样会使回采面附近岩体产生变形、位移和运动。图 13-8 显示了 Ph_3 和 Ph_1 矿层的开采引起的应力变化而导致周围岩体产生竖直位移场。Ph_1 矿层采空区的卸荷作用造成其上覆岩体向下沉降，在 Ph_3 矿层未开采时该区域沉降为 1.75cm。Ph_3 矿层开采后其顶板区域位移向下，最大为 4.5cm 左右，位移增加了 2.75cm；在底板区域位移也向下（考虑了 Ph_1 矿层开采产生的位移场），最大为 1.0cm 左右，位移回弹了 0.75cm。而由于 Ph_3 矿层开采的卸荷作用，Ph_1 矿层顶板位移减小为 2.5cm 左右，回弹了 0.5cm，底板位移向上，回弹进一步增大到 1.9cm。

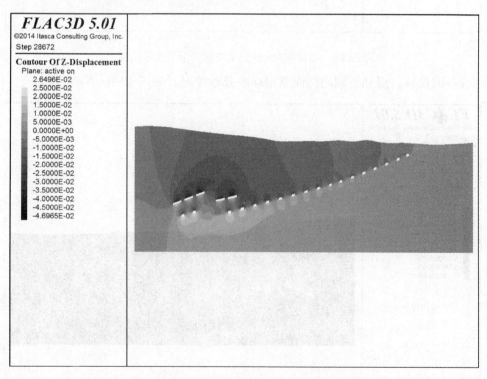

图 13-8　沿倾向 Ph_3 矿层采空区开采后竖直位移

矿体的开采造成采空区内顶板下沉，底板回弹，矿房受到竖直方向的挤压而向其倾向扩张，在矿柱两侧形成水平位移。由图 13-9 可以看出，在采空区沿倾向的边界处，水平位移方向与矿房扩张方向一致，而由于受到 Ph_3 矿层采空区沉降的影响，其斜上方部分区域有沿 Y 轴负向运动的趋势。

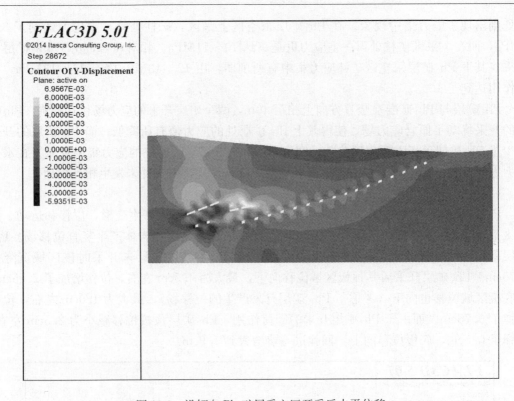

图 13-9　沿倾向 Ph_3 矿层采空区开采后水平位移

综合各向位移，得到沿倾向剖面总位移的分布情况，如图 13-10 所示。

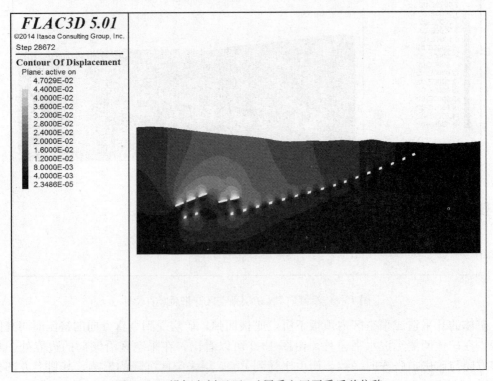

图 13-10　沿倾向剖面 Ph_3 矿层采空区开采后总位移

由图 13-10 可知，Ph_3 矿层采空区引起的沿倾向总位移与 Z 向位移分布类似，最大为 4.25cm 左右，由开采造成的沉降是主要的位移产生方式。

沿走向上，Ph_3 矿层各矿房开采引起的应力变化相互叠加，导致周围岩体产生的位移也随着变化。如图 13-11 所示，Ph_3 矿层上采区顶板竖直位移最大为 3.5cm 左右，位置在采区中心偏向断层的地方，底板最大位移的产生位置位于采区中部，为向下 2.0cm；而下采区顶板竖直位移分布则较为对称，最大为 3.8cm。Ph_3 矿层各矿房开采产生的位移相互影响，形成的等位移曲线由采空区的中部向两侧逐渐递减，并延伸至地表。如图 13-12 所示，Ph_3 矿层的开采进一步增大了周围岩体水平位移的趋势，在断层附近，由于 Ph_3 矿层下采区与 Ph_1 矿层上采区挨得较近，水平方向上受到一些相互的作用。

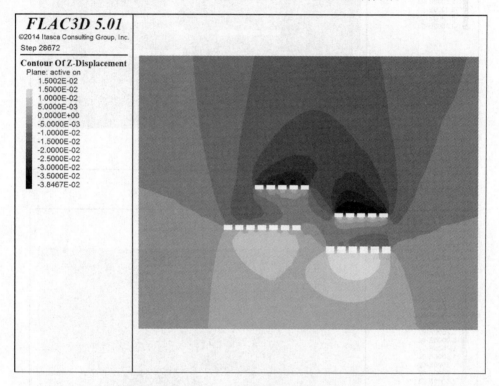

图 13-11　沿走向 Ph_3 矿层采空区开采后竖直位移

由图 13-13 可知，Ph_3 矿层采空区引起的沿走向总位移与 Z 向位移分布类似，最大为 3.5cm 左右，由开采造成的沉降是主要的位移产生方式。由沿倾向和沿走向两个剖面的位移情况可知，Ph_3 矿层的开采增加了周围岩体的沉降，增大了沉降的影响区域，但是在 Ph_1 矿层的顶底板处产生的是回弹作用。

（3）矿柱屈服区分布

FLAC3D 中将岩体的屈服分为以下几种类型：

-none：无屈服区域，默认显示为蓝色；

-shear-n：在剪切荷载作用下破坏，这种破坏仍然在进行中，默认显示为红色；

-shear-p：在剪切荷载作用下曾经发生破坏，这种破坏已经停止因为剪切荷载的降低，默认显示为绿色；

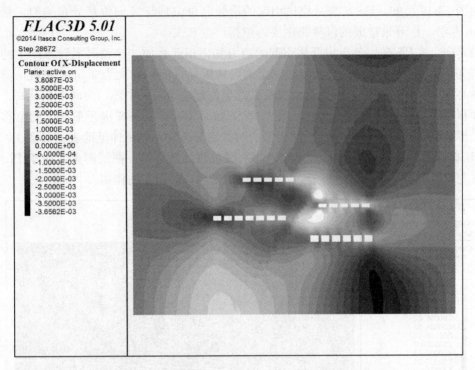

图 13-12　沿走向 Ph_3 矿层采空区开采后水平位移

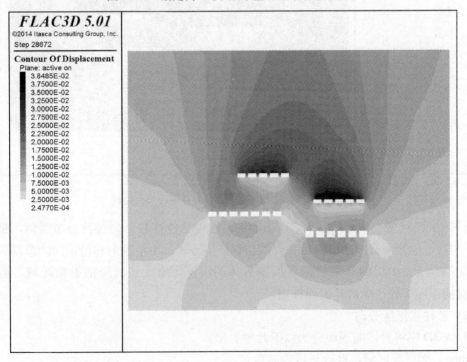

图 13-13　沿走向 Ph_3 矿层采空区开采后总位移

-tension-n：在张拉荷载作用下破坏，这种破坏仍然在进行中，默认显示为紫色；
-tension-p：在张拉荷载作用下曾经发生破坏，这种破坏已经停止因为张拉荷载的降低，默认显示为黄色。

许多用户对于 Itasca 提出的塑性区的表示不理解，这里通过图 13-14 给出以下给出说明：

研究表明，如果想清楚认识这个问题，必须借助应力路径来解释。这里应力路径指在外力作用下岩土体中某一点的应力变化过程在应力坐标图中的轨迹。如图 13-14 所示，某隧洞周围不同距离处分别由 ABCD 四个监测点，假设在当前状态下，C 点处于塑性区域，而 ABD 分别处于什么状态呢？由应力路径可以看出：AB 两点都曾经进入过塑性状态，只是目前由于卸荷作用，应力条件又恢复成弹性，但其中是包含塑性应变的。而 D 点，始终没有进入到塑性应力条件。因此，这里的塑性可以理解成是应力状态，而非材料的状态。

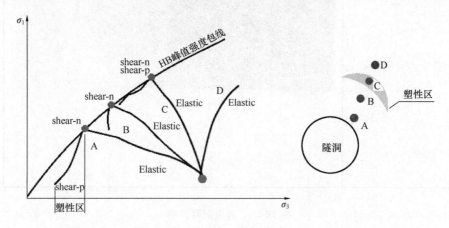

图 13-14 几种不同的应力路径

磷矿开采后的塑性区表示如图 13-15 所示。

图 13-15 显示，除了断层附近出现局部屈服以外，其余部分基本没有出现屈服的情况，因此可以认为 Ph_3 矿层开采后，设计矿柱基本是稳定的。Ph_3 矿层的开采对于 Ph_1 磷矿层来说产生的是卸荷作用，使得 Ph_1 磷矿层原局部矿柱出现的屈服状态消失。

（4）地表沉降

Ph_3 矿层开采后，在地面形成的沉陷坑的位置与 Ph_1 磷矿层开采后形成的位置接近，均位于模型的中部，偏 Y 轴的负方向，沉降值增加到了 1.6cm。图 13-16 显示了地表最大

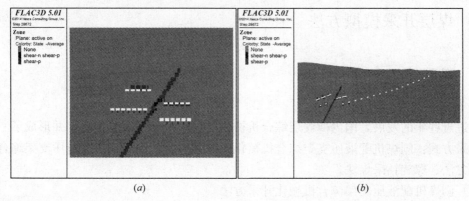

图 13-15 沿走向及沿倾向 Ph_3 矿层采空区矿柱屈服区
(a) Y=295；(b) X=10

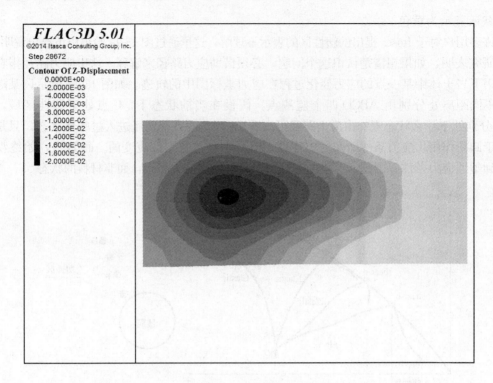

图 13-16 地表沉降位移

位移区域位于图中部偏左,最大沉降约为 1.6cm 左右,位移分布沿 X=0 基本呈对称分布,沉降对于地表的影响区域范围增大。

(5) 小结

综上所述,对于 Ph_1 矿层来说,开采了设计开采范围内的矿体,矿柱绝大部分应该处于稳定状况,但是高程 -160m 以下断层附近的矿柱有出现失稳的可能性,可以标定为危险区域。Ph_3 矿层的开采增加了周围岩体的沉降,增大了沉降的影响区域,对 Ph_1 矿层采空区的变形影响较小;在矿层各中段开采的过程中矿柱未出现大面积屈服,认为矿层开采后,设计矿柱是较稳定的。

13.4 煤层开采模拟方法

13.4.1 煤层开采方法

1. 薄煤层开采方法

通过近些年的发展,国内薄煤层综合机械化开采水平已经大幅提高,并形成了三种主要的开采方式:刨煤机配液压支架综合机械化开采方法、滚筒采煤机配液压支架综合机械化开采方法、螺旋钻采煤法。

(1) 刨煤机配液压支架综合机械化开采方法

核心部件是刨煤机。刨煤机在薄煤层开采中的应用十分广泛,主要适用于煤层倾角小于 25°,工作面坡度稳定,煤体硬度小于 25MPa、煤体硬度小于底板硬度以及地质条件稳定的煤层，如果煤体硬度大于25MPa，则需使用动力刨煤机。刨煤机块煤率高、煤尘小、结构简单、运行平稳可靠、易于维护和相对较低的能量消耗，采煤过程连续进行，工作时间利用率高。刨煤机可采煤层厚度仅仅相当于滚筒采煤机可采煤层厚度的60%，相对于其他薄煤层设备而言具有较大优势，因此在发达国家如德国、乌克兰、美国等得到广泛应用。现阶段，刨煤机的技术水平已发展到了采高0.6~3m，截深最大可达300mm，可刨硬度$f=4$，刨速最高可达3m/min，装机功率最大可达800kW，铺设长度达300m。

刨煤机的缺点和不足：适用范围受地质条件影响较大、总装机功率偏小以及刨头的破煤能力和刨硬煤能力不强、刨煤机部分元部件的寿命较短、调高比较困难、刨头与输送机和底板的摩擦阻力大、电动机功率的利用率较低。

(2) 滚筒采煤机配液压支架综合机械化开采方法

核心部件是滚筒采煤机。滚筒采煤机适应于煤层厚度变化大的工作面，对煤层顶底板起伏变化适应性强，对含有夹矸煤层的回采效果良好，过断层能力强以及对工作面长度要求比刨煤机短。滚筒采煤机由于适应性强、效率高、便于实现综合机械化作业，因而发展迅速。它的整体结构、性能参数、适应能力、可靠性等诸方面，较之以往有了较大创新和提高。薄煤层滚筒采煤机是在中厚煤层滚筒采煤机的基础上发展起来的。

它具有许多有点：①积木式无底托架结构、液压螺母紧固、多台截割电动机横向布置、抽屉式不见安装等技术的应用，使得薄煤层滚筒采煤机结构更加简单，安装更加轻便；②整体结构和传动方式的改进，使得滚筒采煤机的机身变得更窄、更低；③采煤机功率的不断加大，以及电气调速行走和远程无线控制技术的应用，使得薄煤层滚筒式采煤机更能适应较复杂的开采地质条件；④薄煤层采煤机比较适合小型煤矿的综合机械化开采。

(3) 螺旋钻采煤法

螺旋钻采煤法是一种新型无人工作面采煤方法，也是一种开采缓倾斜薄煤层的新型采煤方法，可将煤层可采厚度由0.6~0.8m下延到0.4m，对开采松软煤层有极高的推广应用价值。螺旋钻采煤法的主要优点：①投资较低；②人员和机组设备全部在工作巷内，人员在宽敞支护良好的巷道内就可将煤采出，安全状况良好；③煤的可采范围达总面积的95%以上，可以多出煤，并充分释放瓦斯。螺旋钻采煤主要存在的问题：留设钻孔间煤柱和钻孔组间煤柱，降低了采出率；④接长和缩短钻杆所用的时间占工作总时间的比重较大。

2. 厚煤层开采方法

根据我国目前煤炭企业的开采技术水平来看，厚煤层的开采方法有以下三种：

(1) 传统的分层开采方法，将厚煤层分为若干个3.0m左右的平行层面从上至下逐层开采。当从上至下逐层开采时，上一分层开采后，为确保下分层回采安全，上分层回采必须在底板铺设金属网形成下一分层人工假顶，待垮落的岩层稳定后对下一分层进行回采。分层开采主要有三种形式：倾斜分层、水平分层和斜切分层。其中水平分层和斜切分层主要针对的M>10的急倾斜厚煤层。虽然此方法煤炭的回采率比较高，但巷道掘进量大、巷道维护困难、工序复杂、生产效率低、成本高，从经济、技术、安全角度考虑，此方法较为落后，不宜采用。

(2) 放顶煤开采方法。放顶煤开采的实质是在缓倾斜特厚煤层中，沿煤层底部布置一个长壁工作面，用综合机械化方式进行回采。利用矿山压力的作用或辅以人工松动方法，使上方顶煤破碎,在工作面支架后方或上方放煤,运出工作面。顶煤受到支承压力的作用时。煤壁前方的煤体会发生变形、位移、破坏。当支架移到时,应力降低,能量释放,经过支架几次反复支撑,煤进一步破碎成易通过窗口的破碎体。放煤步距与顶煤厚度有关。顶煤厚度小时,采用一采一放,顶煤厚度较大时,放顶步距可适当增大,用两采一放或三采一放。放顶煤开采的单产较高,开采效率是分层开采的3~4倍。采用放顶煤技术时,应结合煤矿所在地的地质地貌特征,分别进行开采。巷道地势较低时,放顶煤开采可以减少搬运次数,且成本较低。放顶煤开采的巷道掘进量较少。对煤层厚度变化及地质构造的适应性较强。但放顶煤开采时的煤损比分层开采多10%以上,且开采时煤尘较大,容易积累瓦斯,存在较大的火灾隐患。当前,在利用放顶煤技术开采煤层时,往往在采空区域注入一定量的惰性气体,或在高冒区域添加可以阻止燃烧的物质。同时可以在高采区域和高冒区域灌注适量黄泥浆,从而防止火灾。

(3) 近年来,大采高开采技术在我国快速发展,特别是对中厚煤层的开采技术改进较为明显,开采体系也逐渐完善。当前,在利用大采高技术开采煤层时,采煤机和其他机械设备的应用均较为灵活。然而,大采高技术目前仍存在一些问题,在利用大采高技术进行实际的煤层开采过程中,局部冒顶现象时有发生,液压支架也常会下滑甚至倒落。因而应继续加强大采高技术的研究,在其应用过程中,采取一些切实可行的技术措施,从而加强对开采事故的防范和控制。在开采时,应对初采的高度进行严格控制,确保各种机械设备安装正确且运行良好,还应锚固液压支架,从而能够实时控制采高按照规定进行,保证开采技术正常发挥作用。适合采用大采高技术的煤层厚度为3.5~6m,倾角为12°~180°。工作面的煤层普氏系数大于1.5,工作面的地质构造和水文地质均较为简单,断层和褶曲不明显,煤层顶板较为稳定,且整个矿井的生产能力较大。

13.4.2 煤层开采数值模拟方法举例

现结合山西晋城成庄煤矿工程,说明FLAC3D在煤矿开采工程中的应用。本例主要模拟煤层开采对周围岩体的影响及由此使地面产生的沉降和移动的变化规律。

1. 初始应力的模拟

现场测试是目前工程中直接获得岩体地应力资料的唯一方法。但现场测试也存在不足,比如受测试经费的限制,实测试点数目一般都很有限,实测资料不能给出全场地应力分布。

该工程地应力测试场区地势较为平坦,没有明显的起伏,因此地应力主要受深度的影响,呈层状分布。根据取芯孔各测点的数据,可将测试范围内第一主应力 (σ_1) 和第三主应力 (σ_3) 的结果进行线性回归,找出地应力随埋藏深度的变化关系,得出如下回归公式(单位:MPa):

$$\sigma_1 = 0.025Z - 23.27$$
$$\sigma_3 = 0.020Z - 18.53$$
(13-1)

式中 Z——岩石高程(m)。

2. 地应力模拟计算模型

根据已经回归出来的 σ_1 和 σ_3 的表达式,取 $\alpha=82°$,可以计算出 σ_x、σ_y 和 τ_{xy} 的计算公式,即:

$$\sigma_x = 0.0201Z - 18.6218$$
$$\sigma_y = 0.0201Z - 18.6218 \qquad (13\text{-}2)$$
$$\tau_{xy} = 0.6533 - 0.00069Z$$

因此，只要确定模型中某一点的高程 Z，就可以根据上述计算公式求出该点的正应力和剪应力。

地应力模拟三维模型的高度范围（Z方向）为标高 0m 至地表；X方向以取芯孔为中心，向两边沿着煤层开采走向方向各延伸 1250m；Y方向以取芯孔为中心，向两边各延伸 500m。计算模型共划分有 113600 个六面体单元，126013 个节点。计算模型的几何形态及单元划分如图 13-17 所示。

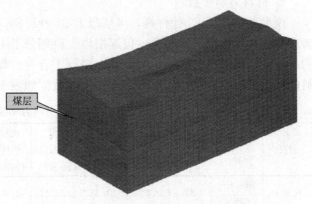

图 13-17 地应力模拟计算模型网格图

模型主要采用了 FLAC3D 中的 BRICK 组件，通过各个组件的拼接，逐渐形成三维几何特征。块状组件，需要指定区域的六个节点坐标，对于网格的划分，需要指定三个方向的网格数目 n_1、n_2、n_3，如果网格在同一个方向不是均匀的，可以通过比率 r_1、r_2、r_3 来进行调整（图 13-18）。

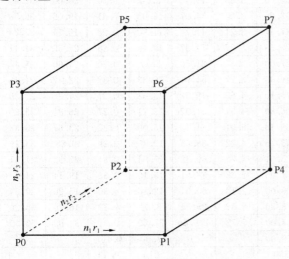

图 13-18 FLAC3D 中的 BRICK 类型网格

计算中，侧向和底部均采用法向约束，限制水平和垂直移动，上表面为地表（取为自由边界）。FLAC3D 采用速度边界条件，通过定义模型边界节点的速度，来实现位移边界条件的控制。对于模型中某一高程为 Z 单元，根据 FLAC3D 的应力梯度添加方法，就可以将公式（13-2）求出的该单元正应力和剪应力施加到单元上，从而进一步可以模拟出整个场区的地应力分布情况。FLAC3D 中采用应力梯度形式进行初始应力的添加，其具体含义如下：

通过关键词 gradient 可以为指定范围施加线性变化的应力或力。gradient 后的参数 g_x、g_y 和 g_z 分别说明了应力或力在 X、Y 和 Z 方向上的变化。在全局坐标系中，长度的线性变化值从（$x=0$，$y=0$，$z=0$）开始。

$$S = S^{(0)} + g_x x + g_y y + g_z z \qquad (13\text{-}3)$$

在上式中，$S^{(0)}$ 是全局坐标系下起始位置（$X=0$，$Y=0$，$Z=0$）上的值，g_x、g_y 和 g_z 分别是在 X、Y 和 Z 方向上的梯度值。

FLAC3D 默认的收敛标准是根据体系的最大不平衡力与典型内力的比率,当比率小于 10^{-5} 时,计算即行终止。所谓体系的最大不平衡力,是指每一个计算循环中,外力通过网格节点传递分配到体系各节点时,所有节点外力与内力之差中的最大值;所谓典型内力,是指计算模型所有网格点的平均值。

3. 材料力学参数

模型共划分了 23 种材料,煤层以上 21 种材料,煤层以下 1 种材料。据全程取芯钻孔岩芯物理力学参数试验结果,仅煤层以上就划分了 145 种材料,在不能完全模拟每种材料的条件下,根据材料间的一些规律,进行了合并。煤层以上共合并成 21 种材料,各种材料的性质根据厚度进行加权平均,得出的数据如表 13-2 所示。

成庄煤矿材料力学参数 表 13-2

岩石	高程(m)	GSI	m_i	距顶距离(m)	自然密度(kg/m^3)	抗拉强度(MPa)	抗压强度(MPa)	弹性模量(GPa)	泊松比	粘结力(MPa)	内摩擦角(°)
材料 1	946.4~915.1	32	7	31.3	2533.11	4.98	49.17	9.1	0.30	19.70	42.80
材料 2	~893.9	33	13	52.5	2641.98	3.44	71.06	17.41	0.26	27.08	35.01
材料 3	~884.6	34	13.9	61.8	2651.82	2.81	48.90	14.17	0.28	16.84	31.54
材料 4	~869.3	34	14.0	77.1	2639.21	5.31	98.01	22.54	0.31	23.45	41.46
材料 5	~850.0	38	14.3	96.4	2576.10	3.23	61.29	16.03	0.31	36.96	29.32
材料 6	~828.7	36	13.5	117.7	2602.01	1.90	40.80	9.89	0.35	27.06	22.80
材料 7	~818.4	38	15.0	128.0	2650.43	3.60	46.77	11.46	0.33	18.41	31.99
材料 8	~804.1	39	16.0	142.3	2652.37	3.80	51.57	15.64	0.29	19.87	32.43
材料 9	~799.8	35	8.0	146.6	2564.00	3.33	11.43	2.74	0.30	20.00	32.30
材料 10	~780.5	42	17.0	165.9	2652.29	3.05	54.97	16.08	0.31	19.06	39.50
材料 11	~754.2	43	18.0	192.2	2637.37	3.21	41.74	11.90	0.28	18.54	35.26
材料 12	~717.8	44	19.0	228.6	2622.58	5.27	71.37	19.16	0.28	24.58	31.41
材料 13	~710.5	37	8.5	235.9	2627.00	3.35	21.50	5.77	0.20	24.60	31.40
材料 14	~689.8	41	19.0	256.6	2649.03	3.77	64.91	16.33	0.32	22.47	21.48
材料 15	~653.5	43	19.5	292.9	2675.10	4.65	49.52	13.62	0.25	24.28	27.30
材料 16	~647.2	49	20.0	299.2	2586.89	4.51	51.32	15.71	0.27	26.80	35.20
材料 17	~627.7	49	21.0	318.7	2689.13	6.01	74.12	15.09	0.32	23.67	30.33
材料 18	~611.2	48	19.0	335.2	2708.75	4.22	38.09	12.30	0.29	9.88	34.19
材料 19	~601.1	51	23.0	345.3	2725.01	4.73	69.42	17.94	0.31	22.95	31.51
材料 20	~588.7	46	8.3	357.7	2751.00	2.33	53.91	13.10	0.36	19.11	24.50
材料 21	~575.7	45	7.6	370.7	2700.00	2.13	50.01	12.20	0.30	15.20	20.54
煤样	~569.1	40	7.0	377.3	1436.00	0.82	25.54	8.82	0.25	16.74	33.20
材料 22	~369.1	56	28.0	577.3	2744.00	7.22	108.49	27.69	0.31	32.92	30.50
水泥环					2500.00			7.00	0.167		
套管					7850			210	0.30		

4. 地应力模拟结果

沉积岩是在近地表常温、常压条件下,由原岩经过风化破碎、搬运、沉积和成岩作用而成,结构相对疏松,岩石弹性模量和强度相对低。计算结果显示,该区域的最大水平主应力方向主要受区域地质构造的影响。研究区域局部小构造较少,地层近水平,地应力的梯度沿着竖直方向变化。

取芯孔和抽气孔附近的地应力分布如图 13-19~图 13-24 所示,在不考虑煤层回采和层间错动等情况下，未开采前取芯孔在煤层附近的最大压应力在 10MPa 左右。

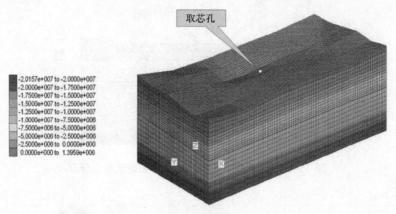

图 13-19　X 方向初始地应力分布

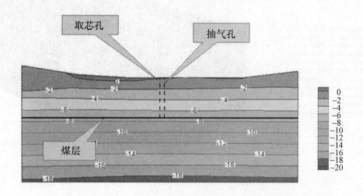

图 13-20　沿着取芯孔剖面 X 方向初始地应力分布

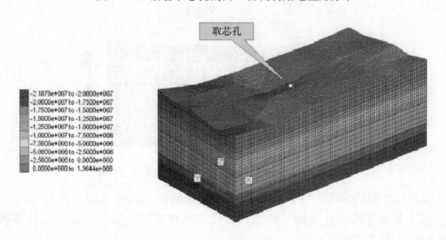

图 13-21　Y 方向初始地应力分布

5. 煤层开采的 FLAC3D 数值模拟分析

（1）回采模拟 FLAC3D 计算模型

与地应力模拟三维模型的范围在 X、Y、Z 方向一致。计算模型共划分有 520000 个六面体单元，540918 个节点，该模型在本项目中称为 FLAC3D 模型 A。计算模型的边界条

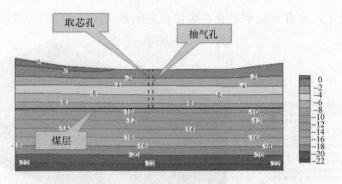

图 13-22 沿着取芯孔剖面 Y 方向初始地应力分布

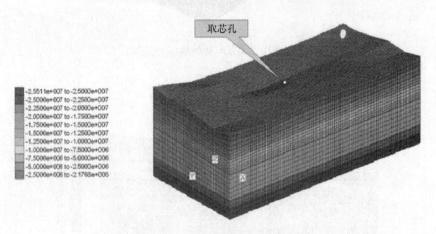

图 13-23 Z 方向初始地应力分布

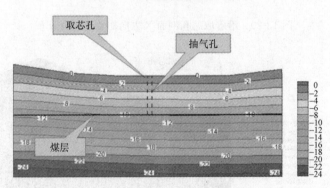

图 13-24 沿着取芯孔剖面 Z 方向初始地应力分布

件为：除顶面外各面均为法向约束。计算模型的几何形态及单元划分如图 13-25～图 13-27 所示。以下模型中取芯孔及抽气孔都只是代表其在模型中的空间位置，具体模拟计算时在本模型中并未考虑进去。

数值模拟采用分步开采方式，沿着煤层走向每次开采 10m，共计 75 个开采步。初始应力场根据实测地应力数据回归应力场的计算结果添加，通过计算对开采过程中产生的位移和应力结果进行分析。

（2）FLAC3D 数值计算结果分析

第十三章　FLAC3D在矿山工程中的应用

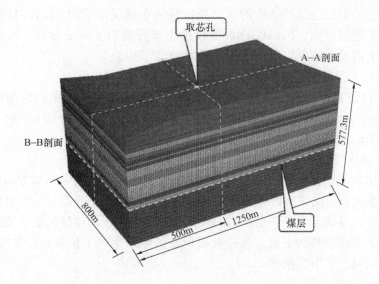

图 13-25　整体模型网格划分图

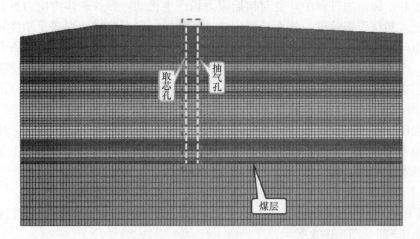

图 13-26　沿走向 A-A 剖面图

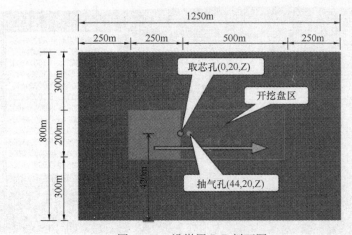

图 13-27　沿煤层 B-B 剖面图

为了了解开采引起的细部结构的应力及位移分布情况，采用 FLAC3D 软件对该煤层进行了分步开采模拟研究。FLAC3D 数值模拟主要分析如下表征参数，据此分析了累积回采活动中产生的采动效应与地压活动显现的方式与程度：

① 第一主应力及第三主应力分布

在 FLAC3D 设置中，以压应力为负，拉应力为正。第一、三主应力指标，可表征地压活动在介质应力状态变化方面，产生应力集中（stress concentration）或应力松弛（stress relaxation）的程度。

② 位移等值线与位移矢量分布

这两类指标，用于表征单元离开其原始平衡位置的状况。其中，Y 方向的位移，主要用表征上、下盘围岩，向采空区或矿体部位收敛变形，利用上盘围岩、下盘围岩收敛变形方向相反的特征，可确定上、下盘围岩的最大收敛变形值，而位移矢量，能表征介质位移的方向。其中 Z 方向位移为正值，表征分析所在区域产生向上位移；Z 方向位移为负值，表征分析所在区域产生下沉位移。

③ 塑性区的分布

矿体在开挖卸荷的过程中，会对初始应力场产生扰动，导致矿体内应力重分布，部分区域可能进入塑性屈服阶段，从而导致矿柱发生塑性屈服，这样就形成了塑性屈服区。塑性区的分布与岩体应力释放路径有关，其分布情况可以作为矿体开采过程是否合理的一个重要指标。FLAC3D 模拟计算结果显示的塑性屈服区主要有以下几类：剪切破坏（shear-n）、曾剪切破坏（shear-p）、拉伸破坏（tension-n）、曾拉伸破坏（tension-p）、剪切和拉伸破坏（shear-n tension-n）、曾剪切和拉伸破坏（shear-p tension-p）等。

总的来说，将上述表征参数，在选定的水平剖面、行线剖面与监测线上，用适当的方式表现记录下来，分析不同采矿方式条件下地压活动特征参数在剖面或测线上显现出的时空差异，基本能把握引起地压活动显现时空差异的内在机制。

(3) FLAC3D 数值计算结果显示

经过 FLAC3D 数值计算，得到了整个采场区域岩体的应力、位移及塑性区等详细分布情况如图 13-28～图 13-36 所示。

(4) FLAC3D 数值计算结果分析

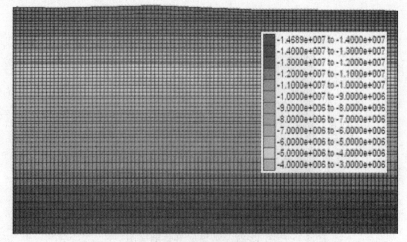

图 13-28　初始状态下沿 A-A 剖面的第一主应力分布

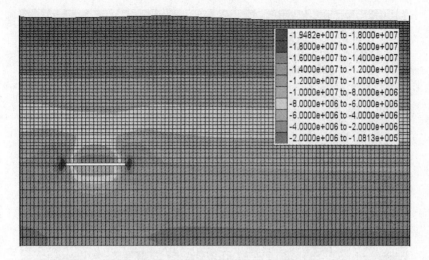

图 13-29　第 15 步开采完成后沿 A-A 剖面的第一主应力分布

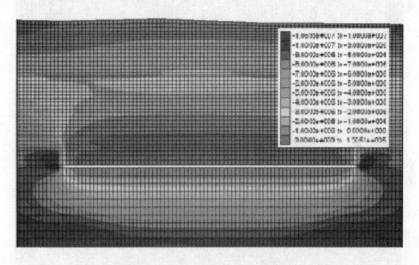

图 13-30　第 75 步开采完成后沿 A-A 剖面的第一主应力分布

采用 FLAC3D 数值模拟分析软件，对成庄煤矿开采中各开采步的计算结果进行分析研究，有如下结论：

① 采场应力分析

由图 13-28～图 13-30 及各阶段应力分布情况可知：分析 A-A 剖面，随开采的进行，采空区顶底板应力大幅释放，而在开采区两侧局部有应力陡增且集中现象。初始阶段应力显著变化区域主要集中在开采区附近，之后随开采步的增加应力变化区域逐渐扩大。整个开采过程中，采空区两侧最大压应力初始状态约为 10MPa，随开采步 1～18 步（开采长度沿走向方向 180m）的开采，该区域最大压应力缓慢增大至 20MPa 左右，随后基本上趋于平稳，并保持在 20MPa 左右。同时采空区顶底板最大压应力随着回采范围的扩大，其应力释放的效果显著，使得此区域的最大压应力在开挖的同时由最初的 10MPa 左右锐减至 5MPa 以下，且于第 19 开采步后应力分布趋于均匀。第 19 开采步后采空区顶板下边缘开始出现一定范围的拉应力，且随开采步的增加拉应力范围不断扩大；其最大拉应力约为

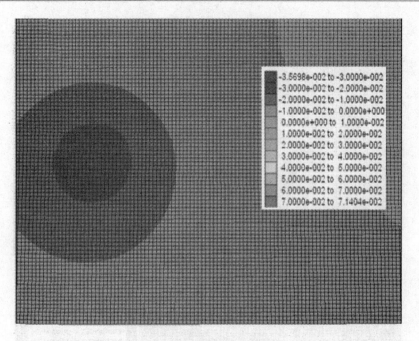

图 13-31 第 15 步开采完成后的地表覆盖层竖直方向位移分布

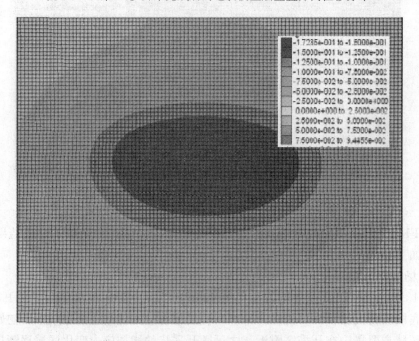

图 13-32 第 75 步开采完成后的地表覆盖层竖直方向位移分布

0.12MPa 左右，超过了上覆岩体的抗拉强度（平均约 0.1MPa），可以判断该区域应产生了拉裂破坏，这与计算所得的张拉塑性屈服区的分布范围与产生时间大体一致。第 13 开采步开始地表覆盖层开始有少部分的拉应力区域，在 A—A 剖面上主要分布于采空区上方地表的两翼，且随开采步的增加拉应力区域不断扩张。整个开采过程中，底板上未发现有拉应力区域。

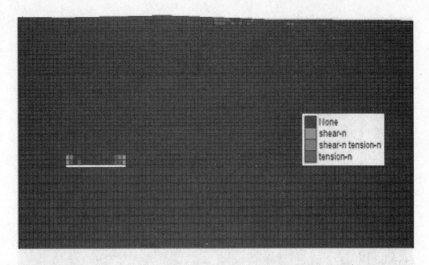

图 13-33　第 15 步开采完成后沿 A-A 剖面的塑性区分布

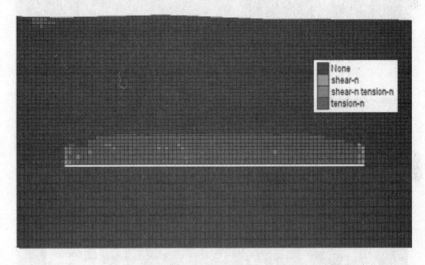

图 13-34　第 75 步开采完成后沿 A-A 剖面的塑性区分布

② 采空区附近塑性区分析及"三带"的划分

本例是基于全部垮落法进行煤层开采，与条带法采矿和充填法采矿不同，用该方法进行开采后，煤层上覆岩体破坏严重，从煤层直接顶板开始，由下向上依次垮落、开裂、离层、弯曲，且经过若干时间会终止移动最终趋于稳定。从对煤矿开采的理论研究或实践经验需要出发，可对移动期间和移动稳定后的上覆岩层，按其变形或破坏程度的不同，大致将其分为冒落带、裂隙带及弯曲带。一般而言，以上三个区带的范围大小及空间分布主要受采厚、倾角、岩性、地层结构及开采方式等因素的影响。

FLAC3D 采用连续介质方法进行计算，虽然无法真实的模拟岩体中发生的离层、开裂及垮落等现象，但我们可以综合位移、应力及塑性区分布情况，结合"三带"形成的特点进行分析，可以近似确定"三带"的分布范围。本模型采用适于煤矿开采的莫尔-库伦本构关系进行数值模拟计算。

FLAC3D 中的莫尔-库仑本构模型为理想弹塑性本构关系，当岩体进入塑性应变阶段

图 13-35 第 15 步开采完成后地表覆盖层的塑性区分布

图 13-36 第 75 步开采完成后地表覆盖层的塑性区分布

后,将会产生相应的塑性变形,若应力继续保持,则塑性形变也将继续发展(此状态 FLAC3D 计算后判定为:剪切破坏(shear-n)或拉伸破坏(tension-n)等);若在岩体进入塑性变形后,加载的应力变化为低于岩体发生塑性屈服的极限应力,此时岩体仍能够恢复为弹性状态,只是之前产生的塑性变形保留了下来(此状态 FLAC3D 计算后判定为:

曾剪切破坏（shear-p）或曾拉伸破坏（tension-p）等）。但真实的情况应该是，岩体在进入塑性屈服后，虽然开始阶段并未立即出现裂隙，可以近似地看成理想弹塑性状态，但是当塑性应变发展到一定程度时，就会在岩体中形成潜在的破坏面，岩体达到破坏状态，这是 FLAC3D 无法直观表现出来的。因此，我们应该根据 FLAC3D 计算过程中力和位移的收敛情况、塑性区分布及应力位移变化情况来综合考察岩体发生塑性屈服的程度，由此来判定"三带"的分布区域。

现针对采空区及附近区域进行分析：由图 13-31～图 13-34 及各阶段塑性区分布情况，塑性区基本分布于采空区顶板下缘，第 1～18 开采步 A-A 剖面的塑性区分布非常少，说明煤层开采至 18 步以前（开采长度沿走向方向 180m），周围岩体基本能保持稳定，顶底板岩体应不会出现较严重的变形或破碎现象，而第 19 开采步以后，随着开采的深入，塑性区面积稳步增加，说明顶板下缘岩体已经开始产生塑性形变，岩体有失稳倾向。随开采步的发展，这些区域在 FLAC3D 塑性区分布图中状态一直为"now"，即说明该区域一直处于塑性形变阶段；同时所有塑性区基本上为张拉屈服区，只在塑性区两翼分布有少量的剪切屈服区，结合岩体本身存在局部发育的节理、裂隙，在卸荷扰动的过程中很可能增多或扩展，若受张拉作用，必会易于岩体中节理裂隙的进一步发育，最终形成贯通的裂缝带。最后通过观察这些区域的应力及位移分布情况，发现这些区域上基本都分布有拉应力，区域的边缘应力及位移均有较大的突变，且计算时已经不能达到平衡。这都说明采空区顶板下缘的塑性区可以认为是拉裂破坏区域，即为煤层开采时所形成的"裂隙带"和"冒落带"。采空区底板在整个开采过程中，几乎没有塑性区的产生，且底板上边缘的竖直位移为 0.1m 左右，方向向上，故可以判定底板发生的底鼓现象不是很明显。

若对塑性区进行进一步分析，我们可以发现在塑性区中还有一个明显的突变带（图 13-37 和图 13-38 分别显示了应力和位移在塑性区的偏下段有一个明显的突变带），在煤层

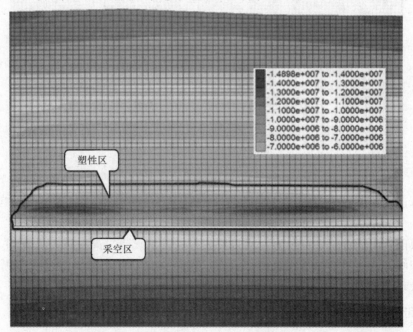

图 13-37　第 75 开采步 A-A 剖面塑性区附近第一主应力分布图

上方20m左右，这一区域的位移计算已不收敛。结合工程经验，位于顶板最下边缘的岩体应该是最不稳定的，由塑性区应力分布该区域的拉应力最大，故破坏程度理应最显著，当开采进入到一定深度时，很可能导致该区域的岩体失去整体稳定，最后垮落下来，这样就形成了"冒落带"；塑性区的上部裂隙发育，变形应比塑性区下部岩体变形小，可以认为该区域为"裂隙带"。"弯曲带"为整体移动带，是指裂隙带顶界到地表的那部分岩层。

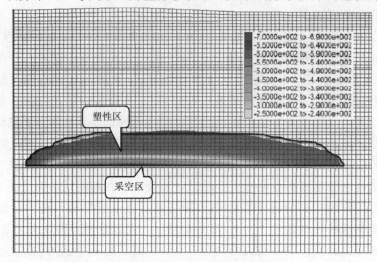

图 13-38　第 75 开采步 A-A 剖面塑性区附近竖向位移分布图

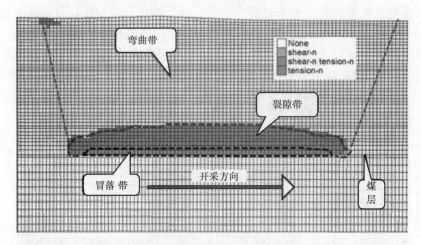

图 13-39　第 75 步开采完成后推测的"三带"分布（A-A 剖面）

综上所述：最终开采完成后"裂隙带"的高度约为 60m，"冒落带"高度约为 20m（图 13-39）。

根据目前常用的经验计算公式，对该煤矿开采的"三带"高度进行计算如下。本此开采矿体为中硬岩体，可选用《建筑物、水体、铁路及主要井巷煤柱留设与压煤开采规程》中的经验公式计算：

"裂隙带高度"：$H_{li} = \dfrac{100\sum M}{1.6\sum M + 3.6} \pm 5.6 = 41 \sim 52\text{m}$

或 $H_{li} = 20\sqrt{\sum M} + 10 = 61.38\text{m}$

"冒落带"高度：$H_{li} = \dfrac{100\sum M}{4.7\sum M + 19} \pm 2.2 = 11 \sim 15.4\text{m}$

式中 $\sum M = 6.6\text{m}$ 为煤层累计采厚。

对比FLAC3D数值计算分析和经验公式计算得出的"三带"高度，相差不是很大，可以认为该数值分析方法较真实地模拟出了煤层开采的"三带"分布情况，对实际工程具有一定的参考价值。

13.5 充填采矿模拟方法

充填采矿技术在充分回收矿产资源、控制深井开采地压活动和改善环境保护方面具有明显的优势且已取得显著的成效，因而引起了矿业界的普遍重视，充填采矿法在世界各国得到了越来越广泛的应用，如加拿大充填采矿法的比例已经达到了40%以上，我国地下矿山中45%的有色金属大中型矿山和37%的黄金矿山都采用充填法。

13.5.1 矿山充填体的作用机理

充填采场属于人工支护的范畴。类似于采用锚杆、喷射混凝土等人工措施支护采场巷道，其目的在于保护采场围岩的自身强度和支护结构的承载能力，防止采场或巷道围岩的整体失稳或局部垮落。根据充填体的作用和功能，可以将其作用机理概括为三个方面：

(1) 充填体力学作用机理

充填体充入采场，改变了采场边壁的应力状态，使其单轴或双轴应力状态变为双轴或三轴应力状态，其围岩的强度得到很大提高，从而增强了围岩的自承载能力。因此，就此观点来说，充填体不仅起到支撑作用，更重要的是提高了围岩的强度和承载能力。

(2) 充填体结构作用机理

通常岩体中的断层、节理裂隙将岩体切割成一系列结构体。这些结构体的组成方式决定了结构体的稳定状况。当地下开挖破坏了原始的结构体系，使其本来能够维持平衡和承受荷载的"几何不变体系"变成了几何可变体。因此，导致围岩的连锁破坏，也就是围岩的渐进破坏。当充填体充入到采场中，尽管充填体的强度低和承载时变形大，但是它可以起到维护原岩体结构的作用，使围岩能够维持稳定和承受荷载。这就是说，充填体在一定的条件下，具有维持围岩结构的作用，可以避免围岩结构系统的突变失稳。

(3) 充填体让压作用机理

由于充填体变形远比原岩体大，因此，充填体能够在维护围岩结构体系的情况下，缓慢让压，使其围岩地压能够得到一定的释放（从能量的角度来看，是限制能量释放的速度）；同时，充填体施压于围岩，对围岩起到一种柔性支护的作用。

综上所述，一般条件下，采场充填体的支护效果取决于两个方面：一是围岩与充填体所构成的组合结构的形式；二是充填体与围岩的力学与变形特性之比。对于不同的矿体组合形态、围岩体结构类型以及采矿顺序，这两方面的作用是不同的。因此，充填体作用机理的研究应结合具体矿山的实际情况，并借鉴前人的工程经验进行。

13.5.2 FLAC3D模拟充填采矿的方法

矿山生产过程中的采矿、充填等过程是对矿山原有地应力场某一局部空间的卸载、加载的过程和原有矿岩中应力场重新调整和分布的过程。随着采矿过程的不断进行和范围的不断扩大，原有地应力场中会产生应力集中区和降低区，矿岩产生变形和位移，部分矿岩与充填体将产生接触和互相之间的力学作用，这一互相作用构成了矿岩与充填体新的力学系统，充填体也加入到这一力学系统演化的过程中来。任何复杂开挖过程都是由一些具体的、特定的、可划分成模块或阶段的过程构成的，通过每一个模块或阶段开挖过程模拟可实现整个开挖过程的力学仿真。

由于FLAC3D程序主要是为岩土工程应用而开发的岩石力学计算程序，程序中包括了反映岩土材料力学效应的特殊计算功能，可解算岩土类材料的高度非线性（包括应变硬化/软化）、不可逆剪切破坏和压密、黏弹（蠕变）、孔隙介质的固—流耦合、热—力耦合以及动力学行为等。支护结构，如砌衬、锚杆、可缩性支架或板壳等与围岩的相互作用也可以在FLAC3D中进行模拟。此外，程序允许输入多种材料类型，亦可在计算过程中改变某个局部的材料参数，增强了程序使用的灵活性，极大地方便了在计算上的处理。

1. 充填采矿法主要用到的本构模型

FLAC3D程序中提供了空模型、弹性模型和塑性模型组成的十种基本的本构关系模型，所有模型都能通过相同的迭代数值计算格式得到解决：给定当前一步的应力条件和当前步的整体应变增量，能够计算出对应的应变增量和新的应力条件。计算中模拟开采和充填用到的本构模型包括：

（1）空单元模型

空单元用来描述被剥落或开挖的材料，其中应力为0，这些单元上没有质量力（重力）的作用。在模拟过程中，空单元可以在任何阶段转化成具有不同材料特性的单元，例如开挖后回填。

（2）Mohr-Coulomb（莫尔－库伦）塑性模型

Mohr-Coulomb模型通常用于描述土体和岩石的剪切破坏。模型的破坏包络线和Mohr-Coulomb强度准则（剪切屈服函数）以及拉破坏准则（拉屈服函数）相对应。

2. 增量弹性定律

FLAC程序运行Mohr-Coulomb模型的过程中，用到了主应力σ_1（第一主应力）、σ_2（中间主应力）和σ_3（第三主应力），以及平面外应力σ_{zz}。主应力和主应力的方向可以通过应力张量分量得出，且排序如下（压应力为负）：

$$\sigma_1 \leqslant \sigma_2 \leqslant \sigma_3 \tag{13-4}$$

对应的主应变增量Δe_1、Δe_2和Δe_3分解如下：

$$\Delta e_i = \Delta e_i^e + \Delta e_i^p \quad i = 1,2,3 \tag{13-5}$$

公式中，上标e和p分别指代弹性部分和塑性部分，且在弹性变形阶段，塑性应变不为零。根据主应力和主应变，胡克定律的增量表达式如下：

$$\Delta \sigma_1 = \alpha_1 \Delta e_1^{\varepsilon} + \alpha_2 (\Delta e_2^{\varepsilon} + \Delta e_3^{\varepsilon})$$

$$\Delta \sigma_2 = \alpha_1 \Delta e_2^{\varepsilon} + \alpha_2 (\Delta e_1^{\varepsilon} + \Delta e_3^{\varepsilon}) \tag{13-6}$$

$$\Delta \sigma_3 = \alpha_1 \Delta e_3^{\varepsilon} + \alpha_2 (\Delta e_1^{\varepsilon} + \Delta e_2^{\varepsilon})$$

公式中，$\alpha_1 = K + 4G/3$；$\alpha_2 = K - 2G/3$。

3. 屈服函数

根据公式（13-4）的排序，破坏准则在平面（σ_1, σ_3）中进行了描述，如图 13-40 所示。

由 Mohr-Coulomb 屈服函数可以得到点 A 到点 B 的破坏包络线为：

$$f^s = \sigma_1 - \sigma_3 N_\phi - 2c\sqrt{N_\phi} \quad (13-7)$$

B 点到 C 点的拉破坏函数如下：

$$f^t = \sigma^t - \sigma_3 \quad (13-8)$$

式中 ϕ——内摩擦角；
c——黏聚力；
σ^t——抗拉强度。

$$N_\phi = \frac{1 + \sin\phi}{1 + \sin\phi} \quad (13-9)$$

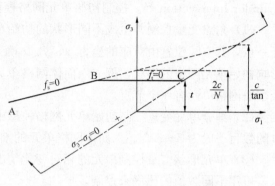

图 13-40 Mohr-Coulomb 强度准则

注意到在剪切屈服函数中只有最大主应力和最小主应力起作用，中间主应力不起作用。对于内摩擦角 $\phi \neq 0$ 的材料，它的抗拉强度不能超过 σ^t_{max}，公式如下：

$$\sigma^t_{max} = \frac{c}{\tan\phi} \quad (13-10)$$

FLAC3D 利用了其中的开挖和回填功能，空介质材料表示介质材料从模型中被移走或被开挖，在空单元内应力自动被置为零，空介质材料可以在以后的模拟中用其他不同的材料代替，这样充填空区的过程就可以被模拟了。模型以矿区已经或将要形成的全部充填体（含内部结构）为研究对象，可通过更为精细的矿区生产过程力学仿真模拟受采动影响的复杂加载方式和加载路径，考查充填体对回采过程做出的力学响应，研究充填体与围岩相互之间的力学作用机理、充填体内结构和充填体整体的稳定性。

13.5.3 模拟计算的难点

1. 模型的几何形状复杂

岩石力学工程涉及的地层、断裂、褶皱、钻孔、矿体、采空区等，都是三维空间实体。二维或基于 DEM/DTM 的 2.5 维 GIS 都难以表达复杂的地下三维地质与工程问题及进行矿山空间分析，包括复杂矿体、断层、褶皱等不连续体的真三维建模、地质体任意剖面生成、三维可视化等。近年来，地面地下工程的空间整合分析、三维动态模拟、三维地学可视化与地学多维图解的集成等问题，已成为 GIS 的技术前沿和攻关热点。应该指出，当将 GIS 应用到岩石力学工程问题时，其基于地理坐标在分析功能上的优势受到很大的局限性。

FLAC3D 思想是由部分到整体，但在涉及较复杂的结构时，这种方法往往无能为力，如果生成的网格形态很差，对计算结果的影响很大。由于 FLAC3D 软件在建立计算模型的特点，建立复杂计算模型时可能会遇到困难，因此，有必要在 FLAC3D 软件的基础上进一步开发相应的前处理程序或者开发与其他建模软件的接口程序，实现建模过程的自动化，进一步提高三维数值仿真计算的精确度、可靠度。

在模型方面，为了较快速地建立计算模型，FLAC3D 软件为用户提供了十三种初始单元网格模型（Primitive Mesh）即：Brick、Degenerate brick、Wedge、Pyramid、Tetrahedron、Cylinder、Radial Brick、Radial Tunnel、Radial Cylinder、Cylindrical Shell、Cylinder Intersection 等。控制初始单元网格模型的变量由三部分组成。

（1）角点变量控制并生成不同形状的初始单元网格模型。每一个角点是三维空间中的任一点，其空间位置由对应的坐标 x、y、z 确定，表示为 P_i（x，y，z）。角点变量直接影响初始单元网格的形状，例如六面体网格单元有 8 个节点，楔形网格单元有 6 个节点，金字塔网格单元有 4 个节点。

（2）细分单元变量控制初始单元网格模型中的剖分单元数目。在三维空间上建模，变量的数目一般为 3~6 个。六面体网格单元的细分单元变量有 3 个。

（3）单元形状变量控制单元的相对变化情况，针对工程特点对模型网格疏密程度的要求，可用不同数值的比率来控制。

运用初始单元网格模型，可以建立完整的三维工程地质体模型；同时还可通过 FLAC3D 特有的内嵌程序语言 FISH 所编写的命令，来调整地质体模型，使之更符合工程实际。但是，由于 FLAC3D 软件在建立计算模型时，仍然采用键入数据、命令行文件方式，并且 FISH 语言具有其独特的源代码表达方式，因此，对于一般工程技术人员来说，建立较复杂的地质体模型，费力、耗时，这也是三维数值模拟中普遍存在的一个难题。借助于地学模拟的地质模型功能，我们可以很好地解决 FLAC3D 的计算前处理问题。借助于第三方软件，实现建模过程的自动化，进一步提高三维数值仿真计算的精确度、可靠度。例如，GoCAD 与 FLAC3D 前处理网格结合，通过 GoCAD 生成相应的实体模型，然后转换成 GoCAD 的 Sgrid 格式模型。提取数据文件，通过 FISH 语言建立接口程序，导入到计算程序中；在 3DGIS 中可以方便地建立复杂的地质模型，在此基础上可以形成 Sgrid 模型，该模型栅格的坐标和分区信息分别存储在两个文件中，分区信息可以按照不同的材料进行。

后处理部分，结合 FLAC3D 的 FISH 语言，可以提取任意计算结果，然后借用于地学模拟的各种三维显示功能，进行后处理操作，比如钻孔、截面、数据统计等（图 13-41）。

2. 矿体模型的规模较大

当进行建立矿体模拟计算网格时，会遇到矿体规模巨大的问题，这时候如果采用统一的规则网格，计算网格的数量会非常大，这无疑会增加计算的时间和对硬件的要求。如图 13-41 所示，矿体连同围岩，如果采用统一网格，会产生 1000000 左右的计算网格。通过采用 FLAC3D 的 Subgrid 技术，则可以共划分成 129850 个单元，138645 个节点。FLAC3D 使用常应变单元，当用多的少节点单元与用比较少的多节点单元模拟塑性流动时相比更准确。应尽可能保持网格，尤其是重要区域网格的统一。避免长细比大于 5∶1 的细长单元，并避免单元尺寸跳跃式变化（即应使用平滑的网格）。采用 3DGIS 生成的六面体网格的长细初始比均为 1，可以通过调整使其网格边界与实际模型边界尽量接近，也可以采用加密网格的方式，并将加密网格与周围岩体网格通过 ATTACH 方式连接起来。

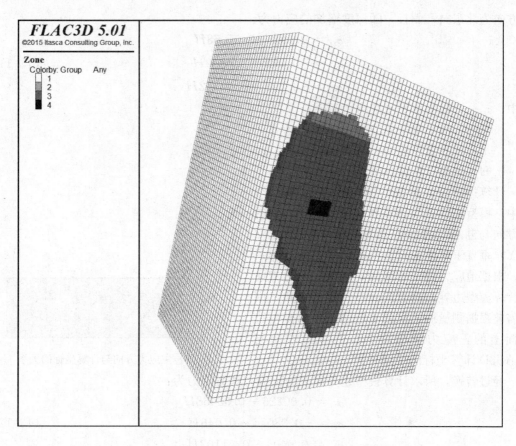

图 13-41 SGRID 模型导入 FLAC3D 中生成的模型

13.5.4 金川二矿区充填采矿模拟

1. 工程背景

金川镍矿是我国最大的硫化铜镍矿，也是世界上特大型的硫化铜镍矿床之一。金川二矿区处在河西走廊北侧龙首山东段，且位于不同的大地构造单元的接合部，地质构造复杂，构造运动剧烈，水平构造应力较高，岩体较破碎，稳定性极差。随着矿区的开采进行，二矿区的开采深度逐步加深，开采强度和规模逐渐加大，高水平构造应力作用对保持地下工程稳定性越来越不利，尤其进入深部开采后，原岩应力将会高达 40MPa 以上，在开采扰动的情况下，应力分布状况更复杂，开采难度增加。在采矿设计过程中，如何通过各种措施来优化采矿设计，尽可能减小回采区域的应力集中对回采进路的稳定性具有非常重要的意义。利用 FLAC3D 数值模拟方法，可以对矿体开采过程中的岩体破坏情况及发展趋势进行研究，探索矿体开采的合理布置方式及盘区内回采顺序的优化设计，并综合评价 1 号矿体及其中的 7 号盘区开采过程的稳定性问题。

2. 初始地应力条件

中外许多单位和专家就二矿区的地应力进行过试验和测量，本书中主要采用由北京科技大学完成的"金川二期工程无矿柱大面积连续开采的稳定性及其控制技术的研究"项目中的地应力测试资料。据测量结果认为，矿区地应力以水平应力为主，都为压应力，主应

力方向为北东向,而且,随深度增加的应力为:

$$\sigma_H = 0.098 + 0.05068H$$
$$\sigma_h = -0.015 + 0.0200H \tag{13-11}$$
$$\sigma_v = -0.208 + 0.02542H$$

式中 σ_H——最大水平主应力,MPa;
σ_h——最小水平主应力,MPa;
σ_v——垂直主应力,MPa;
H——测点埋深,m。

计算过程中,选取的模型的边界为矩形,其中,模型长边界 X 沿着矿体走向方向,X 的正方向与勘测线增加的方向一致,短边界(Z 或 Y)垂直于矿体走向方向,与勘测线方向一致。根据地应力测试的结果,该区主应力方向与计算模型边界面的方向存在一定的夹角,因此需要根据测量回归出的主应力,求出模型边界面上的正应力和剪应力。主应力方向与 FLAC3D 计算坐标的关系见图 13-42。

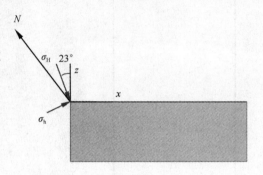

图 13-42 主应力方向与计算坐标的关系

经过转换,所求计算模型边界面上的正应力和剪应力为:

$$\sigma_x = 0.00226 - 0.02468H$$
$$\sigma_z = -0.08074 - 0.046H \tag{13-12}$$
$$\tau_{xz} = 0.0406 + 0.01102H$$

3. 岩石力学参数和屈服准则的选取

岩石力学参数的选取对于数值模拟计算分析有着非常重要的意义,从某种意义上讲它决定了模拟结果是否适用于现实情况。金川矿区矿石类型复杂,后期构造活动变质作用以及次生风化作用,各类岩石的物理力学性质变化剧烈,因此金川矿区岩石力学参数的确定非常困难。好在有关金川矿区岩石力学参数的确定,经过过去几十年很多科研院所深入和细致的调查研究,已经取得了比较完善的成果,在经过反复对比、分析、模拟试验的基础上,并结合 FLAC3D 等数值模拟分析软件本身的计算特点,选取了以下数据作为模拟计算参数,主要包括矿石、充填体的力学参数,如表 13-1 所示。

考虑到二矿区矿体埋藏较深,处于原岩构造应力场内,构造应力以水平向应力为主且数值相当大,矿区内矿体、围岩的节理、裂隙较发育,为闭合状态,且多呈随机分布,故数值模拟中可以将充填体、富矿、围岩这些不同力学属性的介质视为各向同性的弹塑性连续介质。屈服条件采用摩尔-库仑屈服准则。

金川二矿区矿体与充填体岩体力学参数　　表 13-3

参　　数	超基性岩	富　　矿	充填体
重度（t/m³）	2.935	3.077	2.500
粘结力（MPa）	1.848	1.800	0.760
内摩擦角（°）	39.62	38.40	36.60

续表

参　数	超基性岩	富　矿	充填体
岩体抗拉强度（MPa）	1.100	0.685	0.600
岩体弹模（MPa）	16000	14250	7280
泊松比	0.16	0.30	0.21

4. 简化计算模型

为探讨合理的回采方案，首先采用简化的 FLAC3D 模型进行数值模拟，确定合适的回采方案，然后采用真实的计算模型分析探讨矿体回采前后的应力场和位移场的分布规律，综合评价 1 号矿体及其中的 7 号盘区开采过程的稳定性问题。简化模型的高度范围（Z 方向）为高程 850m 水平至 1100m 水平；X 轴与走向方向一致；Y 方向以取芯孔为中心，向两边各延伸 500m。计算模型共划分有 48000 个六面体单元，50871 个节点。计算模型的几何形态及单元划分如图 13-43 所示。

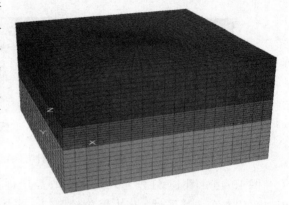

图 13-43　FLAC3D 计算网格模型

本阶段共模拟了两种开采方法：

第一种方案（隔一采一）是：先开采分层巷道，再开采盘区内部，先采第一分层 1、3、5、7、9、11、13、15、17、19 条，充填 1、3、5、7、9、11、13、15、17、19 条，开采 2、4、6、8、10、12、14、16、18 条，充填 2、4、6、8、10、12、14、16、18 条，最后充填分层巷道。自上往下共开采 10 分层。图 13-44 是沿着盘区中心 XZ 剖面的开采步骤说明。

第二种方案（隔二采一）是：先开采分层巷道，再开采盘区内部，先采第一分层 1、4、7、10、13、16 条，充填 1、4、7、10、13、16 条，开采 2 和 3、5 和 6、8 和 9、11 和 12、14 和

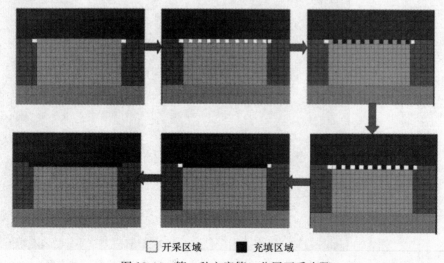

□ 开采区域　　■ 充填区域

图 13-44　第一种方案第一分层开采步骤

15、17 和 18 条，充填 2 和 3、5 和 6、8 和 9、11 和 12、14 和 15、17 和 18 条，最后充填分层巷道。从上往下共开采 10 分层。图 13-45 是沿着盘区中心 XZ 剖面的开采步骤说明。

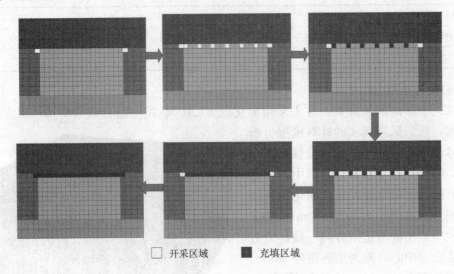

图 13-45 第二种方案第一分层开采步骤

图 13-46～图 13-51 所示均是取中心点坐标为（0，0，0），平行于 XZ 平面所得的剖面。采用方案一开采时，应力释放较均匀，采用方案二开采及回填后，应力分布不均匀；

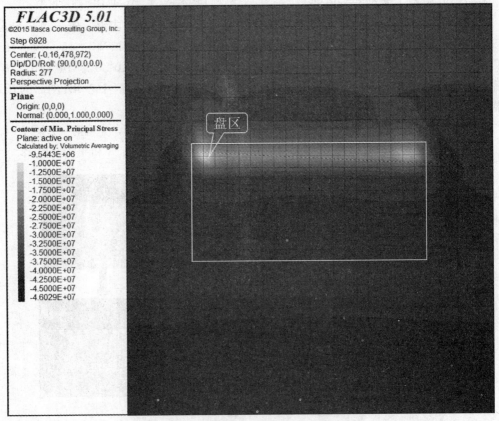

图 13-46 第一分层全部开采并回填后的第一主应力分布（第一种方案）

第10分层回填完后两种方案产生的应力基本相当,均在0~25MPa之间,随着矿层的逐步开采,其内部充填体的主应力呈现逐步减小的趋势;该盘区开采后,顶板竖直位移主要为负值(即向下沉陷),底板竖直位移主要为正值(即向上凸起),对于开采区顶部,方案一和方案二第10分层全部开采并回填后的顶板最大竖直位移分别为-4.67cm和-8.81cm,方案一中的顶板竖直位移较方案二小了将近47%。整个盘区回采完成后,下覆岩体的竖直位移量基本相当,且方案一位移场明显要比方案二均匀,可见,按方案一开采时对周边岩体的扰动较小,方案一在该层面上应力及位移分布更加均匀和连续,未出现明显的应力集中及位移突变情况。

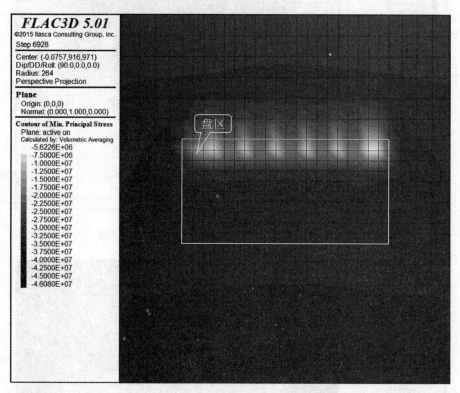

图 13-47　第一分层全部开采并回填后的第一主应力分布(第二种方案)

5. 实际计算模型

为了使模型尽量逼近实际尺寸,建模过程中采用 DSI 插值方法生成矿体模型,矿体三维模型生成后,可以转化成相应的地层网格(SGRID)模型,通过 FLAC3D 的 FISH 语言,编制相应的接口程序提取 3DGIS 模型中的网格节点坐标,并导入 FLAC3D 计算程序,建立计算模型如图 13-52 所示。

根据简化模型的计算结果分析可知,采用隔一采一的开采回填方式较好,实际模型盘区内即采用该法。先开采分层巷道,再开采盘区内部,每次回采一条进路,进路尺寸为 5m×5m,当一条进路回采结束后,进行充填,再回采下一条进路。当一个分层全部回采且充填结束以后,将模拟结果存盘,之后进行下一个分层的回采,每个模型各模拟回采12个分层,共60m。

为了真实模拟7号盘区的应力环境,在其回采之前,首先对1250m水平以上部分,

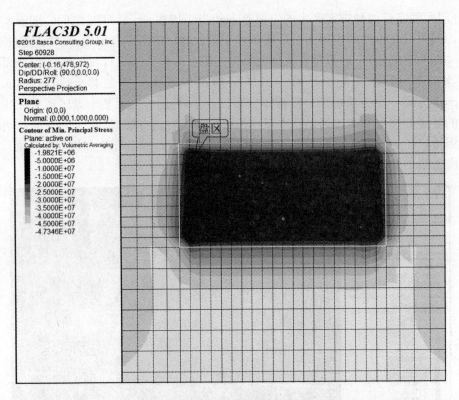

图 13-48 第十分层全部开采并回填后的第一主应力分布（第一种方案）

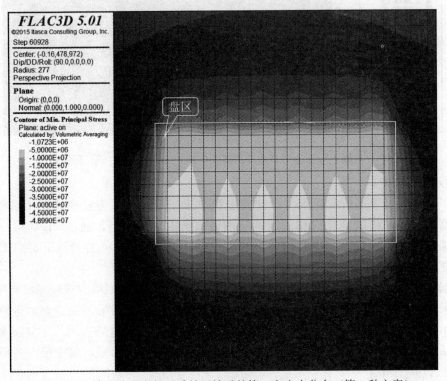

图 13-49 第十分层全部开采并回填后的第一主应力分布（第二种方案）

第十三章　FLAC3D在矿山工程中的应用

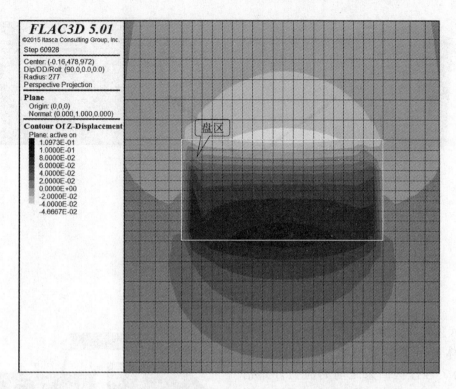

图 13-50　第十分层全部开采并回填后的竖直位移分布（第一种方案）

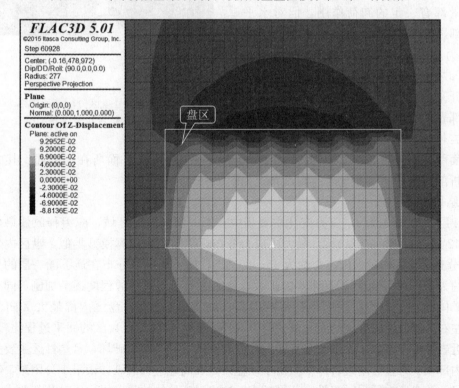

图 13-51　第十分层全部开采并回填后的竖直位移分布（第二种方案）

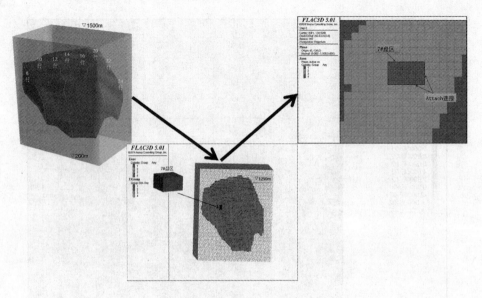

图 13-52　实际的矿体计算模型

进行了回采充填，接着对 1250～1150m 之间的矿体进行了回采充填。图 13-54、图 13-55 为 7 号盘区回采之前的应力分布情况：1150m 水平以上矿体回采以后，水平矿柱的上部有一定的卸荷作用，但对水平矿柱下部影响较小；978m 水平以下的 7 号盘区应力变化不大，最大主应力保持在 12.5MPa 左右。对 7 号盘区进行回采时，7 号盘区开采回填的影响范围主要集中在该盘区内部及附近区域，现重点分析 7 号盘区周围岩体随开采步的应力变化情况。以

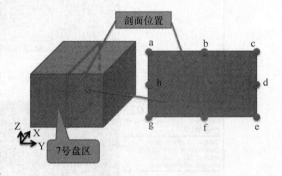

图 13-53　7 号盘区分析剖面细部图解及监测点布置示意图

下各剖面图均取为中心点坐标为（0，-130，0），平行于 XZ 平面所在的剖面。其中 7 号盘区分析剖面细部图解及盘区监测点布置如图 13-53 所示。

6. 结果分析

第 1 层开采充填以后，应力变化主要集中在第一层及附近区域，应力释放效果比较明显。第 12 层开采充填完成以后，最大主应力分布规律与简化计算模型类似，盘区内应力呈现 U 形分布，盘区内最大压应力约为 15～20MPa，最小压应力分布在最下面一层的分层巷道内，约为 0～10MPa。随着回采步的扩大，盘区内部应力减小的程度逐渐加剧，同时其底部未采矿体内部应力集中程度也在不断提高。整个回采过程，盘区内部最大 Z 向位移在 0.15m 左右，盘区周围岩体的应力及位移变化不显著，表明 7 号盘区的回采过程比较稳定，且对附近岩体的影响较小。各开采步塑性区分布基本上都为剪切破坏，且塑性区主要分布在充填体内部及 7 号盘区附近岩体中。由于该盘区处在高地应力区域，回采十分困难，数值模拟结果显示该盘区在回采时塑性区范围较大，这也对充填体的强度提出了较高的要求，因此应提供足够高强度的充填体材料，才能保证安全开采（图 13-56～图 13-63）。

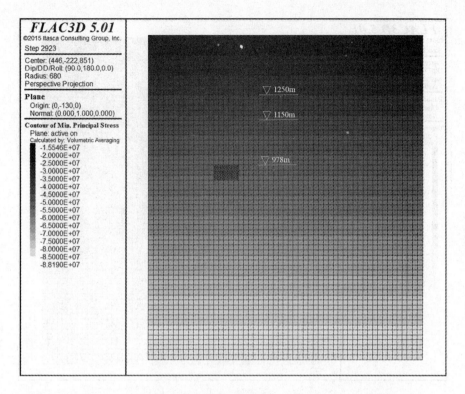

图 13-54　未开采前初始条件下沿剖面方向第一主应力分布

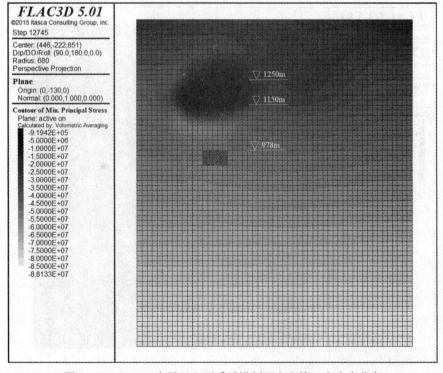

图 13-55　1150m 水平以上开采后沿剖面方向第一主应力分布

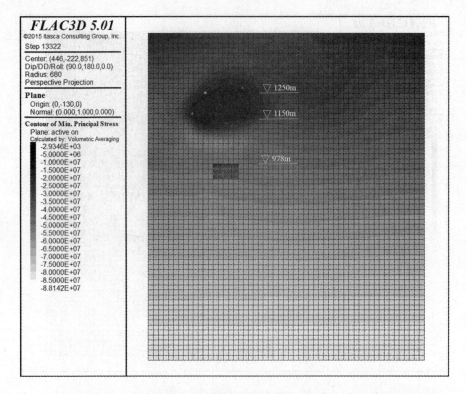

图 13-56　7 号盘区第 1 分层开采后沿剖面方向第一主应力分布

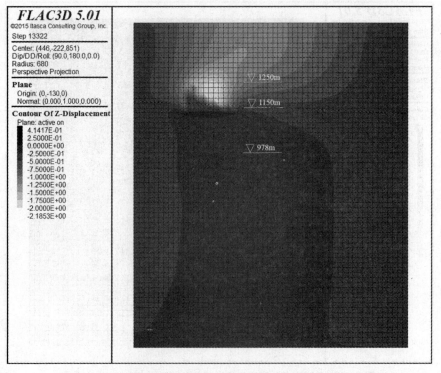

图 13-57　7 号盘区第 1 分层开采后沿剖面方向竖直位移分布

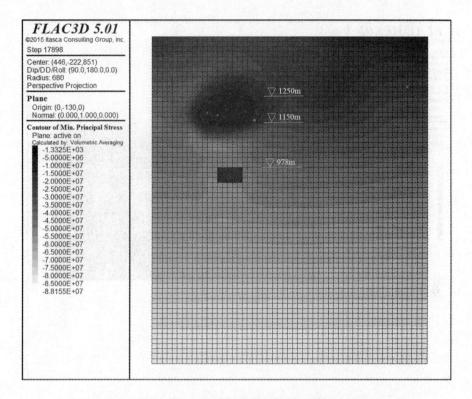

图 13-58　7 号盘区第 12 分层开采后沿剖面方向第一主应力分布

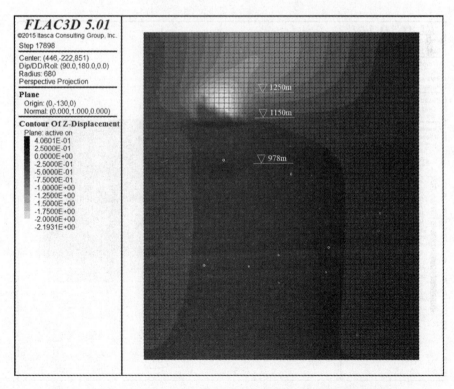

图 13-59　7 号盘区第 12 分层开采后沿剖面方向竖直位移分布

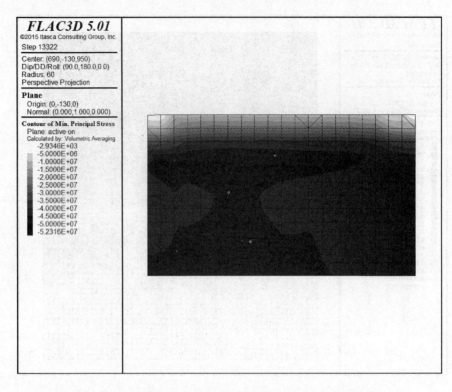

图 13-60　7 号盘区第 1 层开采后沿剖面方向 7 号盘区第一主应力分布

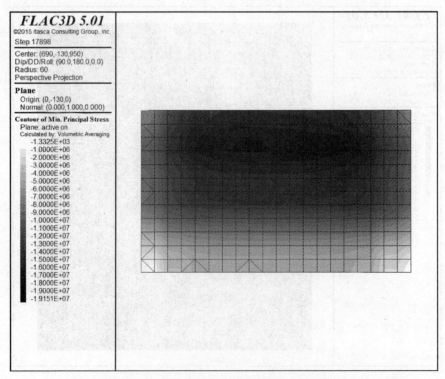

图 13-61　7 号盘区第 12 层开采后沿剖面方向 7 号盘区第一主应力分布

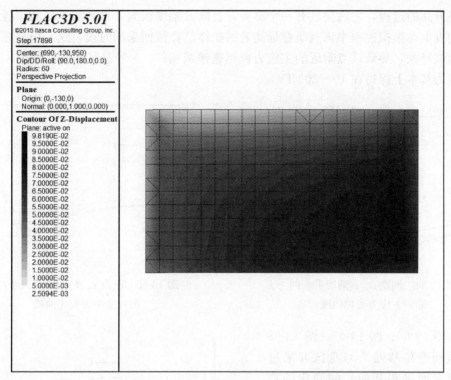

图 13-62　7 号盘区第 12 层开采后沿剖面方向 7 号盘区竖直位移分布

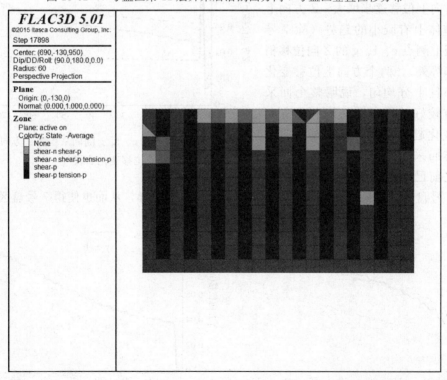

图 13-63　7 号盘区第 12 层开采后沿剖面方向 7 号盘区塑性区分布

（1）图 13-64、图 13-65 所示各监测点主应力随开采过程变化趋势为：在开始阶段有一个微略升高的过程，之后突然有一个突变，且降低幅度很大，最后趋于缓和。各测点应力突变均发生在模拟过程中该点所在标高处的矿体已经被回采的时段，这与应力在矿体开采时突然被释放，导致该点附近的主应力也迅速递减相符。7号盘区回采完毕后，充填体内部的应力基本上保持在10～20MPa。

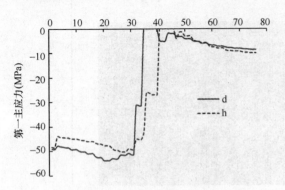

图 13-64　测点 d、h 随回采步的第一主应力变化曲线

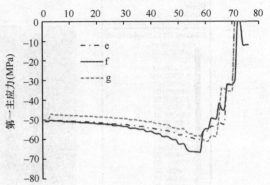

图 13-65　测点 e、f、g 随回采步的第一主应力变化曲线

（2）图 13-66、图 13-67、图 13-68 所示各监测点位移随 7 号盘区开采过程（从第五回采步开始）的变化趋势为：Y 方向上位移逐步增大，Z 方向上位移在整体上有减小的趋势（除 7 号盘区底板上测点 e、f、g 的 Z 向位移稍有上升趋势外），两个方向上位移变化幅度较小且十分均匀，说明整个回采过程具有较好的稳定性。其中 Z 方向上位移变化趋势，主要是由于 1150m 以上矿体回采的影响，导致在 7 号盘区回采之前已然有了向上的位移，接着由于 7 号盘区的开采，使得该区域岩体有不同程度的反弹，从而也使得 7 号盘区顶板区

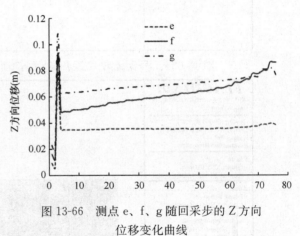

图 13-66　测点 e、f、g 随回采步的 Z 方向位移变化曲线

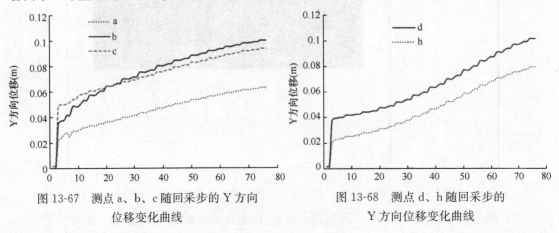

图 13-67　测点 a、b、c 随回采步的 Y 方向位移变化曲线

图 13-68　测点 d、h 随回采步的 Y 方向位移变化曲线

域 Z 向位移有减小的趋势，而其底板区域的 Z 向位移由于 7 号盘区的回采仍有一定量的增加。总的来说，7 号盘区开采完毕后，各方向位移均不是很大，多在 0.1m 左右，可以推断四周岩体应能够保证稳定。

13.6 尾矿库工程

尾矿库作为矿山工程三大控制性工程之一，是矿山选矿生产过程的主要设施，尾矿库运行过程中的安全状况不仅影响矿山企业的经济效益和企业未来的发展，而且直接关系到库区下游居民的生命财产安全。

现结合湖南省某金矿的尾矿库加高扩容工程，说明 FLAC3D 在尾矿库加高扩容工程中的应用。本例主要模拟尾矿库加高扩容工程对已有井巷工程的安全影响。

尾矿库下方主要布置有主斜井、主斜井下部车场、+180 中段运输巷（部分）、+180 中段水仓、+180 南部探矿巷道、+180 北部探矿巷道和+180 西北部探矿巷道。寒水冲尾矿库下方只进行过探矿作业，无老采空区。主斜井、主斜井下部车场、+180 中段运输巷和+180 中段水仓目前服务于寒水冲金矿探矿。+180 南部探矿巷道、+180 北部探矿巷道和+180 西北部探矿巷道已进行安全密闭。

尾矿库拟采用中线式法加高扩容方案进行扩容，考虑到矿区废石量较大，设计拟维持原坝轴线位置不变，采用采矿废石在原初期坝坝顶修筑子坝，同时将采矿废石堆积于堆石平台上部及下游边坡，逐步加高堆石平台至最终设计标高+296.5m，并逐步将下游边坡外扩至最终设计边坡，同时对边坡进行修整，形成马道。

尾矿库加高扩容后，库区内尾砂量增加，尾矿坝坝体升高，对尾矿库周边及地下岩体的应力应变产生了一定的影响，进而有可能影响到目前已有的地下井巷工程的稳定性。

13.6.1 计算模型与边界条件

以业主单位提供的尾矿库加高扩容工程总平面布置图、全矿区地形地质图、地形地质及工程布置图、尾矿库与矿区工程的空间关系图为基础资料，建立了尾矿库与地形采矿运输巷道的空间位置关系如图 13-69 所示。

(1) 计算剖面选定

对该尾矿库－地下采矿运输巷道系统而言，巷道上部尾砂厚度及巷道与尾矿库相互位置关系为巷道稳定性影响的重要因素。数值计算中典型的代表性剖面应是最不利剖面，因此，典型剖面应选择布置在：①尾矿坝坝体最大高度位置；②所在剖面巷道分布最多。

为分析尾矿库在加高扩容工程中因尾矿量的增加，造成地下采矿运输巷道的上覆岩层的载荷增加，影响采矿运输巷道的安全，基于尾矿库与采矿运输巷道的空间位置关系，具体在寒水冲尾矿库－地下采矿运输巷道系统中分别选定尾矿坝坝轴线位置处（1-1 剖面）、坝顶下游约 80m 平行于坝轴线处（2-2 剖面）、坝顶上游约 180m 平行于坝轴线处（3-3 剖面）为典型剖面，总计三个。具体位置见图 13-70 所示。

(2) 计算模型

本次分析计算是以尾矿库－采矿运输巷道为主要研究对象，根据选定的典型剖面，建立数值计算模型。三个典型计算剖面均采用相同的坐标系，以平行于尾矿坝坝轴线的方向

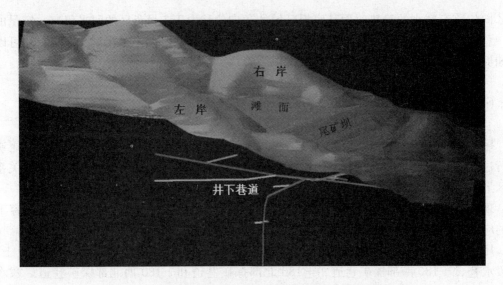

图 13-69 尾矿库与地下采矿作业活动的空间位置关系图

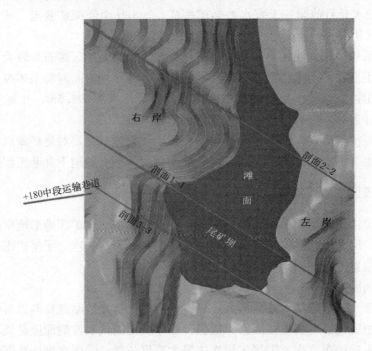

图 13-70 尾矿库-采矿运输巷道系统计算剖面平面布置图

为 X 轴,以垂直于尾矿坝坝轴线方向为 Y 轴,以竖直向为 Z 轴。地下巷道的较多,且断面尺寸不均,为方便计算模型的建立,本次计算将地下巷道的断面进行了简化,统一各巷道的断面尺寸为 $B \times H = 3.0\text{m} \times 3.0\text{m}$(偏危险考虑,实际巷道的断面尺寸达不到 $B \times H = 3.0\text{m} \times 3.0\text{m}$)。

1-1 典型剖面计算模型:模型范围 $x = 0 \sim 339.85\text{m}$,$y = 0 \sim 2\text{m}$,$z = 122.95 \sim 336.27\text{m}$,模型共计 12236 个节点,5522 个单元,1-1 典型剖面计算模型如图 13-71 所示。模型两侧水平方向位移约束,底端水平、垂直方向位移约束,模型顶端自由约束。1-1 剖面所切的地下巷道有主斜井、+180 南部探矿巷道、+180 南部探矿巷道 1、+180 中段运输巷道。

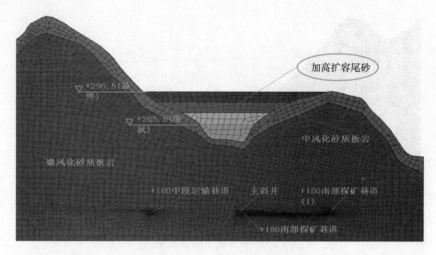

图 13-71 1-1 典型剖面模型图

2-2 典型剖面计算模型：模型范围 $x=0\sim339.38\text{m}$，$y=0\sim2\text{m}$，$z=145.94\sim464.0\text{m}$，模型共计 13590 个节点，8808 个单元，2-2 典型剖面计算模型如图 13-72 所示。模型两侧水平方向位移约束，底端水平、垂直方向位移约束，模型顶端自由约束。2-2 剖面所切的地下巷道有+180 北部探矿巷道 1、+180 北部探矿巷道 2。

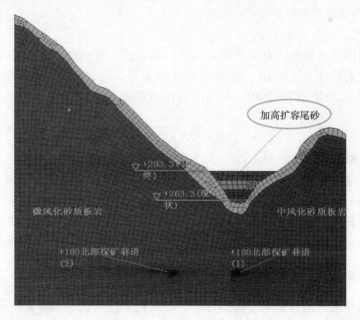

图 13-72 2-2 典型剖面模型图

3-3 典型剖面计算模型：模型范围 $x=0\sim316.29\text{m}$，$y=0\sim2\text{m}$，$z=153.49\sim328.33\text{m}$，模型共计 12264 个节点，7986 个单元，3-3 典型剖面计算模型如图 13-73 所示。模型两侧水平方向位移约束，底端水平、垂直方向位移约束，模型顶端自由约束。3-3 剖面所切的地下巷道有主斜井、+180南部探矿巷道、+180南部探矿巷道1、+180中段运输巷道。

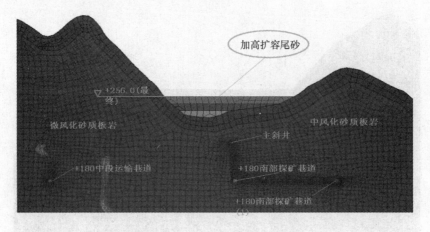

图 13-73　3-3 典型剖面模型图

（3）初始地应力条件

因金矿矿区范围内未进行原岩应力的量测，根据国内外原岩应力绝对值实测研究资料结果表明，铅直向原岩应力 σ_v 等于上覆岩体的自重，即：

$$\sigma_v = \rho g H \tag{13-13}$$

式中　ρ——岩体的密度，kg/m^3；

　　　g——重力加速度，$9.8m/s^2$；

　　　H——深度，m。

由原岩应力比值系数 λ 的定义可知，如果已知 λ 值，而铅直原岩应力可以由 $\sigma_v = \rho g H$ 估算出，则水平天然应力 $\sigma_h = \lambda \sigma_v$。天然应力比值系数 λ 与岩体的地质构造条件有关，在未经历强烈构造变动的沉积岩体中，天然应力比值系数 λ 为：

$$\lambda = \frac{\mu}{1-\mu} \tag{13-14}$$

式中　μ——岩体的泊松比。

根据寒水冲尾矿库库区范围内的地形特点和地质构造条件，地下采矿巷道距地表较近，属近地表地下开挖工程，应力场为 $\varepsilon_x = \varepsilon_y$，即近地表区域内任一点的岩体受约束而不会产生变形。计算时初始施加应力可选择为：模型上覆岩层自重为 $\sigma_v = \rho g H$，水平向应力为 $\sigma_h = \lambda \rho g H$。

13.6.2　力学参数的选取

要进行巷道开挖后围岩影响范围的计算，需要把室内岩块强度参数转化成现场岩体的强度参数。而现场岩体力学参数性质确定依然是岩石力学研究的一个难题，数值模拟中岩体变形性质需要用来确定开挖引起的位移，而评价破坏区发展范围则离不开岩体强度性质。根据岩体结构特征、岩体的分级指标及室内岩石力学试验结果，采用 Roclab 软件进行岩体力学参数分析计算，最终选取的参数见表 13-4。尾矿库中堆积的尾矿主要为尾粉细砂，其力学参数见表 13-5。

砂质板岩岩体力学参数汇总表   表 13-4

抗压强度 (MPa)	抗拉强度 (MPa)	粘结力 (MPa)	摩擦角 (°)	重度 (kN/m³)	岩性
19.293	1.527	6.873	33.12	27.29	砂质板岩

尾矿库尾粉细砂力学参数表   表 13-5

渗透系数 (cm/s)	泊松比	粘结力 (MPa)	摩擦角 (°)	重度 (kN/m³)	孔隙率 (%)
2.05e−4	0.28	4.0	30.0	20.30	40.12

13.6.3 计算结果及分析

材料的本构模型采用 Mohr-Coulomb 模型，分别计算了初始条件下以及尾矿库加高扩容后，采矿运输巷道周边的最大、最小主应力分布、位移分布、屈服范围等，根据尾矿库与地下采矿运输巷道的空间位置关系，以此分析尾矿库加高扩容后对其下部采矿运输巷道的安全影响。

(1) 初始条件下各典型剖面的应力应变云图（图 13-74～图 13-76）

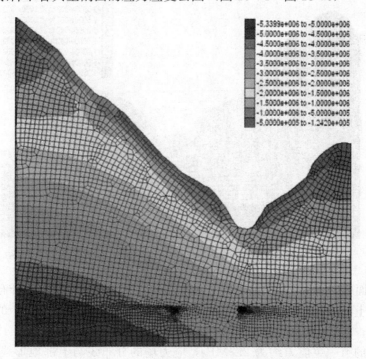

图 13-74 1-1 剖面最大主应力分布云图

初始条件下各典型剖面的应力应变云图表明：

① 各典型剖面的最大主应力、最小主应力均为压应力，应力场的分布基本上与上覆岩层的自重应力场保持一致，随着深度的增加最大主应力、最小主应力逐渐变大，并呈条带状向下发展，计算中模拟出的应力场较均匀，没有出现应力集中或突变的情况。

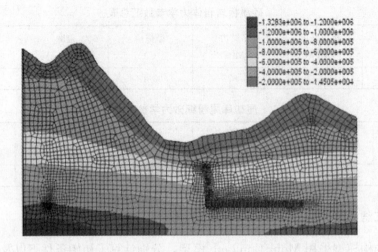

图 13-75　2-2 剖面最小主应力分布云图

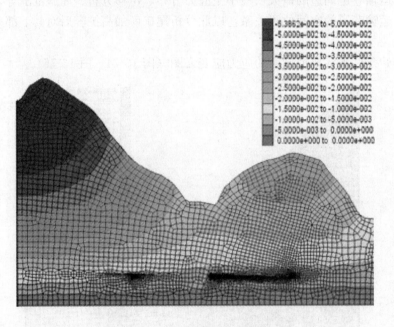

图 13-76　3-3 剖面竖向位移分布云图

② 1-1 剖面所切的+180 中段运输巷道的第一主应力为 3.2MPa，分布在巷道的底部两侧，同高程上的主斜井、+180 南部探矿巷道、+180 南部探矿巷道 1 的第一主应力在 2.2～2.4MPa；2-2 剖面所切的+180 北部探矿巷道 2 的第一主应力为 3.4MPa、+180 北部探矿巷道 1 的第一主应力约为 2.8MPa，应力场的分布线与上部地形线走势一致；3-3 剖面所切的主斜井埋深较浅，第一主应力约 1.0MPa，下部+180 中段运输巷道的第一主应力约为 3.1MPa，+180 南部探矿巷道、+180 南部探矿巷道 1 的第一主应力在 2.2～2.3MPa。在初始条件下各典型剖面所切相同巷道的应力基本保持一致，在巷道走向上应力没有出现突变，且各巷道周围的应力远小于巷道围岩的抗压强度。

③ 初始条件下各典型剖面所切巷道的位移量较小约 1～3mm，切位移场分布较均匀，位移场的分布线与上部地形线走势基本一致，没有出现位移集中或突变的情况。

(2) 现状条件下各典型剖面的应力应变云图（图 13-77～图 13-79）

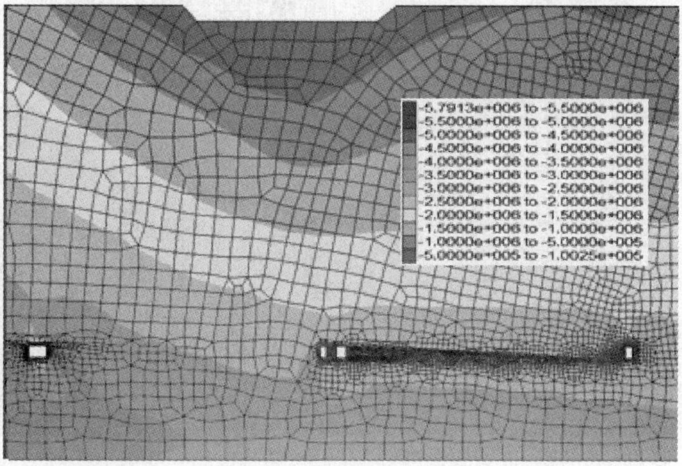

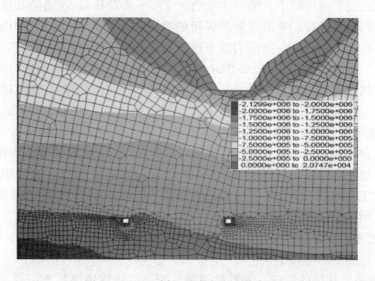

图 13-77　1-1 剖面最大主应力分布云图

图 13-78　2-2 剖面最小主应力分布云图

按照各巷道的施工情况对巷道的开挖进行模拟，现状条件下各典型剖面的应力应变云图表明：

① 各典型剖面的最大主应力、最小主应力均为压应力，应力场的分布基本上与上覆岩层的自重应力场保持一致，随着深度的增加最大主应力、最小主应力逐渐变大，并呈条带状向下发展。

② 受巷道开挖的影响 1-1 剖面所切的＋180 中段运输巷道围岩两侧出现了应力集中，第一主应力为 5.5～5.7MPa，巷道的开挖使得巷道底板和顶部有一个卸荷的过程，巷道顶板和底板的第一主应力为 1.0～1.5MPa，同高程上的主斜井、＋180 南部探矿巷道、＋180 南部探矿巷道 1 的第一主应力分布规律与＋180 中段运输巷道的分布规律一致，巷道两侧的第一主应力为 3.5～3.9MPa；受巷道开挖的影响 2-2 剖面所切的＋180 北部探矿巷

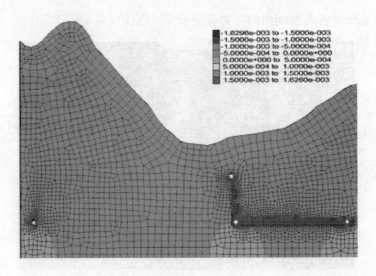

图 13-79 3-3 剖面竖向位移分布云图

道 2 围岩两侧出现了应力集中,第一主应力为 7.0～7.7MPa,巷道的开挖使得巷道底板和顶部有一个卸荷的过程,巷道顶板和底板的第一主应力为 1.0～2.0MPa,同高程上的+180 北部探矿巷道 1 的第一主应力分布规律与+180 北部探矿巷道 2 的分布规律一致,巷道两侧的第一主应力为 5.0～5.9MPa;受巷道开挖的影响 3-3 剖面所切的+180 中段运输巷道围岩两侧出现了应力集中,第一主应力为 4.25～4.74MPa,巷道的开挖使得巷道底板和顶部有一个卸荷的过程,巷道顶板和底板的第一主应力为 2.0～2.2MPa,同高程上的+180 南部探矿巷道、+180 南部探矿巷道 1 第一主应力分布规律与+180 中段运输巷道的分布规律一致,所切的主斜井埋深较浅,受开挖的影响巷道两侧及巷道底板出现一定程度的应力集中,第一主应力约为 1.2MPa。通过对巷道开挖后巷道围岩应力进行分析,受巷道施工开挖的影响,巷道两侧的应力有一定程度的应力集中,但各巷道周围的应力远小于巷道围岩的抗压强度。

③ 受巷道施工开挖的影响,巷道周围应力变化较小,且开挖影响范围为 4～10m,故巷道的开挖对地表的影响较小。

④ 受巷道施工开挖的影响,各典型剖面上的巷道位移规律基本一致,巷道顶部的位移竖直向下,受侧压的影响巷道底板的位移竖直向上,有"上拱"的趋势,位移量较小均在 0.3～1.2mm。

⑤ 通过对比分析巷道开挖施工后和初始条件下的应力场和位移场,巷道周围围岩的应力、应变变化较小,巷道围岩受开挖扰动影响范围较小,巷道上覆岩层及地表的应力、应变较小,即现状条件下对初始条件下的应力、应变场改变较小。

(3) 加高扩容后各典型剖面的应力应变云图(图 13-80～图 13-86)

按照设计中尾矿库的加高扩容方案对尾矿库尾砂的加高进行模拟,加高扩容后各典型剖面的应力应变云图表明:

① 各典型剖面的最大主应力、最小主应力均为压应力,应力场的分布基本上与上覆岩层的自重应力场保持一致,随着深度的增加最大主应力、最小主应力逐渐变大,并呈条带状向下发展。

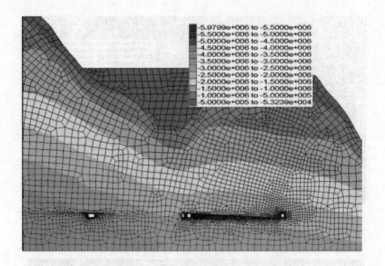

图 13-80　1-1 剖面最大主应力分布云图

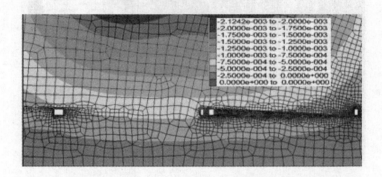

图 13-81　1-1 剖面竖向位移分布云图

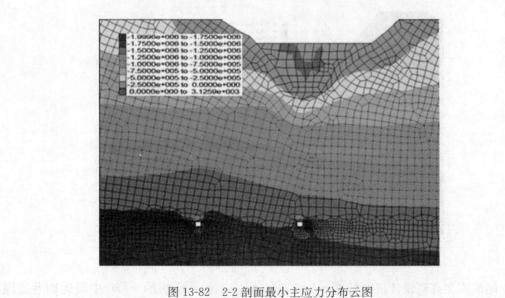

图 13-82　2-2 剖面最小主应力分布云图

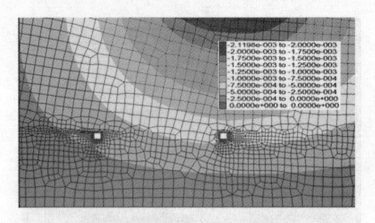

图 13-83　2-2 剖面竖向位移分布云图

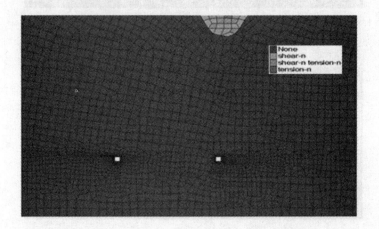

图 13-84　2-2 剖面塑性区分布云图

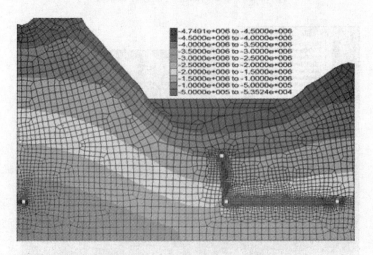

图 13-85　3-3 剖面最大主应力分布云图

② 尾矿库加高到设计最终标高＋296.5m 时，1-1 剖面所切的＋180 中段运输巷道围岩两侧出现了应力集中，第一主应力为 5.5～5.97MPa，巷道顶板和底板的第一主应力为

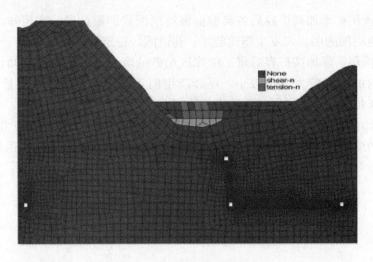

图 13-86 3-3 剖面塑性区分布云图

1.0~1.6MPa，同高程上的主斜井、+180南部探矿巷道、+180南部探矿巷道1的第一主应力分布规律与+180中段运输巷道的分布规律一致，巷道两侧的第一主应力为3.6~4.2MPa，相较于现状情况下巷道周围的应力场，尾矿库加高扩容后巷道周围围岩的应力变化较小，应力略微增加，增加的幅度约为1.2%~2.0%；受尾矿库加高库容的影响2-2剖面所切的+180北部探矿巷道2围岩两侧出现了应力集中，第一主应力为7.0~7.82MPa，巷道顶板和底板的第一主应力为1.0~2.1MPa，同高程上的+180北部探矿巷道1的第一主应力分布规律与+180北部探矿巷道2的分布规律一致，巷道两侧的第一主应力为5.0~6.2MPa，相较于现状情况下巷道周围的应力场，尾矿库加高扩容后巷道周围围岩的应力变化较小，应力略微增加，增加的幅度约为2.1%~5.0%；受尾矿库加高库容的影响3-3剖面所切的+180中段运输巷道围岩两侧出现了应力集中，第一主应力为4.5MPa~4.75MPa，巷道顶板和底板的第一主应力为2.0~2.5MPa，同高程上的+180南部探矿巷道、+180南部探矿巷道1第一主应力分布规律与+180中段运输巷道的分布规律一致，所切的主斜井埋深较浅，受尾矿库加高扩容的影响巷道两侧及巷道底板出现一定程度的应力集中，第一主应力约为1.48MPa，相较于现状情况下巷道周围的应力场，尾矿库加高扩容后巷道周围围岩的应力变化较小，应力略微增加，增加的幅度约为2.1%~5.2%，由于主斜井埋深较浅，故典型剖面所切的主斜井受尾矿库加高库容影响较大，主斜井周围围岩的应力增加约23%。通过对尾矿库加高扩容后巷道围岩应力进行分析，受巷尾矿库加高扩容的影响，巷道两侧的应力有一定程度的应力集中，但各巷道周围的应力远小于巷道围岩的抗压强度，主斜井井口位移尾矿库初期坝坝脚左侧，经计算分析，加高库容对主斜井井口的影响较大，建议在启动尾矿库加高扩容工程前对主斜井井口进行封堵。

③ 受尾矿库加高扩容的影响，巷道周围应力变化较小，且尾矿库加高扩容影响的范围为7~12m，故对巷道周围的应力场影响较小。

④ 受尾矿库加高扩容的影响，各典型剖面上的巷道位移规律基本一致，受上覆荷载的加大，下部巷道的位移竖直向下，位移量较小，在0.03~1mm范围内，3-3剖面所切的主斜井离地表较近，斜井周围位移的位移约1.2mm。

⑤ 通过分析尾矿库加高扩容后各典型剖面周围围岩的塑性区分布可知，在加高扩容条件下，各巷道周围的围岩未发生塑性破坏，巷道围岩稳定性良好。

⑥ 通过分析尾矿库加高扩容后尾矿库库区尾砂的应力场和位移场可知，在加高库容各阶段尾矿库内的尾砂应力变化较小，尾砂产生向下的位移较小，位移量在 1.2mm 左右。故尾矿库在加高库容阶段尾矿库地表的稳定性受下部巷道的影响较小。

⑦ 通过对比分尾矿库加高扩容后和析巷道开挖施工后初始条件下的应力场和位移场，巷道周围围岩的应力、应变变化较小，巷道围岩受尾矿库加高扩容影响范围较小，即加尾矿库加高库容后对现状条件下的应力、应变场改变较小。

参 考 文 献

[1] Amit Srivastava, G. L. Sivakumar Babu, Sumanta Haldar. Influence of spatial variability of permeability property on steady state seepage flow and slope stability analysis [J]. Engineering Geology 110 (2010) 93~101.

[2] Attewell P B, Yeates J, Selby A R. Soil movements induced by tunnelling and their effects on pipelines and structures[M]. Glasgow: Blackie, 1986. 10~50.

[3] Barenblatt G I. Dimensional analysis[M]. CRC Press, 1987.

[4] Bear J. Dynamics of fluids in porous media[M]. Courier Corporation, 2013.

[5] Berchenko I. Thermal loading of a saturated rock mass: field experiment and modeling using thermoporoelastic singular solutions[D]. University of Minnesota, 1998.

[6] Biot M A. General solutions of the equations of elasticity and consolidation for a porous material[J]. J. appl. Mech, 1956, 23(1): 91~96.

[7] Burghignoli A, Miliziano S, Soccodato F M. Effectiveness of the fast-flow algorithm: 2D consolidation benchmark and tunneling application[C]//FLAC and numerical modeling in geomechanics: proceedings of the Second International FLAC Symposium, Lyon, France, 29-31 October 2001. Balkema, 2001: 345~352.

[8] Byrne P M. A cyclic shear-volume coupling and pore pressure model for sand[C]//Second International Conference on Recent Advances in Geotechnical Earthquake Engineering and Soil Dynamics (1991: March 11-15; St. Louis, Missouri). Missouri S&T (formerly the University of Missouri-Rolla), 1991.

[9] Carranza-Torres C. and C. Fairhurst. Application of the Convergence-Confinement Method of Tunnel Design to Rock Masses that Satisfy the Hoek-Brown Failure Criterion. Tunnelling and Underground Space Technology, 2000, 15(2): 187~213

[10] Carranza-Torres C. and C. Fairhurst. The Elasto-Plastic Response of Underground Excavations in Rock Masses That Satisfy the Hoek-Brown Failure Criterion. Int. J. Rock Mech. & Min. Sci, 1999, 36: 777~809.

[11] Carslaw H S, Jaeger J C. Conduction of heat in solids[M]. Oxford: Clarendon Press, 1959.

[12] Chaney R C. Saturation effects on the cyclic strength of sands[C]//From Volume I of Earthquake Engineering and Soil Dynamics--Proceedings of the ASCE Geotechnical Engineering Division Specialty Conference, June 19-21, 1978, Pasadena, California. Sponsored by Geotechnical Engineering Division of ASCE in cooperation with:. 1978 (Proceeding).

[13] Chen J, Wang T, Zhou Y, et al. Failure modes of the surface venthole casing during longwall coal extraction: A case study [J]. International Journal of Coal Geology. 2012, 90 - 91: 135~148.

[14] Cheng A H D. Fundamentals of poroelasticity[J]. Analysis and Design Methods: Comprehensive Rock Engineering: Principles, Practice and Projects, 2014: 113.

[15] Crank J. The mathematics of diffusion[M]. Oxford: Clarendon press, 1975.

[16] Cryer C W. A comparison of the three-dimensional consolidation theories of Biot and Terzaghi[J].

The Quarterly Journal of Mechanics and Applied Mathematics, 1963, 16(4): 401~412.

[17] Cundall P A. Distinct element models of rock and soil structure[J]. Analytical and computational methods in engineering rock mechanics, 1987, 4: 129~163.

[18] Cundall P A. Explicit finite-difference method in geomechanics[J]. Numerical Methods in Geomechanics, ASCE, 2014.

[19] Dahlquist G, Bjorck A. Numerical Methods[J]. Prentice-Hall, Englewood Cliffs, NJ, 1974, 504: 302~303.

[20] Detournay E, Cheng A H D. Poroelastic response of a borehole in a non-hydrostatic stress field [C]//International Journal of Rock Mechanics and Mining Sciences & Geomechanics Abstracts. Pergamon, 1988, 25(3): 171~182.

[21] Hoek E. and A. Karzulovic, "Rock Mass Properties for Surface Mines", Slope Stability in Surface Mining, W. A. Hustrulid, M. K. McCarter and D. J. A. van Zyl, Eds, Society for Mining, Metallurgical and Exploration (SME), Littleton, CO, 2000, 59~70.

[22] Hoek E., E. T. Brown. Practical estimates of rock mass strength [J]. Int. J. Rock Mech. Min. Sci. Vol. 34, No. 8. pp. 1165-1186, 1997.

[23] Hoek E. and ET. Brown. Practical estimates of rock mass strength. Int. J. Rock Mech. Min. Sci. & Geomech. Abst., 1997, 34(8): 1165~1186.

[24] G. Wayne Clough and Thomas D. O'Rourke, Construction Induced Movements of Insitu Walls[C], Design and Performance of Earth Retaining Structures, ASCE Conference Proceeding Paper, 1990 pp. 439~470

[25] Gali Madhavi Latha, Arunakumari Garaga. Seismic Stability Analysis of a Himalayan Rock Slope. Rock Mech Rock Eng (2010) 43: 831~843

[26] Harr M E. Groundwater and seepage[M]. Courier Corporation, 2012.

[27] http://www.fwxgx.com/question/gimq/detail/174538

[28] Itasca Consulting Group Inc. 2015. FLAC3D-Fast Lagrangian Analysis of Continua in 3 Dimensions. Ver. 5. 0 User's Manual. Minneapolis: ICG.

[29] Itasca Consulting Group, Inc. 2009. FLAC3D - Fast Lagrangian Analysis of Continua in 3 Dimensions, Ver. 4. 0 User's Manual. Minneapolis: Itasca.

[30] Kang Bian, Ming Xiao, Juntao Chen. Study on coupled seepage and stress fields in the concrete lining of the underground pipe with high water pressure. Tunnelling and Underground Space Technology 24 (2009) 287~295

[31] Karlekar B V, Desmond R M. Heat Transfer[M]. St. Paul: West Publishing Company, 1982.

[32] Kochina I N, Mikhailov N N, Filinov M V. Groundwater mound damping[J]. International Journal of Engineering Science, 1983, 21(4): 413~421.

[33] Mair R J, Taylor R N, Bracegirdle A. Subsurface settlement profiles above tunnels in clays[J]. Geotechnique, 1993, 43(2): 315~320.

[34] Marti J, Cundall P A. Mixed discretisation procedure for accurate solution of plasticity problems[J]. International Journal for Numerical Methods in Engineering, 1982, 6: 129~139.

[35] Mcnamee J, Gibson R E. Plane strain and axially symmetric problems of the consolidation of a semi-infinite clay stratum[J]. The Quarterly Journal of Mechanics and Applied Mathematics, 1960, 13 (2): 210~227.

[36] Peck R. B. Deep excavations and tunneling in soft ground, State of the Art Report[C]. Proceedings of 17th International Conference on Soil Mechanics and Foundation Engineering, Mexico City, 1969:

225~290.

[37] Peck R. B. Deep excavations and tunneling in soft ground, State of the Art Report[C]. Proceedings of 17th International Conference on Soil Mechanics and Foundation Engineering, Mexico City, 1969: 225~290.

[38] Pio-Go Hsieh, Chang-Yu Ou, Shape of ground surface settlement profiles caused by excavation, Canadian Geotechnical Journal. 1998, 35(6): 1004~1017

[39] Polubarinova-Kochina, P Y. Theory of Groundwater Movement[M]. Princeton: Princeton University Press, 1962.

[40] Potts D M, Zdravkovic L. 岩土工程有限元分析：应用[M]. 科学出版社，2010.

[41] Potts D. M. Numerical analysis: a virtual dream or practical reality? Geotechnique, Vol. 53No. 6pp 535~572 (2003)

[42] Roscoe K H, Burland J B. On the generalised stress-strain behaviour of an ideal wet clay[A]. In: Heyman J, Leckie F A. Engineering Plasticity[C], Cambridge: Cambridge University Press, 1968, 535~609.

[43] Cho, S. E. S. R. Lee. Instability of unsaturated soil slopes due to infiltration. Computers and Geotechnics 28 (2001) 185~208

[44] Schiffman R L, Chen A T, Jordan J C. An analysis of consolidation theories[J]. Journal of Soil Mechanics & Foundations Div, 1969, 95: 285~312.

[45] Stehfest H. Algorithm 368: Numerical inversion of Laplace transforms [D5] [J]. Communications of the ACM, 1970, 13(1): 47~49.

[46] Strack O D L. Groundwater mechanics[M]. New Jersey: Prentice Hall, 1989.

[47] Taylor D W. Fundamentals of soil mechanics[J]. Soil Science, 1948, 66(2): 161.

[48] Terzaghi K. Theoretical soil mechanics[M]. New York: John Wiley, 1943.

[49] Theis C V. The relation between the lowering of the Piezometric surface and the rate and duration of discharge of a well using ground - water storage[J]. Eos, Transactions American Geophysical Union, 1935, 16(2): 519~524.

[50] Voller V R, Peng S, Chen Y F. Numerical solution of transient, free surface problems in porous media[J]. International journal for numerical methods in engineering, 1996, 39(17): 2889~2906.

[51] Wang Tao, Wu Hegao, Safety Analysis of the Slope around Flood Discharge Tunnel under Inner Water Exosmosis at Yangqu Hydropower Station. Computers & Geotechnics. 51 (2013) 1~11.

[52] Wang T, Zhou Y, Lv Q, et al. A safety assessment of the new Xiangyun phosphogypsum tailings pond[J]. Minerals Engineering. 2011, 24(10): 1084~1090.

[53] Wood D M. Soil behaviour and critical state soil mechanics[M]. Cambridge: Cambridge university press, 1990.

[54] 保利大厦深基坑工程，武汉建设网，http://zhuanti.whjs.gov.cn/content/2011-11/10/content_232971.htm

[55] 陈育民，徐鼎平. FLAC/FLAC3D 基础与工程实例[M]. 北京：中国水利水电出版社，2009.

[56] 陈肇元. 土钉支护在基坑工程中的应用[M]. 第二版. 北京：中国建筑工业出版社，2001：1~17.

[57] 丁秀美，黄润秋，刘光士. FLAC-3D 前处理程序开发及其工程应用[J]. 地质灾害与环境保护，2004，15(2)：68~73.

[58] 龚晓南，高有潮. 深基坑工程设计施工手册[M]. 北京：中国建筑工业出版社，1998：599~632.

[59] 龚晓南. 对岩土工程数值分析的几点思考[J]. 岩土力学，2011，32(2)：321~325.

[60] 韩煊，李宁，J. R. Standing. Peck 公式在我国隧道施工地面变形预测中的适用性分析[J]. 岩土力学，2007，28(1)：33～39.

[61] 韩煊，李宁，J. R. Standing. 地铁隧道施工引起地层位移规律的探讨[J]. 岩土力学，2007，28(3)：609～613.

[62] 韩煊，王法，等. 北京地铁 8 号线二期 04 标中后折返线工程穿越金帆音乐厅及附属住宅楼风险评估[R]，北京市勘察设计研究院有限公司，2010

[63] 韩煊，尹宏磊. 岩体佛像稳定性影响分析与优化设计，Continuum and Distinct Element Numerical Modeling in Geomechanics, Proceedings of 3rd International FLAC&DEM Symposium, 2013, Zhu, Detournay, Hart & Nelson (eds.) Paper: 03-06, ©2013 Itasca International Inc., Minneapolis, ISBN 978-0-9767577～3～3

[64] 何满潮，刘成禹，王树仁，等. 国家重点文物保护工程——高句丽将军坟变形破坏机理研究[J]，岩石力学与工程学报，2005

[65] 侯靖，胡敏云. 水工高压隧洞结构设计中若干问题的讨论[J]. 水利学报，2001，(7)：36～41.

[66] 侯伟，韩煊，王法，等. 采用不同本构模型对盾构施工引起地层位移的数值模拟研究[J]. 隧道建设，2013，33(12)：889～994.

[67] 侯伟，姚仰平. 工程中典型应力路径下土的应力-应变特性分析[J]. 工业建筑，2011，41(9)：24～29.

[68] 李险峰. 深基坑内支撑护体系设计及数值模拟研究[D]. 合肥工业大学，2014.

[69] 刘波，韩彦辉. FLAC 原理，实例与应用指南[M]. 北京：人民交通出版社，2005.

[70] 罗汀，姚仰平，侯伟. 土的本构关系[M]. 人民交通出版社，2010.

[71] 罗文林，韩煊，刘赪炜. 北京地区深基坑支护结构的变形预测数值方法，北京市勘察设计研究院内部研究报告[R]，2007.

[72] 毛昶熙，段祥宝，李祖贻，等. 渗流数值计算与程序应用[M]. 南京：河海大学出版社，1999.

[73] 潘秀明，周宏磊，雷崇红，韩煊，老旧核心城区地铁建造技术[M]，中国铁道出版社，2014

[74] 苏凯，伍鹤皋，周创兵. 内水压力下水工隧洞衬砌与围岩承载特性研究[J]. 岩土力学，2010，31(8)：2407～2412.

[75] 孙钧. 岩土材料流变及其工程应用[M]. 北京：中国建筑工业出版社，1999.

[76] 孙全. 丸都山城瞭望台变形破坏机理及稳定性分析[D]，中国地质大学(北京)，2006

[77] 孙书伟，林杭，任连伟. FLAC3D 在岩土工程中的应用[M]. 北京：中国水利水电出版社，2011.

[78] 万少石，年廷凯，蒋景彩，等. 边坡稳定强度折减有限元分析中的若干问题讨论[J]. 岩土力学，2010，31(7)：2283～2288.

[79] 伍鹤皋，尚斌，苏凯. 高压隧洞透水衬砌结构研究[J]. 武汉大学学报(工学版)，2011，44(3)：321～325.

[80] 夏明耀，曾进伦. 地下工程手册[M]. 北京：中国建筑工业出版社，2002.

[81] 郑治，刘杰，彭成佳. 水工隧洞受力特性研究和结构设计思路[J]. 水力发电学报，2010，29(2)：190～196.

[82] 周维垣，杨强. 岩石力学数值计算方法[M]. 北京：中国电力出版社，2005.

[83] 朱永生，朱焕春等. 锦屏二级水电站引水隧洞围岩稳定、动态支护设计及岩爆专题研究——绿片岩段衬砌安全性评价[R]，Itasca(武汉)咨询有限公司，2010.

[84] 《基坑工程手册》编写委员会. 桩基工程手册(第二版)[M]. 中国建筑工业出版社 2010.

[85] Detournay, E., and A. H. D. Cheng. "Fundamentals of Poroelasticity," in Comprehensive Rock Engineering, Vol. 2, pp. 113-171. J. Hudson et al., eds. London: Pergamon Press (1993).

[86] Pan X D, Hudson J A. 1988. A simplified three dimensional Hoek-Brown yield condition. In M.

Romana (Ed.), Proceedings of ISRM Symposium on Rock Mechanics and Power Plants. Ontario, Canada: Balkema. Rotterdam.

[87] Shah S. 1992. A study of the behaviour of jointed rock masses. Ph. D. Thesis. Toronto Department of Civil Engineering, University of Toronto.

[88] Carter T, Carvalho J, Swang. Towards the practical application of ground reaction curves. In Bawden W. F. & Archibald J. F. (Ed.), Proceedings of Innovation Fine Design for the 21st Century. Ontario, Canada: Balkema press, 1993: 151-171.

[89] Cundall P., Carranza-Torres C., Hart R. A new constitutive model based on the Hoek-Brown criterion. In Brummer R., Patrick A., Christine D., & Roger H. (Ed.), Proceedings of the 3rd International FLAC Symposium. Sudbury, Ontario, Canada: Balkema Press, 2003: 17-25.

[90] 朱远乐，袁理，王涛. 金川公司二矿区高应力条件下卸荷开采技术数值模拟分析研究[J]. 矿业研究与开发. 2013(06): 8-11.

[91] 彭文斌. FLAC3D实用教程[M]. 北京：机械工业出版社，2008.

[92] 张在明，沈小克，周宏磊等. 国家大剧院中的几个岩土工程问题[J]. 土木工程学报，2009(01): 60-65.

[93] 桂惠中，王涛. 地下洞室围岩稳定计算分析[J]. 建筑技术开发，2005. 32(5): 45-47.

[94] 桂惠中. 地下洞室围岩稳定及锚固分析[D]，武汉大学. 2005.

[95] 吴立新，张瑞新，戚宜欣，等. 三维地学模拟与虚拟矿山系统[J]. 测绘学报. 2002(01): 28-33.

[96] 徐芝纶. 弹性力学简明教程(第三版)[M]. 北京：人民教育出版社，2004.

[97] 周勇，王涛，吕庆等. 基于FLAC3D岩石应变软化模型的研究[J]. 长江科学院院报. 2012(05): 51-56.